JN186826

水俣病の民衆史

第一巻

◎

前の時代

舞台としての三つの村と水俣湾

岡本達明

日本評論社

本書は多くの方々の協力、助力の結晶として世に出される。本書はまた、先行する確かな仕事や著作の集成という一面を持っている。これらすべての方々に心から御礼を申し上げたい。

水俣病市民会議の日吉フミコ、松本勉（故）、谷洋一、伊東紀美代、水俣病患者互助会の上村好男の各氏は、本書着手のときから一貫して温かい援助を惜しまれなかった。

本書が事件の社会面の舞台として選んだ三つの村の調査は、次に挙げる各氏との共同調査によるものである。この各氏なくして本書は生まれるべくもなかった。

月浦　田上信義（故）・英子夫妻、田上ミス
出月　浜元一正（故）、中山栄（故）・美世夫妻、溝口勝（故）・キクエ（故）夫妻、松本弘
湯堂　坂本幸（故）・カヅ子（故）夫妻、坂本フジエ、岩阪国広

荒木正博、坂東克彦、矢作正、村上文世、須永陽子の各氏は、本書一次稿の全部または一部を読んでくださり、それぞれの専門分野から適切な意見を寄せられた。

西村幹夫は、一次稿と完成稿を熟読し、膨大な事実関係、氏名、年月を精査し、必要な事柄は追加調査を行い、綿密かつ鋭い指摘をされた。感謝の申し上げようもない。

松田哲成、山下善寛には水俣工場の労働運動について、淵上清園には方言について、ご教示いただいた。妻雅子は、何回も書き直した鉛筆書きの読みにくい原稿をその都度印字してくれた。

日本評論社は、困難な出版事情の中、全六巻に及ぶ刊行を実現された。同社の黒田敏正は、長い編集者生活の最後の仕事に本書を選び、全力を尽くして編集作業をされた。感謝の気持ちでいっぱいである

二〇一五年春

岡本達明

不知火海沿岸図

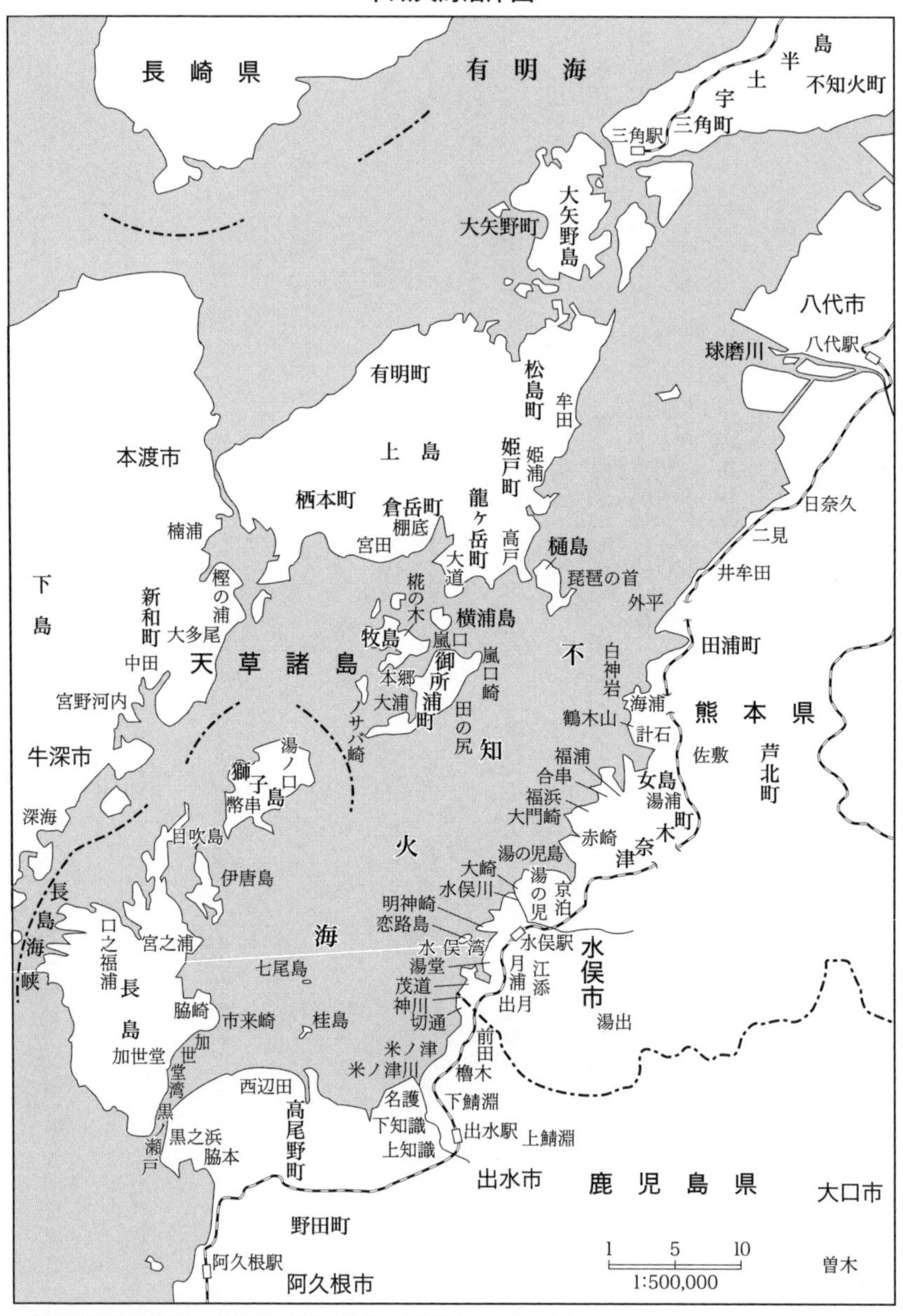

『水俣病事件資料集』上巻所収の地図を改変。市町村名は1995年時点のもの。

目次

第一部　月浦村

凡　例

一、本書の聞書は、月浦村は二〇〇〇年、出月村は二〇〇一年、湯堂村は一九九九年と二〇〇三年に集中的に行った。各章では改めて聞書年を付さない。それ以前に行った聞書および筆者の他の著作等の聞書を引用する場合は、聞書年を付す。

一、患者家族、村人らの話し手と登場人物には、原則として初出時に生年等を、認定患者の場合は認定年月等を、括弧内に記す。

一、本書は聞書の性質上、差別的表現はそのままにしてある。

一、本書の聞書は語りのニュアンスを生かすため、方言を用いる。わかりにくい方言はルビを付すか、括弧内で標準語にしてある。

一、本書は西暦と年号を併用する。ただし生年は年号のみ、聞書および引用文を除く地の文の戦後は西暦のみ、また患者認定年も西暦のみとする。

一、聞書および引用文は字下げをし、前後を一行空けてある。

一、地の文および聞書の筆者注は＊印あるいは括弧で示した。

一、引用文中の筆者注は〔　〕で示した。

一、人名・地名などの固有名詞の漢字は、原則として新字体を用いた。

まえがき

水俣病は、工場がつくり出した人工の恐ろしい不治の病気である。天草は御所浦（ごしょのうら）の人が「海の中には母がいる」と言った。水俣病事件は、工場がその海を破壊し、住民を殺傷した母殺しの物語である。その規模は巨大であり、水俣病は二〇世紀における世界最大最悪の公害事件となった。工場の名前をチッソ（戦後まで日本窒素肥料㈱、一九五〇年新日本窒素肥料㈱、六五年チッソ㈱）水俣工場という。工場は九州の熊本県と鹿児島県の県境近くにあり、明治末の創業以来この地域一帯の住民の生活基盤となってきた。南九州の辺境の地には他にさしたる工場はない。そこで、水俣では長く「チッソは飯茶碗」と言い習わしてきた。飯茶碗が、その生活基盤のさらなる母胎である環境・健康・生命の破壊者となったのである。工業は一八世紀の産業革命以来、人類の文明を発展させてきた。それから約二世紀が経って、そのたどるコースの一つは、半ば必然的に自然を破壊し、人間の存続自体を脅かすに至った。「神さまから見たら人類は絶滅危惧種かも」（新聞投句）という状況である。文明をつくるのも人間なら、破壊するのも人間である。水俣病事件はその典型例であって、自然科学と社会科学の両面から徹底的に研究される必要がある。それにもかかわらず、全体的にみた研究の到達度は寒心にたえない。

水俣病事件には縦軸と横軸とがある。縦軸は、加害と被害であり、加害者と被害者の相克である。横軸は、病の社会面であり、被害者と社会とのあつれきなど、病に伴って生起していった社会事象である。これは、病自体と病の損害賠償の両面から生じた。水俣病事件の社会科学研究とは、一言でいえば、その縦軸と横軸および両者の相関を研究することである。そのいずれかが不十分であれば、事件を総合的に理解することはできない。

このような事件の研究で重要なことは、加害者と被害者の相克や社会面で、いったい何が起きどのように進展していったかという事実の追究である。事実こそが圧倒的な意味を持っているのであって、事実を把握した上で考察が加えられなければならない。その事実の追究は縦軸も容易ではないが、横軸は社会事象だけに一層複雑である。

事件には、加害者と被害者という二人の主人公がいる。加害者は、足尾鉱毒事件がそうであったように、ひとりチッソのみならず権力との複合体になった。その複合体のありようは事件の進展と共に変化した。一口に事実といっても、加害者がみる事実と被害者や民衆がみる事実は異なる。本書は複眼の視点で事実の追究をしていくが、被害者や民衆の体験した事実を最も重視する。被害者や民衆が肉声で語る「水俣病の民衆史」として事件を記録する点に、本書の特色がある。

この事件の特徴の一つは、横軸が縦軸に先行して始まったことにある。人類史上初めての病気だから、一九五六年五月、水俣病が発生していることが医師に認知され保健所に届出されたとき、水俣病は原因不明の奇病と呼ばれ伝染病と疑われた。水俣病が多発した村は伝染病の恐怖に襲われた。やがて医学者たちは伝染病ではないことを突きとめ、工場の廃水が原因ではないかと疑った。だが、工場は頑強に否定し、何の対策も立てずに被害を拡大させ、必死に原因究明に当たった熊本大学医学部の研究を妨害した。このため原因物質の確定は困難を極め、熊大研究班が有機水銀説を発表したのが五九年七月、政府が水俣病は工場が排出したメチル水銀が原因であることを正式に認め、水俣病を公害認定したのが六八年九月である。そこで横軸が五五年頃から始まったのに対し、縦軸が駆動するのは、前段階が五七年から、本格化するのは、患者家族や漁民の生活が破壊の極に達した五九年以降である。

事件の横軸について

水俣病は村で起き、その社会事象は村で時を刻んでいった。つまり横軸の主たる舞台は村社会である。事件の横軸研究の核心は、村社会の位相から水俣病を、そして水俣病の位相から村社会を研究することにある。村社会を拡大すれば地域社会となる。チッソは多数の地域住民を雇用し、地域経済・政治の主役たる地位にあった。そこで地域社会は横軸と関係するものの、主として縦軸の舞台となった。

本書は横軸の研究対象として、水俣病が激発した水俣湾沿いの月浦（つきのうら）、出月（でづき）（「でつき」ともいう）、湯堂（ゆどう）の三つの村を選ぶ。一九五六〜五七年の激発期には、この三つの村で見出された患者が全患者の六〇％を占めた。伝染病の恐怖は三つの村で最も鋭敏にあらわれ、他の村ではその社会事象を研究することはできない。また患者数が多い故に、病の損害賠償が社会事象となったときも、この三つの村以上に研究対象として最適な村は他にない。七一年六月に発足した熊本大学医学部一〇年後の水俣病研究班も、「最も濃厚な有機水銀汚染地区」と考えられてきた水俣地区のこの三部落と、天草郡御所浦の嵐口（あらくち）等の部落を、同年以降に行った一斉検診調査の対象に選んでいる。また、奇病患者は水俣湾を主漁場とした漁師とその家族を中心に発生したので、水俣湾も事件の舞台として研究対象とする。

水俣病の発生地域は、熊本県から鹿児島県にかけての不知火海の沿岸地域や山奥部、島嶼部の広い地域に及んでいる。これらの地域の中から幾つかの部落を選び対照として調査報告をすることが望ましいが、これは筆者の手に余る仕事である。水俣の他部落（特に同じ激発部落である茂道（もどう））や他地域については、関係する箇所で部分的に述べるにとどめる。

事件の縦軸について

事件の縦軸は次のような経過をたどった。

一九五九年七月、熊大研究班が有機水銀説を発表したとき、患家の生活は完全に破壊されていた。患家は社会的に孤立しており、発表を契機として絶望的で一揆的な闘争を起こしたが、見舞金として涙金を手にしただけで惨敗に終わった。水俣市漁業協同組合（市漁協）と熊本県漁業協同組合連合会（県漁連）も激しい闘争を行ったが、同様に屈服させられた。それから一〇年の沈黙を経て、六八年九月の政府の水俣病公害認定を契機に、認定患者と潜在患者による、社会を揺るがしたチッソに対する水滸伝的な闘争が起きる。折しも日本中が公害列島と化する中、全国的な支援が高まり、患者は七三年七月、初めて補償金の名に値する補償を得る。その後は認定と補償金をめぐる未認定患者と行政の攻防になり、一時金支払いを骨子とする九五年一二月の政府政治解決でひとまず決着する。

一方、技術革新で競争力を失っていく原因工場である水俣工場の抜本処理をめぐり長期大争議と大量首切りが起き、加害企業チッソは他社との競争に破れ次第に倒産の危機に陥る。そして原因工場労働者の闘争と患者闘争は日本で初めて結合するに至る。

構図的にいうと、加害者の側は、チッソ・主力銀行、行政（県・国）、医学であり、被害者の側は、患者・家族、支援市民団体である。工場労働者は、大争議で労働組合は分裂、第一組合は苦闘の末被害者側に立ち、第二組合は加害者側の手先となった。

ところで事件の縦軸は、水俣病闘争史といいかえることができる。闘争は、人間とは何か、企業とは何か、医学とは何か、国家とは何か、を抜本的に問う幅と深さを持ち、日本資本主義の骨格をゆるがすものとなった。本書はこの闘争史を全面的に記録しようとする。

本書の構成

次の六巻で構成される。
第一巻　前の時代——舞台としての三つの村と水俣湾
第二巻　奇病時代　一九五五〜一九五八年
第三巻　闘争時代（上）一九五七〜一九六九年
第四巻　闘争時代（下）一九六八〜一九七三年
第五巻　補償金時代　一九七三〜二〇〇三年
第六巻　村の終わり

第一巻は、三つの村の成り立ちと生活、水俣湾の漁業を調べる。舞台となる村がどんな村か、水俣湾がどんな湾かを知らなくては、事件を理解することはできないであろう。

第二巻は、三つの村を「奇病」が襲ったとき、患家と村にいったい何が起きたかを明らかにする。三つの村は成り立ちが異なっていたため、奇病は村によって全く異なる病気であるかのような様相を呈した。

第三巻は、奇病時代に起きた患者家族と漁民の絶望的な闘争、その数年後に起きた工場の大争議、政府の六八年九月水俣病公害認定を契機に始まった新たな患者闘争について述べる。チッソによる水俣病患者家庭互助会分裂攻撃の中、訴訟派が提訴したのだ。それは、社会をゆるがした五年間にわたる患者闘争の幕開けとなった。

第四巻は、第三巻の続巻である。放置されていた潜在患者も立ち上がり、もう一つの幕開けとなった。本巻は、この経過、水俣病が社会問題となる中、全面的に展開していく患者闘争、その帰結について述べる。水俣工場、次いでチッソそのものが無能経営のため潰れていき、工場労働者の闘争も患者闘争と結びつきながら激化する。第三巻と第四巻は、あわせて水俣病闘争史の中核をなす。

第五巻は、補償金時代となった事件史の次なる展開を調べていく。本巻はまず、加害者にとっての補償金、被害者にとっての補償金、村にとっての補償金について述べる。認定と補償金をめぐる患者側と行政との抗争は、長い経緯をたどった。本巻は次いで、事件が補償金を中心に回っていく中で、人間の物語とお金の問題を掘り下げて調べる。

第六巻は、第五巻の続巻である。漁業の壊滅、農業の衰退と補償金による急激な消費社会化のために、事件の発生から約半世紀を経て、われわれの三つの村は終わりを迎える。横軸の舞台がなくなったので、本書はここに幕を閉じる。

第一巻・第二巻、第三巻・第四巻、第五巻・第六巻はそれぞれセットをなし、全六巻は起承転結の関係にある。横軸と縦軸でいえば、第一巻、第二巻、第六巻は横軸を、第三巻と第四巻は縦軸を、第五巻は双方を対象とする。読者は、本書において事件のどの局面をとっても巨大な不条理が支配していることを見出されるであろう。著述に当たって人為的な加工は一切行わなかった。長い事件の経過の中では、被害者の内部で芳しからぬ出来事も起きた。本書は隠すことなくありのままを記述する。

村を調べること考

本書のまえがきは、以上で終わりである。だが事件の横軸（社会面）の舞台は村だと聞いてとまどいを感じられる読者が多いのではないだろうか。日本が生産社会から消費社会に変わって久しく、人々が都会に集中して住んでいる現在、村は遠くはるかな存在である。本書も、村の終えんをもって幕を閉じる。村を調べるというのは、どういう作業なのだろうか。ここに補足として述べておきたい。なお縦軸（加害者と被害者の抗争）の研究についての本書の方法論は、第三巻のまえがきで記述する。

三つの村は水俣湾沿いにあって隣接しており、水俣の町から行くと、月浦、出月、湯堂の順に三角形を成している（二一頁の図2）。奇病騒ぎが起きる前、三つの村の戸数は、いずれも一〇〇戸ほどであった。月浦は、幕藩時代からの百姓村である。出月は、大正から昭和初期にかけて工場を目指してやってきた島嶼部からの移住者がつくった新村である。湯堂は、少数の居つきの人間と明治以降の島嶼部などからの移住者により形成された漁村である。

村を調べるとは、村の成り立ち、歴史、生業、民度、戸数、地縁・血縁関係、村人の気質などを調べることだといえば、読者は納得されるかもしれない。だがことは簡単ではない。具体的に説明しよう。

水俣の村はいったいに独自性が強い。一八八九（明治二二）年、幕藩時代からの一九村が合併して水俣村が誕生、一九一二（明治四五）年に水俣町、一九四九（昭和二四）年に水俣市となった歴史が生きているのだ。村は部落ともいう。「部落」は家の集落、「村」はより広義な生活集落といったニュアンスである。部落は行政の単位組織でもある。本書も村と部落の用語を併用する。水俣では村（部落）名に「者」をつけて、深川者（ふかがわもん）、丸島者（まるしまもん）、月浦者（つきのうらもん）などという。その感覚は大変シャープであり、よそ者には理解不能である。一九七〇年代の話だが、筆者の家に五歳ほど年上の友人が二人遊びに来た。〇〇者（もん）の話になって、

「あーたたちは、町の通りを行く人たちを見て、誰が〇〇者かわかっとね？」

と聞いた。二人とも悠然と、

「だいたいわかるな」

と、のたもうた。内心わかるはずがないとたかをくくっていた筆者は慌てて、

「それは、あーたたちが狭い水俣で生まれ育ってきたから、住民の一人一人をたいがい知っているからじゃなかんね?」

と、逆襲を試みた。

「いんにゃばい。誰だか知らんでもわかっとばい」

「じゃ、どうやって?」

服装、物腰、その人の雰囲気などで何となくわかるのだというのが二人の一致した説明だった。筆者は水俣で二五年ほど暮らしたが、遂にその域に達することはできなかった。

さて筆者は、例えば湯堂に出かけて行き、親しい知人に頼ってまず村の成り立ちを教わろうとする。するとたんに、オッチョばんのサダばんの、ちんどんの留どんのと、十数人の村人の名前が飛び出してくる。移住者の多いこの村は、村中みな「やうち」(親戚)である。一人一人の村人の顔を知らず、やうち関係もわからない筆者は、たちまち話についていくことができないで立ち往生してしまう。戸数が一〇〇戸ある村には、一〇〇個の生活史がある。村の居つきの者か移住者か、親は誰で嫁さんはどこから来たか、子供は何人で名前は何か、生計はどうやって立てて生活程度はどうだったか、村人たちの知識量は恐るべきものがあり、かつ正確である。村人たちの足元にも及ばないにしても、村の一軒一軒についてある程度のことを知らなくては、村を理解することなど到底できない。

次の機会に、筆者は湯堂の生業について教わりに行く。漁村だから、海の世界と陸の世界がある。二つの異質な世界の村でのありよう、相関の仕方がまず問題となる。海の世界についていえば、海の民はもともと漁師と船乗りに分化し、漁師は釣漁と網漁に大別される。その漁業を理解するには、漁種、漁法、漁場、魚の生態などの専門知識が必要である。水俣湾は不知火海の内湾であって、海の世界はどこまでも広がりを持つ。海の世界は深く広く、生半可な姿勢ではとても歯が立たない。このように、小さな漁村でも奥は深いのだ。

村のことを知りたいと願う外部の研究者にとっては、状況はさらに厳しくなる。どこの家にも、人にはあまり知られたくない家庭事情がある。村についても同じことがいえる。村人には、信頼できるかどうかもわからないどこかの馬の骨に村のことを詳しく教えるいわれはない。また、膨大な量の情報を一々教えるひまもない。確かな人間関係なくして、村を調べることはできない。まして水俣病と村という複雑微妙なテーマを扱うにおいておやである。かくて村は、あなたの前に屹立する。事件に惹かれて水俣にいっとき暮らした人は少なからず居り、中には移り住んだ人も居るのだが、筆者の知る限り、村の内部に入ることができた人は数えるほどしかいない。

事件の社会科学研究の成書は、「患者家族は村八分的ないわれなき差別を受けた」などと記述しているものが多い。この記述は間違いではないものの大変不正確なのだが、「村八分」という以上、その著者の意識の中には村があるのだろう。だが村といえば共同体、患者といえば差別、水俣といえば企業城下町といったステレオタイプにとどまっている成書がほとんどといっていい。これでは肝心の水俣病と村の研究は、丸ごと欠落してしまっているに等しい。

かくいう筆者も、三つの村について何も知らない部外者である。そこで村を調べるフィールドワークに当たり、異文化を調査する際に文化人類学が採る共同調査者の手法によることにした。これは、村役や世話役を長く務めたり、村店をしていて、村の歴史や村人を熟知しており、かつ村人からも信頼されている、村の中心的な人物を各村ごとに何人か選び、その人たちに調査の協力者になってもらうやり方である。ここに村店というのは、食料品や生活必需品などを売っている村のよろず店をいい、各村に一軒ずつ必ずある。

筆者にとって幸いだったことは、工場の労働運動や水俣病の闘争を通して心から信頼し合っている、村の核となる人物が三つの村共に複数居たことである。この人たちは、筆者に対する協力を惜しまず、進んで共同調査者になってくれた。まずこの共同調査者たちに徹底的に話を聞き、面識のない村人の話を聞くときは、連れていってもらったり、紹介してもらったりした。村の調査ができたのは、挙げてこの人たちのおかげである。

三つの村の調査は一九九九年から二〇〇三年にかけて集中的に行った。調査は二〇〇三年春で終わっている。調査事項は、村の成り立ち、生業、土地の所有関係、道路・井戸等のインフラなどの村落調査と、生活史、通婚・やうち関係、家族構成などの各戸悉皆調査および水俣病事件による村の終えんまでの経過調査、水俣湾漁業の実態調査などから成る。調査方法は、圧倒的に聞書による。村社、共同墓地、道路、水道が通る前の井戸、公共施設、村に残る記念碑などは、ことごとく調べた。村についての文献資料は皆無に近かった。筆者や協力者の個人的性向や立場による偏りが出ないよう、細心の注意を払ったことはいうまでもない。

誰がどうした

ところが村を調べるということは、こういう言い方だけでは不十分なのである。村の日常生活は村人の「誰がどうした」から成り立っている。先に挙げた基本的な事柄も、誰がどうしたがその土台にある。そして誰がどうしたかは、「あんた聞いたかな、オッチェばん家(げ)ではかくかくしかじか」「あれ、ほんにや」と、たちまち村人に共有される。そこで本書の村の話も、誰がどうしたというエピソード風な展開をしていくことになる。

村の記述はここでたちまち大問題に直面する。第一巻の第一部から多くの村人の名前が登場するので、調査を始めたときの筆者と同じように、読者はハトが豆鉄砲を食ったような気分になられる可能性が強い。そのとたんに本書は哀れツンドクの身となりそうである。

ここで誰がどうしたについて、「誰が」と「どうした」との関係を、民謡を例に考えてみよう。

・弥三郎節（青森県）

一つァエー　木造新田の相野村　村の端ンずれコの弥三郎ァ家　コレモ弥三郎エー

三つァエー　三つ物揃えて貰た嫁　貰てみたどこァ気に合わねエ　コレモ弥三郎エー

五つァエー　苛びたり揉んだり嘲けたり　日に三度の口つもる　コレモ弥三郎エー

・郡上踊（岐阜県）

心中したげな　宗門橋で　小駄良才平と酒樽と

弥三郎節は、森田村大字相野の弥三郎という百姓に嫁いだ娘が、姑に虐待されて離縁になったという事件を村の人が同情して、当時流行の数え唄式に歌い囃したものという。郡上踊の宗門橋は丸木づくりの小橋で、小駄良は地名、才平は殿様お気に入りの剽軽者だが、或る日、酩酊の挙句、宗門橋から落ちて死んだという（町田嘉章・浅野建二編『日本民謡集』岩波文庫、六〇年）。

「誰が」「どうした」でこの民謡は生まれた。後世のわれわれがこの民謡を歌うとき、おもしろいのは「どうした」で、「誰が」は全く気にならない。だが、弥三郎と小駄良才平という名前がなくては唄にならない。そしてどういう男か全く知らなくても、とたんに唄がぐっと身近になる。これが「誰が」の持つ力である。

本書の場合も、村人にとっては「誰が」と「どうした」は等しく重要である。読者は「誰が」は民謡の弥三郎や才平と同じと思っていただいていい。あ、Aさんね、Bさんねというふうに読んでいただきたい。名無しの権兵衛では困るので名前を挙げているが、プライバシー配慮の関係でAさん、○○さん、M・Tさんなどとする場合も、現にある。

村の血縁関係は、誰が誰の家に嫁に行ったか、あるいは養子に行ったかということであり、「誰が」の話である。

この場合でも、その結果、村内および近村とのやうち関係の全体がどうなったかが村を理解する上で重要なのであり、親や嫁や養子の名前、相手方の家の名前を読者が一々覚えられる必要はない。本書では、同じ話者が何回も登場する。読み進むうちに、必要な事項は自然に読者の頭に入っていくと思われる。

急性劇症型である奇病に罹ったのは、漁師とその家族である。漁師については、「誰が」と「どうした」は本書でも等しく重要である。第一巻第一部以降では、漁師に特に注意を払って記述している。そこで第一巻に出てくる漁師の名前については気にしていただきたいが、名前を覚えなくても差し支えないように、第二巻「奇病時代」で、登場する患家について、（第一巻〇頁前出）というように注記することにする。

第五巻「補償金時代」と第六巻「村の終わり」では、プライバシー配慮の関係で、「誰が」は匿名とするケースが多くなる。

なお本書を読まれて、三つの村について本格的に研究したいと思われる奇特な研究者があらわれるかもしれない。その研究者にとっては、「誰が」は意味を持つであろう。そのとき必要なデータは本書の中に入っている。

【参考文献】

第一巻の参考文献は大変少ない。次の七冊を挙げておく。

(1)『水俣市史』水俣市史編纂委員会、旧版六〇年、新版九一年。

(2)袋小学校一〇〇周年・袋中学校二五周年『創立記念誌』創立記念祝賀実行委員会、七三年。『袋小記念誌』と記す。

(3)『聞書 水俣民衆史』全五巻、岡本達明・松崎次夫編、草風館、八九～九〇年。『水俣民衆史』と記す。

(4)「天草漁民聞書」（久場五九郎）『近代民衆の記録7 漁民』（岡本達明編、新人物往来社、七八年）所収。『漁民』と記す。
(5)『水俣病の科学』西村肇・岡本達明著、日本評論社、二〇〇一年、増補版〇六年。
(6)『熊本県の海面漁業』第一輯、農林省熊本県統計調査事務所、五四年。
(7)「水俣病現地研究会不知火海漁業調査レポート」八八年（未発表）。「現地研未発表レポート」と記す。

(2)は、小・中学校のメモリアル・イヤーに校区民が寄せた文集で、その中に大変有益な手記が含まれている。
(3)は、明治維新以降の水俣の村と明治末以降の日本窒素肥料㈱の水俣工場ならびに昭和期以降の朝鮮興南工場について敗戦期まで調べた聞書である。
(4)は、三つの村の漁師たちの故郷でもある御所浦島や天草各地の漁民の聞書（「久場五九郎」は岡本と松崎の共通のペンネーム、聞書対象時期は戦前）である。
(5)は、水俣湾の魚介類のメチル水銀汚染メカニズムと汚染実態および工場内でのメチル水銀生成メカニズムと経年メチル水銀排出量について本格的に研究した専門書である。
(6)は、熊本県内の漁業概要や漁業種類の説明書である。本書の筆者注（＊）のうち漁法等に関するものは、主に同書によっている。
(7)は、筆者と国立水俣病研究センター赤木洋勝らが、熊本大学・原田正純、二塚信、富樫貞夫、丸山定巳、有馬澄雄に呼びかけて八七年につくった研究会による、不知火海各地の未発表漁業調査レポートである。

序　章　陸と海

——肥薩国境の丘陵地帯と水俣湾

三つの村は肥薩国境の丘陵地帯にあり、この地帯と深いかかわりがある。そこで本書の長い物語をこの丘陵地帯から始めることにしよう。丘陵は、県境にまたがる高さ六八七メートルの矢筈岳（やはずだけ）から坂をなして海際に至る。海際は多く崖になっている。その海に水俣湾がある。だから丘陵地帯は陸と海から成っている。「神さまはなして（どうして）こげん山地に造らったっじゃいよ」と古老は言った。ここが平地だったら肥薩の歴史は全く変わったものになっていただろう。

丘陵地帯の陸の生産性は大変低く、村がまばらにあるだけだった。水俣湾は不知火海随一といわれた好漁場だったのだが、明治維新前は水俣湾の海岸はほとんど無住の地だった。明治以降、陸や海岸に天草などから移住民がやってきて新しい村が形成されていった。丘陵地帯の物語は、前からの住民と移住民の物語であり、百姓と漁師の物語である。

丘陵地帯の百姓と漁師は大変貧しく、本業だけで生活していける者はごく僅かだった。水俣には日本窒素の工場がある。工場の職工になって現金収入を得ることが人々の活路だった。移住民の中には、工場目指してやってきた者も多い。そこで半農半工、半漁半工が人々の常態となる。

本章は、三つの村の母胎である丘陵地帯の陸と海を、地勢、歴史、生業、移住民、百姓と漁師の暮らしぶりなど、さまざまな角度からみていく。

一　ガゴ（化け物）の出るイナカ

丘陵地帯の地勢をまず頭に入れることにしよう。図1「水俣村落図一九一一（明治四四）年」を見ていただきたい。この図は、一九〇七（明治四〇）年、日本窒素肥料㈱の創業者・野口遵（したがう）が水俣村の河口近くに小さなカーバイド工場を建設して間もない頃のものである。図の中央に水俣川（上流は水俣川と石坂川に分かれる）と湯出（ゆで）川の二筋の川が流れている。

水俣は、この二つの小河川が造った狭小な沖積地である。二つの川の間は急な山であり、耕地にならない。二つの川沿いに少しばかりの水田や畑がある。沖積地に陣（じん）ノ町（まち）、浜（はま）、平（ひら）などの「マチ」がある。村数の多い水俣川沿いの部落群を「ウラ」（梢の意）と言った。水俣川をさかのぼり県境の峠を越すと、薩摩の山野（やまの）、大口（おおくち）（広い盆地である）に出る。明治期までの水俣村は、主にマチとウラから成っていた。湯出川は、水俣村の「南口」と意識され、村境の感があった。この湯出川の南西側が矢筈岳を頂点とする肥薩国境の広大な丘陵地帯であり、「イナカ」と呼ばれた。その面積は、水俣全体の半分近くを占める。矢筈岳は、熊本、鹿児島両県にまたがる。一八七七（明治一〇）年の西南の役では、矢筈岳が激戦地の一つになった。この山を取れば薩摩は眼下だからである。矢筈岳は遠く霧島山系に連なっている。

幕藩時代には、薩摩藩の参勤交代路であった薩摩街道がこの丘陵地帯を通っていた。江戸中期の状況は、「坂之辻より鄙道廿町ほど参り袋村有。今家数十五軒ほど。此村に御番所有。此村より廿五町ほど参り神ノ川と申小村有。百姓一人。此村迄御国之内也」（津奈木鳥居家文書）であった。御番所は、肥後藩の国境の関所である。文政二（一八一九）年の袋村の郡筒（鉄砲持ちの地侍）として、城山伝次兵衛、牧五右エ門、奈須五左エ門、徳富茂次右エ門の四名の名前が古文書にあるが、今でも城山、牧、奈須姓の子孫が袋村にいる。城山家は敗戦後に至っても袋で一番の分限者（資産家を水俣ではこう呼ぶ）であった。矢筈岳から海に向かって流れる神川を越え薩摩に入ると、米ノ津、出水のある広大な出水平野となる。

神川は小さな川だが、この川が肥薩の国境を分ける。川の真ん中に境石と呼ばれる石があり、大水が出ると流される。その都度、村人たちはこの石を探し出してきて元の場所に据えるのだという。川一つ挟んで肥後弁と薩摩弁になり、外国語ほどにも言葉が違う。遠方から来た人は目を白黒させる。

イナカの丘陵地帯の村々をみよう。袋村が親村で、月浦がそれに次ぐ。湯道（戦前は「湯堂」ではなく「湯道」と書いた）はあるが、出月はまだない。村はまばらである。月浦を起点とすると、図の右側から東南側にいって、小田、八ノ窪、坂口、侍、小田代、野川、長崎、茂川、木臼野、招川内、矢筈岳から図の北西側にいって、下山、神川、茂道がある。後で村の名前が出てきて、「どこにあったっけ」というときは、この図を見ていただきたい。

三つの村の位置を確認するために図2「月浦・出月・湯堂周辺図（一九五二（昭和二七）年）」を見よう。五二年は奇病が発生し始める頃である。図2には、水俣湾（袋湾を含む）、海岸、道路、鉄道、工場排水口と若干の地名を記してある。水俣病をひき起こした新日本窒素水俣工場は図の右端中央上にあり、大正の初め、図1にある塩田跡に建てられた。明治期の旧工場との対比で新工場と呼ばれた。工場排水は、工場に沿って設けられた排水溝を通って水俣港（百間港ともいう）に排出され、不知火海に流れ出た。水俣港は水俣湾奥部につくられた貿易港である。

図1の塩田は幕藩時代の一六六七（寛文七）年以来のもので、一九〇五（明治三八）年に実施された塩の専売制に伴い廃止された。廃止当時三四町余、製塩高年数十万俵（一斗俵）だった（『水俣市史』）。この水俣塩は、船で肥

図1 水俣村落図（1911〔明治44〕年）

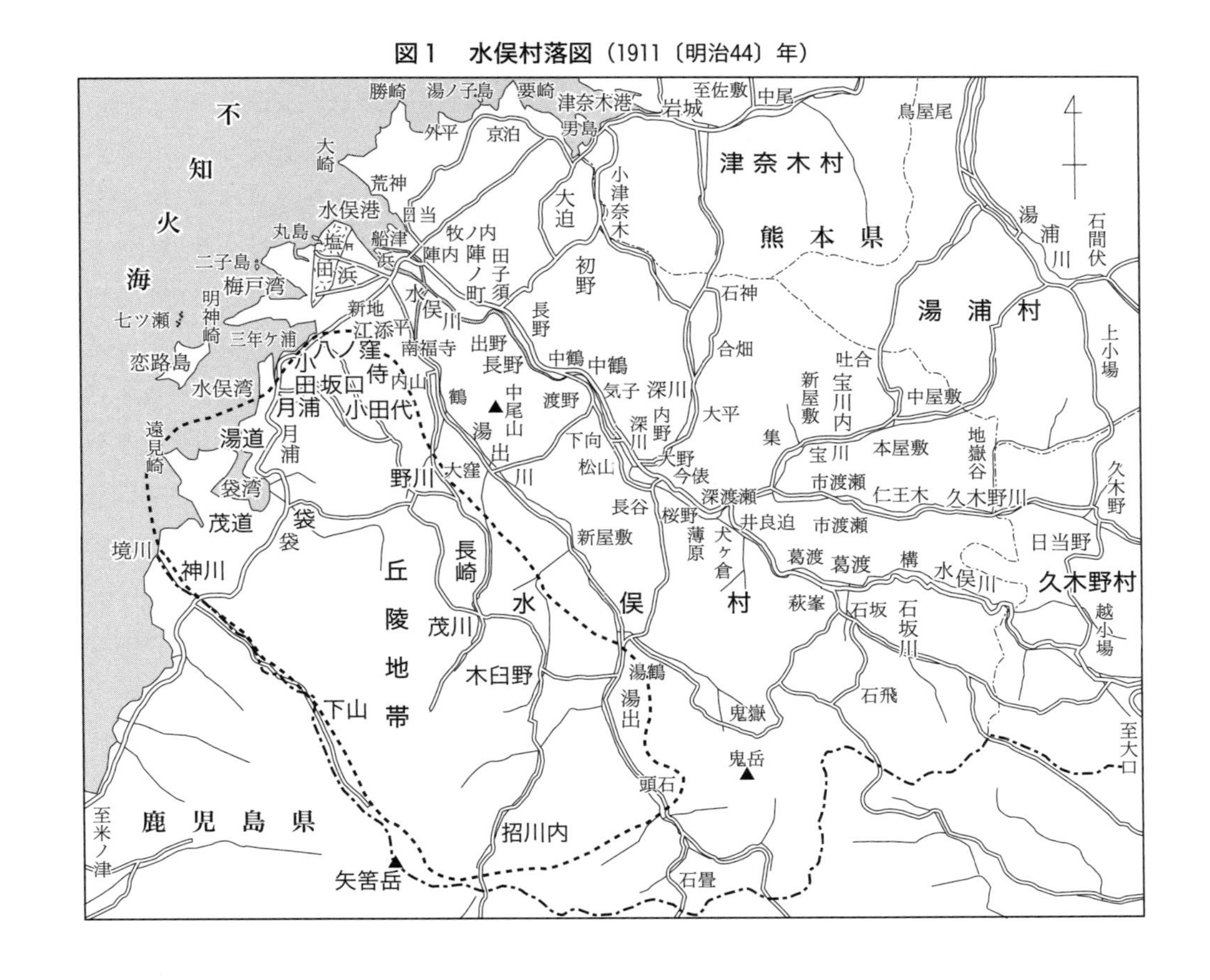

前方面に積み出されると共に、馬車、馬、人の背により薩摩の山野、大口、米ノ津、出水に運ばれた。

図2の水俣湾（三・八㎢）は、明神崎、月浦（笹本）海岸、柳崎などの陸側を恋路島（古くは古路島といった）が塞ぐ形でつくられている不知火海の内湾で、子湾の袋湾（〇・六㎢）を持つ。湯堂は袋湾の入り口にある。柳崎を南側に下ったところに茂道がある。

『肥後国誌』（明和九〔一七七二〕年、肥後藩士・森本一瑞遺纂）は「古路島　又古木島トモ云。周廻一里アリト云。蚫多シ。島番ノ賤夫一軒アリ。島中悉ク松山也」という。蚫はアワビである。明治維新の折、古路島は天草郡御所浦島の森氏の所有するところとなった。その後持主が何人か代わり、現在は水俣市の所有となっている。

水俣湾から陸を見ると、月浦海岸は崖状をなし、三年ケ浦付近で高さ一二～一三m、月浦部落付近で約一〇mであり、部落から崖を下って海岸線に出る細道が何本かある。部落から五〇〇mほど先に急な谷があって、ここだけ崖が切れ、海に出ることができる。谷の出口に小さな波止があって、坪谷という。谷の入口から陸地に上がったところが出月である。坪谷から先の海岸は遠見の外といって再び崖状をなし、遠見崎を回って袋湾沿いの湯堂に出る。湯堂は、海の際まで山が傾斜している。

これらの崖の上は、いったいに奥深い松山になっていて、水俣一の分限者深水氏（屋号伊蔵）の所有林であった。また湯堂から袋湾の対岸を見ると、茂道山（三二頁後出）の松の大木がうっそうと茂っていた。漁師たちになじみの松の大木には名前があった。「ユーレイ松」には、人魂がとまって青白い火を点した。「下り松」は、船の帆柱はこの木の上に滑車をつけて立てるものと決まっていたので、その名がついた。この陸側の松林と茂道山は、水俣湾を好漁場たらしめる一つの要因でもあった。湯堂の対岸の辺りは人家が少しあり、西ノ浦という。

月浦から湯堂までと茂道山の下の磯は、「石ゴッツ」の海岸であり、岩につくカキやビナと呼ばれる小さな巻き貝などの貝類が豊富である。丘陵地帯の村々では、春三月、村人たちが海岸に下って、必ずこのビナを採った。必

図2　月浦・出月・湯堂周辺図（1952〔昭和27〕年）：水俣湾・海岸・道路・鉄道・工場排水口

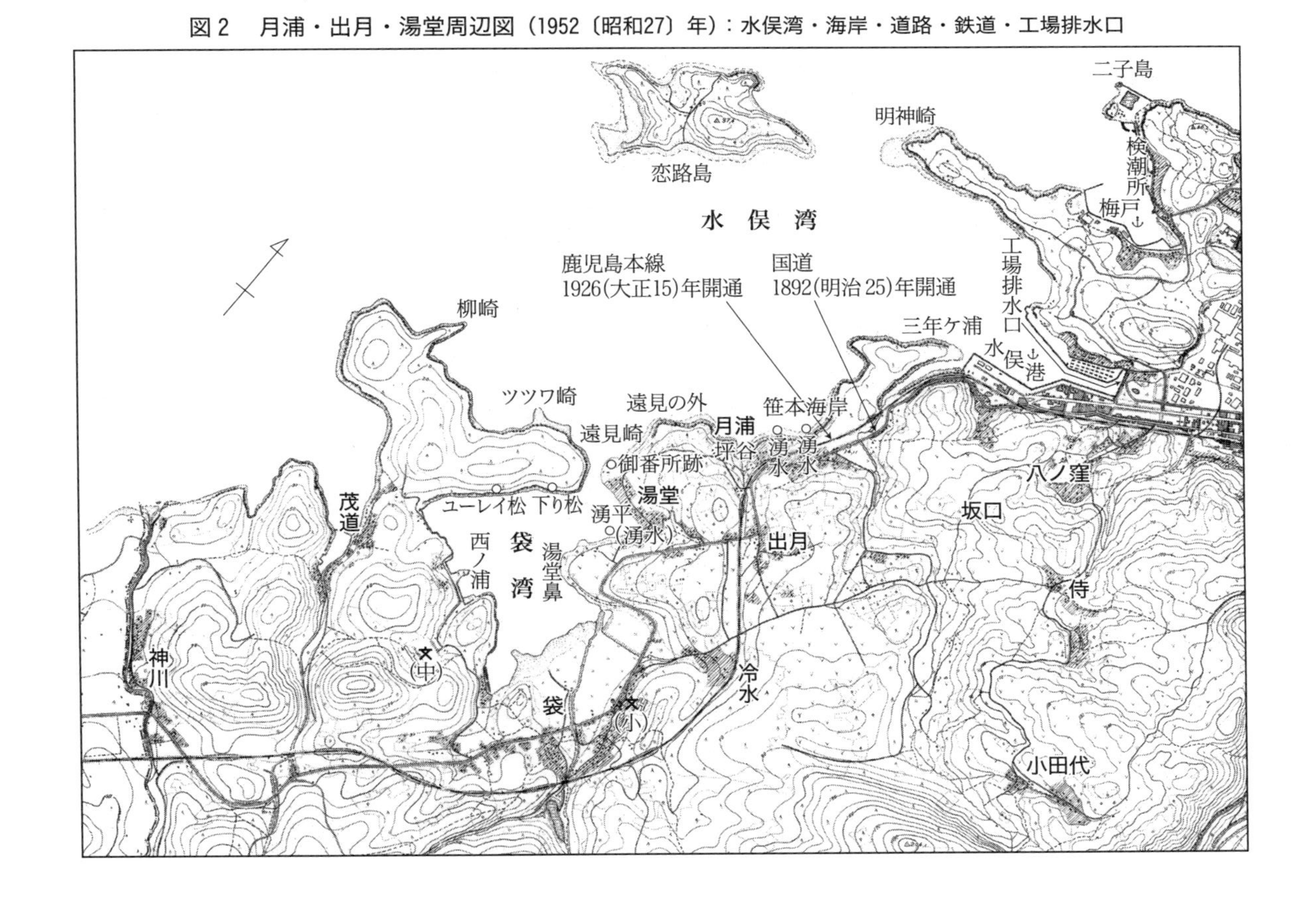

ずというのは、もしこの時期ビナを採って食べなければ、ヒトはみな巨大なウジムシに変身してしまうと信じられていたからである。小説『変身』を書いたフランツ・カフカよ、水俣の丘陵地帯を恐れよ。

明神崎の湾側、三年ケ浦、月浦海岸、袋湾など水俣湾の陸沿いの海はすべて遠浅であり、魚類の産卵場であった。水俣湾は不知火海最大の浦湾であり、瀬に富み、湾中央部の水深が約三〇m、魚類にとって「瀬と深さが最高の湾」であった（四三五頁）。恋路島は、島自体が「天然の魚礁」を成していた。水俣湾は、不知火海沿岸漁民垂涎の随一の好漁場だった。

次に、図2で道路と鉄道についてみよう。一八九二（明治二五）年、薩摩街道の海側に水俣から米ノ津、出水に至る国道ができた。国道といっても、車一車線分あるかという狭い道である。今では旧国道という。図1・図2でわかるように、国道は水俣港の手前から海沿いに坂を登り、坂を降りて月浦部落を通り、図南側に下がって出月に出る。出月でほぼ直角に曲がり、海側に湯堂部落を見、袋部落に至って米ノ津、出水へと通じる。水俣港の手前から坂を登ったところは三年ケ浦の崖上となるが、高さ三〇mほどの山を一部掘り割って通したらしい。戦後になっても、ここは「両側から大木がおおいかぶさって、暗さも暗さ、寂しさも寂しさ、ガゴ（化け物）が出る」ところであった。このガゴのせいかはわからないが、マチの友人たちに、「あんたは月浦や出月に行ったことがあっとね？」と聞いても、「それがなかったいな」と答える人が多かった。

一九二六（大正一五）年、ほぼこの国道沿いに鹿児島本線が開通した。鉄道は、出月部落の端で国道と交差し、袋部落の山側を通って出水に至る。

一九六二（昭和三七）年、海岸線の松山を伐り倒し、鉄道のさらに海側に新たに国道三号線ができた。湯堂部落の上から先は旧国道を拡幅した。

薩摩街道の時代からみると、道は海側へ海側へと下りていったことになる。丘陵地帯の村々を結ぶ道は、奇病時代でもそれこそ狭い道が多かったが、車社会になり現在はすべて自動車道路に変わった。

二　千人塚の祟り

丘陵地帯と水俣は戦国時代、島津氏や相良(さがら)氏（熊本県球磨(くま)郡地方を本拠地とした）といった武将たちの領地分捕り合戦の主戦場だった。そこで、あっちの国の領土になったり、こっちの国の領土になったりした。天正一五（一五八七）年、秀吉が島津「征討」のため大軍を率いて薩摩を攻めたときも、主力軍はこの丘陵地帯を通った。丘陵地帯には合戦と関係のある字名(あざ)が多く残っており、陣原(じんのはる)、仏石(ほとけいし)、狐狸原(ごるばる)などがある。侍村は侍通(さむらいどおり)という字名に由来するものと思われる。孤狸原は、秀吉西征のとき先鋒諸隊がここに露営すると真夜中になると怪火があらわれ将卒を悩ましたので、その名がつけられたという（『水俣市史』）。出月に千人塚という石塚がある。戦国時代のものとも、関が原の合戦の折遅れて出陣した島津軍との戦によるものともいわれるが、確かなことはわからない。千人もの死者の霊は、奇病が発生した時代にも人々の間に生きていた。

●出月・三好正弘（大正一一年生）の話

わしは出月の行政協力員（市から来る文書を部落員に配付したり、市との連絡係を務める部落の委員）をしてましたもん。奇病の出始め頃、部落の小林庄次郎さんのばあちゃんが来て、「おかしな病気が流行るが、千人塚の祟りじゃなかろうか。市役所に行って尋ねてみてくれろ」て頼まれたですたい。

●月浦・田上マツエ（大正九年生）の話

戦後に家を改造したとき、まっぽしどん（祈禱師の溝口真光、二一一頁。まっぽしは図星当たるの意）に聞いたってですたい。「月浦はずーっとずーっと昔、合戦のあったところ。あんた家の後にも白骨が何体か埋まっとる。毎月、一日と一五日には塩を振って清めろ」。で、うちには鬼門があって三坪ばかり空かっとります。◯◯さん家も、「俺家の東の隅は鬼門やっで、決して突っかかるな」て、昔から守って来らしたですたい。

月浦という村名も合戦に由来するという説がある。『肥後国誌』は、天正七（一五七九）年の薩軍と相良軍の水俣城攻防戦の折、「或時寄手ヨリ矢文ニ、秋風にみなまた落る木の葉かな ト発句シテ城内ニ射入ケレハ宗方返シニ、よせてはしつむ月のうら波 ト脇句シテ射返セリ」、「月浦村、此也」という。だが本歌は、「寄手はしづむ浦浪之月」であることが判明しており、そうでなければ歌意も通らない。

軍談好きの武士の説より、丘陵地帯の住民の間に伝わる伝説の方が興味深い。月浦から出月一帯には、この他にも月東、月之元、月浜、薄月といった「月」を付する優雅な小字名が多い。なぜか。

●月浦・植田チエ（大正五年生）の話

私共、次のように聞いとるもんな。

平家の落人が、水俣湾奥の洞窟に夫婦で隠れ住んでいた。何年か経ったある日のこと、米のとぎ汁が満潮で海に流れたため見つけられてしまい、追手がかかった。落人の夫婦は、月夜に乗じて海沿いに南に逃げた。大木のおおい茂った坂を越したとき、月が雲に隠れた。そこを月の裏、「月浦」と呼ぶようになった。落人の妻は闇の中で息をひっ切らして死んだ。男だけ逃げ続け、間もなく月が雲から出た。そこを

「出月」という。すると今度は月にうっすらと雲がかかった。そこを「薄月」という。

男はそこから矢筈岳へ走り登った。夜が明けようとしているのか鳥が鳴いた。そこを「鳥越(とりご)えの坂」という。さらに登るとほんとうに夜が明けた。男は初めて息をつき、湧き水で乱れた頭の毛をなでつけた。そこを「ビン髪(がみ)」という。男は逃げのびた山奥で木を切り、くり抜き物をつくり、ときどき下の部落に降りてきて米と換えて暮らした。湾奥の洞窟のある辺りを落人の夫婦が隠れ住んだ歳月に因み「三年ケ浦」という。

月浦のうちの雑木林に、そこ辺り竹切りに行けば、ゾーッと身ぶるいするところのあったもんな。嫁に来たばかしで、人に言えば馬鹿にされると思って黙っとった。そしたらある日、近所のばあさんが、

「チエよい、おまえ家(げ)の山に行けば、身の毛のよだつところのあっとぞ」

「あれー、あんたもそげんあるかな」

次に行ったとき気をつけてよく見てみたら、筋の通った三〇センチぐらいのきれいな石があった。掘り起こすと、お供え物を入れる茶碗がチャランチャランと鳴った。それからまっぽしどんに聞きに行った。落人の女の墓て。部落の山神さんの社に持って行って祀ったたったい。

米のとぎ汁といい、三年間隠れていたことといい、何だか水俣工場排水のメチル水銀を連想させるではないか。植田チエの語る薄月は出月と袋村の合い中、鳥越の坂は野川村の先、ビン髪は長崎村を過ぎた茂川村の入り口のところ、落人が逃げのびたのは木臼野村のさらに山奥であるという。

三　生業

水脈

矢筈岳から地下水が丘陵地帯を下がる。水脈があり、小さな川がある。この小川は丘陵地帯の北東側では湯出川に入る。北西側では月浦川（坂口川）、冷水川、袋川となって水俣湾に入る。月浦川が海に出るところが平家の落人が隠れ住んだという三年ケ浦である。

●月浦・田上信義（昭和三年生）の話

丘陵地帯は水脈があるけん、井戸掘って水の出る村（月浦、湯堂など）と、よう出らん村（出月、侍など）とあっとたい。井戸掘って水が出る場所は、赤土の粘土層のところじゃもんな。

長崎のナベ滝にもみ殻を入れたら、湯堂のバス停の傍の湧き水から出て来たってな。あそこは、いつから始終水が湧いとるもん。湯堂はそれこそ海岸端であって水に困らん部落じゃもん。鹿児島の霧島岳に行って色のついた水を流したら、湯堂の海岸の湧水に出て来たって話もあるもんな。そら、湯堂の「湧平」といって、海岸端の海の中に真水が勢いよく湧き出よるもん。

月浦の崖下の海岸は、笹本海岸といって昔はよか海水浴場やった。水俣病の出てからやめたばってんな。この笹本にも、二カ所真水が湧き出よるもんな。海辺であって海水はいっちょん入り込まんとたい。井戸が渇水するときは、村の人たちはみなここに飲み水を汲みに行きよらった。

●月浦・前嶋利一（昭和二年生）の話

侍村は、わしの頃（戦前）で四三軒あったな。そら、何十年て一軒も増えとらん。水がなかもん。上部落と下部落に一つずつ深井戸掘って、井戸が部落でたった二つ。その井戸も、旧の一〇月から二月までは必ず涸れよった。それで、桶担いで三キロの山道を上り下りして、坂口まで水汲みに行きよった。わしは昭和一八年に会社に入ったっじゃが、出勤前に使い水を一荷担うてきてかめに入れて、帰ってきてからまた風呂水を二回か三回汲みに行きよった。月浦に養子に来てみたら、たいげえ一軒に一つ井戸のあって、井戸のない家はあまりなかったばい。

田んぼ

水脈に当たる村では僅かばかりの田んぼがある。先の『肥後国誌』に、「親村」の袋村高一八九石を初めとして、月浦村高一九石、中茂村高一一五石、神川村高六石、野川村高四九石、長崎村高三四石、茂川村高一四石、木臼野村高一一石、頃石（古名）村高五一石、招川内村高八石、湯ノ津留村（古名）高三六石の「枝村」一〇村の記載がある。月浦村はここで初めて文献に登場する。中茂村は坂口の上に字名だけが残っている。村々の石高は大変低い。

現在に戻り、図3に一九五二（昭和二七）年の丘陵地帯の田んぼ、ごないか畑（次項後出）、茂道山・みかん山を示す。このうち田んぼをみると、八ノ窪などに点在する他、坂口川沿いの月浦から坂口にかけてとその上流、あと袋にある。袋の田んぼはまとまっている。丘陵地帯では、田んぼを持っている百姓は上農であった。

ごないか畑

寛永九(一六三二)年、細川忠利が肥後五四万石の領主になる。一八世紀の半ば以降藩財政は窮乏、生産性の低い丘陵地帯の利用に手を焼いていた藩は、一つの方策を考え出した。それが丘陵地帯一帯にまたがる大ハゼ山の造林である。ハゼの木の実からロウソクにするロウができる。そのロウを藩の専売としたのだ。明治維新後も細川家はこのハゼ山を所有し続けた。一八九七(明治三〇)年、肥後製蠟株式会社を設立、その生産高は「殆ンド本邦第一」に達した。一九〇五(明治三八)年の栽培面積は二三三町歩だった。周囲にハゼの木が植えてある畑を小作させ、小作料としてハゼの実を納めさせる仕組みである。この畑を「ごないか畑」という。ごないかは御領家が転じたものらしい。製蠟会社の権限は絶対で、小作人は農奴に近かった。それでも水俣中の百姓がこぞってハゼ山の小作人になり、敗戦後でも一三〇〇人もいた。古老は「水俣の百姓は、田んぼは銀主(ぎんし)(地主)から借りてつくる、畑はごないか畑をつくるして暮らしてきたっです」と自嘲する。

図3を見ると、ごないか畑の広大さに改めて驚かされる。侍、小田代といった村は、村ぐるみごないか畑の中にある。出月村の山手側にもごないか畑が広がっている。戦前、製蠟会社に隷属した百姓の話を聞こう。

●侍・鬼塚(おにづか)角治(明治二五年生)の話抄(七一年、『水俣民衆史』第一巻)

わし共のこの侍部落と上の小田代部落は、もう全部ごないか畑ですたい。宅地から何からな。屋敷とか田んぼとか個人に所有権のある土地は、本地ていいよった。宅地は、等級は上で、ごないかに上納納めてな。ごないか畑は上、中、下て等級があったんです。上が一反でハゼ四四斤(一斤=〇・六kg)、中が三三斤、下が二二斤やった。もしハゼが余れば、一斤一銭五厘か八厘かで、ごないかが買いよった。逆に足らんときは、二割金ていうてな、二割増して金で納めんばいかん。ハゼは表年と裏年、生る年と生らん年があるからなぁ。初手(しょて)

図3　丘陵地帯の田圃・ごないか畑・茂道山・みかん山（1952〔昭和27〕年）

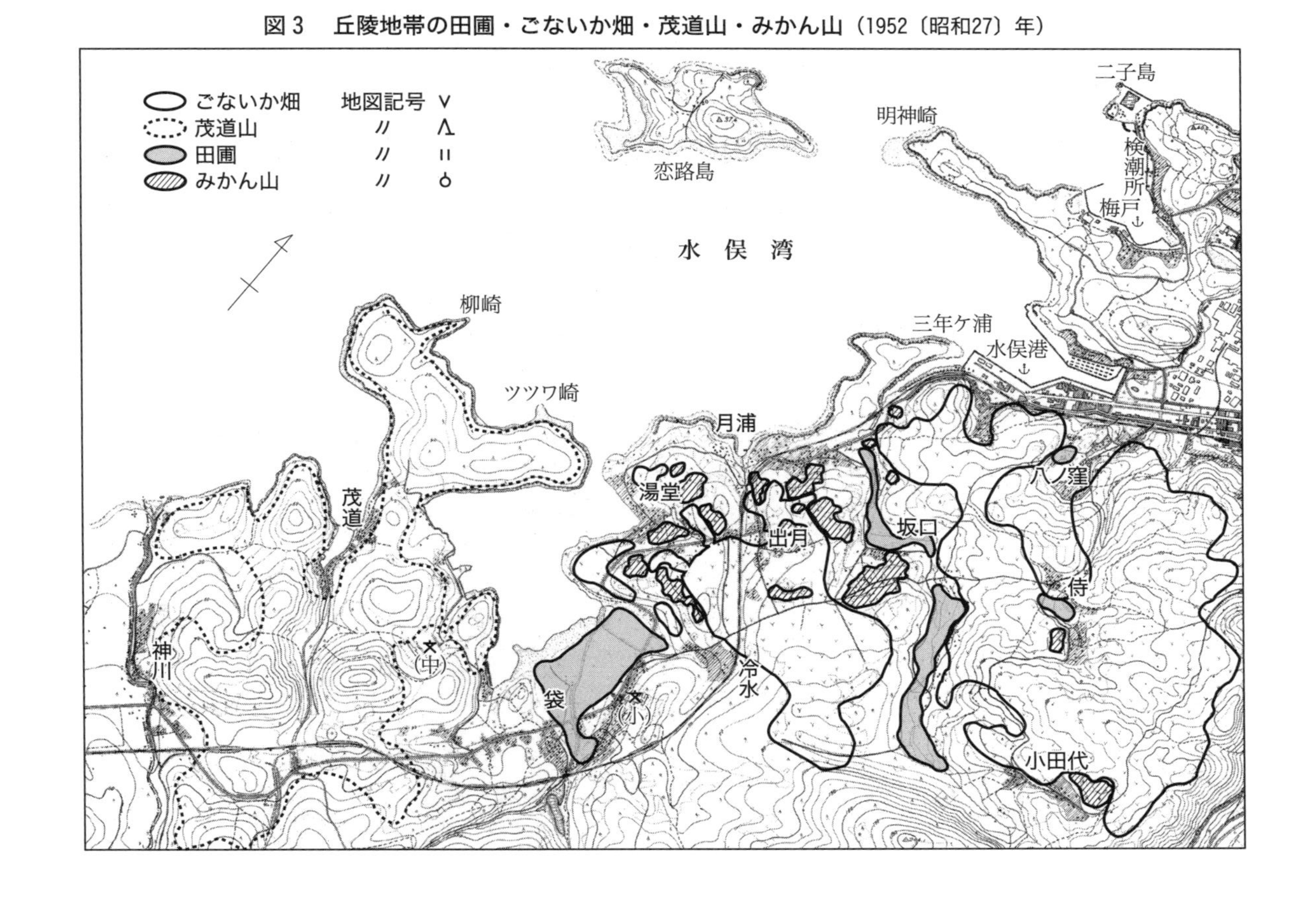

（最初の頃）は、その二割金が恐ろしいばっかりに、めいめい自分でハゼを植えよったんです。ハゼの木は折れやすいもんなぁ。それでハゼの実ちぎりは、簡単にゃできんです。人を頼めば、倍の日給でしたもんな。三日、四日じゃちぎりきらん。

そうしたら、宇野というごないかの役人が来られて、水俣に詰めて居られるようになった。それが非常にやかましい人間でな、ハゼの実の等級、よし悪しを取るようになりましたもん。お前のは二等の上だから六〇斤じゃ、お前のは二等の下だから八〇斤出せてな。そうして、畑の良いところばっかり新しくうんと植えさせらった。いま残っとるハゼの木は、主にその宇野という人が植えさせた木です。それでハゼの木がうんと茂ってきて、畑の下作（したさく）ができんようになった。ハゼの木が茂れば影になるし、その影の分だけ根張りがいくんです。根張りで水分を取ってしまう。カライモ（さつまいも）でも赤くなってしまいますもん。粟はもうパタッとできんです。麦は冬の作だから、ハゼの葉が落ちて、畑の真ん中もハゼの木の下もできます。できますばってん、木の下の実は、小（ちいさく）もうなってしまいますもん。

宇野さんは、ずっと畑を見て回りよらしたもん。もしもハゼの木を小作人が打ち切ったことなら、必ず畑を引き上げらったっです。もう畑が暗くなるまでハゼの木が茂ったたっちゃ、小作人は指一本ふれられん。畑を引き上げられれば、なんぞ、食うていくことができんもんなぁ。哀れなもんやったったい。それで、ごないか畑を作りよった百姓は、全部貧乏していきよった。

●侍・鬼塚次作（明治四一年生）**の話抄**（七三年、同前）

ハゼの木はぜったい切っちゃならんということは、もう徹底しとった。終戦後でさえも、たとえ枯れとっても切らんかったもんな。うちは、ごないか畑が九反ぐらいあった。一番広い畑で四畝ぐらい。山にあっとやから、一枚が狭いもん。それで三〇枚も四〇枚もあったったい。その狭い畑を貧乏人同士で隣り合って小作すれば、どういうことが起きるか。まず、ハゼの木を植えるとき、真っ直ぐ植えずにできるだけ斜めに植える。枝が少しでも隣の畑にいくようにな。根はわが畑に、枝はあんたの畑に。木が大きくなれば、あんたの畑に真っ黒枝が広がっていく。その枝を打ち切れば、わが畑を取り上げられるから、あんたのうちのハゼの木の下をくぐって通らにゃいかんもん。今度俺の畑には、同じように隣のハゼの枝がきとったい。この部落のハゼ畑を見て回ってみんな。みんなそうなっとるから。そこが、貧乏人の何ともいえん悲しいところたい。自分もやる。自分もやられる。

そこでええくそてなる。何とかできんかて。山だからな、畑は勾配になっとる。隣のハゼはその畑の上の土手に斜めに植えてあるもんな。泥を三尺ばかり持って来て土手に埋め込めば、根元がちゃーんとわが畑に入ってしまうじゃろがな。こりゃ俺の畑のハゼぞてな。そういうことが大分あった。大分もめたことのあったったい。

一九四八年のごないか畑の農地解放で小作人はハゼの実を自由に処分できるようになったが、旧来の慣習に従って製蠟会社に売り渡した。この頃から「木ロウが外資獲得にクローズアップ」され、県内外からの製造業者が入りこみ、「ハゼの実買付争奪戦」が始まった。製蠟会社は「該地はハゼ山であって農地として買収したのは不当」と県農地委員会に陳情、五一年、県農地委員会はこの陳情を認める決議をした。会社側はこれをよりどころに五三年、農民を相手に「立木所有権確認」の民事訴訟を、県知事を相手に「農地買収売り渡し処分無効確認」の行政訴訟を起こした。農民側の一三〇〇名は「ハゼの木法廷闘争農民団」を結成した。五五年、熊本地裁は農地買収処分は有効、ハゼの木の所有権は会社にあるとの判決を出し、会社側は控訴した。

六七年に至り、農民側と国がそれぞれ一〇〇〇万円を出し、計二〇〇〇万円でハゼの木を買い取ることで和解決着した。解決まで約一五年を要したことになる（蓑田勝彦「水俣の〝ハゼの木〟騒動について」熊本県高等学校社会科研究会『研究紀要』第三号、七二年）。チッソはこのハゼの木裁判を「水俣病で裁判を起こせばハゼの木みたいに一五年もかかるぞ」と患者に対する脅しに使った。

このときの訴訟記録によると、水俣の他の地域の百姓は別にして、丘陵地帯の百姓が耕作していたごないか畑の面積は、小田代組一五町四反、侍組一四町四反、八ノ窪組二二町九反、月浦組（月浦、出月、坂口）三一町七反、袋組（袋、湯堂、茂道、神川）二五町五反であった。明治時代から昭和三〇年代に至るまで、ごないか畑でつくられる粟、麦、カライモ、野菜は、丘陵地帯の住民にとって命をつなぐ食糧だった。

茂道山と私山

図3を見ると、ごないか畑にほぼ匹敵する面積の茂道山がある。幕藩時代に細川藩が造営した大松林で、その管理は水俣手永（てなが）（惣庄屋（そうじょうや））が代々行った。一六七二（寛文一二）年の記録に、「茂道山弥々盛長に相成寛文年中江戸御屋形御用の由にて先植立分二万本伐用候得共跡目目立不申茂居申候」とある（『水俣市史』）。また『肥後国誌』は、「藻銅山　緑樹繁茂シテ壑（キシ）ニ臨ミ大藻銅小藻銅蟠屈シテ袋江ヲ抱ク里俗此山ノ松ヲ材ニスレバ建正シク杉ノ如シト云」という。

この茂道山は明治以降国有林となり営林署が管理していた。国道と鉄道は、茂道山を突っ切ってつくられている。その松材は伐採されると、上材は海軍専用として佐世保港に運ばれた。下材は民間に払い下げられた。

一方で丘陵地帯の山地は、松や雑木などの私有林が多かった。その所有者は、水俣のマチの他、他郡や県外に及んだ。月浦村は、部落のすぐ上が山であるが、村人の所有林はほとんどない。一九二五（大正一四）年、一反四畝の山を崩して村の山ノ神さんの敷地を拡張したときの記録をみると、この山は一九〇八（明治四一）年、村の有力者田上久平（きゅうへい）が熊本県飽託（ほうたく）郡川口村の人から五円で買い、村人たちが田上久平から五〇円で買ったとなっている。村社のすぐ下の山でさえ、他郡の人の所有だったのだ。湯堂村の山も、ほとんどマチや他部落の人のものであった。まして移住者のつくった新村の出月村の村人は山林の所有とは無縁であった。

「官山（かんざん）」（と住民は呼んだ）と私山は、立木の伐採、牛を使っての運び出し（出しごろという）、製材、下草の下払いなどの仕事を生んだ。伐採、運搬などを請け負う者を山師といった。こうして茂道山と私山は、丘陵地帯の住民の生活と深い関係があった。

みかん山

丘陵地帯に新しい息吹をもたらしたのはみかん山の経営である。土質が赤土で潮風が吹くこの地帯は、みかん栽培の適地だった。一八九四（明治二七）年、葦北郡田浦（たのうら）村の村長・元山康雄（安政三年生）が坂口に六町歩のみかん山を造成した。元山は田浦から下男を連れてきて坂口に住まわせ、その管理に当たらせた。元山のみかん山は現在跡形もないが、このとき田浦から来た人たちの子孫は今も坂口に居る。これに刺激を受け、明治末から大正にかけ月浦村の有力百姓数軒がみかん山を手掛け、次いで水俣のマチや他郡や出水などの資産家が、大正末頃、出月、湯堂でみかん山の経営を始めた。小田代にも元藩主細川のみかん山があった。みかん山の経営には資金が必要で、零細な百姓の及ぶところではなかった。みかん山の経営者は、村人たちの生活とは別世界にあり、村人たちはその人夫に雇われた。

図3に、一九五二年の丘陵地帯のみかん山を示してある。所在地は月浦、出月、湯堂、坂口、小田代に及んでいるが、その総面積はかなりなものである。村人たちが自分の畑にカライモや麦をつくるのをやめて、みかんの栽培

を始めるようになったのは、昭和三〇年代の後半からである。丘陵地帯だけでなく水俣全体のみかん栽培面積は、五三年二六ヘクタールであったが、六二年に二〇四ヘクタール、六四年に三一七ヘクタールへと急増した（『水俣市史』）。みかん山の栽培は村人たちの生活の向上をもたらした。

海

海の生業は、回船業と漁業がある。明治末以降、坑木、松角（まつがく）（松の角材）、薪木、炭といった林産物が、水俣や出水から佐賀、長崎、福岡方面に盛んに船積みされたので、回船業（船回しという）が栄えた。湯堂には、さして大きくない帆船を操り、船回しに従事する人たちがいた。御所浦島などで船回しを営んでいた人たちにとっては、荷扱量の大きい湯堂に移った方が有利だった。

漁業には網漁と釣漁があると先に述べた。湯堂、茂道の網元の網子になれば、何も持たなくてもとりあえず生きていくことができた。その水俣湾の漁業はどのようなものであったのか。これは詳しく調べる必要があるので、第二部〜終章で改めて述べることにしよう。ただ最初にいえるのは、水俣湾の漁業は、資源の豊富さにもかかわらず、後進性と零細性が著しく、人々は漁業だけで生きていくことができなかったことである。

日本窒素水俣工場

このように丘陵地帯の人々の一次産業は、農業、林業、漁業、どれを取っても、ごく僅かな人を除いてそれだけで一本立ちできるものはなく、明治以来貨幣経済の渦の中に投げ込まれた村々は大変貧困であった。そこで人々は多く日本窒素水俣工場の職工になり、半農半工、半漁半工で生計を立てていくことになる。

だが工場の職工の道も決して平坦なものではなかった。日本窒素は一九一八（大正七）年、旧塩田跡地に新工場を建設、石灰窒素、変成硫安などの肥料製造を始めた。その従業員は約二〇〇〇人であり、地元水俣はもちろん天草などの島嶼部から人々が集まり、工場の職工になった。だが早くも二〇（大正九）年、第一次大戦後の恐慌が起き、硫安価格は暴落した。創業者・野口遵は二六（大正一五）年、導入新技術によるアンモニア合成工場を建設、旧技術の工場は売却移設し、多くの職工が転勤か首かを迫られる。そして昭和恐慌が起き、以降新規採用は中止された。工場が少しずつ採用を始めるのは、アセチレン合成化学の工場群が建設され始めた三二（昭和七）年以降である。応募者が殺到し、競争率は当初数十倍だった。三七（昭和一二）年日中戦争が勃発、職工は兵隊に取られていったので、工場に採用されるのは次第に容易になり、第二次大戦末期には少年工、女工、朝鮮人などで工場の操業が行われることになる。工場は低賃金で、爆発や有毒物の噴出により労働災害が多発、おまけに炭坑並みの厳しい身分制が敷かれ、この身分制は戦後に至るまで残存した。

図2、図3を見ると、月浦、出月、湯堂の三つの村と工場は、距離的にもわりと近いことがわかる。第一部以下、村の物語には必ず工場が出てくる。丘陵地帯の人々の生活は、一次産業と二次産業相まってのものであった。

四　天草郡枯木崎村善七長女入籍ス

『肥後国誌』が挙げる村々と図1の村々を比べると、出月、湯堂、茂道、坂口、小田代などは『肥後国誌』にない村である。これらの村は明治以降丘陵地帯にやって来た移住民がつくった村である。出月は主に工場目当て、湯堂、茂道は水俣湾の漁場目当て、小田代はごないか畑目当てであった。水俣では移住民のことを古風に入人（いりうど）という。前から住んでいる人からみれば、確かに入ってきた人に違いない。その出身地は、天草下島（あまくさしもしま）、御所浦島、長島（ながしま）、獅（し）

子島(しじま)などの島嶼部、鹿児島県の山奥の山野、大口、海岸端の米ノ津、出水、葦北郡の田浦などさまざまだが、その中で最も多かったのは、御所浦、天草下島など天草からの移住民である。御所浦島は水俣から目と鼻の先にある。

天領であった天草は、「万治二（一六五九）年から慶応四（一八六八）年までの二〇〇年間に人口一〇倍した」（檜垣元吉「近世天草の人口問題とその背景」）。天草郡編纂『天草案内』（大正一五年）は、「明治の初期決河の勢いを以て出水、葦北・八代球磨の諸郡へ移籍せるもの相踵ぎ、又海外出稼者多し」という。からゆきさんで知られているように天草が極貧であったことはつとに名高い。月浦の旧家の戸籍を調べていて次のような記載に出会うと、不思議な気持ちになる。「嘉永四年八月弐拾八日同県天草郡枯木崎村山下善七長女入籍ス」。枯木崎村は、御所浦島唐木崎(からきざき)の古名であろう。嘉永四（一八五一）年はペリーが浦賀に来航する二年前である。藩外への移住が禁じられていたこの時代に、天草と丘陵地帯を結ぶ秘かな糸がすでにあったのだろうか。

明治期、水俣の人たちは、天草からの移住民を蔑視した。

●**丸島・有村ヤス**（明治一八年生）**の話**（七四年、『漁民』）

天草辺から嫁御は貰わんとやったんな。牧ノ内（水俣の部落名）で、天草から嫁御を貰わったってな。そしたら「ここの嫁さんな、どっから貰うたっかな」て、知らん者の尋ねらったて。

「砂糖樽に屁仕込んだ」

「?」

「天草たい」

甘うして臭かろうがな。そげん、初手な嫌いよらしたったい。長島の、薩摩のて言や、嫌わんな、昔から。何故(なして)じゃいよな。

●マチ・川口ツヤ（明治二二年生）**と中村タモ**（明治三五年生）**の話**（七四年、同前）

ツヤ　私共が時代までにゃ、天草者にな、縞ン着物て言いよりましたったい。紺の布に縞ばうっ立てたていうごたるふうでな、えらーい、天草者とは不仲でございました。

タモ　天草は島やって、縞ん着物て言うとですたい。水俣は島じゃなかで、紺の着物て言うとですたい。「ありゃ、縞ン紋じゃが」「縞ン布じゃが」て言いよりましたっばい。誰っでン、あんまり好きませんじゃったな。

ツヤ　天草者を嫁御に持てば、貶しよりました（軽蔑しよった）ってすたい。もう、貶してな、「縞ン布を嫁御に持っとっとじゃがな」て言うごたるふうでな。ばってン、天草者な精出しよりましたー。そうして、力の強か事がな。生魚を沢山食べとりますもンじゃっでな。

タモ　牛根性て、天草者にな言いよったもねなア。天草牛じゃっで、牛根性て言いよったもね。根性の悪かて言いよったですたい。

ツヤ　精神の悪かて言いよりましたってすたい、心の。

丘陵地帯でも、袋村や月浦村などの百姓村では、天草からの移住民を「天草零落れ」といって軽蔑する風潮は、戦後まで残っていた。移住民がつくった村では、このような風潮がないことはいうまでもない。移住で特に興味をひかれるのは、海岸端である。図1をもう一度見よう。水俣川と湯出川が一度合し、すぐ分かれて船津と浜に出る。水俣という地名は川が二股に分かれていることに由来する。明治四四年はこの川口が水俣港だった。幕藩時代はこの船津（当時は舟津の字をあてる）が水俣で唯一の漁村であり、水俣の漁業は船津の独占するところだった。そこで、図1の海沿いを見ていくと、湯ノ子（後に湯の児）、丸島、梅戸、明神、湯道、茂道といった海岸端がまるまる空いていた。このうち丸島は百姓部落だった。移住民たちはこれらの海岸に住みつき、新しい漁師部落が次々に生まれていった。図1に湯道、茂道の部落名があるので、この両部落は、明治期の早い時期に形成されたことがわかる。湯ノ子、明神、梅戸には、まだ部落も存在していない。これらの新しい漁師部落が加わって、大正期に水俣町漁業協同組合（後に水俣市漁業協同組合、第三巻第二章参照）がつくられた。つまり漁師の団体は、船津を除き移住民の漁師部落の組織ということになる。

丘陵地帯には、陸地や海岸端に移住民が風のように、波のようにやって来た。その時期は大きくいって三つに分けられる。夢のような新漁場である湯道と茂道を目指して来た明治の初期、チッソの新工場ができて大々的に職工を募集した大正の初期、水俣に行けば生きていくすべがあると思われた昭和初期の恐慌期である。そして民族の大移動期であった敗戦後には、旧植民地やら都会やらあちこちから、人々がやって来た。

五　水俣の百姓と漁師

ここで問題になるのは、百姓と漁師の関係である。一六三三（寛永一〇）年の「水俣内人畜書上御帳」によると、水俣内総戸数四二八戸、二五八七人のうち、漁師部落の舟津は二四戸、一四五人であった。また総人口中「れうし、しおやき、水夫」は六六人であった。「れうし」は漁師、「しおやき」は製塩である。舟津の戸数と村人数は共に水俣全体の六％にすぎない。この舟津と百姓村との通婚は、明治時代に至っても一切なかった。また、船津の人たちは百姓村とは別の言葉を使った。明治期はもちろん敗戦後に至るまで、水俣の百姓村の船津に対する差別、蔑視は想像を超えるものがあった。

●丸島・川上一夫（大正一五年生）の話（七五年、『漁民』）

船津てところは一口に言えば、水俣の人間とはまた別個の人種、全然離れた違う人種ち見方をして良(よ)か如(ご)たるな。近親結婚で血はようと(すっかり)濁ってしもうとっとじゃなかろうかと思うな。天草でも舟津という地名のあるところは、顔立ちを見てみなっせ、みんな違うばい、その付近の人たちの顔立ちと。水俣に来ても水俣の舟津に行ってみれば顔立ちが違うもン。今ン子供たちはそげン事はなかばってン。言葉聞いても全然水俣弁とは別でしょうが。あそこは水俣弁じゃなかっですけンな。本当に水俣と一線引いてしまったような形の部落じゃもンな。

一つの法律じゃろうか、一つの掟ていうんじゃろうか、そういうやつがあったじゃなかろうかと思う、昔。

●マチ・花田キヨノ（大正一五年生）の話（七四年、同前）

私は戦前に天草から水俣に来て舟津の同級生と友達になって遊び行きよったですが、軒は低うして道はジタジタして、牛深(うしぶか)の加世浦(かせんな)に居った子供の頃をいつも思い出しよったです。牛深の加世浦もこんなにあったがなあと思うてですね。狭ーか路地に丈の低か家と家とひっ付いて、人が通ったらズラーッとこう坐っとらしたですよ。ここに坐っとれば前の家に坐っとらる人がすぐそこですもン。家ン中は真暗け、日は全然入らん。もう雨が降ったら土間の中に流れ込む、そんな家やったですよ。畳じゃなくて荒筵敷いてある家もあったですよ。舟津は、若い娘は同じ部落内でしか結婚出来んような風習やったです。ほんと可哀想かったっですよ。私はその友達のところに行きよると、「何故(なして)、あんたは舟津に行くとな」て、人は言いよらした。

川上一夫が言うように、天草には舟津という地名が多くある。水俣の船津のありようは、天領であった天草の影響が大きいように思われる。天草の舟津でも、百姓村との通婚は一切なかった。少し天草の漁政史をひもといてみよう。

天草では「往古ヨリ採貝採藻ヲ除キ漁事ハ漁夫ノ専業トシ農漁ノ分自ラ判然シ互ニ相侵スベカラザルモノアリ」「漁者ノ居住スヘキ町村ヲ七浦」とした。一六四五（正保二）年、七ケ浦は一七ケ浦となり、正徳年間（一七一一～一七一六）二四ケ浦となったが、以降増加することはなかった（『熊本県漁業史』熊本県農商課、明治二三年）。これを定浦（じょううら）という。正保二年の一七ケ浦の中には、天草本島以外に樋島（ひのしま）、御所浦が入っている。定浦以外の村は海に面していても「漁不在」の村であり、「無海無株」の村であった。一八七五（明治八）年、白川（熊本）県は「農漁区別相立」の旧習「不都合」、「断然相廃シ」、「農漁互ニ営業不差閊（サシツカワザル）」旨の布達を発した。だが、農民の漁民に対する差別、蔑視の旧習は長く根強く残存した（『漁民』）。

水俣や不知火海の沿岸では、漁師のことを古風に「舟人（ふなと）」という。あるいは「唐舟人（から）」という。「唐」がついたとたんに差別のニュアンスが強くなる。丘陵地帯でも、月浦などの百姓村では奇病発生の頃、同じ村内の漁師に対する差別、蔑視の風潮は根強くあった。また百姓村の漁師の数は少なかった。月浦の百姓は「唐舟人はカラフユジ」と言う。フユジとは怠け者のことで、カラフユジはスーパーフユジのことである。

●月浦のある百姓の話（七七年、砂田明編、季刊『不知火』春季号）

昔の奇病ていや漁師者が多かったったい。大体漁師て言えば、零落者で他所者やろが。なんば考えとっとか分からん所のあるもんな。そら、儂らア百姓も良か米は売って二番米を食うとるから、彼共（あっどん）もキャア（強調の接頭語）腐れた魚ばっか食うとって、水俣病になったろうてな、考えらるるわけたいな。ばってン、昔の奇病てなれば、大分おかしかところのあるて、儂ゃ思てます。何故かならば、こン部落にも専業の漁師が一、二軒あったばってン、家ン土壁が破れても直すこともせんフユジゴロ、障子ァボロボロで、たまに行ってみればゴロゴロ寝っ転がって仕事にも出ン。親の代からそげンじゃった。薪物（たきもん）は海辺に行たて拾て来て、米も二合三合しか買わん人やった。奇病で没落したのなんよは口ばっか。病気になる前から食うや食わずでな。娘を女郎屋に叩き売ったり、家が崩れてそン下敷になって身体がかなわんごつなったり、昔認定のほとんどがそげンしたふうじゃなかったろか。

これに対して後に百姓が水俣病の申請をするようになると漁師は、「百姓ばかりして魚もろくに食わんやつが何で水俣病になるか」と反撃した。

湯堂や茂道などの新しい漁村に対する見方はどうだったのだろう。一九七〇年代、筆者がマチの古老たちに「湯堂や茂道に行ったことがありますか」と聞くと、「船津と同じ漁師原（わら）（漁師部落）でしょうが。わしたちはとてもとても……」とにべもなかった。このようにマチでは、船津と同一視する傾向があった。だが丘陵地帯での見方は異なる。漁師が貧乏だったこともあり、茂道村の格は低かったようだが、湯堂はそうでもない。月浦や袋から湯堂に移住した人たちもいるし、通婚もある。第三部で後述するが、一方で湯堂や茂道は村内結婚が多数を占めたという事実がある。月浦の百姓の漁師に対する差別、蔑視は村内に限られ、湯堂までは及ばないようにもみえる。このことは村ごとの独立性が強いことと関係しているのだろう。全体的に、丘陵地帯での百姓と漁師の関係は、一部先鋭的な差別がみられるものの、マチと比べるとはるかにゆるやかなものであったというのが妥当なところであろう。湯堂や茂道のような漁師村では、もちろん村の中で漁師に対する差別、蔑視はない。出月でもないが、奇病発生の頃になると微妙である。第一～三部では、村の中での漁師の地位を特に注意してみていく。

ここで丘陵地帯と他の地域との関係をまとめておこう。月浦、湯堂では、薩摩といえば米ノ津、出水のことで、山野、大口は地名で言ったり山奥と言ったりする。明治以来、百姓部落である月浦、袋は米ノ津、出水と塩の行商で、漁師部落の湯堂は山野、大口とイワシの行商で、密接なつながりがあった。月浦、湯堂でこれらの地方との通婚が多くても、別に驚くに当たらない。マチやウラ、イナカの村々同士の通婚もあった。葦北郡田浦は、漁業でもみかん栽培でも不知火海沿岸の先進地であった。湯堂などでは、新しい漁法は田浦から伝えられた。田浦は、農・漁の技術先進地として丘陵地帯と深い関係があった。

以上が、三つの村のある丘陵地帯の鳥瞰図である。村はまばらでも、それなりに歴史がつまっている。

最後に、三つの村の村落自治と戦後の行政上の構成について述べておく。各村はそれぞれ複数の組から成る。組には組員選出の組長が一人ずつ居るのが普通である。村の葬式は組単位で行われた。村の行事、公役(くやく)などは組の集会と村全体の集会で決められる。村には選挙で選ばれる行政協力員などの各種委員が居て、村の運営に当たる。一方で、幾つかの村が集まって区をつくる。区は市の行政区であり、水俣市は二二区で構成されていた。区は選挙の投票区でもあった。各区には、構成村の中から選出された区長が一人ずつ居る。一応地方自治の建前である。月浦、出月、坂口の三村が一八区、湯堂、袋、茂道、神川の四村が一七区である。なお一七区と一八区で袋小学校区をつくっていた。

六　村々を渡り住んだ女性

丘陵地帯には、このようにさまざまな世界が内包されているのだから、第一部以下で三つの村の話に入る前に、丘陵地帯での暮らしぶりを通観しておきたい。それには、丘陵地帯の幾つかの村で暮らした経験のある人の話を聞くのが一番いいだろう。先に登場願った月浦の植田チエは、両親が袋村の出身で、茂道、小田代、出月での暮らしを経て月浦に嫁入りした。朝鮮の興南にもいっとき居たことがあり、外からの目も持っている。そのチエの話である。

●植田チエの話

私の実家は、袋村の北袋という部落でしたと。私の父は坂本政次（まさじ）、明治元年生まれ、母はツル、明治二年生まれです。子供は女の子ばかり四人、私が末っ子で大正五年生まれです。私の小学校時代、部落にかや葺きの家が四、五〇軒ありゃせんだったでしょうか。みな百姓です。うちは私の父で七代目だそうです。袋村の庄屋さんは高橋さんという家で、一番よい場所に陣取っていなさったですが。庄屋さんの家には鎧、兜、刀があった。私の主人の妹がそこの弟息子に嫁入りしたとき、じいさんが刀を出して踊ってみせたので知っとります。

父の家は、田もイナカにしちゃ持っとった。畑も、ごないか畑を二畝、三畝というふうであっちこっち作っとった。父は頭がよくて、一年生のとき二年生のを全部覚えてしまった。昔は合同授業だったでしょうが。小学校が水俣で最初にできたのは袋だったそうです。父は、私が小さいとき、雨降りの日には漢文を一冊ながら暗記しとってツラツラ言うて聞かせましたよ。私はわからんとに。県庁の人が見込んで、小学校四年を卒業したら、代用教員をさせた。年俸が米一俵か二俵だったそうです。一九歳までしとったら、じいさんが死んで、馬の草切り方もよう知らんのに百姓になった。それから母をもらった。

その頃の百姓は現金収入がないでしょうが。水俣の塩田でできた塩を買ってきて、女籠（めご）で片方一斗、両方で二斗、肩に担いで米ノ津、出水に売りに行くのが袋村の暮らしでした。百姓の合間に、男も女も毎日毎日。冬でもはだし、草履ばき。あかぎれができて赤子の口のように割れて、夜、膏薬を囲炉裏で火箸を焼いてジュリージュリーて傷口にやるのが二時間ぐらいかかったそうです。米ノ津の先に沖田ン原（おきたんはら）ってありますもん。そこは長さも長さ、右も左も田んぼばかり、家は一軒もなかったそうです。

「冬は、歩むより北風に吹きやられて通いよった」

て、母が言いよりました。父はもっと遠くに行きよった。そうやって塩を売って五円貯めて、ブリの魚を買うて、秋の天神さんの祭りをしよったそうです。

その塩田は止むし、何か荒稼ぎをしたくなったってでしょうもん。大正の初め頃朝鮮の釜山でエビが獲れて獲れて大獲れして、兵庫県から行って大儲けしたそうです。水俣の町長さんから茂道の溝口嘉吉さんて人に、「お前たちも誰か行かんか」て話があった。溝口さんが茂道の代表格だった。だけど銭を持たん。それでうちの父を誘った。父は全財産を担保に入れてな、打瀬船（うたせぶね）を一艘買って、漁の道具一式、米から味噌から積み込んで、溝口さん夫婦と三人で朝鮮に行った。もう少しで釜山に着くというとき大時化にあって、マストは倒れ、帆も破れしてな。最後の神頼みで、父が倒れたマストの柱によじ登って金比羅大権現の御札を張ろうとしたら、山影が見えた。そっちに舵を向けて命からがらたどり着いた。父はそんとき手を怪我して、一生曲がったままでしたもん。

「これが朝鮮みやげじゃ」

と、いつも言いよりました。二銭銅貨一枚、帯の先の袋に入れて帰ってきた。ハハハ。

＊　打瀬船：帆を張り風力を利用して船を横に流し、小型網を曳航して底魚やエビ類を獲る漁法に使う船。

それから溝口さんが、

「お前ばかりに損させるわけにいかん。茂道の俺の家に住め」て、自分たちは小屋を別につくって移ってな。茂道はほんの寒村でしたよ。全財産打ちやって、裸一貫流れていったわけです。私はそこで生まれました。狭ーい、低ーい家でしたよ。

町長さんも気の毒に思わしたっでしょう。細川さんの小田代のみかん山の管理人に行かんかて。ハゼ山に三町のみかん山があったんです（図3参照。部落の面積とほぼ同じ広さである）。管理人の住む大きな家が石垣を築いた広い敷地に建っていた。小田代部落の一番高台です。石垣の下がずっとみかん山、みかん山の下が部落です。小田代に行くときやったでしょう、母が私をおんぶして山の中を行くとき、カシの葉が提灯の火でサラーッと光って見えた。私が五歳か六歳か、あれが私の物心ついた一番の始まりです。

細川さんのみかん山は、年に二万貫成るていいよりましたな。父は、草取り、肥料やり、みかんちぎりって、村の人たちを二〇人ばかり人夫に使っていた。私に、

「時計の長い針と短い針が一緒になったとき、前の板を叩け」

と、言いつけてあった。たった五歳か六歳の子にですよ。時間が経つのがわからんでしょうが。猫と遊んどって「しもうた」と思っちゃ見、便所へ行っても「あれ、しもうた」と思うちゃ見、そうやって一二時になればカンカン叩きよった。すると人夫の女の人たちが、

「チエが叩くがね。もう飯じゃねえ」

て、ゾロゾロ上がってくる。よか日和のときは毎日でしたもん。

ちぎったみかんは、昔の水俣川の傍のごないかの倉庫まで、村の女の人たちが女籠でギシギシ担（いの）うて降りっとです。永代橋の横に太か（おおきな）黒船が来よりましたろうが。倉庫に入れると、そこの人たちが船に積んで、あれだけのみかんを全部捌いてしまいましたよ。どこに行くとでしたいよ。平たい浅い女籠に父がずっと量って入れ

て、あれが一〇貫やったですな。五つ六つ必ず別に乗せてやりよった。

「途中できつかときはこれを食え。もとにはかかるな」

て言うてな。私は覚えとる。

みかんが成る成らんは剪定次第ですもん。細川さんのみかん山やって、県の技師さんたちがよく来られました。あか抜けしたピシャーッとした人が二人ずつぐらいな。みかん山の後ろは全部で三反ばかりある栗山、梨山、ビワ山やった。それと柿、桃、西洋イチゴてあった。私は食べ放題でした。ありゃ試験的やってあったっでしょうな。

茂道の生活

茂道には、ばあさんと私の頭姉を置いて、小田代に来たっです。そしたら森という茂道一番の網元の家から、息子を一人、姉の婿養子にもろうてくれろてしゃにむに頼みに来(こ)らした。「うちには何も財産のないのにどげんするか」て父は言いよったばってん、「そんならもらわんばんたい」てなった。その養子どんは、打瀬船一艘持ってこらったっです。そしたら姉が子供を次々産(も)ってな。小田代の父の月給は一八円、親子三人食うのに何の不自由はなし、ずっと居ってよかったっですばってん、姉夫婦に加勢せんば(しなければ)てことになって、また茂道に引き揚げたっです。私が小学校二年生でした。養子の婿どんは坂本朝次(あさじ)、明治三一年生まれ、姉は坂本セヨ、明治三〇年生まれです。二人共水俣病になって死にました（朝次七三・一〇認定、セヨ七二・七認定）。

茂道の網元はみな森一門ですもん。森の本家は、天草から矢筈岳のすぐ下にある下山(さがりやま)に来た。そこは山の中も山の中です。下山に居て茂道を見つけて移って来たと聞きましたが。やうちで何統(とう)（統は網の一船団をいう）て曳く。父は今度はイワシの地曳網です。朝網、夕網てあるですもん。朝網は夜明け前四時頃起きて沖に行く。夕網は夕暮れに行く。一日二回ずつ行くとです。その頃はイワシが獲れよりましたろうが。うちの庭に網を曳き揚げて、釜でイワシを湯がいちゃ干し、湯がいちゃ干し、母と姉は一晩中寝らでなおって湯がきよりましたばい。それを庭にいっぱい広げて干しとけば、もう生乾きのうちから、

「イワシはなかっかなあ」

て、雑魚屋やら水俣の船津の女籠担ぎのおばさんやら、うんと買いに来らすとです。

百姓は半年せんば実らんでしょうが。それも金にはならんとですで。茂道では一日漁すれば金になっとですたい。それも干しさえすれば、塩売りのごと売りに行かんでも庭先で現金収入です。飴が三つで一銭の頃、今日は一銭もなくても明日は二〇円ばかりになりよったて。

「こげん暮らしやすかところのあろうかい」

て、うちの母は言いよりました。没産したといっても、小まんか畑はまだあちこち残っとった。それ、茂道に戻ってからよそ部落の畑を大分買うてまた寄せたっです。

茂道はバラーッと家のあってみんな漁師やったですよ。村中それこそイワシ網で生計を立てとったわけでな。畑が少なかでしょうが。うちだけは、カライモを食い切らんごつ作りよった。ばあさんが、五升炊き鍋で朝からカライモをいっぱい茹でて、畑に行って帰ってくると、もう空になっとるそうです。道を通る村の人たちが網行き方で、

「おう、ここにはカライモが茹でてあるぞ」

て、取っちゃ食べる、取っちゃ食べるしてな。それで一日二回ずつ五升炊き鍋いっぱい茹でよりました。そこに竹籠が掛けてあった。村の衆が網に入った魚をつかんで、カライモのかわりに投げ入れて帰る。それで、うちの母は、「網に行かんでも魚に不自由したこたなかったぞ」て。

姉婿の養子どんは、毎日打瀬網でエビを獲って来らした。網に三〇センチぐらいあるワタリガネ（ガニ）が二、三匹ずつ入っとらんときはなかですよ。その頃ワタリガネなんて誰も買わんです。毎日毎日、それこそ五升炊き鍋で湯がいてな。あれはむくのにひま要っでしょうが。親は忙しいからな、私一人で食べてよかっです。ワタリガネのミソのうまさ、うまさ、うまさなあ。あら、余計食べれば酔うとですよ。食べ過ぎて頭の痛うなりよった。

ばあさんが、私を畑仕事に連れて行くとですたい。私は、百姓仕事はいっちょん好かんじゃった。カライモ植えるのは梅雨明けでしょうが。雨上がりジッタジッタしとるところに人肥をやれば、クソバエがブーンブーン飛びよるですよ。

「ばあさん、こげん辛働（しんどう）してカライモは幾らになっとや」

「銭になるもんな。食うばかしたい」

「ばからしか、おら、こげんこたせん」

私は、泥で団子つくって遊んどりました。

そうして暮らしとったところが、出月に松本正旦那のみかん山が三町あったですたい。マチに松本医院てありましたもんな。そこのやうちの人がしとらしたですが、風邪でコロリ死んだ。弟にさせたところが、うまく実らすことができん。うちの父が細川さんのみかん山で二万貫実らせたて評判やったもんですけん、「管理人に来てくれならんか」てなった。姉の子供も手を離れてきたし、「そんなら隠居がてら行こうか」て受けたっでしょう。私の小学校五年生のときでした。学校から帰ってみたら親が居らん。布団もない。「あゝ、行かったばいね」と思って、翌日学校道具を全部まとめて出月に来た。ここのみかん山も、石垣をピシーッと築（つ）いで、大きな家に井戸を掘ってあって、立派な倉庫が建っとった。金持ちの仕事ですけん、至れり尽くせりにしてあったですよ。その頃、出月はしかと家はなかったです。

私の結婚

私は、高等科を卒業していっときしてから、朝鮮窒素の興南工場の分配所に勤めたっです。そうして昭和一一年やった、その前の年に父が死んで、出月の母に会いに帰ってきましたもん。そしたら、月浦の植田繁澄が「嫁に来てくれろ」て何回も言うてきたっです。私は繁澄には何の気もなかったもんな。だけど、母が、「おれも一人になったで、もう興南には行ってくれるな」て、泣かんばかりに頼むでしょうが。やうちのおばさんが、「女は、人のこげん欲しせするときは行くもんじゃ。手まりと同じぞ。転べばどこまで転ぶか、上がればどこまで上がるか」て言わすでしょうが。その頃、月浦には年頃の青年は二、三人しか居らんかったですもんな。一カ月ばかりしてから「あゝ、せからしかね」と思って、水俣の八幡さんに行って、「私の一生を左右することですから、どげんしたもんか教えてください」て一生懸命拝んでから、おみくじを混ぜて引いて鳥居の外に来てから開けてみた。縁談のところに、「獲った鷹を逃すがごとし」と書いてありましたもん。忘れもせん、鳥居のもとで決めたっですばい。おみくじに凶と出れば来んとでした。結婚したのが昭和一一年一二月一四日。赤穂浪士の討ち入りの日やった。私が二〇歳、繁澄が二六歳でした。

月浦の生活

私が来たとき、しゅうとは三年ばかり前に死んで居らさず、しゅうとめと繁澄と独身の弟と妹と私の五人暮らしでしたな。田をうんと作っとらしたで、飯は麦より米が多かった。その頃の百姓はどこでも、コロコロした粟飯か、麦一升に米二合半という飯ですよ。飯はよかけど、おかずがな。朝に晩に漬け物ばかり。晩にだけ豆腐の汁が一週間に一回ぐらい。しゅうとめは生臭い物は好かんて、たまにイワシを消し炭のごと焼いて食いよらした。もうつましさ、つましさな。私は子供のときから、それこそ朝から、イワシの魚のガネのて食ってきましたろうが（水俣では、イワシと魚は区別して言う）。それ、魚のさの字もなかったい。もてるもんですか。雨降りには出月の母のところにこっそり行きよりました。

「まあ、イワシも授（のさ）らんとか」

「自分ばかり買うて食やならんもね」

「ほう、長市（ちょういち）どんの来らったがね。買うて来（け）え」

月浦の坪段（つぼだん）の石原長市（ちょういち）どん（明治三三年生、七一・一二死後認定。第一部後出）て人が自転車でイワシを積んで、ここ辺り売って回りよらしたもん。一貫目で三〇銭やった。三〇銭持って一抱え買って来て、刺身で食う、煮つけて食う、焼いて食う、腹いっぺえ食うて戻って来よりました。

はい、植田家は月浦で何番ていう分限者（財産家）でしたんな。一番の分限者が前島永記（まえしまえいき）さん家（げ）で、村でここ一軒だけ蔵があった。繁澄の父親は金蔵（きんぞう）ていうとですが、これが水俣の大園（うぞん）の塘（とも）（女郎町）に行って女郎を買う、ばくちを打つな。その頃ここ辺り一帯ばくちの流行ったそうですたい。村の大百姓のバカ息子共が二、三人寄ってな、一ばくちで五円負けた一〇円負けたて。海べた一帯の松林は、その頃マチの分限者の伊蔵（いぐら）が買うたっですが、一畝一二銭やったそうですよ。じいさんが、はがいせ（はがゆさに）、山刀抜いて「打ち殺す」てせらったげな。それで金蔵はわが家には戻りゃ得ず、よそン方の小屋のワラの中に寝とらったてな。一人息子でしょうが。ばあさんは、握り飯にぎって「どけ居(どこに)っとな」て探し出して、「今度は幾ら負けたな」て、払うて歩きよらったて。

なぜ銭があったかというと、塩田を持っとらした。その頃水俣で塩田持ちは一流の百姓ばかしでしたよ。月浦では、前島永記さん家と植田家だけやったでしょう。じいさんは小売りせずに、竹下丸て船を仕立てて長崎方面に売りよらったて。それで儲けらったそうです。ばあさんは、銭を打ち置けば息子が泥棒しておっ盗るて、太か財布をいつも腰に下げてヨッチンヨッチン歩きよらったて。

金蔵は嫁御も五人持ってばい、五人。初手嫁は同じ月浦の百姓分限者からもろうて、湯堂から一人、丸島から一人……、私のしゅうとめにならったイネが五人目。嫁持てば戻し、子産(も)てば戻し、その子に何なっとつけてやらんばんでしょうが。どしこ(どれだけ)あっても足るもんですか。そのしゅうとめが私に語って聞かせらった。嫁御になってマチから連れられて来てみたら、婿どんな、やうちの祝儀に行って居られんとて。

「それであんたはどげんしたんな」

「しょうがなかがな。待っとったったい」

五人目やったで、金蔵はいっちょん楽しゅうなかったんな。また器量も一番おかしかった。初手嫁さんの子が六つになっておって、夜、親父と寝よったてな。もう寝たでと思って、嫁さんの方に向かえば、その子が、

「そっちには向くな、そっちには向くな」

て言うとて。そげんした生活やったて。

そうしたら金蔵は、そのしゅうとめの来らってから魂の入ってな。

「しもうた、惜しいことをした。えらい財産を打っちゃってしもうた」

残った全財産を担保に入れて鹿児島農工銀行から八〇〇円借って、借金払いしてしもうて、残った銭を少しずつ少しずつ高利貸しして、もう辛抱して辛抱してな。子供にもシャツ一枚買うちゃ着せずに端切ればかり着せて、下駄でも何でも縄つけて踏ませて(はかせて)、八幡(はちまん)祭にもたった天ぷら一枚買うて食わせて、子供に小遣い銭もやらずにな。最後に田を二反か売って、やっとこせ八〇〇円という銭を銀行に返済したそうです。はい、私が来たときはもう済んどりました。そげんした生活して来とるで、しゅうとめのつましかはずですたい。繁澄は漬け物だけで育ってきて、一八歳まで生魚を食ったことはなかて言いよりました。金蔵と五人めの嫁のイネの子が二人、その長男が繁澄ですたいな。

子供のとき茂道で育ったチエには、海に対する親近感がある。そして一貫目が三〇銭しかしないイワシを「たまに消し炭のごと焼いて食う」つましい百姓分限者の生活を軽蔑している。それにしてもチエの結婚の仕方は、「縁がありゃ添う　なければ添わぬよ　みんな出雲の神頼み」(縁故節、山梨)という民謡を地でいくようである。

第一部　月浦村

第一部から、三つの村を一つずつ丸かじりしていく。第一部で調べる月浦村は、三年ケ浦の先の水俣湾沿いの崖の上にある急傾斜地である。幕藩時代からの百姓村だが、畑は少なく、田んぼはさらに少ない。自然条件に恵まれない村の生存競争は熾烈だった。その中で「隣に負けがなるか」という気質が形成され、どちらが朝暗いうちから夜暗くなるまで働くかが競われるようになった。

月浦村でもう一つ特徴的なのは、大正末に鹿児島本線が開通し、鉄道の線路により部落が分断されたことである。線路下の「坪段部落」は、線路上の「本部落」とは別部落の観を呈するようになっていった。坪段の端は坪谷という小さな谷になっていてうっそうと木が茂り、戦前は住む人僅か一軒だったが、戦後ここにも移住者が住みつき、七軒ほどの小集落ができ「坪谷部落」と呼ばれた。月浦村の漁師は、本部落にはほんの数軒あるだけで、主に坪段・坪谷部落に居た。

第一章　百姓村の成り立ち

月浦村の共同調査者は、田上信義（前出）・英子夫婦である。英子（昭和三年生）は月浦生まれの月浦育ちで月浦から外に出たことはない。信義は戦後、英子の婿養子となって水俣川近くの日当部落から月浦に来た。長年さまざまな村役を務め、市農業委員会の最古参の農業委員であって、月浦はもちろん近在部落の農業に詳しい。六八年以降、患者闘争を支援し、重要な役割を果たした。

月浦の村店を田上店という。戦前は田上市次（明治一〇年生）・ニワ（明治二四年生）が営んでおり、戦後は両養子に迎えた浩（大正八年生）・ミス（大正一〇年生、八七・九認定）の代となった。月浦を調べた二〇〇〇年には浩はすでに亡くなっていたので、ミスに村のことをいろいろ教えてもらった。

最初に、二〇〇〇年に田上信義が作成した図4「一九五五（昭和三〇）年当時の月浦住戸図」を見ていただきたい。この図で村のおおよその姿がわかる。五五年当時の戸数は八四戸、村社の山ノ神さんをおおよその境にして一

図4　1955（昭和30）年当時の月浦住戸図（84戸）

1999年(平成11年2月5～11日)調査

1	田上金次郎	15	山田邦広	29	前嶋 サタ	43	上橋 幸男	57	前嶋 藤次	71	松本 俊郎
2	田上サメ	16	森 伝次郎	30	川下 万蔵	**44**	小道 徳市	58	永井ふみえ	**72**	池嶋 正則
3	坂本次助	17	植田金吉	31	前嶋ツルカメ	**45**	山川 通	59	沖田 一男	73	藤本 主計
4	田上甚平	18	植田繁澄	32	石橋イヨノ	46	田上 次作	**60**	坂本 万蔵	74	田中弥次郎
5	上田 静	19	下山俊雄	33	小西 輝	47	田上 チク	61	松本 忠吉	**75**	平木 栄
6	田上義男	20	山田 幸八	34	松田ミトメ	48	宮島 ムネ	**62**	浜下 信義	**76**	田中 守
7	前島寅彦	21	田中新次郎	35	松本 一雄	49	植田栄次郎	**63**	浜下 徹	77	田中七太郎
8	川畑辰雄	22	上村伊之吉	36	田上権四郎	50	前島 直喜	64	松本 安太	78	橋本 惟義
9	前嶋美明	23	田上 和江	37	田上 利秋	51	田上 吉茂	65	三宅 徳義	**79**	田中 義光
10	前嶋金四郎	24	金子 信一	38	前嶋弥雄喜	52	境 太津男	**66**	石原 長市	**80**	江郷下美善
11	前島永記	25	坂本 寅市	**39**	永井能佐留	53	田上 始	67	山田善二郎	81	川上 マタノ
12	松本真寿雄	26	前嶋 昭光	40	田上 昇	54	田上 季義	68	村井長二郎	82	坂本 吉高
13	田上末熊	27	鬼塚 和市	41	今田善太郎	55	田上 ニワ	69	坂本茂太郎	**83**	坂本 留次
14	深水福次	28	坂本 政次	42	田上 浩	**56**	松原 房松	**70**	松本 福次	**84**	山田 善蔵

注）■は漁師または半漁師。

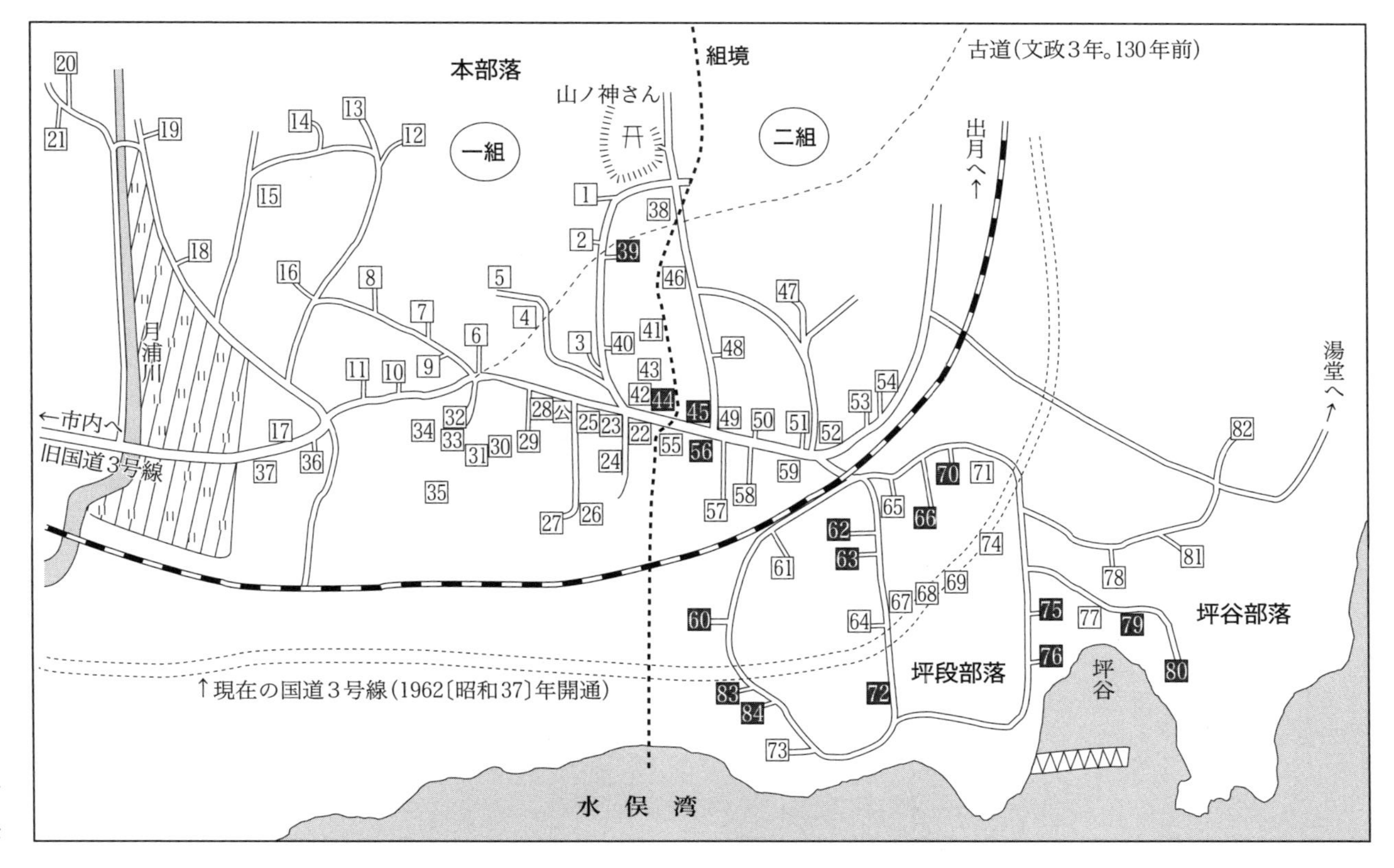

本部落
組境
古道(文政3年。130年前)
山ノ神さん
一組
二組
出月へ↑
湯堂へ↑
月浦川
←市内へ
旧国道3号線
↑現在の国道3号線(1962〔昭和37〕年開通)
坪段部落
坪谷部落
坪谷
水俣湾

組（図家番号1～44）と二組（同45～84）に分かれている。第一部に出てくる語り手や登場人物が村のどこに住んでいるかは、この図を参照していただきたい。例えば田上浩・ミスの村店は図4－42である。

それではまず、村の歴史を村人たちに聞こう。

一　急傾斜地の村

村の最初の形

●田上利秋（図4－37、大正七年生）の話

わしが青年時代に古老に聞いたら、「月浦は一番元祖から数えて、今三〇〇年ぐらい」て、言わった。袋は庄屋さんと士族が居ったけど、月浦は平民だけ。棒踊りっていうのが昔から伝わっとる。袋は棒と刀を使うけど、月浦は棒と鎌だもんな。

●田上マツエ（図4－6、田上義男の妻）の話

月浦は、細川さんの時代、七軒か八軒やったそうです。明治二一年生まれのうちのしゅうとめ（ヤソ）が私に教えたですが。月浦の昔からの地の者は、百姓分限者（ぶげんしゃ）が多い。この人たちは、マチの方から来て月浦川を渡った旧国道の往還の上の方に一固まりになって居らすとです。部落の真ん中に村店がありますが、その店の先は「新場所」といってずっと畑やったそうです。分家した人たちが、新場所に家を建てていった。大正一五年に村の往還の下を鉄道が通った。汽車道にかかった人たちも新場所に移った。そうやって、部落が往還に沿って延びていったってですね。

●田上信義（図4－2、田上サメの養子）の話

一組が月浦の主力よ。財産家はここに寄ってしもうとったって。二組はあんまり存在感がなかな。

●境太津男（図4－52、明治四三年生）の話

月浦の地の者は、姓が田上か植田か前島か前嶋じゃもん。田上は、俺家は田んぼの上ぞ、植田は、何の俺家は実際に田を植えとっとぞ、前島と前嶋は、俺家は恋路島の眺めがよかっぞて、つけたっじゃろ。島と嶋があるのは、「わる家と一緒にするごたなか」ていうことやったじゃろ、よいよ。

●前嶋利一（図4－29、前嶋サタの養子）の話

月浦はとにかく坂たい。坂の中に部落があっとたい。前嶋吉平どん方（図4－26）は屋号を「落とし」ていうもんな。あそこから坂が急になっとるじゃろうが。

●田上利秋の話

袋は地形が少し開けて田んぼがあるもん。月浦は海辺の急傾斜地で、まず耕地がない。マチが少し近いというだけで、何の利点もない。百姓分限者というたっちゃ高が知れとるもん。それで、月浦の戸数は、明治の中頃が約二五軒、大正時代が約五〇軒、終戦後よそから入ってきて約八〇軒というふうで、あんまり増えとらん。狭い耕地を子供に分けたことなら、たちまち飯の食い上げだから、財産は誰か一人に譲って、あとの子供は村を出て行く。まあ、普通は長男が継ぐな。大正の初め頃、新工場ができて、会社行きになった者は、屋敷（宅地）の分なっと（なりと）もらえば村に残ってもまあ暮らしていけるようになった。それで大正時代に少い（ち）と戸数が増えたっじゃろ。わしは、男の子五人、女の子五人の一〇人兄弟。わしが長男だけど、財産は四男が取った。わしと次男は会社に行ったけん、村に残った。あとの二人はよそに出て行ったったい。女の子は、村の者と結婚したのが一人、あとはよそに嫁に行った。

●田上信義の話

月浦は急傾斜地で部落の後ろは山だから住まわれん。子供が居つくという条件はなかもん。その山に分限者どんのみかん山がドン、ドン、ドンてあるだけたい。

●植田イサ（明治四四年生、出月在住）の話

百姓分限者の組は、会社行きには「わりゃ、食えんけん、会社になっと（でも）行かじゃ」て、貶（げな）しよったっぱい。

なるほど急傾斜地で耕地の少ない村の生活条件は大変厳しそうである。「百姓分限者というたっちゃ高が知れとる」。あとはおしなべて知るべし。「わりゃ、食えんけん、会社になっと行かじゃ」。月浦が貧乏村であることは村社を見てもわかる。月浦の山ノ神さんについて、明治初めの神社明細帳（『水俣市史』）は次のようにいう。

「大字月浦字村上無格社山神社　祭神大山祇神、由緒創立年月不詳、従来雑社タリ、社殿一間弐尺弐寸方、境内拾弐坪、例祭日九月一九日、信徒十人」

これは袋村の村社菅原神社（住民は天神さんと言う）が、「社殿縦二間三尺、横二間、境内二百九十八坪、氏子四百六十三戸」であるのと対照的である。片や境内一二坪、信徒一〇人、片や境内二九八坪、氏子四六三戸。筆者も二つの村社にお参りしたが、その差は歴然だった。

●田上利秋の話

月浦の神さんは、山ノ神さんと水神さんと居らった。どっちも御神体は石たい。山ノ神さんが村の氏神たい。お宮は小さいな。昔から屋根はカワラじゃあったばってんな。水神さんは植田チエさんの地所に居らった。前は笹藪で、祠(ほこら)も小まんか掘っ立て小屋のごたる粗末なもんやった。わし共が小まんか頃、四本柱まじゃ建っちゃおらんけど、ここには角力の方屋(かたや)の跡がれっきとして残っとった。田んぼつくる人たちが祀って、村の青年共ここで角力とりよったっじゃろな。山ノ神さんには角力の方屋はなかもんな。

水神さんは、後から山ノ神さんのお宮の隣に、地面に座っとるように低う祠をつくって移したもん。

「おら、移るごたなか」

て、村人の夢枕に立って言わったて話やった。そりゃ、山と水やってそげんじゃろて話したことのあるが。戦後、その水神さんの祠にシロアリの入ってな、こりゃ、参りに来た者が怪我するぞ、新しく建て直すには銭の要るがてなって、八幡(はちまん)さんに聞きに行った。水俣の神さんは全部八幡さんの管下に入っとるもん。合祀してよかて言わったで、お宮に一緒に祀っとっとたい。

村の戸数変化について、村の共同墓地の資料から検証しておこう。村の共同墓地は、旧国道の道ぐるり、村からマチに行く村外れにある。筆者が見に行ったときは、墓地の真ん中に共同納骨堂が建っていて、昔の墓石の一部が残り、端に寄せてあった。建っている墓碑は全部書き取ったが、死亡年齢や大東亜戦争のときの戦死者がわかるなど、大変有益だった。この共同墓地では足りなくなったらしく、一九六二年に開通した国道新三号線沿いに第二共同墓地があった。これを新墓という。旧共同墓地は、明治二〇年頃の登記簿によると、村人二八戸の名前が記載されており、面積「弐反六畝」とある。二八戸の姓別内訳は、田上姓一四戸、植田姓三戸、前嶋姓八戸、前嶌姓一戸、前島姓一戸、松本姓一戸である。この松本姓の家は、明治の早い時期に明神（部落名）から移って来たらしい。田上利秋が「明治の中頃約二五軒」というのは正確であることがわかる。

一方、時代が下がって一九五五年頃の図4、八四戸のうちこの五つの姓の戸数は、田上姓一六戸、植田姓三戸、前嶋姓七戸、前嶌姓なし、前島姓三戸、松本姓六戸、計三五戸であった。村居つきの戸数は、松本姓が分家などで一軒から六軒に増えた他は、明治二〇年頃と昭和三〇年頃であまり変化はない。これも「財産を一人に譲ってあとの子供は村を出て行く」という田上利秋の話のとおりである。八四戸からこの三五戸を引いた四九戸が、よそからの移住者ということになる。

二　村の主だった家と分家・やうち関係

田上マツエの語る幕藩時代の七、八軒が明治二〇年頃に二八軒になったわけだが、これはすべて幕末生まれの人たちであり、この父祖たちが月浦村の骨格をつくっていったに違いない。同じ田上姓、植田姓、前島姓、前嶋姓といっても、どこが本家でどこが分家か。相互のやうち関係はどうなっているのか。幕末生まれともなれば、誰の父祖かを調べるのは容易でなく、わかったのは約半分だった。共同調査者の田上信義に、

「信しゃん、田上やら前島やらうんと居らすが、どういうやうち関係になっとっとね」

と聞いても、その信義ですら、すぐには正確な返事ができなかった。信義は一から調べ直すことにし、戸籍謄本をできるだけ集め、主だった家の家系図を苦心の末作成した。この家系図なくして月浦村を正確に語ることはできないのだが、プライバシーもあるし、仮に紹介しても読者の皆さんは煩雑な思いをされるだけであろう。どこの村にも家々の事情に詳しい古老が居る。明治四四年生まれの植田イサに、月浦の主だった家のおおよその話と、やうち関係を聞くことにしよう。イサは、植田チエの夫繁澄の二イトコになる。つまりじいさんが兄弟である。そこでその前に、チエに植田家の歴史をもう少し教わっておこう。

●植田チエの話

月浦は、徳富嘉藤次ていわす人が地方役人のごたるふうにして差配しとらしたそうです。その人は子が居らずにな、植田家の先祖にならす人に、

「俺が死んだらお前に俺の田をやる。そのかわりに墓を守ってくれろ」

と言って死なったそうです。村の往還の下にその田が五反あったです（図4）。

「これが嘉藤次さんの墓ぞ。大事にせんばんとぞ」

て、しゅうとめが私に語って聞かせましたもん。小さい墓でしたよ。幕末か明治初め頃の話でしょうな。

植田家は、その幕末の頃の先祖が儀作ていってな、金どん（金七）と菊どん（菊次）て二人の子がいた。家督相続はふつう長男にしますどが。ところが長男の金どんが能なしで、弟の菊どんができがよかった。金どんはおかしな男やったが、菊どんは男前やった。それで「長男の金にやれば財産なくす」というところで、よかところはできるだけ菊どんにていうふうにして、分けてやらしたそうです。

菊どんは博労になってな、よか男で金はあるでしょうが。熊本の二本木の、八代の小林のて遊廓で女遊び、

水俣に妾も囲ってな。月浦の本妻どんはやる気がなくなって、仕事は全部下女にあてがって、自分は茶碗も洗わんば、釜もご飯粒をひっつけたまま洗わん。そうやって親からもらった月浦の一等地を前島永記どん方に全部打ち売ってしまって、没産(ぼんさん)こけた。

できの悪い金どんの方はどうかというと、やはりノホホンとして四〇代で分飯(ぶんめし)（自分だけ別に炊かせた米飯）どんして白い飯を食うとった。だけどマチからもらった嫁が利口者で、その人が盛り立ててこらったったですな。昔は田を手で打たんばん(たがやす)でしょうが。下男下女はもうきつさもきつさたい。疲れて仕事せんという頃を見計らって、ドブロクを一升持っていってな、一番先の畦に置いて、

「こけへやっとくで飲めぞー」

て、戻って来らったてな。下男下女は、早うあのドブロクのところまで行かんばてヤッサモッサ打つとたい。カライモ畑はどうかというと、マンジュウ畝ていうて、畝をうんと太うつくって植えてな。雨ン降りは、あっちの畑、今度はこっちの畑の草を取れて、下男下女を遊ばせんて言うもん。普通、畝はそげん太うつくらんですよ。それで、雨ン降り草を取って畝を打てば、土が流れてしまいますもん。

この金どんの子が私が嫁入りした繁澄の親の金蔵ですたい。金蔵は父親に似ずスラッとしたよか男やったてな。百姓向きじゃなかもん。

植田チエの言う「地方役人のごたる」徳富嘉藤次は、先に紹介した文政二（一八一九）年袋村の郡筒の一人であった徳富茂次右エ門の子孫だと思われる。

さて、イサの話である。どこの家の親と兄弟が誰々、嫁が誰々、その子供が誰々と名前がたくさん出てくるが、「まえがき」で述べたように、気にせず読み飛ばされてかまわない。村の主だった家と相互のつながりのあらまし

を把握されればそれでよい。主な名前をゴシックにしてある。

村の骨格とやうち関係

●植田イサの話

私のじさんが**植田菊次**。儀三次ともいいよらった。昔の人は名を二つ持っとったでな。じさんの家はワラ屋根の太か家でなあ。庭には見上げんばかりのザボンの木の、柿の木のて生えとりよった。後ろに牛小屋があって、二頭養うとらった。私も子供の折、牛の餌を切って噛ませたりしよったっばい。じさんが革の鞄下げて来らせば、恐ろしせ、私共納戸に逃げよったもん。はい、博労やったんな。雨ん降りは、マチやらウラやら、あちこちから博労共が寄って、飲んだり食ったりすっとたい。ばさんはご飯炊いて、私に焼酎買うてけ、豆腐買うてけて。「まこてー、うんとばかり来て」て、ぐずり方でな。

じさんは、芝居の、浪花節語りのて好きやったんな。浪花節語りが回って来らせばわが家泊めて、あっちの部落、こっちの部落て連れて回って、自分は前語り語ってぞ。ばさんは、下男下女使って百姓しよらったったい。私が学校から遅うに帰って来れば、

「早う帰って来んか。粟叩かんばんで」

て、待っとって私に守りさせらった。

ばさんの名前はトヤ。よか女でな。月浦の**田上喜久次**家（図4−51のところ?）から後嫁に来らったっばい。じさんの先嫁さんは野川からもらわった。キクとミツと子を二人産ってから戻さした。ミツは乳飲み子やったで連れて戻って、キクは植田家に置いてな。トヤが産った子が**栄次郎**（図4−49）と**サク**。サクが私の母たい。じさんの菊次は小まんか男やったが、兄御の**金七**は丈の高かった。チャラチャラ、雪駄踏んで来よらったも

ん。この金七の家も太か家のなあ。じさんは、男が二人、女が四人の六人きょうだいじゃもん。女四人は、古賀の窪田儀作家の、袋の山下福次家の、丸島の坂本久兵衛家の、湯堂の**坂本福太郎**（安政二年生）家のて、分限者どんのところにばかり嫁に行った。金七の子が男一人に女三人。一人息子が金蔵、女の子がエノ、マセ、ケイ。マチの大園（うぞん）の苗床家、平（ひら）の福田家、浜の広田家て、三人共マチの大百姓のところに嫁に行ったもん。それで植田家はやうちが広かったい。

私は、ばさん方の喜久次じいさん家にも遊び行きよった。二階家で、ここも太か百姓やった。小田のガチャ山てところに畑をうんと持っとらった。坂口の一等地に田が三反あるしてな。私は田植えに行きよったもん。ばさんのトヤは男一人、女三人の四人きょうだいやったんな。兄御が喜久次たい。トヤが長女で、妹がタネとセキ。タネは村の田上善作の嫁に行って、**作太**（図4－6、田上義男の父）と**ナセ**を産った。セキは**境竹次**（図4－52、太津男の父）と結婚した。この竹次ていわっとは、熊本からマチの尾田医院の植木の剪定に来とって、月浦に居ついた人たい。

喜久次は盲やった。嫁は佐敷からもらわったばってん、トヨという子を一人産（も）ってから自分から戻らったっじゃろ。私が小まんか折はもう盲で、ワラジつくりよらった。私が遊びに行って隠れんぼすれば、足音で知っとってな、

「はあー、オイサが来たぞ。早う隠れろ」

て、ハッパかけてくれらした。その一人娘のトヨに、小田代から喜蔵（きぞう）を養子にもらわったんな。この喜蔵も、後から盲にならした。

月浦の百姓分限者は、**前島安太**家（図4－11、永記（えいき）の父）、植田金七・菊次家、**田上久平**家（図4跡なし）じゃな。その下の段の大百姓が、**前嶋恵蔵（えぞう）**家（図4－31、ツルカメの夫）、**田上甚平（じんぺい）**家（図4－4）、田上喜久次家

といったとこじゃろ。**松本岩吉**家（図4－61、忠吉の父、文久三年生）も大百姓やった。親の利三郎に子供が居らずに甚平の母親の田上藤吉（とうきち）家から岩吉を養子にもらった。**前嶋吉平**（図4－26、昭光の父、明治一〇年生）は山師をして、**田上市次**（図4－42）は店をして分限者にならった。山師て山を買って売る商売たい。田上久平と田上市次は親が兄弟じゃな。

田んぼ持っとれば牛か馬が居るもんな。私が小まんか折、牛か馬が居ったのが八軒か九軒だったと思うとる。大百姓のところは、下男下女て置いとりよらった。

前島安太家

ここが村一番の分限者やったんな。幕末生まれの源三といわっとに男の子ができんかった。それで、セモて戦後九〇過ぎまで生きらったばあさんに、丸島の坂本久兵衛家から徳次という養子をもらわった。この坂本家は、うちのじさんの菊次の妹が嫁入った先じゃもん。こうやってどこかでつながって来っとたい。セモと徳次に男の子が四人、女の子が一人か二人かできた。男の子が上から源蔵（明治一六年生）、安太、政次（せいじ）、熊吉で、家督は次男の安太が取った。植田家みたいに財産を子に二つに分けるところは少なかもん。親がいくら分限者であっても、田を一枚、畑を二枚て分けてもろうたぐらいじゃ、たちまち食って行かれんもんな。源蔵は子供四人のうち三人（寅彦〔図4－7〕、政男、美明〔図4－9〕）が会社行きになったし、政次も村に残ったが、妻の姓を名乗って坂本になったったい。熊吉はマチに出て行ったもん。安太の嫁のキクは、丸島の魚市場しとる家から来らった。安太の子が男の子ばかり五人。その長男が**永記**（明治四一年生）たい。

安太どん方は金貸しせらすぐらいで、もう百姓一本にして、うちのじさんの菊次のごて女遊びせらさんかったもん。村には焼酎食らいも何人て居ってな、その人たちは焼酎代を安太どん方から借って、そのかわりに畑を一枚やる、二枚やるていうふうにして、だんだん太うなっていかったっじゃろ。菊次は女遊びして、親からもろうた村の一等地を安太どん方に打ち売ってしまわった。田も坂口に四反ある、そすと店の往還の下の竹山から上の山神さんまで全部菊次の土地やったっじゃっで。山神さんの上は店の市次どんが取ったっじゃろ。ばあさんのもとえの喜久次どん方も保証かぶりしてな。そげんして俺家のじさん、ばさん方は没産こけらったっじゃが。

田上久平家

月浦には田上姓は何軒てあるばってん、この久平家が一番のもとやったっじゃろ。自分の屋敷から上は全部久平家の土地やったもん。久平の兄弟は四人まで知っとる。長男が久平（明治一二年生）、次男が忠市（明治一七年生）、三男が**留彦**（明治二二年生）。オヤス（明治六年生）て小まんかばあさんが店の前に居らったが、あら久平の姉じゃろ。忠市は、マチの洗切（あらいきり）の肥前屋の養子になって行かったばってん、没産こけらった。

久平は村でも一番早うみかん山をせらった。私もそのみかんちぎりに行きよったもん。嫁の**サタ**（明治一三年生）は前嶋恵蔵どん方（親、嘉次郎）から来らった。サタが恵蔵（明治一九年生）の姉じゃ。その下にまた弟が二人居らるよ。恵蔵の嫁はツルカメていわって、出水から来らった。恵蔵の母親はカメじゃもん。しゅうとめと嫁でカメとツルカメたい。久平には子ができんかったもんなあ。焼酎ばかり飲んで、昭和の初め頃うっ死なった。その跡を三男の留彦が取ったばってん、これも焼酎食（く）らいで、屋敷は飲んでしまった。焼酎代のかわりに、店の市次どんが取らったっじゃろ。太か屋敷やったがなあ。

田上甚平家と前嶋吉平家

この二軒はほんとのやうちじゃもん。吉平家は、吉平が長男で、次男が藤次（とうじ）（明治一五年生）、三男が和市（わいち）（明治二五年生）、女の姉妹が二人か居る。甚平家は、早死にしたのを除いて、ヨツ（明治一五年生）、リオ（明治二二年生）、甚平（明治二二年生）の三人きょうだいたい。ヨツが吉平の嫁に、リオが藤次の嫁に行ったもんな。吉平家の兄弟に甚平家の姉妹が嫁。甚平はここも早うからみかん山して、儲けださった。甚平の坂口のみかん山は、菊次じさんが、「おら、もう税金出しゃ得んで、お前が取れ」て、打ちくれらったて。西郷戦争の後の頃の話じゃろ。甚平の嫁はイ子（イネ）（明治二六年生）といって、丸島から来らったんな。吉平家の三男の和市ていわっとは、店の田上市次どんの姉リツ（明治七年生）の一人娘チカ（明治三四年生）の婿養子に行かった（図4－27）。リツは侍に嫁に行ったばってん、婿どんが日露戦争で戦死して、チカを連れて月浦に戻って来とらったんな。それで和市は鬼塚姓になった。市次はリツと二人兄弟。市次は店をして財産をつくったったい。それで店と吉平家は近々しとらったもん。

月浦の昔からの家は、明治の頃にはたいてえやうちになったっじゃろ。そすと、マチじゃ、丸島じゃ、イナカの部落の小田代じゃ侍じゃ、薩摩の出水じゃて、四方八方から嫁もろうたり、嫁に行ったり、養子もろうたり、養子行ったりしとるもん。養子の多か（いの）とは、子持たんかったり、男の子の生まれんでたい。うちは女ばかりじゃろ。私のイトコが四軒あるが、みんな女じゃもんな。四人とも養子もろうたっぱい。

このイサの話は重要で、これによって村の主だった百姓の生き方、盛衰とやうち関係を知ることができる。大百姓は八軒（前島安太家、植田家兄弟、田上久平家、前嶋恵蔵家、田上甚平家、田上喜久次家、松本岩吉家）である。田んぼを持っており、下男下女がいる。牛か馬を飼っている。植田菊次の土地が「村の往還の下の竹山から上の山神さんまで全部」であったこと、田上久平家の土地が「自分の屋敷から上は全部」であったことに加え、前島安太家の土地を土地台帳で調べてみると、明治維新のとき村の土地を山神さんを起点にして帯状に八軒ほどの頭百姓で分けたことがうかがえる。こういうことは水俣川沿いのウラの村でもあった。

大百姓の生き方は二通りあった。植田菊次のように「女遊び」して没産するか、前島安太家のように「百姓一本」に加え「金貸し」をして土地を増やすかである。前島安太家は村でただ一軒、蔵を建て、一九五五（昭和三〇）年頃には本部落の土地の三分の一を所有するに至る。

イサの話をもとに明治時代の主たる家と分家・やうち関係を図5に示す。この後に出てくる話の便宜のために、取り上げた家はイサの話より若干増やしてある。本家と分家は、一家のどの代に分家したのかが問題になるが、明治時代を中心に若干幅を広くとってある。嫁および養子の関係も時代の幅があるので、図5はおおよその概念図である。

分家はさほど多くはない。このことは先にも述べた。やうち関係は二面性がみられる。その一面は、月浦の昔からの家は「明治の頃にはたいていやうちになった」ことである。もう一面は、村内結婚が主ではなく、村外の「四方八方から嫁もろうたり、嫁に行ったり、養子もろうたり、養子行ったりしとる」開かれた村であったことである。このことは、月浦が貨幣経済下の村であったことと関係があるだろう。

筆者はイサの話を聞くまで、なぜ月浦はやたらに養子が多いのかわからなかった。月浦は男の子が少なく、女の子が多く生まれた村だったのだ。どちらかに片寄って生まれるのは、月浦だけでなく、日本中のあちこちの村にあったに違いない。

筆者は信義作成の家系図とイサの話のおかげで、村の主だった家々の骨格が頭に入った。先に登場願った田上利秋は田上甚平の長男である。利秋と話をしていて、

図5　月浦村：主だった家の分家とやうち関係

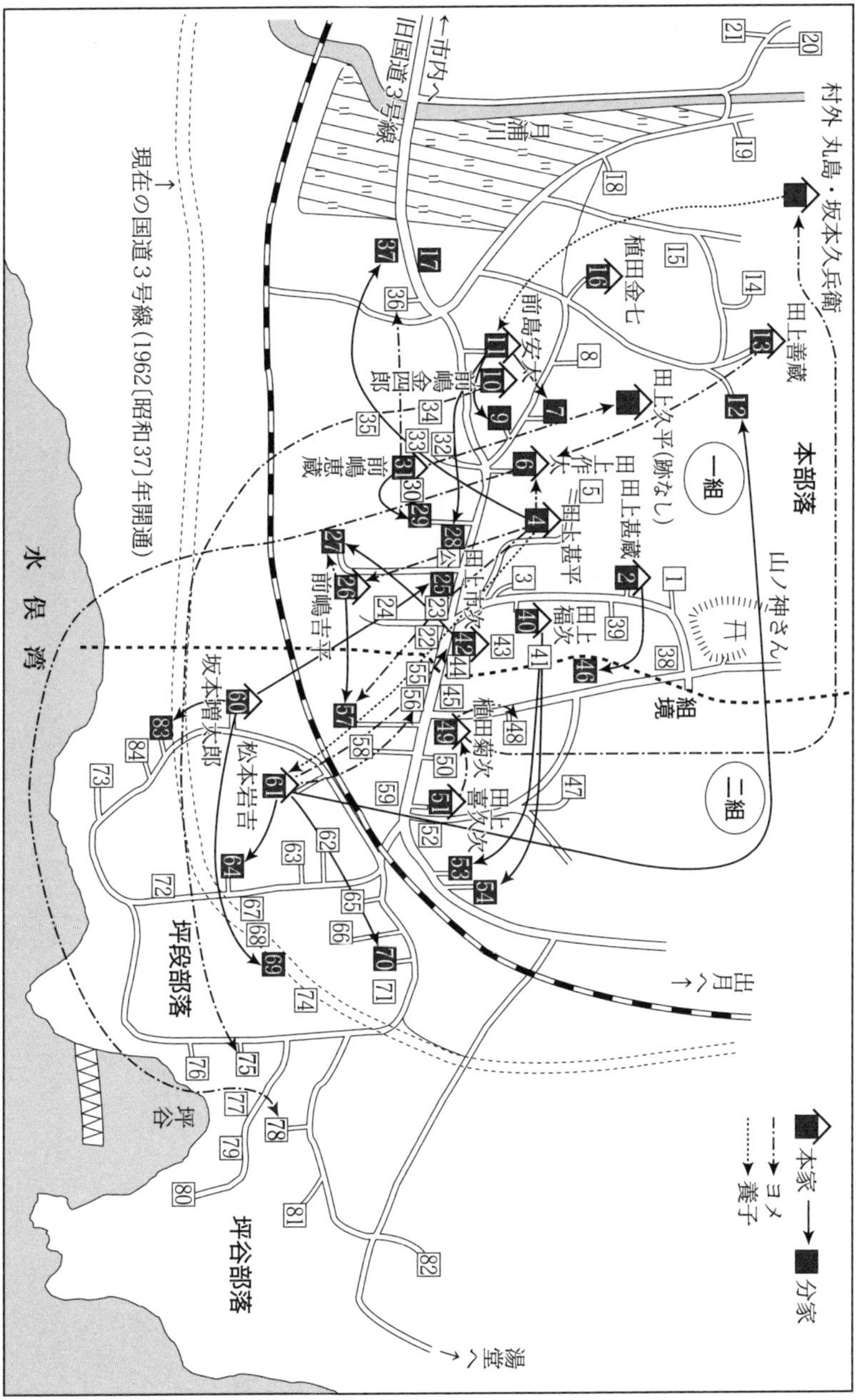

注）1. 家の位置は若干変動がある。2. 51田上喜久次の確かな位置は不明。1955年当時の直系子孫の位置を記す。3. 16植田金七宅は1950年頃森伝次郎に売却、18に移る。

「俺家（おるげ）は、俺の小まんかときから松本岩吉家に盆・正月には必ず行きよった。わけは知らんばってん」

「そりゃ当然ですよ。岩吉さんは甚平さんのおっ母さんの実家の田上藤吉さん家から養子に行っとらすですもん。甚平さんにとっちゃ、おじさん」

「アレエ」

と言えるようになった。

ところでその利秋の話によると、「百姓分限者というたっちゃ高が知れとる」ということだった。植田家の土地財産はどのくらいあったのだろう。植田チエの家に残っている「植田金七間分（まぶん）帳」（明治二九年）を見せてもらった。田畑など一筆ごとの明細を記した財産帳である。これをまとめると次のようになる。合計は歩を切り上げて畝で算出した。

田　計	五反五畝	（一三筆）	地価　一五三円六五銭
畑　計	一町二反八畝	（二一筆）	地価　五〇円　六銭
宅地　計	七畝一一歩	（四筆）	地価　九円三一銭
塩田　計	一反八畝　七歩	（三筆）	地価　六〇円五五銭
山林　計	五反五畝	（一五筆）	地価　七円三一銭
合計	二町六反五畝		地価　二八〇円八八銭
別記			
田	一反五畝	（一筆）	地価　七四円六八銭
畑	九畝	（三筆）	地価　一二円九〇銭

別記分を加えると、田計七反（一四筆）・地価二二八円三三銭、畑計一町三反七畝・地価六二円九六銭、総計二町七畝・地価三六八円四六銭となる。塩田は、一反八畝七歩という少ない面積で地価総計の一六%を占める。塩田の財産価値が高かったことがわかる。また、別記されている一反五畝というまとまった田は、金七の家のすぐ下にあり、特別扱いされていたのであろう。田、畑、宅地、山林は部落の内外に細分されている。「よかところはできるだけ弟の菊どんにやった」というチエの話が裏付けされる。

金七はその後塩を売って財産を増やした可能性があるにせよ、田七反、畑一町三反が月浦の百姓分限者の原型ということになる。「これで分限者ね」と信義に尋ねると、返事は意外なものだった。

「昔は牛か馬で鋤(す)いて、水入れて、人間の足で踏んでかき回して、手植えだけん、田七反ていや大ごとばい。村の半分は加勢に行かにゃいかんもん。畑一町持っとるところはうんとは居らん。昔は三反百姓で何とか食うていかれよったっじゃっで」

分限者かどうかは、村の生産性および生活程度との相関で決まる。金七の財産は、豊かな村ならせいぜい中百姓といったところであろう。

さてイサの話で大事なのは、田上久平は「村でも一番早うみかん山を」して成功、田上甚平も「早うからみかん山して、儲け」だし、田上市次は「店をして財産をつくった」というところである。つまり、月浦で成功していったのは、いち早く商品経済の流れに乗った家である。そこで次に、村のみかん山と村店について調べることにしよう。

三　みかん草とペッペどん

みかん山

●田上利秋の話

元山康雄さんて田浦の財閥が、坂口の上の方を拓いて明治二七（一八九四）年に六町歩のみかん山をつくったのが、水俣のみかん栽培の始まり。元山さんは、県の公職関係もいろいろしとらしたそうなふうで、自分は来られんとたい。大がかりな一つの事業家で、こっちの三反百姓とは違うもん。田浦の自分の名子（専属の下男）を坂口に住まわしてな。人夫共の支配人が田浦安松ていわる人で、その下に現場監督てふうで福田丈八さんて居らった。農上和作（明治三六年生）さんもそのとき田浦から来らった人。この人たちの子孫が居ついて今も居らすもん。福田丈八の子は七人か八人居って、辰喜（大正五年生）ていうのがわしより二つ上やった。辰喜がわしに語って聞かせたが、みかん植えるとき、土壌改良のために石灰を六〇〇俵田浦から船で持ってきて坪谷に揚げて、担うてじゃいよ、背負うてじゃいよ、みかん畑まで担ぎ上げるのがきつさもきつさやったてな。狐道みたいな山道で急な坂じゃもん。一俵が何十斤（一斤は六〇〇g）じゃろ。元山さんのみかん山は全部で六〇〇〇本の計画やったていうが、跡なしになってわからんとたい。

わしの親父の甚平は、元山さんの感化を受けてじゃろな、兵隊に行く前、みかんを一〇〇本ばかり植えらった。じさんの角平（嘉永元年生）は、

「そげんとばして何になるか」

て、反対やったて。商品作物て頭がなかもん。親父の義理の弟のといどんていわっとは、

「甚平はあげんうんとみかんば植えてどげんすっとやろか。俺家は生えとるみかんの木一本で食い切らんとやが」

て、言いよらったて。

親父が徴兵検査で取られたのが、運の悪せ海軍やった。水俣から陸軍は三〇人ぐらい行くところに、海軍は二人しか居らんていうもん。陸軍は二年だけど、海軍は四年だもんな。満期になって帰ってきたときは草ぼうぼうで、みかんの木の三分の二は枯れとったて。当時は三角（熊本県宇土郡）がみかんの先進地たい。「こりゃならん」てとこで、親父は三角に習いに行って、五、六反のみかん山を本格的に始めらった。木一本に一間半から二間半ぐらい間隔をとるけん、一反で四、五〇本、全部で二、三百本ぐらいなもんたい。場所は山ノ神さんの上。手前を広げらったのは後じゃもん。親父がじさんから受け継いだ財産は、畑一町足らずじゃろ。

桃栗三年、みかん七年じゃもんな。みかん山にするには、石垣築いで山拓かんばいかんもん。それ、新植して、肥料やって、草とって、薬やってやろがな、人夫雇って七年間銭入れるばかりじゃもん。その日暮らしの百姓じゃできんとな。親父は戦前、

「みかん一本に米二俵成る」

て、言いよらった。その頃の田んぼは一反で八俵穫れれば一等田だもんな。みかん四本で田一反分たい。二〇〇本成木になれば田の五町歩に匹敵すっとたい。それで、田んぼつくるよりみかんつくれやった。

親父と田上久平どんと、みかん山するのはどっちが早かったいよな。久平どんは万年区長やった。うちの親父は消防団長たい。わしが子供の頃、区長と袋の駐在巡査と毎日のごつうちに来て飲まっとたい。久平どんが素面で居るところを見た者はなか。いつも酔っ払うとらったい。昔の巡査ていいかげんなもんじゃなあ。袋

校区で一人しか居らんけん、威張っとっとたい。家の前にみかん倉庫て、小屋を改造して棚をしてみかんを並べてあった。収穫も少ないしな。巡査どんは酔っ払うと、うちの親母に、

「みかんば出せ」

親母はみかん倉庫の鍵を開けて、女籠いっぱいみかんを持って来よらった。

じさんの角平は、わしが小学校二年生のとき（大正一五年）死なったんな。ばさんのチソ（安政三年生）はそれから八年生きとらった。俺家はじさんの代で六代目じゃもん。じさんは人のいいばっかしで、明治の終わり頃、保証かぶりで千両箱二つと先祖からの太か山をこっちの山もあっちの山もなくした。知らん、千両箱て言わっとが幾ら入っとったいよ。そら、ばさんの話じゃもん。そのばさんの近いやうちが袋に居らって、

「水俣には酒の醸造所がなか。つくれば儲かるけん、保証人に立ってくれろ」

て。失敗してウラの奥山に夜逃げせらった。じさんは狂いしかからったてな。

わしが高等科のとき、長男だもんやって、ばさんがわしに言わっとたい。

「べんに言えば怒らるるけん、お前が手紙を書いてくれろ」

「べん」は親父のしこ名（よびな）たい。

「何て書けばよかっかな」

「あんた共がおかげで孫子代々苦労する」

ばさんの言わっとを鉛筆をなめなめ葉書に書いたら、葉書いっぱいになったもん。葉書を書いたのはあれが初めてやった。ばさんは、自分方のやうちのしたことやって、あきらめ切れんて気持ちやったっじゃろな。親父の甚平は、「もうどうもならんことを言うな」て、ばさんを怒らっとたい。

わしは相手の顔も知らんとたい。返事の来るもんなて思ったばってん、封筒入りで返事の来た。読んでみた

ら書き出しがよかっじゃもん。

「あんたの孫さんの手紙を見て、胸に五寸釘を刺されるような思いです」

その文は記憶に残っとっとばい。「おばさんの生存中にはどげんかしてお返しします」。そりゃ、書くわな。

そしたら、ばさんがまた、

「盆正月でよかで煙草銭なっと送れ」

て、書けて言わった。

●前嶋利一の話

久平はみかん山に番小屋つくってな、そこに焼酎をかめで上げて飲んどらったて。そら、眺めのよかもん。嫁のサタがリヤカー引いてマチにみかん売り行かっとたい。三年ケ浦の坂を戻って来れば、「おう、今来たか」て、焼酎飲み飲み見とらったて。百姓仕事は全部サタがして、久平は何もせんとたい。

久平はみかんの苗を愛知県から取って植えらった。その苗にムラサキカタバミの種がついとって、いつしか村中に広がった。みかん草（ぐさ）て名前がついたったい。久平のみかん山が八反七畝で、月浦では一番広かったっじゃろ。その内ネーブルが二反。久平のネーブル山て名売っとった。昔のネーブルは稀少品たい。

久平は昭和二年に五二歳で死んだ。子供が居らんかったもんで、その跡を三男の留彦が取って、サタは追い出されたごたるふうで、実家の前嶋恵蔵家に戻った。恵蔵家は、畑が一町以上、田も五、六反あるして、大百姓やったもんな。屋敷を恵蔵からもろうて、この家を建てらった。今もそのまたい。それでサタは、長いこと留彦とは行ったり来たりせられんかったもん。わしたち夫婦はサタのところに侍から両養子で来たったい。

●植田チエの話

サタばんは、うちの親父の坂本政次に相談に来らったもん。

「留彦が、俺が跡を取っで屋敷もみかん山もやれて言うが、どげんしたもんじゃろか」

「女じゃみかん山はやって行きゃきらんで、留彦にやって銭をもらわじゃ」て、親父は言わったばってん、サタばんは迷った末に、みかん山をやらんかったでよかったったいな。侍からよか養子もろうたでな。家と屋敷は留彦どんが取らったんな。太か昔の家やったが。

留彦どんは馬車曳きをしとらった。馬車に乗って出月の汽車の踏切にかかろうとしたとき、アメリカ人の女共が、日曜学校か何かだろうわい、ゾロゾロやってきた。色は白いし、目は青いし、珍しかろうがな。月浦辺りの百姓女とすれば段違いじゃもん。留彦どんはボケーッと見とらったてな。そこに汽車のやって来て、馬を打ち殺した。即死じゃなかったばってん。私共も見に行ったが、獣医がやって来て傷口に肱まで手を入れて手当てしよらった。

「こりゃ、だめじゃ」

て。太かよか馬やったがなあ。留彦どんはそれから馬車曳きをやめて、久平どんの家を出月に持って行って、建て直して精米所せらった。その息子が水俣病の大将した田上義春（昭和五年生、五六・七奇病発病）たい。

村店

●植田チエの話

店の田上市次どんは、昔は難儀も難儀、勧進（乞食）でもこげんとの居（ひと）っどかというようなボロを着とりよらったて。昔は風呂持っとるところはあまりなかし、石けんもなかし、向こう脛どま皮んごつして、こさげばボロボロ落ちよったて。それから村のオトクばんと一緒になって、ソーメンやら焼酎やら少しずつ売るやら何やらして、どろころ（どうにかこうにか）ようなっていったて。まだ不自由か頃、宝船の入って来る夢を見らったてな。その宝船の帆柱が家の梁につかえたのをヨイショと引き入れらったて。何で知っとるかというと、オトクばんがうちの母の坂本ツルと懇意でよう遊びに来よらったもんで、夢の話もして聞かせてな。

うちの母が湯堂ん鼻の畑に行かったら、市どんの来らったて。

「ツル、おら、オトクを戻したっぞ」

「戻した～？　あげん苦労させて。求めたのは一切合財呉れやったろうもんな」

「うーん、たいげえ呉れやった」

シレーッとしとらったて。調子のようなってきて、オトクばんを戻して、松本岩吉どん方から一四歳も年下のオニワばんをもらわったたい。オニワばんは、岩吉どんの長女たい。土台のできとるところに来らったでよかったったい。トントン拍子たい。

市どんは、ソーメン一斤じゃ焼酎一合じゃて貸して帳面につけとってな、何カ月か代金をやらんときは、

「その畑をやれ（よこせ）」

肥料どん売るごつなってな、肥料で儲けてから金を貸しつけて、三度ぐらい催促してやりゃ得んときは、

「その屋敷をやれ」

で、取り上げらったていうで。○○のじさんたちも、焼酎のかわり、家も屋敷もおっ取られたったい。昔の者は字もよう知らんでしょうが。ちゃんと払っても帳面見せてな、

「ほう、消えとらんどが。やれ」

て、又取りせらっとて話やった。そげんして太うならったわけ。市どんは、字知らん者の伝え（代筆、代読の

意）でん何でんしよらった。

うちの母は、市どんと友達のごとしとったもんな。持ち合わせのなかときは、

「市どん、貸さんのい」

て、ソーメンでも何でも持ってきてから、すぐ払いよらった。

「この前んとは消えとらんが」

「消えとらん？　消さんで消えんとたい。おら、払ったっじゃっで、人のごて二度三度やらんぞ」

市どんも、うちの母には言や得んでおりよった。人は、

「ほんかなあー」

て、やりよったっじゃろうもん。

オトクばんは、戻されてから豆腐つくって売って暮らさった。豆腐屋も村に一軒しかなかったでな。豆腐一丁五銭する頃、大豆炊く焚き物は松葉をこさぎに行って、大豆は金のできただけ、あ一升、あ二升て買うて、一箱ずつ豆腐つくってな。つましゅうして三〇〇円貯めて、その金で家をつくらった。オトクばんの兄弟は四人居らったもんな。年取ってから妹の子にかかって、その家を解いて山ノ神さんの下に新しくつくらせて、そしてから死なった。

市どんは、私の仲立ち（仲人）をせらったったい。私に言いよらった。

「おら、水俣銀行のしこ（と同じだけ）は持っとっとぞ。おっ盗られやせんか心配で、夜はおちおち寝やならんでな、枕の下に短刀ば敷いて寝とっとぞ」

「あの世に持って行けるばしのごて（いけはしないのに）。お前が銭持っとったっちゃ何になろん」

私は笑いよったったい。市どんは一人息子が戦争で死んで、両方養子（浩・ミス）やったでな。そうしたら

戦争に負けて農地解放で全部おっ取られてしまわったがな。田でんカライモ畑でん小作人のものになってしまったがな。脳に打ち上げて（頭にきて）、店の上がり口にうっ倒れて死なったたったい。

●田上信義の話

昔は秤で売りよったろうが。市どんは、分銅を小指で押さえとって、はね上がったところでボスと止めらっとて。

「銭な幾らじゃろうか」

「百匁幾らやってん、見てんろ。こげん上がっとっとぞ。上がった分気持ち置いていかじゃ」

幾らて言われんとて。百匁やっても百匁よりもうんと銭ば払わんばんとやったって。こすさもこすさ、そげんして一代で成り上がっとらっとたい。部落の者はみんな、「ペッペどんは泥棒と一緒たい」て言いよった。市どんは昔、借金取りに回っとって、野壺に入らったてな。野壺は、糞尿を入れとく太か壺たい。それから話しかた(ながら)でペッペ唾をはくようになって、しこ名(あだな)が「ペッペどん」。野壺に入った者は、みんなそげんならっとてな。どーし（強調語、どうして、どうして）、昔の野壺は太かったで、口の中まで下肥(しもごえ)（糞尿のこと）が入るもん。

坂口部落に元山のみかん山を記念して「水俣みかん栽培発祥の地」という顕彰碑があるという。筆者が二〇〇三年に見に行ったとき、部落の人数人に聞いても誰もどこに建っているか知らなかった。元山が六町歩のみかん山をつくった明治二七（一八九四）年は日清戦争のあった年である。村の田上久平が八反七畝、田上甚平が約六反のみかん山を始めたのが明治末である。村の大百姓が始めたという点に意義がある。出月と湯堂のみかん山についてはそれぞれ第二部と第三部でみていくが、いずれも大正の末以降マチや他地域の人が始めたものである。

甚平の長男利秋の話でおもしろいのは、嘉永元年（一八四八年）生まれの甚平の父親は「そげんとばして何になるか」と反対した、「商品作物て頭がなかもん」という点である。元山は田浦の人だが、その元山に遅れること二〇年近く、村の先覚者を取り巻く状況はこのようなものであった。久平はみかん山に番小屋をつくり、「そこに焼酎をかめで上げて飲ん」でいた。嫁のサタが全部百姓仕事をし、みかんの売り捌きもしたという。旦那仕事である。

驚かされるのは、「みかん一本に米二俵成る」「みかん四本で一等田一反分」「みかん山一反で一等田一町以上」という「商品作物」の威力である。田んぼが少なく、村の百姓分限者・植田金七をして所有田七反という丘陵地帯の百姓にとって、これは革命的なできごとといってよい。しかも丘陵地帯はみかん栽培に適地だった。そこで前島永記、植田繁澄、前嶋恵蔵、前嶋吉平といった大百姓たちもみかん山経営に乗りだし、月浦は「みかん山の村」として有名になっていく。だが「桃栗三年、みかん七年」で、「山を拓いて石垣築いで、新植して、肥料やって、草とって、薬やって」「人夫雇って七年間銭入れるばかり」だから、みかん栽培は零細百姓には手が出なかった。

村と貨幣経済とのありようを示すもう一つの象徴的な事例が、田上市次の村店である。市次はよろず店をし、酒も肥料も売った。読み書きのできない村人も多い時代、あこぎなやり方をして、裸一本から「俺は水俣銀行のしこは持っ」とると豪語するまで一代でのし上がった。興味を引かれるのは、市次に「ペッペどん」とあだ名をつけ、「ペッペどんは泥棒と一緒」と悪口を言いながらも、市次のなすがままであった村人の対応である。市次に取り上げられた村人の畑や屋敷は貨幣経済の学習料というべきなのか。だが丘陵地帯の村の貨幣経済化は明治時代の早くからとうに始まっている。大百姓でなく小百姓たちの金取りを次にみることにしよう。

四　金取り

●植田チエの話

昔は金取りがなかった。現金収入なんてあるもんですか。明治時代は男は山伐り、女は塩売りたい。ここら辺は雑木山ばかりやったで。山師が買って人夫雇って伐らせて、割って束ねて道に担(いな)い出すとたい。薪物や木炭にすっとたい。山から海辺までは馬で出す。大百姓で馬持っとるところは男でも女でも、一駄が幾らていうふうで薪木運びに行きよった。山師は、こっちに儲かる雑木山のなかときは、船仕立てて天草に人夫を連れて行きよらった。村の田上権四郎どん（図4－36、明治四四年生）の嫁の親は侍じゃが、その人も山師で天草の山を伐ってえらい儲けらったて。「大島の着物をつくってやろうわい」て、つくってくれらったのを今でも着とるて、その嫁が見せたことのあったもん。「その晩は一斗竹籠(じょけ)でエビ飯炊いて、大根の酢和え（酢の物）してご馳走せらったっばい」て。

山伐りのないときは日雇いの百姓人夫で、鍬一つ持ってあそこ、ここて畑仕事に行きよったんな。大百姓のところに年雇いで下男、下女に行く者も居るな。

大正時代になって新工場ができて、何も持たん者が会社行きになったったい。安か給料で重労働じゃばってん、行きよらったっじゃろなあ。「退職金も涙金で辞めた」て、前島政男どん（六七頁）な言いよらったが。それから製材所のボツボツ始まって、製材所に行ったりな。そうやって精出して働かんことには食えんかったもん。みんなその日暮らしやったったい。

塩売り

●田上次作（図4－46、明治三六年生、七三・一〇認定）の手記（『袋小記念誌』）

私の父は非常に気性の烈しい性質で、部落ではやかまし屋で通っていた。また村人の相談や仲裁などに呼び出されていたようであった。私は次男に生まれ、姉と兄（甚蔵）と弟の四人きょうだいであった。

私の家は水呑百姓の百姓というより五十姓ぐらいが相応しい言葉であったろう。僅かな田地で生計を立てどん底生活であった。その頃はまだ化学肥料もなく、田の肥料といえばきまって大豆粕ぐらいであった。母は直径二尺ぐらいの丸い豆粕をナタで小割りして、夜なべに臼の中で搗いていた。また農作業の合間をはかって、出水方面に塩売りに出かけた。当時の村の主婦はほとんど塩売りに列を組んで出かけた。四、五〇キロもあったろう、重たい塩女籠を担って、米と物々交換に夜の明けぬうちに家を出て、米ノ津辺りで三々五々各部落の得意先を求めて散っていったようである。帰宅もほとんど夜も更けてからだった。疲れた足どりで帰ったいたましい母の面影が今もまぶたに浮かんでくる。

会社行き

●植田イサの話

私の母のサク（植田菊次の後嫁の娘、六五頁）は、村の田上伝助（明治二五年生）ていわっとの嫁にならったんな。伝助の父親は善蔵（図4－13のところ、嘉永五年生）といって、山の木を伐って回りよらった。母親のナツ（安政三年生）は小田代から三人子を連れて来らったてな。昔のことやっでなあ。そしてからまた六人子を産たった。六人のうち月浦に残ったのが勝次、伝助、ヤソ（田上作太嫁）たい。伝助の嫁といっても、母は添うちゃおられんとやもん。伝助の家は猫がうんと居って、その恐ろしせ、行きゃきられんかった。昔は女は早う起きてかまどで飯を炊かんばんでしょうが。暖かで、寒かれば猫が小積まっとったい。私も猫は恐ろしかよー。いっちょん好かん。伝助と遊んで私を産ったら、じさんの菊次が喜んで、

「よか初孫の産まれた。伝助のところにゃ、もう行くな」

て。私を可愛がってな。その伝助は会社行きやった。出水からまた、連れ子を一人持った後嫁さんもろうて大阪に行かった。手紙をやりよらしたばってん、上手な字やったなあ。

　母はそれから、ばさんの実家の養子に来た田上喜蔵の弟に後添えに行かった。島田ヨウハチていわる人で小田代じゃもん。小田代の坂はきつかもんなあ。母は、月浦から動かれずに、ときどき私を女籠に入れて登って行かったて。そしてヨシエが生まれてから別れらった。私は、赤子のとき母の兄の栄次郎方（図4－49）で育った。栄次郎の頭子が私より二つ下じゃもん。

じさんの菊次が没産こけらったで、栄次郎も母も私も苦労したんな。栄次郎は、一番な会社のセメント工場に入らった。そこが廃止になって「朝鮮に行け」やったばってん、一人息子じゃもんやっで、ばあさんが泣いてやらっさんかった。それで郵便局に入って保険係をしよらった。真面目に暮らさったったい。

　私の母も、私とヨシエを育てんがため、ヨシエが二つにならんうち、会社の工作係の左官の手伝いに行かったもん。二五年か二六年か働かったろうわい。朝四時起きて月浦の川で洗濯をして持って来らるもん。ヨシエを太か木に括りつけて会社に行かっとたい。私は、ヨシエをほどいてご飯食べさせて、洗濯物を干してから、ヨシエを背負うて学校へ行きよった。学校に着くとヨシエを下ろして、横に座らせとって、帳面と鉛筆をやって遊ばせとくとたい。その頃は、先生たちも守りに自分の子を背負わせて学校に来よらったもん。一年生と二年生は同じ教室で、一年生の終わってから二年生に教えらった。運動会の練習のときなんか遅うなるもんなあ。私のイトコになる田上作太の頭娘のハツ子（明治四四年生）も、弟の義男を背負うて行きよった。夕方暗うな

ってから、学校から冷水山を通って戻ってくれば、山の中で何か喚くとたい。ハツ子と二人して泣き方で来よったっばい。体が小まんかで、二年生まじゃ苦労したんな。

月浦の私の同期生はうんと居ったよ。男が二人、女が五人ばかりな。私は高等科まで卒業したもんな。その頃は高等科まで行く子は少なかった。それで私は、普通のばあさんより字を書き切るもん。高等科行く頃は、月明かりで野稲（陸稲）刈ったり、カライモ植えたりして働いてきた。母は会社やっで、昼間は百姓しやならんもん。母が会社上がってから、一緒に畑に行って、「もう寝っぞー」て近所の衆の喚かるまで百姓してきたっばい。

月浦で百姓じゃ食やならずに会社に行く者は多かったよ。その中で、前嶋金四郎（図4－10、明治三三年生）、田上ナセ（作太の妹）、田上セヨとうちの母の四人は、いつも連れ立って歩いて会社に行きよらった。会社まで三〇分はかかるな。金四郎もナセもやうちになっとたい。ナセは後家やった。セヨは子供が二人兵隊に行って早う死んだもんな。

私が一七のとき（昭和三年）、母娘三人月浦から出月に移ってきた。ちょうど水俣の会社からうんと朝鮮行きのあるときで、出月の緒方伊三郎て人も行かったもん。建って三年という伊三郎の家を六〇〇円の言い値で買うてな。その屋敷がもとえ（本家）の土地で、母にくれらったもん。

私は、一九になったとき会社に行った。その頃は新しく酢酸工場の、硝酸工場のて建てんがために、あちこちからうんと人夫に出らったっじゃもん。私は子を背負う、薪物背負う、肥を背負うして育って来たでな。硝酸工場建てるときは、高っか屋根まで道板かけて登らんばんで恐ろしかりよった。妹のヨシエは奈良の紡績に行ったよ。昭和一〇年たい。母が会社で桶を洗いよったら、四年会社で働いたとき、母が私に養子もらわったもん。

「おばさん、手を洗わんな」て、石けんをくれらしたてな。

「若っか者のやさしかよ」て、母が気に入ってな。私は知らんと。大川重朝てウラの奥の久木野者（くぎのもん）で、酢酸の発生機てところに居った。重朝は、男の子ばかり兄弟三人の末っ子やったんな。うん、よか人やった。煙草も焼酎も飲まず、人に悪かこと言うじゃなし、何でも部落の役ばしよったったい。私にはイサ、イサて言うてな。このタンスは結婚したとき、注文でつくったいよ。でも、お金はいっちょん呉れらっさんかった。給料は見せらっさん人やった。

酢酸工場（昭和七年運転開始。以降増設を重ねる）には、月浦、出月から、うちん人、山田進、田上義男（図4－6、大正三年生）、田上始（図4－53）、村井福次郎（図4－68のところ）、田上末熊（図4－13、田上勝次の長男）、福満昭次郎（出月）、七人行きよったばい。袋からも五人行くな。

●田上ミツエ（大正三年生、末熊の妻）の話

私は出水ですもん。出水で嫁入り先も決まっとった。会社で嫁を探しとる人の居って、出水から来とる職工仲間から私のことを聞いたっでしょうもん。その人が中に入って私を見に来らした。嫁を探しとる人の名前が田上末熊、私の親父の名前も末熊で、たまたま同じやった。一遍語ったら末熊同士で親父が気に入ってな、今までの話はオジャン。それで私は戦前に月浦に嫁に来たっですと。しかと知りもせんとにな。

●田上英子の話

うちの親父は田上甚蔵（図4－2、サメの夫）ていうて、会社の工作係の社員やった。

＊ 戦前から五三年まで、水俣工場は厳しい身分制をとっており、社員と工員に分かれていた。

田上次作（八四頁）はその弟。父は石方の職人で、火力工場（火力発電所）のあの高っか煙突をつくらったっじゃろ。そしたら、会社で屋根から落ちて胸を打って、それから元気がなかった。うちが小学校に上がった頃は、会社から帰って来らっとをそこの坂で待っとらんばいかんかった。姉と交替でな。自転車を後ろから押しやって加勢せんば、うちまで来や得られんかったもん。自転車で会社行く者は少なかったもんな。会社ではえらく強かったそうなふうだばってん、部落ではお人好しで、自分はしかと飲まずにおって人に飲ませ食わせすっとが好きでな。月浦の甚どんていえば有名やったて。甚蔵て同じ名前の人間が袋校区に三人居って、「袋の三甚」ていうて知らん者な居らん。一人がうちの父で「世話焼き甚」。もう一人が「運動会甚」（袋、山内甚蔵、明治三四年生、七五・八認定）。昔は青年の駅伝競争の何のてあった。そげんときは、うれしせ自転車でずっとついて走らっとたい。最後の一人が「ヒョゲ甚」。面白かことを言って人を笑わすとの名人たい。

父が亡くなったのが昭和一一年で、私が数えの九つのとき。妹はそのとき赤子やったで、親父の面は知らんと。母のサメは後入れやったけん、三一か三二やったな。腹違いの姉の居ったで、うちは女ばかりの五人家族たい。「男の居らんば人のバカにする」て、母は歯痒いせせらった。田んぼが二反ばかりあったもん。父が死んだら、部落の者が「あの田んぼは甚が俺から借っとったで、戻せ」て。おふくろは全然知らんとたいな。しようなし、戻さった。取られてしもうたったい。畑が三、四反あったが、出月の上の陣原のごないか畑だもん。部落の中に持っとったのは、狭ーか畑一、二枚だもん。昔は手でばっかりやっで、山畑は何反て、そげんできるもんじゃなか。担うとは肩やがな。猫車（一輪車）があるわけじゃなし。

母は、現金収入がなかろうがな、それで坂口にある酒井政市さん家のみかん山（一〇八頁）に常雇いの人夫に行かった。酒井さんのみかん山がこの辺りじゃ一番太かったもん。市どんの店の養子に来らった浩さんとミスさんの出所たい。酒井さんは、後嫁さんが薩摩から来とらしたが、お嬢さん育ちで仕事は何もせられんかったで。母は夕方になれば、下から水を担い上げて水がめにいっぱい入れて、風呂桶にもいっぱい入れて帰って来よったて。昔はみかん山も鍬で打ちよったでな。中打ち（鍬でみかんの木の間の草を根ごと取ること）から何からしてな。

母は、「子供がみかん欲しせする」て、今、姉（田上和江、図4－23）が家建てとるところに一五本ぐらいみかんを植えらった。そしたら田上甚平が、「わっ共がごたる貧乏人のみかん植えきるもんか」て言わったって。母はそれが胸にこたえて、「甚平どんからこげん言われたっぞ」て、そればかり言いよらった。

百姓人夫ばかりじゃ銭の足らんで、母は野菜でん何でん少（ち）っとできればマチに売りに行く、潮時にはカキでんビナ（小さな巻き貝）でん採って売りに行くしてな。それで母はリヤカーは持っとった。昔は部落の上の畑にリヤカーじゃ行かれんかったもんなあ。下まで担うて来んことにゃ。往還から山ノ神さんに行く俺家の前のこの道は狭かったっばい。雨降りは滑るじゃろ、石垣につかまって下って来よった。

昔は、土曜市てマチの四つ角でありよったもん。うちも小学校行くときは、金曜日に野川まで花柴（しきみ）を取りにいって、少しずつ括って土曜市に売りに行きよったいよ。花柴は仏さんに上ぐっとたい。あんちゃん（やくざ）のごたっ（みたいなの）とが場所賃を取りに来よったもんな。リヤカー引いて行った者な逃げなしじゃばってん、うちたちのごと女籠で担うて来た者は隠れて、あんちゃんが行けばまた出て来よった。道ぐるりみんな並んで座ってな。花売りと花柴売りがほとんどやった。あとはアイスキャンデー売りぐらいのもん。売れんときは、四つ角の横の溝に花柴は全部捨ててきよったっばい。どしこ（どれだけ）売ったたっじゃいよなあ。

土曜市に行かんときは、日曜日に売って歩きよった。丸島はよう花柴を買いよったもんな。うちと同期生の部落の子がうちの後からばかり来よった。「花柴はよござすかー」て、うちが喚き方（ながら）で行けば、出て来らすときはちょうど後んとがそこに来っときやがな。後んとがうちより早う売ってしまいよった。「先に行って喚け。あんたんとばかり買わるが」て言い方やった。それが手袋も持たずに、寒かときはうちの手袋を片方ずつ二人ではめて売って歩きよったっじゃが。あれが小学校五、六年生のときじゃなかったろうか。

義務教育じゃなかで、高等科まじゃ行かんでもよかったもん。でも、うちは高等科二年まで行った。そん頃になったら、売って歩くのが恥ずかしくなってきてな、今度はカキ打ちに行って魚屋に持って行きよった。魚屋はすぐお金くれよらったもん。カキは花柴より値段のよかった。カキは部落の崖下の海岸で。おったもおった、いっぱいおった。ビナも多かった。この下でばっかり。

それから「会社に入らんか」て、昭和一八年に炭素係（カーバイド電炉の電極製造係）に入った。その頃は徴用で男が居らずに、ボーイ（社員や係の雑用をする少年工）を女にさせたもん。うちは自転車に乗ったことがなかったもん。係長の乗っとった太か自転車に乗れて稽古させてばい。その自転車がパンクばかりしてなあ。その修理にマチの自転車屋までうちが持って行かんばんとやった。炭素係は四〇人か四五人やった。その給料を全部手提げに入れて出納係から持って来よったっじゃが。炭素係は昔の旧工場にあったで、新工場からマチ通って来んばいかんもん。今考えてみればなあ、大金を何気なし持って来よったっじゃが。古賀（マチの部落名）のところに小さい川のあるもん。梅雨のとき自転車から来たら、前を子供の走って通ったで、避けようとして、自転車とも川に落ちてな。新工場から持ってきた書類も着物もビショ濡れ。靴が片方どうしても見つけださずに、片方ハダシで帰ったことのある。あの頃靴はなかったもんなあ。

終戦後もずっと会社に行ったったたい。それから同じ職場で働いとった信義と知り合うて一緒になったもん。うちに養子に来たったたい。長男が生まれてからも働いた。そげんせんば安給料で食っていけるもんかな。母が乳飲ませに炭素係まで背負うて来よった。次男坊が生まれる前辞めた。昭和二六年やった。

カキ打ちと行商

●植田チエの話

月浦は村の崖下が海でしょうが、海岸でしょうが。月浦から湯堂までカキが岩にびっしり、もうおるもおるな。村の女は、潮どきになれば誰っでんはめつけ（精出して）カキ打ち行きよりましたよ。太か百姓の組は、「海行きはカラフユジ」

て、嫌いよりましたもん。百姓は、腰の痛か目遭うて一日曲がっとってせんばんでしょうが。あってんか、カキ打ってきてマチ売り行けば、その日のうちに銭になりますもんな。月浦は百姓村ですばってん、そうやって海に頼って生きてきたんな。

はーい、私もここに嫁に来てから潮どきになればカキ打ち。うちのしゅうとめは、

「海ばかり行って」

て、聞こえんごて、聞こゆるごて言わっとたい。何と言われたっちゃ栄養失調にならんごとせんばんと思ってな。私はもう一番に打って、人より一分でも早うマチの一流の料理屋とか旅館とかに売りに行きよった。金をやるてせらせば、時間勝負ですけん、

「後からでよかで」

て、掛け目（秤目）だけ計って渡してな。

カキは真水で洗えば倍ふくるっとです。一遍な、三日、四日打ってためといてな、湯出に売りに行きましたったい。冬やっで、天草の牛深の衆がゾロリ馬車で湯治に来とらった。ちょうど時化上がりで魚がなか。そこへ私が行ったもんですで、もう売れるも売れる。茶碗持って来る、ドンブリ持って来る、鍋持って来るな。そんとき三円五〇銭ありました。そん頃、みかん山の日雇いに行けば、夜の七時までも八時までも働いて一日五

○銭でしたもんな。米が一升二七銭でしたな。

潮どきは月二回ありますとたい。空潮（潮のあまりひかないとき）のときはカキ打ちはできん。私は、サスマタ（先に鉄製の股がついた棒）と破れ女籠を持っていって、カキのついた平たい石を女籠に入れてゾローッと陸に引き上げときよった。空潮になってからそれを打ってマチに売りに行けば、

「あれー、この空潮のとき、ようカキのあったな」

て、売れるも売れる。私は商売上手ばい。人には負けんな。また行商すっとが好きやったっですよ。

カキはときたま恋路島にも打ち行ったな。一○銭ばかりやれば漁師が連れ行きよった。はーい、恋路島は島全体打ちようがなかごてカキの居っとたい。湾外の方に向けばすぐ海が深かであまり居らんばってん、湾内の方に向けばもうずっとカキだらけですもん。

月浦は、百姓でつくった品物もみんなリヤカーでマチに売りに行くところでした。行商する村でしたんな。タカナ、ナスビ、ゴボウ、白菜てな。秤に掛けて量って、白菜が一個一銭五厘やった。二銭ていえば、ウワーッて。ゴボウは束ねて丸めてな。一二月来てからはずーっとみかん売ってな。うちは、金蔵が魂入ってから三反ばかり植えたみかんが、成りよりましたもんな。その頃、村でみかん山しとるところは四、五軒でしたな。

「みかんは要りならんかー」

て、ずーっとふれて行けば、駅の前を通ってマチの四つ角辺りまで来れば全部売れてしまいよりました。

小百姓たちのさまざまな金取りの話を聞いてきた。「昔は金取りがなかった」。明治三八（一九○五）年に塩の専売制が実施されたため水俣の塩田が廃止されるまで、村の重要な金取りは塩売りだった。袋村では「百姓の合間に、男も女も毎日毎日、女籠で片方一斗、両方で二斗、肩に担いで米ノ津、出水に売りに行」った（四三頁、植田チエ）。

月浦では「農作業の合間に、村の女たちは列を組んで、四、五〇キロの重い塩女籠を担って、夜の明けぬうちに家を出て、出水方面に塩売りに出かけた」(八四頁、田上次作)。

次に山伐り、薪木運びだった。山師が人夫を雇い、大百姓で馬を持っているところは男も女も薪木運びに行った。だが山伐りの仕事は常時あったわけではない。あるのは、「鍬一つ持って」の百姓人夫の日雇仕事だった。年雇いで大百姓の下男下女に雇われる者もいた。

そこで大正時代になってできた新工場が重要な意味を持ってくる。ここでは、工場の職工になった男からではなく、工場で働いた二人の女(植田イサ、田上英子)と職工の嫁に来た一人の女(田上ミツエ)から話を聞いた。大正時代から昭和二六(一九五一)年までの話である。工場の賃労働は、村の生活にとってなくてはならぬものだった。さらに工場は、職工同士のつき合いから結婚を媒介する役割も持つようになった。

百姓人夫で金取りをする者は、それだけでは足りないから、野菜でも何でも少しできればマチに売りに行く風習ができた。「月浦は、百姓でつくった品物もみなリヤカーでマチに売りに行く」「行商する」村だった。子供でも山から花柴をとってきて、マチの土曜市やマチの部落に売りに行った。村の崖下は水俣湾である。崖下の海岸にはカキが「岩にびっしり、もうおるもおる」。カキは野菜より高値で売れた。そこで村の女や子供たちは、潮が干けば海岸に降りてカキを打ち、マチに売りに行った。月浦は百姓村だが「そうやって海に頼って生きてきた」。

注目されるのは、大百姓の組は「海行きはカラフユジ」と言って嫌ったという点である。大百姓の理念からすれば、百姓たる者陸で生活していかねばならぬ。だが陸だけで暮らしていけぬから海に降りてカキを打つのだ。カキ打ちは漁師の仕事には入らず、百姓の女でも子供でも慣れれば誰でも打てる。それを嫌ったということに、海つきの村の大百姓の気質が浮き出ている。

五　三つの土木工事

話を少し元に戻そう。大正末から昭和一〇年頃にかけて、村に大きな影響をもたらした土木工事が三つあった。鹿児島本線開通工事、村社境内拡張工事、村の中堅以上の百姓による八町歩の新地整理工事である。村社工事は規模は小さかったが、村が発展してきたことを示すものである。これは村人たちの公役(くやく)によって行われた。

鹿児島本線開通工事

●田上利秋の話

月浦みたいな海辺の傾斜地に汽車通すのは大ごとやもん。汽車道の分、平らにせんばんで、山を崩してトロッコで盛り土してな。村店の前に田上久平どんの姉のオヤスばんて居らったが、そこに朝鮮の土方が何十人て下宿して、朝鮮人ばかりで工事したっじゃが。村店の田上市次どんは、鉄道工事の土方共が買いに来て大分儲けらしたて話じゃった。毎晩、土方共のけんかが見ものやった。あっ共、打たるれば、「アイゴー、アイゴー」て、泣いてな。翌日は、けろっとして、日本人みたいに根を持たんもん。汽車道にかかった家は移転たい。鉄道の通ってから、汽車道に沿って出月の方(ほうに)さんずっと開けて行ったんな。

●坂本ヨシノ（図4－60、大正九年生、万蔵の娘、一三四頁）の話

松本岩吉さん家は、線路の下になったもん。孫娘の君子が二つやった。線路に上がっていたのを私が見つけて抱えてきた。その後でまた上がっていたのを君子の姉さんが抱えてきたげな。三回めに汽車にひかれた。その汽車にたまたま医者どんが乗っとらって、そのまま連れて行って命だけは助かった。片足切断やったったい。

村社境内拡張工事

●田上利秋の話

汽車道と同じ頃やったろ、村の者が公役して山ノ神さんの下の坂を掘り崩して、境内を前の三倍ばかりの広さにしたもんな。桟敷までつくろうというとこでな。つるはしともっこだけでたい。そりゃ、素人ばかりじゃできんで、前嶋善次郎どんて村を出て九州一面土方して回っとらる人を呼んできたもん。善次郎どんは、太かつるはしいっちょで法面（のりめん）（斜面）をとらった。

「おら、何十年のキャリアのあっとぞ。俺のとった法面は絶対崩れん」

ほんなごつ、今日までそのままたい。

山ノ神さんには太か松の木の生えとってな。工事のときその枝がなびいてきて邪魔になるもんやっで、「伐ろい」てなったばってん、祟るて伐る者が居らん。村の田上金次郎どん（図4－1）の親が肝の太か人でな、「何のそげんことのあるか」て、のこ持ってきてひっ伐られるより早かった。筋のつってつって、うっ倒れて、どげんもこげんもしやならずに戸板持ってきて乗せて医者どんに走らったてな。

善次郎どんは、毎晩焼酎飲んで酔っ払わった。村店で飲みよられば、近辺から飲み助共が寄って来てけんかたい。村の子供共、ほかに楽しみはなし、みんなしてそのけんかを見に行きよった。小田にチャエンどんて、侠客のごたっとの居らった。善次郎どんとチャエンどんのけんかはすごかった。善次郎どんの方が上背があったもんな。ぱっと裸になって入れ墨見せたとたん、ビール瓶の口の方を持ってチャエンどんの頭をパーンて打ったもん。瓶が割れて、チャエンどんは頭から血をダラダラ流して、うっ倒れらった。あら、裸にならっとは、着物が血で染まらんようにということじゃろな。

善次郎どんは、真夜中、酔っ払って村の往還をやって来ては、

「前嶋善次郎を知らないかあー」

て、喚かっとたい。今のごて騒音がないから、村中に響きわたりよったが。百姓村は、いくら村の出であっても、土方の親分てなれば少っと避けるもんな。自分を呼んだくせに無視しとるて気持ちがあったかもしれん。

山ノ神さんの祭は、秋風が吹きよる頃の一一月三日やった。前の日から村の者は総出で、旗立てて、しめ縄つくって飾ってな。みんな弁当して、段々桟敷に座り切らんごと座りよった。どこの村にも面白か者共が居ってな、誰じゃいよわからんように面をかぶってニワカつくって（めいめいに余興やだし物をつくって）踊っとたい。そりゃあもう賑わいよったよ。戦争の始まるまでは祭のありよった。

新地整理工事

●田上マツエの話

月浦は村山を持たん部落でしたもん。部落のすぐ傍まで、部落の中まで、よそん方の分限者の山ですもん。月浦から出月の間の一山が丸島の分限者の小松山やった。それが銀行の抵当に入っとった。それを二〇人近くの村の百姓が、何年て月極めでお金を払うていって銀行から払い下げた。それを「村山」ていいよったです。山を整地して、一人四、五反を目標に割って畑にした。整地が終わったのが昭和九年で、「新地整理記念碑」て建ってますもんな。うちが五反か取って、じいさんやら主人やらがすぐみかんを植えたっでしょう。

じいさんは植田イサさんの家のやうちになる田上作太、主人はその長男の義男（図4－6）です。私はマチ

から昭和一四年に嫁に来たっです。会社行きで畑が少しあれば食いはずれはないて思うたもんですでな。私は会社の酢酸係の茶沸かしをしとりました。同じ職場に作太じいさんの妹娘が居って、それの縁でした。主人も酢酸係でしたでな。作太じいさんも会社行きで、もう定年退職しとらした。

うちはその村山にみかんを植えた。二つ三つ成っとりましたろうか。植えて五年じゃまだみかんは成りませんでな。私が来たとき、「嫁をもらうけん」てとこで、昔のワラ家だったのをカワラ葺きにしたっです。真っ黒な煤ワラが道端にずうっと小積んでありました。それをヤマコ（担ぎ棒）でみかん山まで担いで行かんばんとでした。その重さ重さな。もう持てんというとき地面におろす。立つときがまたきつい。こことここて休み場所を決めといて、そこまで走って行く。汗じゃいよ涙じゃいよわからんとですたい。作太じいさんが、みかん山を深う打って真っ黒なワラを踏み込んでまた返す。手でばっかり打たんばんとでしたで。

戦前は薬がなかですもんな。「ツー」て臭さか虫（カメムシの一種）の居って、それが実を突つけば腐るっとですよ。朝早う行って揺さぶれば露のあるけん、落ちてくっとです。「ヤノネ」（カイガラムシの一種。葉にっく）がつけば葉を洗うてな。そげんしてみかんをつくりよりました。分限者どんたちがせらすときは、みかん山の人夫に行くのも、朝薄暗かときから行かんば、「もう今日はこしこ（これだけ）でよか、あとの者は要らん」て、帰しよらしたて。永記さん方のばあさんたちは、荷車引っ張って米ノ津まで売り行きよったて言わす。

それが昭和一六年から先になれば、米も麦もカライモも供出割り当てです。みかん山は伐らんばいかんという話でした。うちは伐らんかった。村山もカライモ畑ばかりになりましたもんな。食糧難でしょうが。私たちは食うしこしかつくりませんばってん、永記さん方にはマチから人の続きよりました。着物とか何とかと実物と換えてくれろて。マチにどしこでんお得意さんの居って、あそこの店もここの製材所も実物は永記さん方から出よるて話でしたもん。永記さん方は、どーし、蔵のありましたでな。

●田上信義の話

村山は八町歩からある。区画割もピシャーッとしてな。木を伐って根を掘り上げて、石を割って石垣築いで、人海戦術でやっても大仕事じゃもん。ようやったよな。銭は、会社行きが多かったで払い切ったっじゃろな。記念碑まで建てるはずたい。

鹿児島本線が部落の中を通ったことにより、部落は線路上の本部落と線路下の坪段部落に分断された。それまでは一つの部落だった。敷地が線路にかかり、移動を余儀なくされる家もあった。工事が終われば鉄道は部落に何の経済的恩恵ももたらさず、線路で分断された上下の部落が次第に疎遠になっていくという重大な結果を招いた。

新地整理記念碑を見に行った。新地整理組合長・前嶋吉平以下一七名の名前が刻まれていた。信義に一七名の部落別内訳を調べてもらったところ、月浦一四名、坂口二名、出月一名だった。植田イサの話に出てくる月浦の植田栄次郎（菊次の子）、田上喜蔵（喜久次の養子）、前嶋金四郎の名もその中にあった。金四郎は、工作係の準社員にまで上り詰めた会社行きの出世頭の一人である。金四郎はきょうだいが八人（一人戦死、一人病死）おり、このきょうだいの話は本書の中でこれからも度々登場する。ところで、畑一町持っていれば百姓分限者の資格のある月浦で、部落のすぐ斜め上の一等地に五反の畑を持つ百姓が一挙に一四名も増えたことは、村の上昇機運となったに違いない。「銭は、会社行きが多かったで払い切ったっじゃろな」と信義は言う。

＊　記念碑にある新地整理組合員氏名は次のとおりである。
組合長　前島吉平〔正しくは前嶋〕、副組合長　福田丈八〔坂口〕
委員　山田和市、植田栄次郎、前島金四郎〔正しくは前嶋〕、前島源蔵、境竹次、安田四郎助〔出月〕、田上福次

〔始の父〕、元山康雄〔坂口〕、田上喜蔵、松本安太、前島藤次〔正しくは前嶋〕、前島恵蔵〔正しくは前嶋〕、
田上ナセ、田上作太、鬼塚和市

ここまでが月浦村の戦前史である。戦後の新しい時代を迎え、月浦はどんな村になったのだろうか。

第二章　暗いうちから暗くなるまで

一　隣に負けがなるか

戦争の惨禍があったにせよ、戦後になると村の中堅以下の百姓にとって大きな上昇機運がやってきた。農地解放である。ごないか畑の農地解放については序章ですでにみた。

戦後の農地解放

●田上信義の話

部落の下の前田（字名）から坪段にかけての海岸線は、伊蔵（いぐら）の深水（ふかみ）さんがずっと持っとった。農地解放にかかって、残ったのは一部よ。小作人が開墾してつくっとったでな。耕作しとった人にやるのが原則だが、ある程度区画整理しとる。入り組みがないように道路通して、整地した格好でやっとる。よかところは、前嶋金四郎とか坂口の田上次助とか、肝入りどんが取ってしまった。

永記さん方も、一町ばかりあった田んぼを四反も五反も農地解放で取られとるばい。店の市次どん方は、千人塚の近くに持っとった畑一町二反のうち半分が農地解放にかかった。田んぼも取られとるが、これは遠くの部落にあったで、月浦の百姓とは関係ないもんな。

村の百姓たちは、俄然やる気になった。戦後の半農半工の生活をみよう。

戦後の半農半工の暮らし

●田上マツエと田上信義の話

マツエ　昭和二〇年代の月浦の百姓は、まず、カライモと麦でした。戦後の混乱が収まる頃になると、年寄りの姑(しゅうとめ)たちは、「俺家(おるげ)は何俵穫ったっぞ」て、麦自慢やった。農閑期になると、話合うて四、五日温泉に行かす。私は長男の嫁でしょう、「お湯見舞い」ていうて、団子なんかつくって持って行きよった。ばあちゃんたちは、「どこの嫁は持ってきた、どこの嫁は持って来ん」て、やかましかっです。

カライモと麦といっても、その辛働(しんどう)がなあ。山田和市どん（朝鮮引揚げ）たい、雪のサッサ降るとき、手を地面について、麦に土をかけよらった。「あゝ、年寄りでさえ、こげん雪の中を畑に出とらす。私共が辛働すっとは当たり前」て思いました。月浦はみんながそげん働きよりました。

信義　稲は台風が来ても大抵まじゃ何とかなるけど、麦は風で吹き倒せばもうしめえ。それで冬の寒かとき、茎が丈夫になるように麦に土をかぶせてくるっと。雨の降った後なんか、土がジュッタンジュッタンしとる。まとまって土の行くけん、葉っぱから押し込んで麦が死んでしまうもん。上手にやればパラパラッと土の行く。

マツエ　カライモと麦は交替でつくります。カライモは、三月の頃タネイモを埋けて芽を出させて、六月、七月の頃土を盛って植えますもん。一一月、霜のおりる頃掘って貯蔵するわけです。カライモは一年中食べますでな。麦は、カライモを穫った後一一月、一二月前にまけば、梅雨時分に熟れます。それを刈った後、カライモの芽が出とりますでな。自家用なら、カライモは二反もつくりゃよか。もう供出せんでいいようになったら、余計につくるところは農協に出して、農協が澱粉会社に売りよった。鹿児島県はどこでも澱粉会社がうんとありますもんな。あと、豚の餌にするとか。麦も、自家用と農協に出すとです。

信義　カライモと麦の肥やしは、ほとんど下肥やったもんなあ。

マツエ　私たちは、一カ月に二回、マチの旅館に下肥汲みに行きよりましたばい。散らからんようにふたのある桶をつくって、リヤカーに六つぐらい積んでな。三年ケ浦の坂がきつかったってすたい。主人（田上義男）に「きょうはマチに汲みに行くでな」て言うとけば、会社上がり待っとって、自転車に尻縄つけて引っ張ってくれよった。子供産んで一カ月ばかりは、ばあさんが代わって行かした。女はどこでん臨月腹まで働きよったっです。

信義　俺家んかかあはドン腹（臨月腹の通称語）で、「お前はかじ取って行くばかりでよか。俺が後から押しやって行くけん」て、俺家の上の坂をよ、リヤカーに肥たんご（肥桶）積んで行ったら、石に乗り上げつ、腹を打って破水したもん。あわてて肥たんご下ろして、四つ角の阿部さん（医院）にリヤカーから連れ行ったつじゃが。子供は生まれたばってん、長うは生きらんじゃった。

マツエ　まあ、ぐらしか（かわいそう）よ。肥たんごをわが家まで持ってきてから、畑まで持っていくとが大ごとですたい。全部肩で担うて肥たんごは上げよりました。

信義　畑には、太か野壺が掘ってあっとたい。担い上げた下肥を入れて、雨水も溜まるしな。

マツエ　昭和二九年でしたろ、市が月浦にし尿貯溜槽てつくりましたもんな。マチの便所の分、そこに入れるごてしてな。

信義　こんだ、部落の者が並んどって、そこから汲み取るのが競争たい。遅う行けば空になっとって汲みゃ得んかったもん。あの貯溜槽が二〇立方メートルやった。ということは、それだけ部落の者が畑に運んだてことやがな。

マツエ　肥料がなかけんですね。それで、堆肥取らんがためと、太う（そだ）なかして売って小遣い銭稼ぎすっとと両方で、月浦はどこの家でん豚を飼うとりました。「あそこの豚は幾らで売れた」て、やっぱり競争でな。夜は餌にする屑ガライモを砕いて炊いてな。うちは、牛と馬も一頭ずつ飼うとった。その堆肥は全部みかん山ですたい。私はみかん山にただ手ぶり（てぶらで）行ったことはありませんばい。女籠で堆肥を担いでな。主人もまた、会社上がってから三〇分でも時間のあれば必ずみかん山に行きよりました。

信義　あれよりもいっちょでも余計つくる、そげんしたふうじゃろうもん。戦後も落ちついてくればどこも暮らしに困る生活じゃなかっばい。難儀しとっとは俺家ばっかりたい。月浦は銭は持っとる部落て、わしは思うとる。欲の深かったい。

マツエ　財産なわかるばってん、銭はわからんでなあ。うちのばあさんが言いよらった、「銭のなか、銭のなかて、銭な見せんでわからんとたい。財産のあるところには銭のあっとたい」て。屋敷とか田畑とか、財産は大ぴろげにしとりますもんな。

信義　俺共が毎朝会社に行く頃には、あの分限者の永記どん方の安太じいさんは、あの年寄りでおってもう畑に出て一仕事しとらすもん。鍬取りが見事やもん。普通の倍ぐらいある太か鍬で、コセコセせずにおって、ズシッズシッて掛けよったもん。それが地下足袋もふまずにアシナカ（足裏の半分ぐらいの草履）でよ。永記さんも精出さすが、じいさんたちの方がまだ気張りよらったもん。昔から居った人たちが一生懸命やってきて、代伝え働き者になってきよっとじゃなかろうか。

マツエ　安太どんなデンゴ足（象皮病）で足の太うして地下足袋は入らんもん。安太どんのおっ母さんもそげんやった。デンゴ足は何人も居らったもん。

信義　あれえ、知らんかった。

マツエ　遊んで下駄でん踏ん（はいてぃる）どる者は居らんですよ。店のニワばんたい、私が店の前通ったところが、「あれー、下駄持っとったんな」て言わったもん。

信義　俺が昭和二五年に月浦に養子に来たとき、ばあさんたちはリヤカー引いてマチに野菜売りに行きよらったが。

マツエ　そら、昔からですと。私が嫁に来たとき、姑が「マチに菜っ葉売ってけえ」て言わす。行ったばってん、「菜っ葉よかですかー」て、その一声が出らんとです。私は、菜っ葉とか簡単な物を売り行きよりました。一軒一軒得意ば持っとって、「今日は何ば持って来た」て。またマチ辺り売って歩けば、ずっと行けば、買うてくれらすもん。それからマチに市場ができて、お店ができて、売って歩きにくくなった。山の畑はカライモと麦で、野菜畑はどこも家の傍です。井戸はあるし、水掛けたりせんばんで。

信義　このリヤカー引き組に言わすれば「捨てる物はなか」て。わが家食うとに野菜持ってきとっても、リヤカーに乗せて売りに行く。大根つくれば間引くがな、その小まんかやつも持って行く。

マツエ　この部落は、大根漬けをうんとつくりよりました。それが商売でしたもんな。家々で味が違いますでな、永記さん方と金四郎さん家のオトメどんのは、市場に出せば、「あ、これは永記さんのじゃ。あ、これはオトメどんのじゃ」てわかりよった。で、取る者が決まっとった。永記さん方は、蔵の中にグルッと大根樽を並べてな。

信義　乾燥のさせ方が味がしみるかどうかのポイントやっで。畑ちょっと持っとるところは、漬物はほとんどしとるじゃろ。四斗樽で、少なかところで五丁、多かところは何十丁。俺家でも一〇丁は下らんな。漬物は口開けすれば早う空になさんば質が落ちてしまうけん、毎日市場出したい。

マツエ　会社行き方で、百姓して辛働して体使わんば、畑どま増やせませんもんなあ。うちは大分買いました。あそこの甘夏園も全部買うた。一町はありませんばってん。

信義　会社行きはたいてえ寄せとるもん。

マツエ　みんな精出さすけん、私もできたと思うですよ。会社行き方で一番働いたのは鬼塚和市どん（六九頁）でしょうな。何十年て会社に勤めて、それこそ二五年間無欠勤。三交替（工場は二四時間運転なので、昼勤八時～一六時、前夜勤一六時～二四時、後夜勤零時～八時を五日交替で勤務するシステム）しよらったで、戻ってきてから仕事しい、仕事しいしよらった。うちの主人はそこまじゃいかん。やはり三交替でしたばってん、「昼勤のときは俺の自由にさせてくれ」て。「パチンコやろ」て、私はムカムカするわけです。「かかあがぐずるもんなあ」て帰ってから言いよりました。

信義　俺もいろいろあって、和市どんみたいにゃいかん。

マツエ　まこてー、あーた家の英子さんな、私の何倍も精出さす。私が英子さんなら、あんたは追い出されとっとやが。

菜っ葉一枚でもマチに売りに行く戦前からの風習は戦後にも引き継がれた。だがマチに市場ができ、店ができてきて、「売って歩きにくくなった」。肥料は人間の糞尿が多用され、マチに汲み取りに行った。月浦に市のし尿貯留槽ができると、汲み取り競争になった。そのし尿は肥桶で、肩で、山の畑まで担ぎ上げられた。女たちは臨月腹まで働いた。会社行きの男たちは、工場で八時間働いて家に戻ってくると畑仕事が待っていた。

マツエ家からの帰り道、信義が「マツエさんも達ちゃん（筆者のこと）の前であげんなことを言わんでもよさそうなもん」としょげていたのはおかしかった。筆者は奥さんの英子から、信義は「後夜勤ないっちょん飲まれんとじゃばってん、前夜勤は朝の三時に帰って来よらったっばい。昼勤も夜の一二時にならんば帰って来られんかった」と聞いていた。ハハハと笑うと、信義はこんな話をした。

「俺が飲みしかかったのは、オクタノール係に行ってからじゃもん。仲間が焼酎食らいばっかりたい。飲ませんばいかんがな。二人ろくでもないのが居ったったい。こん組が社員社宅の係員（技術社員）の家の前で、けんかしてみすっとたい。『何の騒ぎやろか』て係員が出て来らる。『こやつがこげん言うもんやって殴らわせた』『まあ待て、入れ』。社宅に上げて飲ませらっとたい。ありつけっとたい。それ、つき合わされよったっじゃっで。『行くぞ』て」

会社行きは会社行きの世界があるから、「半農」の方にすべてを捧げるというわけにいかないのは無理もない。次に戦後の月浦の村のありようを村店の田上ミスに聞こう。

戦後の村店の暮らし

●田上ミスの話

私が昭和一九年に結婚したとき、主人の浩はお父さんと坂口でみかん山をしていました。熊本商業三年中退です。お父さんは酒井政市。じいさんにならす人は酒井法次郎といって、マチで質屋をしていて、貸家が五軒、山も湯の児に何十町歩て持っとらしたそうです。政市は法次郎の頭娘（かしらむすめ）の養子に来て、私の主人の浩ができた。その頭娘が死んで、政市は坂口のみかん山を買ってマチから移ってきた。そして後添えをもらって、その間に子供が三人できたんです。

私は田浦です。里は、田浦で五番目か六番目かの財産家といわれとりました。戦前は、田を小作させた得米（とくまい）（小作米）が四、五百俵ありましたもん。農地解放で取られてしまいましたが。兄は、百姓は腰が痛いと言って漁業ばかりしとりました。田浦の漁業組合の役員をし、水俣病二次訴訟の団長になりました。はい、隅本栄一（大正六年生、七五・一二認定、四三五頁）です。袋小学校の校長さんが田浦の人でしたもん。政市が息子の浩の嫁さんの世話を頼んだ。それで私が来たわけです。

私が長男を産みに里に帰っているとき、主人に召集が来ました。継母さんはみかん山の仕事は全然しならんし、お父さんと私の二人で気張ったっです。そしたら継母さんが私をいじめるいじめるですね。自分の実の子に財産をやりたいがために私たち夫婦を何とか追い出したいのと、みかん山でお父さんと仕事するので悋気せらったっでしょうね。主人が戦争の終わらんうち兵隊から戻ってきたとき、私に、

「みっともない、帰って来るなと言え」

て。赤子を連れてみかん山行っとれば、乳の欲しゅうして一生懸命泣くとですたいね。お父さんが「乳を飲ませて来んか」て言わすで家に来れば、

「赤子は泣くとが商売やっで、飲ませんちゃよか」

て。赤子は泣き疲れて寝よったです。私は、みかんの木の陰で泣いて、いっとき時間を置いて仕事に行きよったです。

里に魚をもらいに戻れば、

「誰が行けて言うたか。誰の許しを得て行ったか」

て。つらせ（つらくて）、夜中の二時に子供を背負って鉄道に行ったことがあります。急に子供が泣きだしたもんですけん、ハッと我に返った。


そうしておったら、月浦の田上店から私たち夫婦に養子に来てくれんかという話があった。一人息子が居らしたってですが、戦死した。財産を他人にくれたくない。やうちからばかり、ニワばあさんの甥の姪のて六人も七人も次々養子にもろうてみたが、誰も勤まらん。月浦で一番やかましいばあさんて話でしたもん。それで私たちに最後の白羽の矢が立ったわけです。私たちも、坂口の継母さんとうまくいかんでしょう。親子三人とお腹に一人入れて両養子に来ました。昭和二二年です。


来てみたら、追い出さんばかりの仕打ちです。ニワばあさんは、

「嫁いびりは順送り」

て、はっきり言いよんなった。

「店の金がなくなった。あんたが盗ったっじゃろ」

晩には押し入れに入っとって泣きました。目はホオズキのように腫れて開かんかった。それで手拭いかぶって店をしよりました。晩にはふすまを開けて見とりよんなった。男はこらえ切らんから昼間私に当たっとですたい。


ミシンを持ってきたですよ。「ミシンを踏んどるような嫁はうちには勤めきらんとじゃ」。それで、ミシンには何年もかからんかったです。店の田が内山に一町二反ありました。内山は、湯出川の入口の部落ですもんな。月浦からアシナカ踏んで（はいて）馬曳いてマチまで降って、マチからまた川沿いに上がらんばんで、遠さも遠さですた

い。もう一日働いて、疲れ果てて戻って来れば、

「遅うまで何しよったか。遊んどったっじゃろ」て。里の母から、「決して口返事はするな。一〇年辛抱せろ」て言われとりました。そういう時代やったっですね。じいちゃんの市次は、村の人たちには嫌われとったけど、私たちにはよかった。

「よか養子をもろうたっぞ」

て、言いよらしたです。そして一年半ほどして亡くなったっです。店をして金貸しもして、一代で財産を築いたっですね。内山の田は、農地解放で取られてしまいました。

店は月浦でうち一軒です。米、味噌、醤油、駄菓子、酒、煙草、肥料、何でも売りよりました。みんな、うちに買いに来らす。村の人が入口に立てば、聞かなくても何を買いに来たかわかりましたよ。掛けが多かったですよ。三カ月、半年、何年も払わん人が居っとです。専売品は現金で仕入れんばんで、田浦から金を借りよりました。百姓は現金収入がなかでしょう。焼酎は、サイダーびん持って来て一合買いです。ご飯どきになればコップ酒を買いに来らった。一升びん買わすところは数えて何軒です。私は、百姓せらすじいちゃんたちにだれよった（うんざりした）。夏は、晩の九時、一〇時になってから、

「暑かで眠れん」

て、店に一杯飲みに来よらした。帰らすとが早うして一一時頃。「もう帰らんな」と言うわけにもいかず、それつき合わんばんでしょうが。じいちゃんたちは、昼間休憩（よけ）しとらすですよ。私は、馬が居ったで毎朝三時には起きて、主人と二人でリヤカー曳いて草切り行きよりましたもん。店しとれば女は昼休むてことができんです。夜中でも、「煙草くれんなあ」て、雨戸をドンドンやって叩き起こされよったです。それで一夏に五キロ痩せよった。月浦の川向こうに粟をつくりよった。主人と間引きに行っとって、畑に顔突っ込んで寝てしまっ

た。後から主人が言いました。

「○○さんがこっちを見て行かったばってん、ぐらしゅうして起こしゃ切らんかった」

月浦ではうちが一番にテレビを買いました。子供は学校から帰ればすぐ来る。晩に御飯食べてから、今度は大人の人たちが、店に入り切らんごと見に来よらした。後から、「あんた家もテレビ買わんな」て言えば、「店に行けばあるもね」て。その頃です。カチャン、カチャンていうがと思って見たら、テレビ見に来て、うちの金庫を開けようとした人の居ったです。村の中堅クラスの人でしたよ。こらいかんと思って、私はそれからテレビの傍に居らずに、土間に腰掛けて見よりました。

電話も一番にうちが取った。電話がかかってくる。「○○家を呼び出してくれ」。スピーカーでもあればですばってん、一軒一軒呼びに行かんばんでしょうが。「店に迷惑かけるけん、俺家も便利になって電話取ろうか」てことがない。「電話は店にあるもね」です。何はどこにあるけん、あそこんとば使うてよかという村です。

田上店は、前嶋吉平さん家と鬼塚和市さん家と一門やうちですもん（六九頁）。「結する」ていうて、やうちばっかりで百姓すっとです。馬も何軒かで一匹居ればいい。うちは借っとが好かんかったけん、田植え綱から千歯（稲の脱穀用の農具）、百姓道具を一式持っとりました。それを「貸せ」て来よらした。わが家で要るとき取りに行けば、「あら、誰か借りて行ったごたった」。責任のなかっです。昔は味噌も自分でつくりよったでしょう。「醤油がめを貸せ」て持って行かすが、決して返っちゃ来んです。こすかというか、合理的というか。

村だから品物をおっ盗られんてことじゃなかっです。店の前がバス停でした。バスを待つのに、店の中に腰掛けるようにしとった。昔は竹籠をゴムで吊って、その中にお金を入れよりました。バスが来ると同時に石けんとか駄菓子とか手近にある物を盗ったり、竹籠の中のお金を持って出る。そげんする人は一〇人まじゃ居らん。他部落の人も居っとです。私が見ればパッと離す。私は黙っとりました。店をしとれば人のことがようわかっとですね。

うちの風呂に隣近所三軒入りに来よらした。昔の人てまこてなあ。ニワばあさんは、

「風呂の中で石けん使うて垢流さんな。肥やしにしてよかで」

て、いつも言いよらした。私が一番最後でしょうが。五右衛門風呂の板を踏みつけるなら、垢のウワーッと上がってきよりました。私は入り切らずに、別の釜に湯を焚いてタライで行水して寝よりました。翌日、ニワばあさんは私に、その風呂の水を肥桶に入れて担うて畑に行けて。

みな畑に行かすでしょう。真っ暗にならんば畑から上がって来らっさんていう習慣の村でしたよ。冬なんか、

「まだ居ったんな、よう見えたな」

て、あいさつするぐらい。雨降りの日でも地下足袋履んどらんばいかんとです。下駄か草履でも履いたことなら、

「ほう、うっ立ってきょうはどけ行くとな」

て、村の年寄りは皮肉を言いよらしたです。

村一番の分限者どんの前島永記さんでもそりゃ働かした。永記さんは昭和二五年頃、民自党の市会議員をせらしたばってん、政治にはまるというふうじゃなかった。

出月の床屋に行かしてから、自転車で来る方で「居っとなー」て、喚いて来よらした。「はーい、寄らんな」。店にいっとき遊んで帰らしたですもん。永記さんの弟の安彦さんに主人の妹が嫁に行きましたけん、うちとはやうちになっとです。

「ミスさん、まあ聞いてくれんかい。俺もきつかっぞ。あんた共が思うごて俺もいかんとたい」

て、愚痴を言いよらした。金持ちの大将さんしとって、広か田畑で百姓するばっか、食い物でん「思うごと食われんと」て。ジュースでもオロナミンでも、「こげんた、いっちょん飲んだことはなか」て言いよらした。それでジュースを持たせてやれば、「こら、家に持って行きゃならんで、畑に行ってごちそうにならんばん」。下の広か畑でカボチャとかタマネギとかつくりよらしたですもん。「あれ、今居らす」と思って、ジュースでん持って行って、「はい、永記さん、腰でも伸ばさんな」て、やれば、「ありがとな、ありがとな」て、喜びよらしたです。

なるほど村店は大変である。掛けが多く、焼酎は一合買いがほとんどだった。店の品物や金を盗ろうとする人も、他部落の人も入れて一〇人近く居た。「何はどこにあるけん、あそこんとば使うてよか」「こすかというか、合理的というか」という村だとミスは言う。村人たちは「真っ暗にならんば」畑から上がって来なかった。村一番の分限者でも、ジュースなど「いっちょん飲んだことはなか」という生活だった。戦後の村のみかん山はどうなったのだろう。

戦後の月浦のみかん山

●前嶋利一の話

わしは、侍部落から昭和二四年に月浦の前嶋サタばん家に養子に来たもんな。サタばんが守って来らった久平のみかん山を継いだったい（七七頁）。

侍と月浦は全然違うな。侍はごないか部落で、それこそ貧乏部落だもん。麦の、粟の、カライモので、ただわが食う分しこつくるだけやもん。月浦は、自分の畑持って、太か百姓は田んぼも持って、会社に行ったり、みかんつくって売ったり、「稼ぎ」やもん。みんな金を取るために働く部落やもん。侍には、みかんは一本もなかもん。侍は、明治三〇年前後生まれのじさんで会社に行かったのは二、三人しか居らん。月浦は一〇人以上居らったもんな。

月浦は親分が何軒かあって、わしはその配下やった。人間つき合いはやかましいな。侍は村の狭かけん親分は一人で、それがうちのじいさん。侍はほとんど鬼塚姓じゃもんな。明治維新になって戸籍制度が始まったとき、うちのじいさんが、誰ってでん彼(か)ってでん部落の者を自分の戸籍に入れらった。部落の者同士結婚すっじゃろうがな、結婚相手が、

「あんたは、戸籍ではおばさんになっとる」

「あんたは、私のおじさんになっとる」

で、戸籍に入れられんとたい。

わしが来たとき、サタばん家のみかん山は昔と同じで八反七畝やった。田上甚平のみかん山も太かった。あと主だったみかん山は前島永記、植田繁澄、前嶋恵蔵、前嶋吉平ぐらいなもんで、どこも四、五反やった。小まんかみかん山を入るれば、一〇軒どまやっとらしたろ。

うちのみかん山は、ネーブル二反、温州(うんしゅう)六反七畝やった。ネーブルを一〇貫×五〇荷(五〇〇貫)、温州を一〇貫×二五〇荷(二五〇〇貫)ほど担うてきた。わしが来てから四、五年の間は、リンゴ箱いっぱいネーブルを持っていけば、会社の一カ月分の給料やった。温州の値段はそれほどはせんかったな。ネーブルは俺共家(おっどげ)ンとは有名やったろうな。貨車で送りよったっぱい。小まんか板を製材所で割ってネーブルの箱をつくって、一個一個包んで、レッテルまで貼ってな。

昭和三一年にモノレールをつくった。シュラたい。ここから山の峠までワイヤーを張って上げ下げして。そ

げんせんば道のなかっじゃっでな。たいげえのところは担(いの)うて下りよったっじゃっで。シュラかける職人の日当が二万円やった。わしの一カ月の給料やったばい。あってんか(だけど)、みかんの高かったでウワーッとは思わんじゃった。そのシュラを七、八年使うた。みかん山が一番よかったのは、昭和三七年頃じゃな。

サタばあさんはよか人やった。悪口めいたことはいっちょん言いよらんじゃった。そして毎日リヤカー引っ張ってマチにみかん売りに行きよらった。前夜勤のときは、「今日はこしこして(これだけうって)来た」て、銭は全部私にやりよらった。

わしが来てから、人夫使うてばかりやった。昭和二四年は日傭(ひゆ)が一五〇円やった。一五〇円で何年かしとったったい。店の田上浩さんがみかん山を太うやりだして、自分のところに人夫に来てもらえんかったもんやっで一七〇円に上げらった。そっちに誰っでん行くごてなったで、俺家も結局上がったったいな。みかんちぎる頃は、俺家も二〇人ぐらい来よったな。全部この辺りのおばさんたちたい。月浦から坂口、出月にかけて。その日雇で俺共がするのが昭和四〇年頃までばい。二〇〇円になったことはなかったごたった。

月浦は、人間関係が侍ほど親密じゃなかもんな。よっぽど友達じゃなからんば遊びに行かん。ただ、みかん組合があって、その会議ばしよったな。昭和二五、六年頃からしかかった。後から湯堂、坂口、深川も入った。月浦が一〇軒ぐらい、湯堂が五軒、坂口が二軒、深川が一軒。その頃はみかんが上昇期にあったもんで、みんなが真剣に研究しよったもん。みかん組合は水俣で俺共の組合だけたい。年に何回か寄って先進地視察もしてな。

月浦で、誰も彼もみんなみかんを植えるようになったのは、昭和三〇年代の後半から四〇年代の初めにかけてじゃな。わしは、昭和二八年に初めて新植したもん。

●田上ミスの話

私が来たとき店のみかん山は、山ノ神さんの上に二反あったです。千人塚の上の一町二反の畑を六反、農地解放で取られた。残った六反を何軒かの分と交換してもらって、主人の浩が全部で一町のみかん山にしました。私が嫁に行った酒井家が湯の児の一八町歩の山に道を通したけん、そこに新たに四町歩のうちのみかん山を拓いたです。水も、道の真ん中を掘ってパイプを通したですが。私たちも若かったけん、全部で五町歩のみかんを切り回しました。その後で湯の児のみかん山をやめて、高尾野（鹿児島県）に早生みかんを何千本て植えて、何年かして接ぎ木をしました。晩に接ぎ木を削っとって、畑で膝でずっていって接ぐわけです。マムシの出たですばってん、もうきつうして動き切らんかったです。

うちの人夫は、二反の頃は一〇人ぐらいでしたが、一町になったときは二八人ぐらいでしよりました。湯の児をしたときは、タクシーで人夫を運びよったですよ。よそは、「まだ日の明るかで」て、暗くなるまで人夫を使わす。収穫のときは、見合った人手がないとできん。一番口、「うちは何日から」て頼んどくとです。うちは、最初の日に必ず軍手と腕カバーをやって、初めて来なった人には鋏の使い方を教えて、八時から始めて五時前には、ピシャッとやめて帰しました。

月浦は気張らすていうても、計画性が欠けていた。私共、今日はこれをして明日はあれをしてて、計画立てとってしよったですばってん、月浦の人たちはそのときそのときの行き当たりばったりです。私共がみかん山行っとれば、仕事行かす人が通りがけでものを言う。それぎり座り込んで遊んどらしたです。

●田上信義と英子の話

英子　みかん山の加勢というのもあった。人夫に雇われればお金やらすばってん、加勢は現物支給で、一日働いてみかん前垂れいっぱいやってな。
「前垂ればすけんなあ（裾を両手で持ち上げること）」て、入れてやらっとば、もろうて帰ってきよった。それもよかみかんじゃなかっじゃっで。みかんはまだ貴重なもんやったもん。加勢は昼ご飯は食わせらっとたい。

信義　みかんちぎっとは女の手が速か。男はつまらん（だめだ）もん。甚平どん方のみかん山に加勢に行った女共が朝からちぎって、肩でばかり女籠（めご）で担うて、俺家の前の道を下がって来っとが昼も遅うなってからやった。俺家はまだみかん山がなかろうがな、子供が家の前に出て立っとるもん。そすと、自分のみかんじゃなし、加勢人の女共が下って来方（かた）で、女籠からみかん取って投げてくるっとたい。子供は喜んでもろうて食うがな。その哀れな様（ざま）なあ。俺がみかんを植えたのは昭和四八年じゃもん。月浦じゃ一番遅かったろ。

英子　戦後台湾から引揚げてきてみかん山始めらったのが下山のじさん（図4－19）。田浦の人で村の誰とも縁故関係がなかかな。前嶋昭光さん（吉平の子、昭和二年生、山師）の土地を買うて八反のみかん山を拓かった。「台湾からうんと金を持って来とらっと」という話やった。このじさんは頑張り屋さんやった。「どげん小便するごたっても、こらえて、帰ってきてからわが家の畑でせろ。肥やしやっで」て言いよらった。

月浦のみかん山は戦後も順調であり、ますます発展していったようである。前嶋利一は会社行きだが、八反七畝のみかん山で工場の給料など目ではない高収益を上げた。「みかん山が一番よかったのは昭和三七年頃」という利一の話には、筆者はびっくりした。昭和三七年は、新興の石油化学の前に水俣工場が競争力を失い始め大争議が起きた年だからである（第三巻第二部）。村人がこぞって麦やカライモからみかんに切りかえ、みかん栽培の大衆化が始まったのは、昭和三〇年代後半から四〇年代初めにかけてだった。

以上、半農半工の目、村店の目、みかん山経営者の目から戦後の月浦をみてきた。そこから抽出されることは、「隣に負けがなるか」で「暗いうちから暗くなるまで」精出して働く村の気質が確立されたということである。筆者も骨身にしみて知らされた。

二〇〇〇年五月のある日の午後、私は信義の事務所兼みかん小屋で、村のことやみかんの剪定の仕方などを教わっていた。その日は信義の家に泊めてもらうことになっていた。夕方になった。だんだん薄暗くなってきた。信義はいっかな動こうとしない。私は足腰が悪い。信義は肝臓が悪くて正座でしか座ることができない。ござが敷いてあっても、小屋での長居はきつい。とうとう暗くなってきた。「そろそろよかろう。戻ろうか」。やっと信義はのたもうた。私の恨めしそうな顔（であったに違いない）を見て、信義は、「月浦には日の明るかうち戻る人間は居らんとやもん。真っ暗になってようやく夕飯にありつく部落じゃもん」と前置きして、次のような話をした。

●田上信義の話

俺が養子に来たとき、〇〇どんばい、朝真っ暗かうち畑に行って、まず踏んできた（はいて）アシナカを脱いで畑の目印にしとる木に括りつけるもん。そげんせんば、畑から帰らすときも真っ暗やって、アシナカを見つけ出さんもん。月浦者の畑の主戦場は、部落の上やってな。昔の畑はカライモと麦だから、勾配になっとることだし、立てば一〇軒分ぐらい一目たい。夕方、だんだん暗くなっていくだろうがな。「あいた、腰の痛うなってきたが」て、立ち上がって見らす。隣は精出しとらすもん。隣に負けがなるかという部落だけん、そこでまたかがむ。こんだ隣が「大分暗くなってきたが、隣はどげんじゃろか」て、立ち上がって見らす。そんときはこっちは鍬打っとるもん。「こりゃならん」。お互い立っちゃ見、立っちゃ見して、人より先に戻りゃならんとたい。真っ暗にならんばしょうがなかがな。朝もよ、「まだ薄暗かが、隣はまだ来とらんじゃろ」て、畑に行く。何の、もう働いとらすもん。「しもうた、明日は見とれ」て、だんだん早くなっていくもん。

それが五〇年間ずっと続いてきとっとたい。暗いうちから暗くなるまで働いて、初めてあやつは気張ると認められる。いくら働いても日の明るかうち戻るのは、気張るうちに入らんとやもん。仕事はしとらんでもよかったい。とにかく、あの人よか一歩先、戻っとも一歩遅れて。△△さんたい、あの年になってまだ精出さす。こん頃は腰の曲がっとらっで、暗うなっても、あれ△△さんじゃねてわかっとたい。

「それが五〇年ずっと続いてきとっとたい」。これは驚くべきことである。その間に月浦の奇病は発生したのだ。

二　精出すことの不幸と飲み助

「隣に負けがなるか」で気張って働くことは、必ずしも人間の幸せにはつながらないであろう。人は何のために生きるかである。このような村の風習は悲劇も生んだ。また村人こぞって二宮金次郎というような村があるはずはない。飲み助も居たはずである。別な角度から戦後の月浦をみることにしよう。

●田上英子の話

□□家ばい、ここは母親が一人娘に部落の有力者の家から婿養子をもらわった。財産なあんまり持たれんかったっじゃがなあ。その養子どんが会社に何十年て勤めて、百姓に精出して、田んぼも求むる、畑も一町歩から増やすして、みかんも早うに始めらった。娘ばかり四人持って、終戦後すぐ頭娘にまた養子をもらわったもん。そら、ウラの者で農協の指導員しとった。自分たちが働いて働いてきとって、ばあさんがやかましかったもん。「朝出勤する前、馬の草を切って小屋に小積んどかんかい」。こんだ帰ってくれば、「畑に行かんかい。馬の餌切りせんかい」て、こき使わったっじゃろ。その養子どんは、夕方家に居るごたなか（いたくない）ときは、うちのおふくろのところによう来よらったもん。語るごたったっじゃろな。子供が一人できてから、「おら、もう居ら得ん」て、離縁して、子供は置いて、ウラの方の別口の養子に行かった。嫁御に、

「おら、お前が好かんで別るっとじゃなか。ついてくれば連れ行くで」

て、言わったてな。ついて行かんじゃったもね。財産が欲しかったっじゃろうもん。子供が小学校上がるようになったら、運動会には来て、

「よそのおじさんが小遣い銭をくれらった」

て、その子が言うて話やった。後から親父てわかったろうばってんな。


その頭娘はそれ切り一人たい。よそ部落じゃ、分限者どんの養子ていえば、来る者な多かろうばってん、月浦はそげんじゃなかもん。

「そげんところにゃ行かん。行けば使い殺される」

て、言う者が多かろ。あとの三人の妹もとうとう行かず後家で、わが家の財産を守って、働いて、働いてしたったい。


財産があればよかてもんじゃなかなあ。△△さん家の家督相続はもめたばい。三男さんが俺が継ぐて裁判起こしたもん。長男さんはそれで手を引いた。次男さんも手を上げんかった。ばさんが次男に、屋敷とそこ辺りの畑をくれてあったったい。次男夫婦でそこにみかんを植えとらった。名義変更してなかったてな。次男が死んで嫁御がみかんちぎりよったら、三男が来て、「泥棒の来て人の畑のみかんをひっちぎる」て言うたて。で、

泣いてうちに何遍でん来らったことのあっと。

村の飲み助

●植田チエの話

飲み助は居らったよ。うちの隣の市どん（坂本市次、昭和三〇年頃は図4―82に移る）、上の勝どん（田上勝次、図4―13、末熊の親）。二人とも石屋たい。石屋は特殊な仕事やっで、百姓の手伝いなんか行くより何倍て取るもん。畑の石垣築いだり、家の土台をしたりな。それと坪段の山田善二郎（図4―67）。これは土方の請負しよったもんな。銭を取ってから飲んで飲んで、戻りにな鉢割れのごと喚きよらった。三人な、もう飲まるも飲まる、えらいもんやった。三羽ガラスやったな。

市どんも喚いてな、飲んじゃ「この世はわが世じゃ」ていうごて、はたがって（道いっぱいわがもの顔に）されきよらった。「繁澄さん、俺ぞー」って、うちに入って来られば、戻られんどがな。抱えやならんし、押しやりはならんし、出て行けて言やならんし、市どんの喚き声のすれば、「早う戸を閉めんば」て言い方やった。

上の勝どんは、勘定（収入）のあれば道は横さん歩んで上がって来よらった。もう毎晩のことやっでな、息子の末熊が怒って「打ち殺す」て。それでわが家にゃ戻りゃ得ずに、うちの後ろの道で長うなってウンウン猛らっとたい。一遍どま、今にも雨の降り出しそうやった。こら、放っといたらうっ死なっとやがと思って、「じいさん、俺家さん行こい」て、ヨレコレヨレコレやって連れて来て寝せたっじゃがな。そうしたところが翌朝になってから、

「あれ、おら、ここに入れとったっじゃが、銭のなか」

「銭のなか？　どしこ？」

「七〇〇〇円」

昭和二五年頃の七〇〇〇円やってな。

「おら、おっ盗らんぞ」

「そげんな思わんばってん、どけへいったっじゃろかな」

そこ辺り探さっとたい。あるもんな。後で見てみたら、うちの床ガライモ（芽を取るために土に埋めたカライモ）つくっとった間に踏み込んどった。持って行ったら、

「あれ、よかった。お前家じゃなからんば人のおっ盗っとやった」

「もう今からお前は俺家にゃ寝せん」

今日は市どん、明日は勝どんていうごたるふうやったったい。

●田上ミツエの話

勝どんは、俺家んじいさん。飲むのはよかばってん、飲めば一晩中怒って寝せられんどがな。もう私に「出て行け、戻れ」て。坪段の石原長市どんを「来んか」て呼ばっとたい。長市どんは、「俺も加てろの長市どん」て唄まであった。そすと長市どんな喜んで、こげん小まんかタコを下げて持って来よったったい。焼酎は一升ばかりヒン（強調接頭語）飲んでな。

●田上マツエの話

勝どんと前嶋恵蔵どん（六六頁）と田上甚平どん（六九頁）、夕方は店で飲んで、往還を肩組んで、もうヨイヨイヤッサてしようったですもん。勝どんは仕事は上手やった。石垣築がせれば名人やった。こげん太か石を

ダイナマイト仕掛けて一遍にボスと割りよらったですよ。

●田上英子の話

甚平どんは、飲まれんときはおとなしかとの、はめつけ仕事しよらったばってんな。何かのきっかけで飲みしかかれば、一カ月でも二カ月でも、もうこげん顔のはれるまで飲みよらった。わが家の周りでたい。グルグルやうちのところを回って、戸棚を開けてヒン飲んだりな。

明治時代、焼酎代を前島永記家から借り、返せずに畑をやってしまった家が何軒もあるということだった。村の飲ん兵衛の系譜もまた生きていた。前嶋恵蔵、田上甚平といった勤勉な大百姓が晩年飲み助になったというのは意外な気もする。功成り名遂げての余生であったのか、往年の焼酎飲み田上久平（七五頁）への回帰か。

三　一九五五（昭和三〇）年頃の月浦

敗戦から一〇年経った一九五五（昭和三〇）年頃の月浦の全体像はどうなったか。五五年は水俣病がひそかに襲っていた頃である。信義は図4の八四戸について各戸ごとの家族構成、職業、生活史などの全戸生活実態調査を行った。大変貴重なものでレポートは筆者の手元にあるが、ここでは調査結果の全体的なまとめを信義に報告してもらうことにしよう。なお、市生活保護関係資料によると、五七年の月浦の世帯数は九一であった。

●田上信義の一九五五年頃全戸生活実態調査報告

村のことに詳しい二、三人に何日も寄ってもらって、図4「一九五五（昭和三〇）年当時の月浦住戸図」八四戸の生活実態を調べた。苦労したばい。

・地の者と転入者別戸数

総戸数八四戸のうち、地の者三五戸、よそからの転入者四九戸。よそ者の方が多くなっているが、村の実権は昔からの大百姓とか地の者が握っとるな。

・敗戦後の増加

敗戦前からの居住者六八戸、敗戦後の移住者一六戸

敗戦後の移住者一六戸の内訳

外地引揚げ　七戸（台湾四戸、朝鮮三戸）

他都市引揚げ（大阪・新居浜・北九州）　三戸

水俣よそ部落からの転入　六戸

これで村の戸数は一挙に増加した。引揚者は一軒を除き村とゆかりのある者じゃな。

・年代別生計維持者

主たる生計維持者は二〇代が一七戸、三〇代が一六戸、四〇代が一二戸やった。このとき村には若い夫婦が多く、年齢的にもバリバリの時代やったっじゃな。俺も結婚して五年めじゃもん。

・職業別戸数

百姓（専業・兼業）　二二戸　うち元会社行き六戸

会社行き	一七戸	うち半農半工一三戸
会社下請	八戸	扇興運輸、日成工業、水俣化学など
市役所・専売公社	二戸	
製材所勤務	二戸	
漁師	一六戸	うち本部落四戸、坪段八戸、坪谷四戸
船回し	一戸	
職人	八戸	樟脳製造二戸、石屋二戸、大工・船大工・竹籠屋・桶屋各一戸
店	二戸	村店一戸、精米所一戸
日雇	八戸	
無職	一戸	
計	八七戸	（父親が漁師、息子が会社行きというような場合、職業別にカウントしているので総戸数とは一致しない）

会社行きは下請を合わせると二五戸で、百姓の二二戸と村を二分する。会社行き一七戸のうち半農半工が一三戸、百姓二二戸のうちもと会社行きが六戸だから、半農半工の村じゃな。

船回しは森伝次郎（図4－16）。この人は天草から来て貨物船をしとった。金回りがよくて昭和二五年頃、植田繁澄の本家の家屋敷を買った。繁澄は図4－18に移った。マチで商売せらしたもんな。

職人に注目すると、樟脳づくり（松本一雄〔図4－35、当時三八歳ぐらい〕、川畑（かわばた）辰雄〔図4－8、鹿児島県阿久根（あくね）出身〕）がこの頃はまだ商売になったっじゃな。松本一雄は、松本真寿雄（ますお）（図4－12、昭和二年生、七三・四認定）、松本俊郎（図4―71、大正六年生、七二・一二認定）の兄弟三人で母親と台湾から引揚げてきた。母親イ子（イネ）（明治二六年生、七三・四認定）が松本岩吉の娘。

石屋は、坂本市次と田上勝次は引退して、前嶋弥雄喜（やおき）（図4―38、明治三四年生、七六・一〇認定）、橋本惟義（これよし）（図4―78、大正二年生、丸島出身、朝鮮引揚）。石屋は屋敷も畑も石垣築かんばんで村に必要不可欠やった。景気のよかったもん。

大工は今田善太郎（図4―41、明治四〇年生、津奈木辺りから敗戦前に移住）。外に住み込みで働きに行ったり、村の家の障子づくりとかこまごました仕事をしたり、仕事が多かった。この頃は大工はあまり居らんもんな。よか暮らしやった。

船大工は、丸島から坂口に疎開した田中七太郎どん（図4―77、明治三二年生、七一・一〇認定、一三九頁）が敗戦後、坪谷に住みついた。

竹籠屋は山田邦広（図4―15、三三歳、坂口から来た）。片足がなかった。松葉杖ついて歩いとった。前は竹籠ばかりやったで結構仕事があった。専業の竹籠屋は、マチの浜に一軒、湯出に一軒あるだけやった。

桶屋は上村（かみむら）伊之吉（図4―22、五六歳、葦北郡湯浦辺りから来た）。桶の輪替をして、飯つぎ（お櫃）もつくらった。夏は腐れるというところで、飯は飯つぎに入れてみんな軒下に吊るしとくけんな。漬け物樽は一年に三つぐらい輪が壊れる。近くの部落からも頼みに来よらった。

店は、一軒は田上浩・ミスさんの村店で、よろず店。もう一軒は田上権四郎どんの精米店（図4―36）。イナカの部落からも米、麦を持ってきた。粉碾（ひ）きもした。持ってくれば内緒で一升ずつ取っとたい。精米賃とそれでやっていく。「米を買わんかい」と言いよらったもんな。精米所は月浦以外では袋に一軒、出月に一軒（田上留彦、七八頁）あったな。

日雇は、金子信一（図4－24、招川内(まんば)出身、三六歳）、坂本寅市（図4－25、六六歳）、石橋イヨノ（図4－32、牛深出身、五〇歳）、永井ふみえ（図4－58、二〇歳ぐらい、津奈木(つなぎ)から来た）、山田善二郎（図4－67、六三歳ぐらい、延岡から来た）、坂本茂太郎(もたろう)（図4－69、六三歳）など。百姓人夫をしたり土方をしたり。この他にも嫁さんで百姓人夫したのが一〇人ばかりいる。永記さん方に百姓人夫に行った者は多か。「今日は来んごたるが何しとっとな」て言われれば、しゃにむに行かんばならんもん。「永記さんから飼い殺しにされる」て言いよった。

漁師は一六戸。図4に示してある。本部落四戸、坪段八戸、坪谷四戸で、坪段と坪谷が多かけん、こっちから調べんといかんな。

・田畑所有反数別戸数（月浦以外の他部落に所有する田畑を含む）

田

反数	戸数
五反	一戸
三～四反	六
二～三反未満	四
一～二反未満	三
計	一四戸

畑

反数	戸数
二町以上	二戸
八反～一町	一三
五反	一六
三反	五
二反	一〇
一反	三
計	四九戸

田畑の所有状況をみると、田持ちは全部で一四戸と少ない。反数も最高で五反だもんな。畑は百姓以外でも少しは持っとるけん四九戸。うち五反以上が三一戸だから、まあまあというとこじゃろ。これは村山の開拓とごないか畑などの農地解放のおかげでもあっとな。

この信義の全戸生活実態調査結果を聞くと、地つきの村人を中心にみてきた村の景色が一変する。全戸数八四戸のうち地の者三五戸（四二％）、移住者四九戸（五八％）であり、村の実権は「大百姓とか地の者」が握っているにせよ、六割近くがよそ者である（六二頁参照）。また半農半工が多数いる百姓村であっても、村の生活を維持するには、石工、大工、竹籠屋、桶屋、精米店などさまざまな職業が必要であることがわかる。日雇（百姓人夫・土方）が八戸と多く、この他に嫁が百姓人夫をして生活を支えていた家が一〇戸ほどある。百姓と工場が村を支える二本の柱で、移住者がその柱の中に入ると共に周りを職人や日雇などが埋めるという構図になっている。

敗戦は、部落の外地やよそに行っていた者の帰村やよその部落からの転入により、一六戸の増加をもたらし、村の戸数は約二割増加した。五五年頃は、ちょうど部落の世代交代の時期であった。村の主たる生活維持者が、「若い夫婦が多く、年齢的にもバリバリの時代」であったことも注目される。

さてわれわれの興味の一つのポイントである漁師は一六戸（一九％）ある。漁師の話はこれまで一言も村人の口から出てこなかった。百姓村といっても、五戸に一戸近くも漁師がいたのだ。その多くは本部落でなく、坪段・坪谷部落にいる。これは詳しく調べる必要があるので、章を改めてみていくことにしよう。

本章の最後に、生活状態と大いに関係のある月浦の家の状況について教わっておこう。

月浦の家

●前嶋利一の話

わしが来たとき（昭和二四年）月浦は、ワラ葺きの家が何軒かあっただけで、みな瓦葺きやったな。侍は、ほとんどワラ葺きで瓦葺きは二、三軒しかなかった。月浦の家はたいがい四部屋やったろ。サタの実家の百姓分限者の恵蔵どん家は、やはり四部屋。上がり口が四畳半、囲炉裏のある部屋が八畳、座敷の手前が六畳、座敷が六畳、あと納戸。井戸と風呂と炊事場に屋根かぶせて一軒別につくってあった。炊事場にクド(かまど)があった。井戸で茶わんでん洗うて、クドで炊いて。薪物は自給自足たいな。山に行って伐りよった。井戸の横に別に味噌蔵があった。百姓分限者の家は、外壁は漆喰が多かったろ。

●田上信義の話

身内一派は同じ造りになっとるな。それで俺共家(おつどげ)は三軒同じ造りばい。六畳、六畳、四畳、四畳半の四間。小屋はもちろん別。便所は外便所。昔は内便所はなかったろ。井戸も外。これが月浦で普通の家てとこじゃろ。

第三章　坪段と坪谷——同じ部落の別部落

一　線路下の二つの部落

総戸数八四戸の集落別内訳は本部落五九戸（七〇％）、坪段部落一七戸（二〇％）、坪谷部落八戸（一〇％）で、三割は線路下の坪段と坪谷に住んでいた。線路下のこの二つの部落について村人の話を聞こう。

●植田イサの話

汽車道の下は、坪段（小字名・月浜）て言いよった。一坪ごとに段がついとるほどの坂地という意味じゃろ。松本の坂本のて、昔からの家が何軒かあったばってん、海際の崖まで畑だったり、林だったりたい。坪段の端は坪谷（壺谷とも書く）ていうて、大木の繁った恐ろしかごたる山谷やったっじゃっで。私の小まんか折、坪段の崖上の林の中に、マチの伊蔵（いぐら）のやうちの深水（ふかみ）五郎さんていわる人が居らった。肺病やった。眺めのよかて、家をつくらした。別荘たい。

●田上英子の話

私共、小まんかとき（戦前）、坪谷の波止に泳ぎに行きよった。波止の上の山の中に田中という暗いワラ屋根の家が一軒あって一家五人ばかり住んどらった。天草から来らったて話やった。魚釣りよらった。**弥次郎**（大正元年生、七八・五認定）ていわる息子がすぐ下に別家を建てらった（図4－74）。弥次郎どんは扇興に行きよらったろ。じさんは後で盲にならった。

●田中敬子（けいこ）（戸籍上は慶子、自分で改名。図4－76、大正一五年生、田中守の妻、七三・六認定）**の手記**（『袋小記念誌』）

私は昭和一五年頃（まだ学生の頃）、天草より親類のある坪谷へ舟から来た事がある。海岸に舟が着いたが、家は全然見えず、今のような防波堤もなく、岩石がごろごろしたところをはい上がって少し行くと、ようやく山の中にぽつんと一軒あった。小さな流川があって、まわりは大木で囲まれて、どこも見えない。大木の間をぬけて奥へ登って行くと、屠殺場があってばけものが出る位だった。夜等とても恐しく外へは出られなかった。

坪段の面積は、月浦部落の総面積の三分の一以上を占める。そして坪段の端にある「恐ろしかごたる山谷」がこの辺りで海に出る唯一の道であることはすでにみた。谷を降りた海辺に、坪谷という小さな波止がある。坪段は月浦で海に最も近い集落であり、坪段から見れば水俣湾は目の下である。鹿児島本線の開通により坪段が本部落と分断された様子は、図4を見れば一目瞭然である。田上英子と田中敬子によると、山谷の中に戦前家が一軒あった。この谷に、戦後新たに一固まりの集落ができた。昭和三一年五月の市患者調査文書はいう。「本部落は月浦の南端、海岸に接し、南北に急傾斜の丘が迫って狭い谷間となり、戸数七戸、海岸近くに共同井戸一ケ所があり、部落の丘の上に市立屠殺場がある」。屠殺場は坪谷をはさんで坪段部落の反対側にあり、殺された牛の血が丘から海岸に流れ落ちていた。この新しい小集落を波止の名にちなんで坪谷部落という。調べなくてはいけないのは、この二つの集落同士の人間関係である。また二つの集落の住民と線路上の本部落との人間関係である。

二つの集落の住民についての最大の興味は、先に述べたように漁師にある。奇病は漁師とその家族を中心に発生した。先の昭和三一年五月の市文書はいう。「本年二月頃より該地区〔坪谷〕……二戸の幼児三名が原因不明の麻痺性の疾病に罹り、……〔今回うち一戸の二名を加え〕五名の同型疾病者が発生した。保健所及び熊大より原因探究中であるが、現在の処、明らかにされていない」。二戸は漁師で、三名の幼児がチッソ附属病院に入院したのを契機に水俣病は発見された。奇病をいっとき「月浦病」ともいったのはこのためである。坪谷の波止はチッソの排水口に近い。二つの集落の奇病患者は最初発見されたこの五名にとどまらなかった。

以下、本章でも多くの名前が出てくる。水俣病に多少とも知識を持っている読者は、知っている名前が出てくれば、「あっ、この人はここに居たの」と思われるであろうが、本巻は奇病以前の時代をテーマにしており、水俣病について何も知らない方を読者に想定している。奇病患者については第二巻で詳述する。ここでは、およそどんな人たちが二つの集落に住んでいたのか、大ざっぱに把握されるだけでいい。

坪段集落の最も早い居住者は、すでに登場した松本岩吉一家と、まだ出てきていない坂本増太郎(ますたろう)一家である。増太郎一家の坂本ヨシノ（九四頁）にこの二つの家と坪段について教わろう。この二家族からも奇病患者が発生した。

●坂本ヨシノの話（ゴシックは筆者）

坂本一族

植田チエさん家の親のきょうだいが嫁に行った湯堂の坂本福太郎（安政二年生）家に**増太郎**（万延元年生）という弟が居ってな、月浦の前嶋新蔵て百姓分限者のところに夫婦で養子に来たったい。増太郎の嫁マノ（文久三年生）は、月浦の前嶋金四郎（会社行き、八六、九八頁）のじいさんのきょうだいたい。ところが、前嶋新蔵から「お前には財産はやらん」と言われて、養子縁組解消たい。おん出たか、追い出されたか。新蔵は増太郎の長男の仙蔵（明治一二年生）をとって跡継ぎにしたったい。増太郎はその後、万蔵（図4－60、明治二〇年生、六〇・一一認定）、寅市（図4－25、明治二一年生）、茂太郎（明治二四年生）、留次（図4－83、明治二八年生、七一・一二認定）、菊次（明治三一年生、早死に）、末作（明治三三年生）、友次（明治三六年生）て、せっせと子をつくらった。女の子も二人いたが早死に。男の子が八人というのは珍しかな。坪段に住んだのが、増太郎、仙蔵、万蔵、寅市、茂太郎、留次。増太郎は、人力車曳いて暮らさったっじゃろ。

仙蔵は、子供七人持って二人若死に。よか男やったが、女と酒で新蔵の財産を潰した。女遊びして鼻がなかったもんな。仙蔵が死んだとき、新仏に供えるオカサができとらんかった。オカサて、米で高うつくった団子たい。「仙蔵どんは鼻欠けやったで、オカサがなくてもよかったい」て言い方やった。

万蔵は、死んだのを入れて一〇人ばかり子供持ったな。私が次女。万蔵はいっとき会社のカーバイドに行った。給料が安くて辞めて石方の弟子について石工になった。村山を拓いたときずっと石垣築ぎに行かった。上手やった。そして、私が四つ五つの頃から船を買って一本釣りをせらった。竹籠（しょけ）づくり、樽づくり、何でん器用やった。生活が器用じゃなかったったい。で、難儀したったい。
　私は、学校は一年か二年しか行っとらん。子供背負わされて学校に行きよったけん、電信柱につかまって泣きよった。一四になったとき、奈良の大日本紡績に行って六年間居ったな。機織りたい。一年半ほどして責任者になったばってん、自動織機が入ってきて、英語で書いてあるもんな。わかるもんかな。小遣い銭を月に三円もらうだけで全部仕送りした。一九歳の頃帰ってきて、会社のカーバイドの臨時工に一年ほど居た。それから梅戸（工場の専用港）の仲仕になったったい。初野（水俣の部落名）の小島ユウキチて酢酸係の角力の選手しとったのとできて、結婚した。初野の太か百姓やった。子供が一人生まれてからユウキチは兵隊に行って、昭和二〇年二月戦死したもんな。それでユウキチの弟の嫁になった。その子供が二人。一〇年ほど一緒に居たけど別れた。籍は初野に置いたまま、昭和三〇年頃坪段に戻ってきて、また梅戸仲仕に行って働いた。その日給も全部親に渡したったばい。

寅市は会社行きやった。船は持たんかったが、万蔵といっときボラ釣りをしたな。会社を定年で辞めて退職金で線路の上に家をつくったったい。その後は日雇。

留次も会社行きやった。会社行き方で船持っとって魚釣らった。一本釣りが本業になって会社辞めらった。留次家は水俣病の裁判して頑張らったったい。

　＊　留次の長男実（大正一一年生、七三・一認定）の妻マスヲ（大正一三年生）が五六年八月頃奇病発病。

友次ていうとは、頭がよくて高等科まで行ったな。鏡（八代郡）の活版所に勤めたばってん、早う死んだもん。男の子（幸、大正一五年生）と女の子と居て、万蔵が養った。幸（勝和と改名）は、四つのとき湯堂の網元の坂本寿吉（じゅきち）の養子にやった。女の子は、九歳のとき大口（おおくち）にくれたったい。

松本一族

松本岩吉どんは、人のよかとの、名前のとおり岩のごたる頑丈なじいさんやった。岩吉どんもうんと子供をつくらった。五男六女け、一一人ばかりな。ばさんがやり手でな、ばさんの代に湯堂に土地を求めて、その得米（土地代）を取りよらった。長女のニワが村店の市次どんの後嫁たい。次女のイ子（ネ）は台湾に行って、台湾でよその男と結婚して、戦後太うなった子供三人（一雄、俊郎、真寿雄）と月浦に戻ってきた（一二六頁）。月浦じゃ、イ子の一家を「台湾」て呼びよったな。岩吉どんの子で坪段に残ったのが、次男の忠吉（図4－61、明治二八年生）、三男の安太（図4－64、明治三〇年生、七五・八認定、新地整理記念碑に名前がある）、五男の福次（図4－70、明治三六年生、七三・六認定。妻ムネ明治三九年生も七一・一〇認定）じゃな。

忠吉は、岩吉どんの財産を継いで百姓するばっか。忠吉の後は長男の**栄**（大正一一年生）が継いで、これも百姓ばっか。

安太は会社行き。体が弱かった。

福次も会社行き。この人は会社行き方で船持っとって魚釣らった。会社じゃ合成係の組長しとらった。出世したったい。終戦後会社を辞めて一本釣りにならったっじゃろ。

＊　福次の長女**トミエ**（大正一二年生、七〇・六認定）はイ子の次男松本俊郎とイトコ婚、俊郎とトミエの次女**ふさえ**（昭和二四年生）、三女**俊子**（昭和二九年生）が五六年四月頃相次いで奇病発病。

福次の三女**良子**（よしこ）（昭和九年生、七三・四認定）は上村好男（昭和九年生、鹿児島県伊佐郡出身）と結婚、最初出月にいたが五八年坪段に住む。長女**智子**（昭和三一年六月生）胎児性。

昭和初期の坪段と月浦の漁師

私が小まんか頃（昭和初め）、坪段は一二軒やった。坂本一家が四軒、松本一家が三軒。あとの五軒は、村井長二郎どん、石原長市どん、山田善二郎どん、オミツ、ショウゴロウ。

村井長二郎どん（図4－68）親は福次郎（八七頁）といって計石（はかりいし）（葦北郡）の人。打瀬船（うたせぶね）で坪谷に流れ着いて、坪段に上がって会社行きにならった。「流れどん」ていいよった。前嶋吉平さんが、「俺の畑でもつくっとれ」て、つくらせとらった。子供が八、九人居る。長男の長三郎ていわっとは駅仲仕をして坪段に残らった。後で漁師もせらった。

石原長市どん（図4－66、一二二頁）天草の棚底から来らった。嫁御はウラの奥からじゃろ。イワシの行商しとらった。後からタコ獲り専門にならった。

＊　長市長男和平（昭和一七年生）が五六年六月奇病発病。

山田善二郎どん（図4－67、一二一頁）ここは村井どんより遅うに宮崎の延岡から来らったっじゃろ。後じゃ土方しとらったな。

オミツ（図4になし）オサミという母親と二人で、松本安太どんの上の小さなかや家に居らった。この家は跡なしになった。

ショウゴロウ（図4－63のところ）会社のカーバイド行き。後で**浜下猶吉**（ゆうきち）どん（明治三四年生、五五年頃奇病発病、五六・四死亡）が天草から来て、この家を買って入った。ショウゴロウの親は、サンジ、オワチていわった。サンジは髪を変な形に結うとらった。「南洋帰りじゃろ」ていう話やった。

私の子供の頃の漁師は、坪段が坂本万蔵、留次、長市どんの三人、本部落が**山川とん**どん（富太郎）と**前嶋茂八**の二人やったろ。とんどんは、どこかよそから来て、私が小まんかときから村店のすぐ傍に居らった。茂八ていわっとは、前嶋金四郎どんの親たい。それで俺家とやうちになっとたい。坪谷の波止は、一番波止、二番波止までは万蔵たちが築いた。三番波止ができてから漁師が増えてきたったい。

この前嶋茂八は、明治三九年度水俣村漁業県税等級議案（県税の原案書）に名前が載っており、一本釣、年上げ（年揚げ）金一五円、税金三〇銭とある。文献で確認できる月浦最初の漁師である。村の漁師の父祖は、百姓本部落のど真ん中に居たのだ。茂八の漁師は一代限りだったが、とんどんの子供たちは漁師を継ぎ、本部落の中で特異な存在になった。

坪段の歴史をみると、月浦の一集落だが、湯堂との関係が深い。坪段の居住歴の古い二家のうち坂本一家の始祖増太郎は湯堂から養子に来た。増太郎の末っ子友次は早死にし、その子勝和は逆に湯堂に養子にいった。勝和は不幸な人生を送った。第三部「湯堂村」でその話を聞くことになる。また松本岩吉が湯堂に求めた土地は山だが、かなり広いもので、その山を拓いて網子集落ができた。岩吉の子忠吉、孫の栄は戦後に至るまで地主として湯堂に強い力を持っていた。この話も第三部でみることにしよう。

戦後の坪段

一九五五（昭和三〇）年頃、坪段は一七戸になった。一戸跡なし、増加は分家二戸、新入四戸である。

〈分家二戸〉

浜下信義（図4－62、昭和三年生、七八・四認定）は猶吉の長男で分家して漁師。図4－63次男浜下徹（昭和八年生、七九・四死後認定）は浜下猶吉の跡継ぎ。

＊　猶吉の長女**加賀田ミネカ**（昭和六年生、猶吉と同居、七二・六認定）、ミネカの次女**清子**（きよこ）（昭和三〇年八月生）胎児性。

松本俊郎は前出。台湾から引揚げてきて松本福次の長女トミエと結婚。会社下請。この一家も奇病の惨劇にあったことは先に述べた。

〈**新入四戸**〉

池嶋正則（図4－72、大正四年生、池嶋春栄〔一八五頁〕の弟）長島出身、会社行き。傍らタコ獲り。半工半漁。

山田善蔵（図4－84、明治四〇年生、六三年頃水俣病発病、六五年死亡、第四巻第一章）小田代出身、朝鮮興南引揚げ。竹屋根三間（ま）の掘建て家を建てて住み、漁師になる。本部落に居た山田和市（一〇二頁）の弟。

山口喜一郎（図4－65のところ）昭和二七年頃市内へ転居。喜一郎は無職。息子が安定所の日雇。

三宅徳義・トキエ夫婦（徳義明治四一年生、七二・六認定。トキエ明治三六年生、五四・七奇病発病、同年一〇月死亡）

徳義は会社下請。山口喜一郎の転居後に住む。

藤本主計（図4－73）ウラ出身。会社行き。結婚して坪段に来た。

戦後の坪谷部落の形成

昭和三一年の市文書には戸数七戸とあるが、その後一軒増え八戸となった。この八戸についてみておこう。うち四戸は海際である。なお田中敬子が「はい上がった」谷の道は戦後、漁師道路として整備された。

田中七太郎、義光、守

七太郎（図4－77）は丸島出身。船大工。戦争中丸島の家が空襲で焼かれ、坂口に疎開していたが、戦後坪谷に来て船をつくり始めた。義光（図4－79、明治四三年生、七三・四認定）はその長男で、最初七太郎と一緒に船大工。五五年頃から漁師。守（図4－76、昭和五年生、七三・六認定）は義光の先嫁の子で漁師。後に漁協理事になった。

＊　義光三女**しず子**（昭和二五年生）五六・四奇病発病、五九・一死亡、四女**実子**（じつこ）（昭和二八年生）五六・四奇病発病。

江郷下美善（えごしたみよし）（図4－80、明治三〇年生、七一・一二認定）天草出身。百間で船回しをしていたが、戦争激化に伴い出月の村外れに疎開小屋を建てて住む。戦後坪谷の海際に移って来て漁師。

＊　美善五女**カズ子**（昭和二五年生）五六・四奇病発病、同年五月死亡、五男**一美**（かずみ）（昭和二〇年生）五六・五発病、六男**美一**（みかず）（昭和二二年生）五六・六発病、妻**マス**（明治四五年生）五六・五発病。先に引用した昭和三一年市文書にいう二家五名は、田中しず子、実子、江郷下カズ子、一美、マスを指す。

平木栄（図4－75、明治二五年生、五九・一一頃奇病発病、六二・四死亡、六〇・六認定）御所浦出身。妻トメ（明治四〇年生、七二・一二認定）は前嶋金四郎の妹。栄は八幡製鉄に勤めていた。戦後坪谷に引揚げてきて漁師。家三部屋、瓦葺き、壁トタン。

橋本惟義（これよし）（図4－78）丸島出身。妻ハツ子（ネ）（明治四四年生、七六・二認定）は田上作太（図4－6、九七頁）の娘（八五頁）。朝鮮引揚げ。家二間。屠殺場の横で骨粉製造。昭和三〇年頃石屋。傍ら漁師。

坂本吉高（図4－82、大正六年生、七九・四認定）本部落坂本市次（石工、一二一頁、図4になし）の息子。市営屠殺場勤務。

川上マタノ（図4－81、明治三九年生、七一・一二認定）夫の川上千代吉（明治三八年生、出月、漁師）は五四・一一奇病発病、五六・六死亡。千代吉死後の五六年一一月、坪谷に家を建てて、それまで住んでいた出月より移る。家二間。

一戸増は川上マタノである。

五五年頃の坪段の漁師は坂本万蔵、坂本留次、松本福次、浜下信義、浜下徹、石原長市、池嶋正則、山田善蔵の八戸、坪谷の漁師は田中義光、田中守、江郷下美善、平木栄の四戸である（図4参照）。

奇病が公になった五六年五月、田中義光家は一家八人。市の患家調査によると、義光は狭心症を患っており、家はコケラ葺き六畳二間。家具、衣料は、鍋二、缶二、茶わん類若干、布団、掛け三枚、敷二枚、外に外被のない布団一枚、その他の衣料は大部分入質中であった。

江郷下美善家は、一家七人（別に他所に出た子供三人あり）。同じく市調査によると、家は竹と平木の混合葺きバラック建て、畳一六枚相当三間、屋内には何等見るべきものなく、板張りにゴザを敷き、雨漏りも相当ひどいという有様であった。

この新しくできた坪谷部落について、坪段生え抜きの松本福次の長女松本トミエの話を聞こう。お世辞にも好意的とはいえない。

●松本トミエの話

あの谷は、丸島の分限者の坂本さんという人の山やった。坂本さん家から、部落の前島永記どんのやうちに嫁御が来とる。江郷下さん家の上の辺りは屠殺場まで松本岩吉じいさんの雑木山、谷に下る道の右側は部落の田上作太どんの山やった。田中さんの土地は作太どんのやろ。太か木で谷は暗かったい。田中さんたちの来らってから、晩にバリッ、ガチャーンて音のするもん。その人たちの黙って伐らんで誰が伐るかな。それで明るうなったいよ。田中さん家には、誰っでんあんまり行かれんばい。義光さんは、変チクリンも変チクリンやった。信心に凝って、笠をかぶって、白い着物を着て、鐘を叩いて、部落の家をもろうてされきよらったもん。守の家は、一番波止の内やったいよ。勝手に海を埋め立てて建てたったい。

江郷下美善さんは、土地は岩吉じいさんのを借って、家は娘を三人奉公に出してつくらった。それで「豆蔵建てらっと」て、誰にでん、「娘持てば金儲けできるばってん、男の子はつまらん」て言いよらった。みんな言いよった。おら、江郷下さん家に行ったことはなかったな。部落の者は、江郷下さんとはつき合わんもん。終戦後坪谷に来らった人たちは、平木栄さんにしろ、川上マタノさんにしろ、橋本惟義さんにしろ、みんなよその人やもん。なじみの薄かったたい。

＊江郷下美善は天草の樋島(ひのしま)出身である。「娘持てば金儲けできる」というのは、戦前の天草にあってはごく普通の感覚だった。次の話を参考までに紹介しておく。

●田中秀雄（大正一〇年生）の話（七四年、岡本未発表聞書）

私の村は、天草下島の富岡に近い志岐というところです。田んぼがあって天草では裕福な方です。私の村でも、男の子は嫌われて、女の子が生まれたら喜ばれる。女郎に売るんですよ。

「子供が生まれたっちなあ。何じゃった？」

「船たい」

「あれー、よかったよ。あば(それなら)千両船たい」

「なればよかばってん」

船ていや女のことです。乗するけん。小学生の女の子が、「ただいま」て学校から帰ってくるでしょう。親父共が百姓の一仕事済んで煙草でん飲みよるでしょう。

「ほーら、百円まんじゅうが来た」

あんた家ん娘が帰ってきたばいていうことたい。言われた方も別に腹は立てん。そういうふうな習慣になっとる。女の子は売るもんじゃて、売り物ぐらいに考えとった。全部が全部女郎に売るてことじゃなかってです。男の子は就職が困難なんですよ。女の子は紡績が待っとるんです。私の姉は、小学校上がってすぐ伊勢の紡績に行った。もう小学校の六年生になったら、何円か予約金をくれるんです。親はそれで焼酎飲むか、借金を払うかするわけ。うちの姉が生まれたとき親父がな、

「産婆さん、ありがとな。あんたがおかげで船やった」

三円か四円か礼金払って、その上籾一俵持って行ったと言うんだから。そのくらいうれしかったらしいですよ。金になる女の子だから。上三人が男の子で四人めが姉だった。また男の子だったらどげんしゅけて思っとったっでしょう。分くる財産はなし、分けたことなら飯の食い上げ、就職するにもどこにやればいいかわからん。私たちが小学校の頃、二十歳過ぎた青年の日当が五〇銭でしたよ。その時分百円といったら、ものすごい金ですよね。女の子が生まれたら喜ぶのは、下島の南の方に下がれば下がるほどそうです。広範囲にわたって田んぼがないですからね。


松本トミエの話によると、坪段部落の人たちは、戦後坪谷に住みついた人たちと「なじみの薄」く、つき合いはなかったという。それでは、線路上の本部落と線路下の坪段・坪谷両部落との関係はどのようなものだったのか。これまでみてきた坪段・坪谷部落の様子は、本部落と全くといっていいほど異なっている。

本部落と坪段・坪谷部落の関係

●田上信義の話

坪段と坪谷は、何かよそ部落のような感覚じゃもん。向こうは向こうで一つの部落形成のごたる格好たい。

よそ者という見方はあった。本部落とお互い入り込んでということがない。線路から上の人同士は、「おはようございます。今日は何すっかな」て、ふた言めがある。線路下とは、「おはようございます」だけで、ふた言めがなか。月浦に婦人部てあるもんな。保険取り扱いをしたり、公民館の掃除したり、ゴキブリ退治の団子つくって配ったりする。線路下はそれにも入って来ん。冠婚葬祭・交誼関係もない。線路下で本部落に入ってくるのは、昔からの松本一族だけだもんな。

葬祭は、組の下に班があって、班で処理する。私たちの班が一〇戸。多いところは一五戸ぐらい。その班の人がせしかい（料理つくり）、隣の班が墓掘りて決まっとった。昔は土葬やったけん。物言い（お通夜・葬式に行くこと）はその組だけ。二組の人が亡くなったといえば、「二組でせらっど」ていうふう。一組であっても懇意な人たちは行く。線路下は二組じゃが、線路上とは班が別じゃもん。

線路下の人たちは、祭壇組合（第六巻第四章）には加たっとる。そら、一五年ほど前に生活改善運動でつくった。部落で祭壇持っとって、不幸があった家は五万円払うてその祭壇を使う。組み立ては部落の役員四人でして飾りなんかつける。出棺と同時に解体して、火葬場から帰ってきたときは家をあけておく。私は祭壇組合長をしとったから、部落の葬式にはほとんど行った。線路から下は、来とる人は少ない。「パラパラやったな」「どーし、つき合いのなかもん」て言い方たい。

二　月浦の百姓と漁師

さて、五五年頃の月浦の漁師は、坪段、坪谷以外は本部落四戸だった。この四軒について述べておこう。

戦後の本部落の漁師

永井能佐留（図4―39、大正元年生）　本人は会社行き。戦後、マチから月浦に移住してきた。父親が魚釣りが好きで小舟を持っており、湾内で一本釣。世帯主は漁師ではないが、ここでは父親を立てて漁師にカウントしておく。妻が五六・四頃奇病発病、病気が子供（六人いた）にうつるのを恐れ自死した（第二巻第二章）。未診定。

小道徳市（図4―44、明治三〇年生、七一・一〇認定）　広島出身。漁師たちからナマコを買い、釜で茹でて乾燥させ中国料理の材料に卸す商売をしていた。月浦に住みつき、後からボラ釣をした。いったん認定を棄却されたが、川本輝夫らと共に闘い認定をかちとった人である（第四巻第二章）。

山川通（図4―45、明治四二年生、七三・八認定）　とんどん（富太郎）の長男で、弟の千秋（大正一四年生、五五・一二奇病発病、五六・四死亡）と共に主に雇われ漁師。ボラ釣など。通の子一清（昭和二一年生）は、五四・八奇病発病、五五・六死亡。

松原房松（図4―56、昭和元年生、未認定）　天草出身、雇われ漁師。奥さんのミサヲはカキ、ビナ採りが仕事。部落とはつき合いがなかった。昭和五〇年頃出月へ移る。なお房松は、関西訴訟（第五巻後出）原告団長・岩本夏義の妻愛子の弟で、妻ミサヲは夏義の妹である。

永井、小道、松原は移住者で、居付きの百姓たちとのなじみは薄かった。このほか、田上ミスの話によると、戦後朝鮮から船を持って引揚げてきて漁師をしていた島本某という男がいっとき本部落の前島直喜（図4―50）の小屋を借りて住んでいたが、間もなく死んだという。直喜は会社行きで、傍ら船を持っていてタコとりが上手だった。遊びがてら漁をした者まで入れれば、漁師と関係がある家は四軒より多くなる。

ところで月浦の百姓が漁師を見る目はどうであったのか。これまでたびたび登場した坪段の石原長市を見る村人たちの目を中心にして、坪段の漁師浜下猶吉の娘加賀田ミネカの話も聞こう。

百姓と漁師

●前嶋利一の話

百姓と漁師の間柄は悪かったな。漁師は一段下に見とったな。年寄りほどその傾向が強かったろ。漁師のことを唐舟人(からふなと)て言いよった。わし共が畑に行って端をきれいにせんば、「わら、唐舟人やがね」て、ばあさんの言いよらった。舟人は、「畑の周りのなからんば(周りの世話をする必要がなければ)百姓するばってん」て言う。ばあさんたちは、「畑は端をつくらじゃ。真ん中をつくっとじゃなかっぞ」て言う。周りに草の生えれば畑がだんだん狭うなるがな。それでばあさんたちは、端から端まできれーいにしよらった。畑に下肥やったり、水やったりするときも、百姓は端からやる。真ん中からやる百姓は居らんもん。

●植田チエの話

百姓とすれば、漁師の暮らしはガタンと下がるもん。百姓は、「漁師が貧乏すっとは気張らんでたい」ていうごたるふうで、みんな見下げ果てた気持ちで見よったんな。

坪段の長市どんは、自転車に積んでイワシをトロ箱で持って来らっで、みんな買いよったたいな。小まんか男やったが、嫁さんがまた小まんか女のな。嫁さんはドン腹ばかりふくれてな。いつから始終子が入っとっとたいな。小まんか女やっで、双子じゃなかろうかていうごて腹の太かったたい。それで、ガラガラ子供ができた。それ、布団もなし、一枚の布団に足差し込んで寝よらったで。

働いても働いても、うだつの上がらんもんやっで、あげん者がまぎらわしに飲みしかかっとな。「米もなかっじゃが、嫁御は何ば今夜食うとか」てこともなか。イワシ売ってしまえば焼酎やった。子供はゾロゾロしとっどが。どげんなるもんかな。嫁御は当たり前あったっじゃが、子ばかり産たるもんやっで、仕事せらるはずはなかっじゃもん。

戦後は小まんか舟でタコ釣りでもしよらった。子供共が学校行くごてなって、運動会にはいてくパンツも持たんかったで、私は子供の上がり（古着）のよかとを選って、夜持って行ってくれよったばい。昼行けば見苦しせらすと思ってな。嫁御は人間のよかもんやっで、

「こらまだよかがな。もったいないなかがな」

て、俺に返すとたい。「よかで」て、押しやって来よったったい。

●松本トミエの話

長市どんな、俺が知っとるごてなってからもう居らったよ。家がすぐ隣やもん。俺が子供の頃は、長市どん家に腰掛けたりして遊んどりよった。家は麦ガラの小まんか家で、全部で畳一〇畳てあったろうか。畳もうち破れてなあ。それを二枚か三枚か板の上にポンと置いて、飯食うところをつくってな。もう生活はきつかったっじゃもん。子供が五、六人居ったもん。三番目か四番目か栄養失調でウッ死んだばい。四つやったろうか、五つやったろうか。その子はもう痩せて、腹だけプクーッとふくれてなあ、死んだ。百姓はせずやっで、食うとがなあ。どーし（強調語）、あんた、畑持たんけん百姓はしや得られんもん。また、土方の何のしや得られる人じゃなかった。ただ海行かっとが仕事やった。

長市どんは戦後、網をつくって、櫓をこいで引っ張って、ナマコを獲りよらった。船は太かおかしかとを持っとらった。俺も商いは好きやったで、そのナマコを売り行ってくれよったよ。マチまで歩いて、ちょっと売

ってきよった。その後でタコ壺をせらった。あんまり獲れんかったっじゃろ。長市どんは、どこ行くにもふんどしいっちょ、裸でされきよらった。子供共、小学校まじゃ真っ裸で居りよったな。夜は家の上がり口に裸のままひっついて寝とったよ。

　長市どんの嫁御は、ナマコやタコを売りに行くってことはせらっさん。子供が小まんかればなあ。ふつうの女であれば、わが家の戸口端なっとせせって野菜どまつくるがな。そげんこともせられんじゃったもん。

　長市どんは、もう焼酎飲んでなあ。じいさん（松本福次）の会社行き仲間が来らせば、焼酎授さると思って、自分もすぐ来よらったもん。飲んでからチョッカンチョッカンして、フラフラしとって、往還ばされきよらった。

●田上信義の話

　坪段の山田善二郎どんと長市どんたい、この人たちが焼酎飲めば、

「山田善二郎を知らないかあー」

「月浦の石原長市を知らないかあー」

て、村の往還で喚きくらんぼ（競争）やったもん。あんたは、あの喚き声を聞いとらんだけでも幸せばい。

●加賀田ミネカの話

　父の浜下猶吉は、天草の深海です。兄の浜元惣八（明治三一年生、五六・八奇病発病、同年一〇月死亡、一六四頁後出）が先に出月に来て漁師をしていた。「水俣はよかぞー。こっちに来え」というわけで、向こうの財産を売って昭和一四年に坪段に来ました。家も畑も惣八が買って段取りしてくれていた。家は、座敷と囲炉裏を

切った部屋が六畳、納戸が三畳ぐらい。畑が二反。父はこっちで舟を買って半農半漁、海に行ってから畑です。母親は体が弱くて漁にも出れんし、百姓もしきらんかった。漁師では食えずに、父は製材所にもいっとき行ったことがあります。子供はごろごろできて、五男二女の七人兄弟。兄の浜下信義（昭和三年生）と長女の私は深海生まれ、あとはこっちで生まれました。四男の和敏（昭和一五年生）は私が背負った。袋小学校では、「天草なぐれ」と言われていじめられました。

月浦の本部落は、よそ者を毛嫌いする風潮があった。面と向かっては言わないけど、「何か、よそ者でおって」というふうです。うちみたいに難儀しとれば一段です。本部落で、店以外で私が行ったことがある家は、父の漁師仲間の山川さんたち三軒だけです。

漁師の生活は百姓と全く違う。朝早く出て昼前に帰ってくる漁であれば、それで一日の仕事は終りである。昼間家でゴロゴロしていれば、貧乏すっとは「気張らんでたい」ということになる。

月浦の百姓の生活ぶりがわかってみれば、暮らしが「ガタンと下がる」漁師を「見下げ果てた気持ちで見よった」のはうなずける。世の中には理由のない蔑視や差別などというものはない。だからこそ、蔑視や差別は厄介なのだ。

坪段の早くからの住人坂本一家についても、田上信義は「カラフユジやっで」と言う。坂本家の三男寅市は、信義のやうちになる。寅市の嫁は、信義の義母と姉妹だからである。

●田上信義の話

寅市どんは、会社辞めたらわが家に閉じこもって、畑の仕事は殆どしかとせられんかった。あそこの兄弟は全部やもんな。わが家から出らんで。入ったなりやっで。万蔵どんも、畑が少しあるて言うばってん、しかとせらったことはなかろ。留次どんは焼酎飲んで、沖行かるとき見かけるぐらいな。部落の役でもしようかということは、この兄弟にはこれっぽっちもなか。同じ坪段でも松本一家は、忠吉どんにしろ、安太どんにしろ、福次どんにしろ、違うもん。忠吉どんどま「まこてー、まだ畑に上がらるが」て言うごて、八〇過ぎまで畑に行かったもん。

そして、百姓からみて伝説的ともいえるカラフユジの漁師が線路下ではなく本部落のど真ん中に居た。山川通一家である。月浦の奇病は、坪谷の田中義光家や江郷下美善家よりも早く、最初にこの一家を襲った。そこで第二巻「奇病時代」の月浦の物語は、通一家から始まる。

第二部　出月村

第二部は出月村を調べる。出月村は、月浦部落から歩いて五分ほど、国道の往還沿いに大正中期以降にできた新興村である。村ができたのは、子供を日本窒素水俣工場の職工にすることを目指して天草などからやってきた人たちが住みついたからである。工場に入れなかった人たちは、ごないか畑をつくったり、山仕事をしたり、日雇をしたり、漁師をしたり、さまざまに生計の道を立てていくことになる。

村ができるには、村社と共同墓地が必要である。村社は、月浦の山ノ神さまの氏子となることで済ませた。共同墓地は、村の近くの山のてっぺんを買ってつくられた。移住者たちは、職工も百姓も漁師も力を合わせて新しい村づくりに励んだ。

新興村には歴史がない。だから自由である。出月村のおもしろいところは、村人同士の結婚が全くなかったことである。地縁関係があるだけで新たな血縁関係が全くない村は珍しい。このことは、職業別集団の村という特徴を生みだした。

敗戦後、村の戸数は急増した。食糧難の中、最も手っ取り早い生計の立て方は、にわか漁師になることだった。その中で「会社行きが一番、百姓が二番、漁師が最低」という村内階層ができ上がった。

第二部は、戦前の出月村の形成史と、戦後の村落構造の変化を、特に会社行きと漁師に注目しながらみていく。

第四章　新しい村

出月の共同調査者は、戦前については浜元一正（大正一五年生、五六年奇病発病・同年死亡の惣八の長男、加古川市在住）、戦後については中山栄（昭和二年生、会社行き）・美世（昭和四年生）夫婦と溝口勝（昭和三年生、会社行き）・キクエ（昭和二年生）夫婦である。

一正は出月で育った。戦前の出月について筆者が教わることができた唯一の人物である。一九五九年、水俣病患者家庭互助会のチッソとの闘争（第三巻第四章）の際一時、交渉委員長を務めた。

栄と勝は村役を長年務め、戦後の村のリーダーだった。また六八年以降の患者闘争を福満昭次（昭和五年生、会社行き。一八〇、一八八、一九四頁）らと共に村の中で支えた。美世は会社生協の出月常置所（二一三頁）を、キクエは養父末吉と共に戦後、村店を営んだ。

出月および水俣湾の漁業については、恋路島の島番をしていて昭和四年頃出月に移住してきた漁師松本直治（明治二九年生、七三・四認定）の長男弘（大正一二年生、七六・二認定、元漁協理事）に教わった。

一　原風景と村のでき方

「出月は天草から来た者ばかりじゃもん」

「寄せ集まりの部落たい」

誰に聞いてもそう言う。明治時代、出月に家はなかった。大正の中頃以降、約二〇年ほどの間にここに四〇戸ほどの新しい村ができた。

図6に、「一九三七（昭和一二）年頃の出月住戸図」（浜元一正作成）を示す。村の形成が一段落した時期であり、戸数三七戸だった。この図で出月村の大体の姿がわかる。出月は月浦部落から袋部落に行く国道の往還沿いにできた。国道がカーブしているところから図の千人塚へ向かう山手側（図南東側）に里道が通り、枝分かれして道沿いにも家がある。部落の端を鹿児島本線が走っている。月浦部落と出月部落の間に、月浦の百姓たちが新地整理した

1.　平木政穂
2. ＃小林末松
3.　**井上栄作**
4.　盛下七平
5. ＃米盛有助
6.　徳崎岩造
7.　川本嘉藤太
8.　久保若松
9.　中年のおばさんと老婆
10.　堤四郎一
11. ＃田上留彦
12. ＃溝口勝五郎
13. ＃渡辺ヨシオ
14.　小瀧長治
15.　川端市之助
16.　菊どん
17.　長尾辻太郎
18. ＃溝口末吉
19. ＃平田由太郎
20. ＃中村松之助
21.　**浜元惣八**
22.　柳野重市
23. ＃安田四郎助
24. ＃村山惣八
25.　村山末吉
26.　田上末松
27.　前島政次
28.　坂本ツル
29.　井上松太郎
30.　神崎康之
31.　植田重朝
32.　河上甚四郎
33.　**松本直治**
34.　山下督二
35.　山岡尚太
36. ＃梅田惣次郎
37. ＃松本　正

注）＃は井戸あり。下線は会社行き。ゴシックは漁師。

図６　出月住戸図（1937〔昭和12〕年頃：37戸）

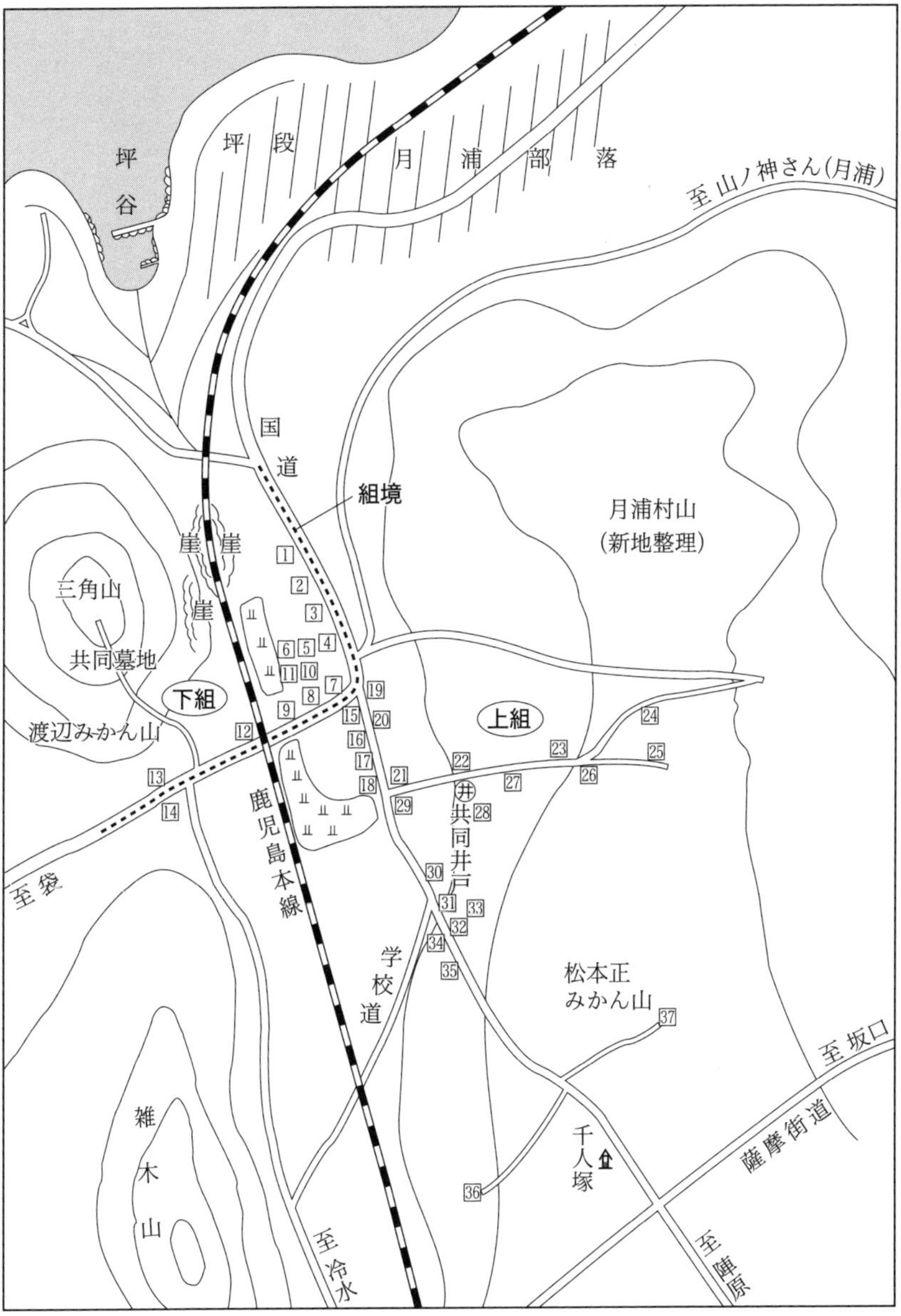

小山がある（九六〜九九頁前出）。鉄道の図左側（西側）に三角山（高さ五八m）があり、三〇度はあろうかという急な坂を登ると、村の共同墓地がある。山手側の里道の先は、薩摩の殿様が参勤交代のとき通ったという古道の薩摩街道を横切り、字陣原、字仏石、字葛原といった広大なハゼ山地帯に出る。薩摩街道の手前に千人塚（二三頁前出）と大正年間に造成された松本正（図6―37）のみかん山がある。

図に至冷水、至坂口、至袋などと近在部落が出てくる。これらの近在部落と出月との位置関係については、二一頁の図2「月浦・出月・湯堂周辺図」を参照していただきたい。出月は、月浦、坂口、冷水、湯堂と隣部落であり、袋部落とも深い関係にあった。出月の子供たちは冷水部落を通って袋部落にある小学校に通った。

「寄せ集まり」は、村人だけではない。村は大字月浦と大字袋にまたがる。大字月浦は、字出月、字新開、字月浜、字月之元、大字袋は字出月と、狭い村内に小字名が五つもある。出月という地名自体、大字月浦字出月と大字袋字出月と二つあるのだ。ただし、読みは「づ」と「つ」の違いがある。面積でいうと、大字月浦が約五分の四、大字袋が五分の一といったところである。村の番地も、月浦何番地と袋何番地とがある。袋番地は少なくかつ散在している。番地が村として統一されていないことからも、出月が無住の地にできた新興村であることがわかる。

出月に村ができる前の原風景から見ていこう。図6の家番号1〜13の国道の図左側は月浦の百姓たちの畑であり、家番号15〜37の里道左右はおおむねごないか畑（二九頁の図3）で、一部国道近くに月浦の百姓たちの畑があった。つまり、出月村は月浦の百姓の畑とごないか畑につくられた。

●月浦・田上信義の話

出月の畑は、月浦の前島永記、前嶋吉平、植田金吉（繁澄弟）、田上作太、境太津男といった人たちが持っとった。出月に腰までつかる沼田んぼが二反ぐらいある。この田んぼとその付近の土地は金吉さんが持っとらしたな。出月に来らった人の多くは、この人たちから畑を借りて家を建てらしたったい。百姓分限者どんは土地は売らんもん。それで出月者(もん)は、月浦者には頭上げならんとたい。

●月浦・田上英子の話

うちの畑も出月にあったっじゃって。久保若松どん（図6－8、梅戸仲仕）が「家を建てさせんな」て言うてきて貸したったい。私の子供の頃、年の晩（大晦日）に、ばあさん（母親）が「土地代をもろうて来え」て言わって取りに行きよった。で、久保どんの持って来よらった。知れたもんやったっばい。粟一俵じゃいよ、二俵じゃいよ。久保どんのばあさんが元気やったで、うちの畑を耕しに来て、その日給で土地代を差し引いたりしてな。久保どんは、戦後になったら八年ぐらい全然土地代を払わんじゃったもんな。

●出月・山本タモ（明治四〇年生、第三部後出の岩坂増太郎の長女、山本亦由の妻、七一・一二認定）の話

私が結婚して湯堂から出月に来たのは、大正一四年ばい。出月は二〇軒あるかないか。何事でんするていうたっちゃ、走り回ってするぐらいやったが。ほとんどカヤ家やったな。道も国道の往還が一本、あとはコバ（焼き畑）道ばっかりやった。梅田惣次郎（図6－36）のところに行くでちゃ、道はなかったっじゃっで。やっとで歩いてな。国道の往還から山手の方（図南東側）はごないか畑ばかりやったで。川本嘉藤太（図6－7、明治二八年生）の辺りはずっと月浦の菜園畑やった。家が少なかけん寂しかったっですな。その後、何さま村が増えたもん。

●出月・加世堂国義（大正二年生、七二・一〇認定）の話

ハゼの木はものすごかったもん。二畝ばかりの畑に少なくとも五、六本は植わっとったもんな。細川さんからハゼ畑を借りて拓いて家をつくれば、その分ハゼの上納を納めさえすればよかったったい。金を納めんでよかったけん住みつきやすかったっでしょうな。

短期間に形成された村は記憶が錯綜しやすいので、確かなデータを探しながら、戸数推移を押さえておこう。

大正末　　一八戸　月浦の村社、山ノ神さん境内拡張工事（九五〜九六頁前出）共同登記簿による。

昭和　六年　二六戸　山ノ神さん境内に建っている聖駕記念碑の氏名による。この記念碑は、昭和六年、天皇が日本窒素水俣工場を見学、その「行幸」を記念して、月浦、坂口、出月の村人が建立したもので、立派な石碑である。記念碑建立は村人挙げてのものであったと考えられるので、その出月の氏名数を村人数とみなしてよいであろう。

戸数の内訳は、大正末一八戸から減二戸（一戸朝鮮へ、一戸不明）、増加一〇戸である。

昭和一二年　三七戸　以下の記述は、浜元一正作成の一九三七（昭和一二）年頃出月生活状態表による。この調査表は、職業、家族構成、出身地などを各戸ごとに記入したものである。

戸数の内訳は、昭和六年二六戸から減四戸（二戸朝鮮へ、一戸炭坑へ、一戸没家）、増一五戸である。

三七戸の職業別内訳は、会社行き・下請八、日雇・百姓九、みかん山経営二、山師一、漁師三、職人五（大工二、木こり二、石工一）、店四（精米店一、菓子屋一、豆腐屋一、村店一）、炭坑出稼一、不明四である。

次にその出身地別内訳は、天草二四戸、鹿児島県二戸、熊本県他郡二戸、近在村六戸（袋一、冷水一、月浦三、坂

口一)、マチなど二戸、不明一戸である。「出月は天草から来た者ばかりじゃもん」「寄せ集まりの部落たい」と、人々が言うとおりである。その天草は、御所浦島が最も多く、あとは天草下島の牛深茂串(もぐし)、内ノ原、深海(ふかみ)、天草上島の宮田、樋島(ひのしま)などあちこちである。

●山本タモの話（以下、ゴシックは筆者）

裸一本で天草から来た者はな、家を建てる銭を持たんじゃろうが。湯堂や月浦の坪段にひとまず来てな、そこで何やかんや働いて、それから出月に家を建てた者も居る。○○どんは月浦で灸をすえて銭を稼がったっじゃっで。多野清重どん（明治三四年生）は、会社行きながら月浦の青年クラブに長う居らった。出月に来て家を建てたらすぐ朝鮮に転勤になったもん。

子供を会社に入れる関係で、天草から来た人が多かもんな。私の主人の**山本亦由**(またよし)（明治三九年生）の親は**村山惣八**（図6―24）じゃもん。亦由は養子に行って山本たい。惣八が最初に牛深の茂串から出月に来て、「水俣に行けばよかぞ」て弟の**梅田惣次郎**が来、長女の婿の**川本嘉藤太**が来たていうで。亦由は、会社に入れば親が楽するてことで窒素係に入る、嘉藤太も硫酸係に入るしてな。大正時代まじゃたいがい会社に入れよったっじゃもん。嘉藤太の七男が**川本輝夫**（昭和六年生、七一・一〇認定）たい。私は湯堂に居って、カーバイド係のお茶汲みに行きよった。恋愛結婚？　フフフ、まあそんなもんじゃろ。私が一九、亦由が二〇やった。結婚したてのときは湯堂に居って、それから出月に来たったい。私の娘の頃は、会社行きの嫁御になれば宝つかむごて言いよったっじゃっで。よか女でなからんばていうことやったっじゃっでな。天草から来て、会社に通る人は会社に入れて、あとは百姓の日雇ぐらいの仕事やったつな。梅田惣次郎は、ハゼ山を一山買うて、坑木の山商売せらったな。部落じゃ、惣八を村山のちゃん、惣次郎をハゼ山のちゃんて呼びよった。

●溝口勝の話

出月は月浦と違って、百姓で食える家はなかったもん。百姓するだけの畑を持たんかったっだもん。畑を五反以上持っとらした**中村松之助**どん（図6－20）にしろ、**安田四郎助**どん（図6－23）にしろ、会社行きやった。

●浜元一正の筆者宛来信（〇一年）

出月の年寄りたちは、みな天草言葉でした。「亥の子の餅の地突き」「嫁女の尻叩き」「もぐら退治」などの子供たちの遊び行事は、水俣の地の部落にはない天草風習の移入だったと思います。私が小学校五年生のとき（昭和一一年）、出月の子供は男の子が二〇名、女の子が一〇名ぐらい居ました。戸数が増えてきたので、丸島の諸国屋（しょこくや）から三角山のてっぺんの方を買って、村の共同墓地をつくりました。

出月は掘建小屋のような粗末な家が多かった。田上末松さん（図6－26、明治二九年生、七四・四認定）の家は昭和一〇年頃の台風で倒壊し、子供の末作（昭和三年生、七九・四認定）が半身不随のけがをして小学校を中退しました。私は末作とは小学校一、二年の頃は遊んだが、動けなくなってからあまり遊びませんでした。末松さんの奥さんの姉さん（イソ、明治二四年生）は唖で、一緒に住んでいました。

●田中一徳（かずのり）（昭和七年生、浜元一正の弟、大阪在住）の話

月浦の本部落には、保証人が居らんと入れんかった。出月は保証人は要らん。生き死にの関係があるから、ただ部落に入るというだけ。

●松本弘の話

わしたちが昭和の初めに出月に来たときは、焼酎一本とチクワ何本か持って組にあいさつせんばいかんかった。おおむね国道を境に下組（1～13番）と上組（14～37番）に分かれとった。部落に物言わんうちに、来た晩に火事起こしたり、死んだりすれば、見てるわけにいかん。必ずお世話になっとやから、一応あいさつだけはしてもらいたいというのが部落たいな。

大正の初めに建設された日本窒素の新工場目当てに天草から移住してきた人が多いことがわかる。その水俣工場は昭和に入ると技術革新と不景気により新規募集をしなくなった。このため昭和一二年頃の職業別内訳は会社・下請八戸、日雇・百姓九戸をはじめとして多岐にわたっている。日雇・百姓は、ごないか畑の存在が大きい。

●浜元一正の筆者宛来信（同前）

戦前、出月でごないか畑を広く持っていたのは、中村松之助、安田四郎助、梅田惣次郎です。惣次郎は山師をして村一番の商売人でした。あとは、六、七人が菜園畑に毛の生えたぐらいの二、三反を持っていたと思います。私の家もそうでした。

この安田四郎助は、月浦の新地整理記念碑に出月でただ一人名前がある。各戸のごないか畑耕作面積は変動があるが、戦後の農地解放時の出月の反別戸数はおおむね次のとおりである。

一町　　一戸

五反～一町未満	一
三～五反未満	六
一～三反未満	一一
一反未満	四
計	二三戸

村の形成過程で一番問題だったのは何か。

●溝口勝の話

水たい、水。出月は水がなかった。

●浜元一正の筆者宛来信（同前）

出月は大変水に苦労したところです。昭和一二年頃の三七戸の内、井戸を掘っていたのは一二戸ぐらいだったと記憶しています。その井戸も夏は水が涸れて困ったものです。ですから、井戸のない家は貰い水の生活でした。貰い水、貰い風呂、そしてお茶飲み話は、日常茶飯事の生活でした。夏など冷水の川まで洗濯に行ったものです。私たちの子供の頃、湧水の井戸は、唯一田んぼの角のところにありました。昭和一〇年頃、この湧水の上流と思われるところに水源を求め、村人の公役で共同井戸を掘りました。そのおかげで昭和一二年以降から戦後にかけての移住者が増えていったものと思います。

共同井戸にごく小さな造成記念碑がある。その碑文はいう。

出月共同井戸　昭和一〇年一二月二六日完成

幹部発起人　村山惣八、山岡卯太郎

発起人　山岡源四郎、梅田惣次郎、井上栄作

これによって、当時の村の顔役がわかる。村山惣八、梅田惣次郎はすでに出てきた。他の人たちについて調べた。**山岡源四郎**は出身地不明、奥さんが坂口の人。会社行きで昭和一〇年朝鮮興南工場に転勤したので、図6に記載がない。**山岡卯太郎**（図6－35）は天草樋島出身で、息子の尚太（しょうた）（明治三八年生、七九・四認定）が会社行きだった。山本亦由・タモ夫婦も、昭和一〇年に一緒に朝鮮に行った。タモの話では、このとき「家族も一五〇人」水俣のあちこちから朝鮮に転勤になったという。この上組の山岡源四郎の家に下組に居た**松本直治**が移った（図6－33）。源四郎と直治は奥さんが姉妹である。なお、源四郎は戦後引揚げてきて月浦に住んだ（五六頁の図4－1田上金次郎のところ）。**井上栄作**（図6－3、明治三〇年生、未認定。妻アサノ明治三三年生、五六・五奇病発病）は天草御所浦出身、最初梅戸仲仕をしていたが漁師になる。湯堂にやうちがある。

二　移住してきた漁師たち

出月から坪谷の波止は近い。昭和一二年頃漁師三戸があるのは当然である。そのうち**浜元惣八**、松本直治の移住状況を教わろう。

●浜元一正の話

親父の浜元惣八は天草の深海です。モロゾウというじいさんが亡くなって、親父だけで八田網の網元をした。

＊ 八田網：大正時代熊本県で隆盛したイワシ網漁法。まき網類の一種。網船（二隻）、火船（二隻）、口船（二隻）などから成り、これを一統という。闇夜に出漁、火船の集魚灯で集魚し、口船が二隻の網船の網を左右に分かれてまき網し、魚群を獲る。

網元は何人か網子を飼うわけです。おばの話では、米俵を庭に積んどいて、三度三度食べさせて網をしていったという。三年不漁が続いたそうです。借金してしまって、網をたたんで、大牟田の荒尾の炭坑に行った。だから僕の出生は荒尾なんです。親父は体格がよかった。肝も太かった。おばが自慢しますが、深海の公会堂に「惣八の力石」が置いてあるそうです。「それを抱え切るのは居らなんだ、そのくらい力があった」と言うて。体がよかったから、兵隊も甲種合格でした。天草郡で二人だけだった。久留米の工兵隊に二年ほど行って、もう一年居ったら上等兵にすると言われたけど、断わって除隊してきた。

荒尾の炭坑からまた深海に帰って、宅地田畑を売り払って借金の整理して、出月に引っ越してきたのが昭和七年頃です。二丁櫓の船を一艘か二艘、持ってきたんじゃないかと思うんです。船の底で、火鉢で卵焼いてくれて食べたのを覚えています。半分はまだ漁師をする気があったんでしょう。ちょうどその頃、百間の築港工事があった。その土方に行ったり、湯堂の網元の万平しゃん（岩阪万平、三三三頁）が「先船（指揮船）に乗ってくれ」て頼みに来たから、それに行ったり。それから漁師になりました。遠いやうちになる溝口勝五郎さん（図6－12）が先に出月に来ていた。勝五郎さんを頼って来たんです。最初は、勝五郎さんの貸家の二軒長屋に入った（図6になし）。昭和一二年に中村松之助さんの土地を借りて家を建てました（図6－21）。

●田中一徳の話

親父の惣八が呼んだか、向こうから頼って来たか、惣八の弟の浜下猶吉おじさんも昭和一四年に水俣に来て月浦の坪段に住みついた（一四九頁）。猶吉どんは、親父の母親のもと家（実家）が跡が居らんかったから、そこに養子に行った。ばあちゃんを連れて来らった。親父は、食うだけあればいいからと言って、家の上のごないか畑を半分ずつ分けてやった。親父は自分のおふくろが居るけん、しょっちゅう行ったり来たりたい。それで猶吉どんは親父の支配下やった。

惣八が頼って来たという**溝口勝五郎**のこともついでに聞いておこう。

●溝口マスエ（大正四年生、勝五郎の養女、後出二三五頁奇病患者トヨ子の母、七三・一認定）の話

うちは、天草の内ノ原というところ。今なら牛深から車で一五分ぐらい。田んぼのある村たい。親父の溝口勝五郎はそこで百姓したり炭を焼きよった。私は、六つのときから弟を背負うて、炭焼きの手伝いに行きよったもん。そしたら、親父が保証かぶりしてな、近所に迷惑かけちゃならんて、田んぼも何も彼も打ち売って、私が一五のとき（昭和五年）出月に来らったわけ。そのとき、母の姉婿の堤四郎一（図6－10、明治四二年生、七五・一一死後認定）も一緒に来たったい。二年ばっかり食うしこは持ってきて、家を建てる、貸家の二軒長屋も建てるして、店を始めらった。米でん醤油でん味噌でん売る食料店は、出月じゃうちが一番早かったっじゃもん。塩と煙草を売らんだけ。

この勝五郎店が出月の戦前の村店である。勝五郎は戦後肥料店をした。次は、松本直治家の話。

●松本弘の話

恋路島は、御所浦の人が持っとらったでな。俺家のじいさんが頼まれて親父の直治を連れて島に山番に来らったわけ。じいさんは御所浦の本郷という部落。俺は恋路島で生まれた。じいさんが死なったのが俺が五つぐらいのとき。俺が小学校に上がるごて（ように）なって、恋路島からじゃ学校に通えんけん、親父が出月に移って来らったったい。昭和四年頃たい。出月に来たのは、おふくろが隣り部落の坂口だった関係じゃな。女の方が男に対してもだえる（気づかいする）もんな。恋路島は山番の家があって、井戸も田んぼも畑もあっとたい。恋路島には網代（あじろ）（網の曳き場所やカシ網をする場所などをいう）があっで、それこそ水俣中、船津も丸島も湯堂も茂道も、網にかかわった人たちは、恋路島の子て、みんな俺を知っとらすもん。うんとカライモつくっとったでな、毎日、こげん太か五升炊き釜で炊いてありよった。朝早うから網に来らった人たちは、そのカライモを一つか二つもろうて食わっとたい。こないだも九〇になるじいさんが、「恋路島に行って、あんた家のばあさんからようカライモもろうて食うたがなあ」て語らった。三月節句には、この辺りの百姓部落の人たちも船頼んで恋路島にビナ拾いに来らすけん、年寄りの人たちはやっぱ俺を知っとらっと。

恋路島で親父は、百姓と漁をせらった。カシ網で島の瀬を取り巻いて、瀬魚を獲っとたい。そげんせんときは、ガス灯とぼして夜ぶり（夜漁）たいな。

＊　カシ網：瀬ガシともいう。磯刺網。細長い帯状の網で沈子（おもり）部は水底に達する底刺網。瀬（せ）でのみ行う。
　　夜ぶり：夜漁。夜間、灯を用い、岸辺の浅い水底にいる魚を船上から銛で刺して獲る簡易な漁法。

親父の兄弟？　親父が長男で生きたのが二男四女の六人じゃな。それぞれ水俣に根付いたったい。次男は梅戸に住み着いて漁師。長女は丸島の諸国屋、昔の魚市場たいな、そこの後嫁。三女（キク、明治三一年生）は坪段の坂本留次（一三四頁）の嫁。四女（セヨ）は梅戸の川上卯太郎どん（明治三四年生、昭和二九年出月に移り直治の家に同居、七三・一認定）の先嫁。卯太郎どんのところは網元も居たりして一族漁師じゃもんな。恋路島の漁に来らって知り合うたったい。

もう一人、次女のエイどん（明治一四年生）て居らるが、月浦の山川とんどん（一四五頁）の嫁。とんどんも半端漁師やった。漁師はやっぱ漁師同士で結婚すっとな。それで親父の一族は丸島・梅戸と月浦・出月じゃけど、丸島・梅戸の方が主力たい。

出月の住み家とか、カライモつくるごないか畑とか、おふくろの坂口の実家が世話してくれたったいな。五反ぐらいじゃな。親父とおふくろは出月に来てやはり半農半漁たい。友達は、来て三日もせんうち、すぐできたよ。部落の人間が少なかけん、前から居る者は興味津々で待っとるもんな。

三　へその緒・天草

天草のどこかの村から誰か出月に来る。すると、その人を頼って、兄弟やらやうちやらが来る。彼らのへその緒は、故郷天草の村々とつながっていた。その天草の村とはどのようなところだったのだろうか。移住者が最も多い御所浦島と、村のリーダーだった村山惣八、梅田惣次郎兄弟の出所の牛深茂串をとってみよう。第三部で述べるが、御所浦からは湯堂にも多くの人たちが住みついた。

御所浦

●森達郎（大正六年生）の話（七四年、『漁民』）

御所浦島は広さが二一平方キロ、そのうち田が一一町歩、現住人口（一九七四年）は六五〇〇人ぐらいです。私が役場に入って統計とかに携わるようになった時分は、米、麦、粟、島でできる農作物は、ここの人間が食べるのに、一カ月半ぐらいしかないんです。だから、カライモを全部つくりよったわけ。そしてあとは、漁をして獲った魚を、八代（やつしろ）とか三角（みすみ）とかに売って、そいつが主食に変わって帰って来る。われわれの生活を支える生産の母体になっているのはほとんど海ですよ。

●森枝ハツノ（明治三六年生）の話（七四年、同前）

こら、もう言えば恥じゃばってん、米でん加（か）てつ食うところはなかったばな。精米所の中で、足搗きして麦搗いて食べよったばな。わし共が一四、五のときはな、樫の実を篩（ふる）うて、砕（くだ）あてな、濾（こ）して晒（さら）して団子汁して食わせらいたっぱ、わしゃ覚えとる。落ちとる樫の実ば拾うて来て、母女（ははじょ）がつくって食わせよらいた。浜に行たて、ミナ（小さい巻き貝）、ゴナ（やどかり）を食べたり、山に行たて、アケビにツワ（ツワブキ）をとって煮しめて食べたりして、まこて昔は難儀じゃった。もう結構に暮らすていわすところは、何軒じゃったろか。

●田崎信市（明治三〇年生）の話（七四年、同前）

漁師するか船回しするか、それが御所浦の暮らしやったっじゃって。船は櫓と帆。帆ていうても、莫蓙（ござ）帆ていうて畳表の藺（い）でできとっと。縄ばなうて耳ばようと縒（よ）って、それば縫い合わせて帆にしよったっです。獅子島とか長島から薪木切って積んで、肥前に売りに行くとたい。昔は薪物ばかりじゃったでな。

●森達郎の子供（昭和二一年生）の話（七四年、同前）

御所浦は、文明とは違った世界の歩みでしょうね。昭和二一年生まれの私の子供のときは、懐中電灯もなかった。全部提灯ですたい。電気のついたのは、天草の島では御所浦が一番遅かった。それも私の小学校三、四年頃までは、自家発電で一日三、四時間。その頃中学生の勉強はローソクです。二四時間電気のついたのは昭和二八年です。そらあ御所浦は虐げられた生活しとるですね。

牛深茂串（うしぶかもぐし）

●里見伊太郎（明治三一年生）の話（七四年、同前）

牛深の舟津区から一山越えたところが茂串です。茂串は半農半漁だすもね。田はもう僅か、あとは山、山、山だすたい。朝と夜さえ、一杯の麦のご飯食べられるところは数えるしこじゃもんな。あとは大方、朝も晩もカライモばっかり。

茂串は、ここん迫（さこ）もそこん迫も、石炭の出る八寸の五寸のていうところを、岩の合い中ば寝とってくじって（ほじくって）、出しよったんだすもんな。溜まればそこに小積んでおいて、女衆じゃ男衆じゃて、浜さん（へ）牛にうせて出しよったと。大正七、八年の八田網の景気の来てから、少い（ち）と頭上ったわけだすもんな。

八田網が大正の終り頃になったらバッタリ獲れんごとなった。茂串で八田網出さったとが、テツシタにシャボが家、タガワ、ヤスゴロウどん、ヒラノが家、トーザキ、タケベ、キットどん、アイどん、マルイチどん……。もう、しっかり零落（なぐ）れてしもうたっじゃもね。わが資産を担保にして出さったばって、山を取られ畑を取られ家を取られな。借銭が埋まらんもんじゃいでが。

●島田恵造（明治三六年生）の話（七四年、同前）

カライモつくる畑を一、二反持っとるところもありよったですけどね。持たんところが多かったです。全然、畑ていうとは、野菜つくるところも持たんとです。それで猫の額のようなところでも、ネギをつくったり、みんな打ち返してつくりよったですたいね。カライモつくるときは一反に幾らて、上納出してつくりよったです。山の天っ辺から二キロも三キロもあるところを借って牛で運びよったですたい。そりゃ、小作人の多かりよった。茂串は第一水がない。天水です。昔はどこも水がめを二つ三つ持っとって雨水を溜めて、飲料水と洗濯用の水と別個にして使いよった。村の井戸は、チビチビ溜まってくる水を、女共が順番待って、晩の一一時一二時まで寝もやらんで蚊に食われて汲みよった。それが一〇間（けん）もある深い井戸ですもんね。茂串の家は、六畳一間に土間がついとる家が普通ですたい。畑も持たんで漁一本の者は、時化が一週間も続くときは困りよった。部落で娘を売った家が二〇軒ぐらいあったですな。

大正七、八年頃、茂串の八田網は二〇統ぐらい居ったからな。一統に船が六艘居るから一二〇艘でしょう。茂串の浦には繋ぎ切らんで、二段繋ぎ、三段繋ぎになるごて居ったっですよ。それで、今ン茂串の学校のあるところからずっと部落の奥まで、海を歩くときは船から船に渡って来よった。昔は石垣で、船と船でこすって、ギューッ、ギュッて鳴りよったもん。

網船が一五人、口船が五人、火船が三人、それが各二艘、一統で五〇人ぐらい乗りよったでな。茂串が三〇〇戸、青年が一七〇人ぐらい居ったですもん。それで牛深の加世浦（かせんな）、舟津、魚貫（おにき）や樋島、姫戸、甑（こしき）島の藺牟田（いむだ）、里（さと）辺りからも働き来よったですよ。時化のときは、茂串の道は肩と肩と当たって歩けんでありよったですよ。そのかわりケンカも多かったな、他村からの集まりだから。私共が網の火船は、一艘に親父と私、もう一艘にイトコの川本嘉藤太が乗っとった。その八田網もつまらんごつなったもんな。

私はその時分に茂串の青年団長しとったばってんか、青年共が知れば離さんから、茂串を出るときは夜逃げしたごたるふうに隠れて水俣に来たったい。昭和二年の六月一日でしたろ。私の一番姉の婿が、水俣の小田代に細川さんのみかん山の番に来とったから、それを頼って。そいつは魚売りの行商していて、うちの親父が「八田網出すな」て、言うとば出して、とうとう零落れてしもうたっじゃもん。畑も山も抵当に入れて身体一本になって水俣に夜逃げしたったです。

工場の煙が見えよったもん。あーた、茂串の沖にある小島に春の小さいイワシ、イリコにすっとば獲り行けば、会社のカーバイドの煙が見えよったでな。「あのガス会社に入ればよかってぞ」て、言いよったですたいな。羨望の的やった。

嘉藤太も、私より少し前に水俣の出月に来た。それで会社に入れた。昭和二年になれば、もう人間を取らんかったもん。私は梅戸の仲仕に臨時で入っとが精いっぱいでしたもんな。梅戸に下宿しとって、時々出月の嘉藤太のところに遊びに行きよったですたい。

茂串の沖に小まんか無人島がありますたい。昔、疱瘡の流行ったとき、病人を流した島です。大風の吹けば浜に人骨の出てきますたい。山本亦由は、その島でカライモつくっとった。鶏も飼うとった。私は漁の帰りに寄りよったもん。

島田恵造の話によって、われわれは故郷牛深茂串での川本嘉藤太と山本亦由の暮らしを知ることができた。嘉藤太は潰れてしまった八田網の網子であり、亦由は人骨が転がっている無人島で僅かばかりのカライモをつくっていたのだ。二人共絶望的な故郷の暮らしに見切りをつけ、間一髪のタイミングで、あこがれの水俣工場の職工になることができた。亦由はすぐに朝鮮行きを命じられたのだが……。このとき二人共、唯一頼りにした水俣工場によって将来、水俣病でわが身を破滅させられることになるとは夢にも思わなかったであろう。

四　さらに寄り集まりが増える

話を出月に戻そう。朝鮮への転勤が済み、昭和一〇年の共同井戸の完成で、昭和一二年頃、村の形成は一段落した。村の戸数はその後も増加を続け、敗戦前に一四戸増の五一戸になった。朝鮮や炭坑に行っていたが夫が死んで帰ってきたとか、戦争激化で回船業ができなくなり陸に上がったとか、食糧難や空襲におびえてマチから疎開してきたとか、理由はさまざまである。新たな天草からの移住はない。その中から、出月は寄り集まりの村であることを実感させる二戸をみよう。一戸は福岡の炭坑から昭和一五年頃に、もう一戸は朝鮮釜山からマチ経由で昭和一四年に出月に移住してきた。

●三好正弘の話

私の親父は三好繁太郎（明治二一年生）といって、佐賀県の生まれです。福岡の直方（のうがた）鉱山学校を卒業して、麻生吉隈（よしくま）炭坑、飯塚三内（さんない）炭坑と渡り歩いて、採炭主任で定年になった。おふくろが死んだんですよ。水俣から来ていた若い女中とくっついて、その関係で昭和一五年頃に出月に来た。その女中が出月の○○さんの姉です。松本直治さんが上組の山岡源四郎さんの家に移っとった。で、その空き家を買った。ワラ葺きで、六畳と八畳二間に納戸があった。

私は神戸の高等簿記学校を出て、昭和一四年に三内炭坑に就職したけど、昭和一六年に水俣に来てチッソに入った。どうせ徴兵検査受けて兵隊に行かにゃならんでしょう。昭和一七年召集、二〇年除隊です。親父のところに来てみたら、昔の炭坑社宅どころじゃない。水道はないし、井戸で不便だった。ほんとに田舎て思った。親父はこっちに来て一八区の区長のような格好です。月浦や坂口からうちに証明をもらいに来た。風がひどくて打っ倒れたからトタンを買いたい、釘を買いたい、証明をくれろ。私が書いてやったことがある。親父は、月浦の前島永記さんなんかとツーツーのつき合いだった。

出月辺りから炭坑に行っとった者は多いんですよ。緒方サメは、炭坑で旦那が死んで親父と前後して出月に帰ってきた。宮川アヤメの夫は親父が使っとった。坪谷の江郷下美善もそうです。美善さんは三内炭坑に坑木を入れてたのかもしれん。私の兵隊の別れは美善さんがやってくれた。炭坑の職員と坑夫はこんなに身分が離れとったですからね。

＊　**緒方サメ**（明治三八年生）月浦・前嶋金四郎の妹。一九歳で緒方寅喜（とらき）と結婚し、二六歳のとき炭坑に行く。一〇児ぐらい産んだが一人を除き全て幼時死亡。夫死亡後昭和一六年出月に住んだ。戦後、坪段の坂本留次との間に二児を産む。なお、河上甚四郎妻トイ（図6−32、明治二九年生）は前嶋金四郎の姉である。この夫婦は月浦に住んでいたが、鹿児島本線の工事で家が鉄道にかかったので出月に来た。子供八児。夫甚四郎は戦前会社行き。

宮川アヤメ（次章の図7−58、大正四年生）戦後炭坑から出月へ来た。夫は死亡し、未亡人だった。日雇をして生活した。子供三児。

釜山帰りは**荒木辰雄**（次章の図7−57、明治三一年生、五四・七奇病発病、六五・二死亡）である。その生活歴は変化に富んでいる。辰雄は、鹿児島県長島で生まれ、種子島で炭焼きや砂糖製造会社に勤めたりした後、三重県四日市に出て時計屋に弟子入りし、技術を習得して同市で時計店を開いた。一時繁盛したが破産、釜山に渡り、昭和一一年に水俣に来て小さな時計店を持った。かたわら伝馬船を買って毎晩のように夜漁をした。昭和一四年、出月に移住、時計は副業のみとし、一本釣（手釣をいう。なお竿釣も一本釣の一種である）、夜ぶりなどを行う専業漁師となった。妻愛野（明治四一年生、七三・四認定）が荒れ地を開拓して二反ぐらいの畑で、カライモ、麦をつくった（第二巻第三章）。辰雄は同じ漁師仲間の浜元惣八と仲がよかったという。

これで私たちは、戦前出月の漁師だった浜元惣八、松本直治、井上栄作、荒木辰雄の四名全員を知ったことになる。川本嘉藤太は、会社に行きながらおかず釣りをしているくらいであったという。

●田中一徳の話

川本嘉藤太どんは、わしの子供の頃、会社行き方でアジなんかを釣りよらった。よか人やった。子供がごろごろ居って、輝夫が七男。輝夫とわしは同級生で、一番の友達やった。茶碗を持っていってわしはあっちに行って泊まる、輝夫もわしの家に来て飯食って泊まる。どこかの家から兵隊に行けば、除隊のときお土産に茶碗を近所に配りよった。その茶碗があったもん。その頃はかずのこを肥料にしよった。水光社（会社生協）から売れ残りを嘉藤太どんがカマスで買うてきて、米のとぎ汁に浸けてあっとたい。輝夫と一回り遊んできて、仏さんの飯が十何杯上げてあるのを半分ずつ食おうていうわけ。おかずがなかけん、よさそうなかずのこを洗うて大きなドンブリに醤油して、「こりゃ、苦か」とか言うて食いよった。

それでは戦前の部落での漁師の地位はどのようなものであったろうか。

●浜元一正の筆者宛来信（同前）

> 月浦の漁師は、自分たちから村人の中に入っていくということを避けていたように見受けます。それというのも、月浦の百姓は出月と違って大百姓ですから、話も自然と合わなかったものと思います。その点、出月の漁師は、半農半漁でしたし、荒木さん以外は出月への移住も早く村の歴史も踏まえており、交際も旧くから続いていて、人間関係も戸数も少なかった関係で密にできていたと思います。共同井戸や、公役（くやく）の協力を進んでやっておりました。例えば、当時出月には集会所がなく、村の月々の常会は役員の家で毎月行っていたものです。戦時中、親父の惣八が、宮崎さん（マチの知人）から、貸家を行政指導で強制解体しなければならない、どうしようという相談を受け、村山惣八さんたちと話合って、家を解体してやる代価に家一軒を頂くということで貰い受け、何人か公役で出て運搬して来て建てたのが、現在の出月の集会所（青年クラブ）です。
>
> このように、出月では、漁師が先に立って村作りをやっておりました。また、戦時中、防空壕作りを共同で進めたりと、結構漁師は村の中で働いていたようです。勤め人と違って自由業だったので、村の役もやれば警防団の役もやったりと、中心的役割を担ったものでした。月浦の漁師と違って発言力もあり、することも大きかったので、陸でも漁師仲間は大きな存在でした。戦後でも、隣近所の村の人達が魚を買いにきて交流もありました。

月浦の漁師との違いが鮮明である。以上で戦前の出月村の形成史は、おおよそわかった。この形成過程で特徴的なのは、移住者同士、新しい村人同士の婚姻がなかったことである。移住先で新たな血縁関係は生まれなかった。この点は、月浦のような古い村と全く異なる。その原因は、適齢期の男女が少なかったということも考えられるが、工場の存在が大きく、ごないか畑の百姓等生業が多岐化した村では、村内結婚をして血縁を増やす必要が全くなかったことにあると思われる。村は生活の場であり、大事なのは一人一人の生計だった。先にみた松本弘の一家は、部落外の漁師同士で結婚している。

次に章を改め、戦後の出月について調べていくことにしよう。

第五章　新しい時代

一　工場爆撃と食糧難と引揚者

本章の話に入る前に図7「一九五五（昭和三〇）年頃の出月住戸図」（中山栄作成）を最初に示しておく。このときの戸数は八六戸である。以下の話に出てくる村人には、この図の家番号を付記するようにしよう。

戦中から戦後にかけ、侵略戦争による破滅の大波にさらされなかった民衆は居ない。出月のように構造が脆弱な村では、村人と時代との関係はより直接的であった。その存在で村を成立せしめたチッソの工場はどうなったか。

1. **川上千代吉**
2. 川端政夫
3. #小林庄次郎
4. #三好繁太郎
5. **井上栄作**
6. 盛下藤夫
7. **川本嘉藤太**
8. 米盛猛士
9. 徳崎岩造
10. 久保若松
11. 堤四郎一
12. 溝口　勝
13. #田上精米所
14. #溝口勝五郎
　・忠明
15. 池田弥平
16. **坂本兼平**
17. **山本亦由**
18. **池嶋春栄**
19. 米盛盛蔵
20. 斉藤ツルエ
21. #森枝
22. 肥前おばさん
23. 赤松保市
24. 長尾家市
25. #中山　栄
26. 岩崎武光
27. 長尾米雄
28. 宮本秋義
29. 上野重友
30. 宮本重喜
31. 山下繁春
32. 平野　茂
33. #小瀧　功
34. #緒方　弘
35. 淵上　功
36. 梅田秋義
37. #**浜元惣八**
38. **中津美芳**
　・芳夫
39. 浜田正雄
40. 千年原フジエ
41. 山下
42. 緒方サメ
43. #平田キク
44. #中村松之助
　・栄
45. 柳野重市
46. 森山ミツ
47. 平木　衛
48. 川本松雄
49. #村山末吉
50. 川崎ハルエ
51. 肥前義雄
52. 田上末松
53. #安田政雄
54. #前島政次
55. 徳成恭三
56. 中津　実
57. **荒木辰雄**
58. 宮川アヤメ
59. 坂本ツル
　・坂口サチ子
60. 中村藤男
61. #福満昭次
62. 福満喜一郎
63. 神崎康之
64. 植田重朝
65. 河上トイ
66. #**松本直治**
　・弘
　・川上卯太郎
67. 多野熊雄
68. 多野清重
　・久子
69. 山下シズエ
70. 山下督二
71. #山岡尚太
72. 小林サヲ
73. 多野弘徳
74. #長井徳義
75. 生田トカ
76. 溝口真光
77. 加世堂国義
78. 蓮子嘉之助
79. 松田
80. 田中金蔵
81. #梅田惣次郎
82. 平木
83. 梅崎
84. 梅下
85. #松本　正
86. 小川伊四郎

注）#は井戸あり。下線は会社行き。ゴシックは漁師。

図 7　出月住戸図（1955〔昭和30〕年頃：86戸）

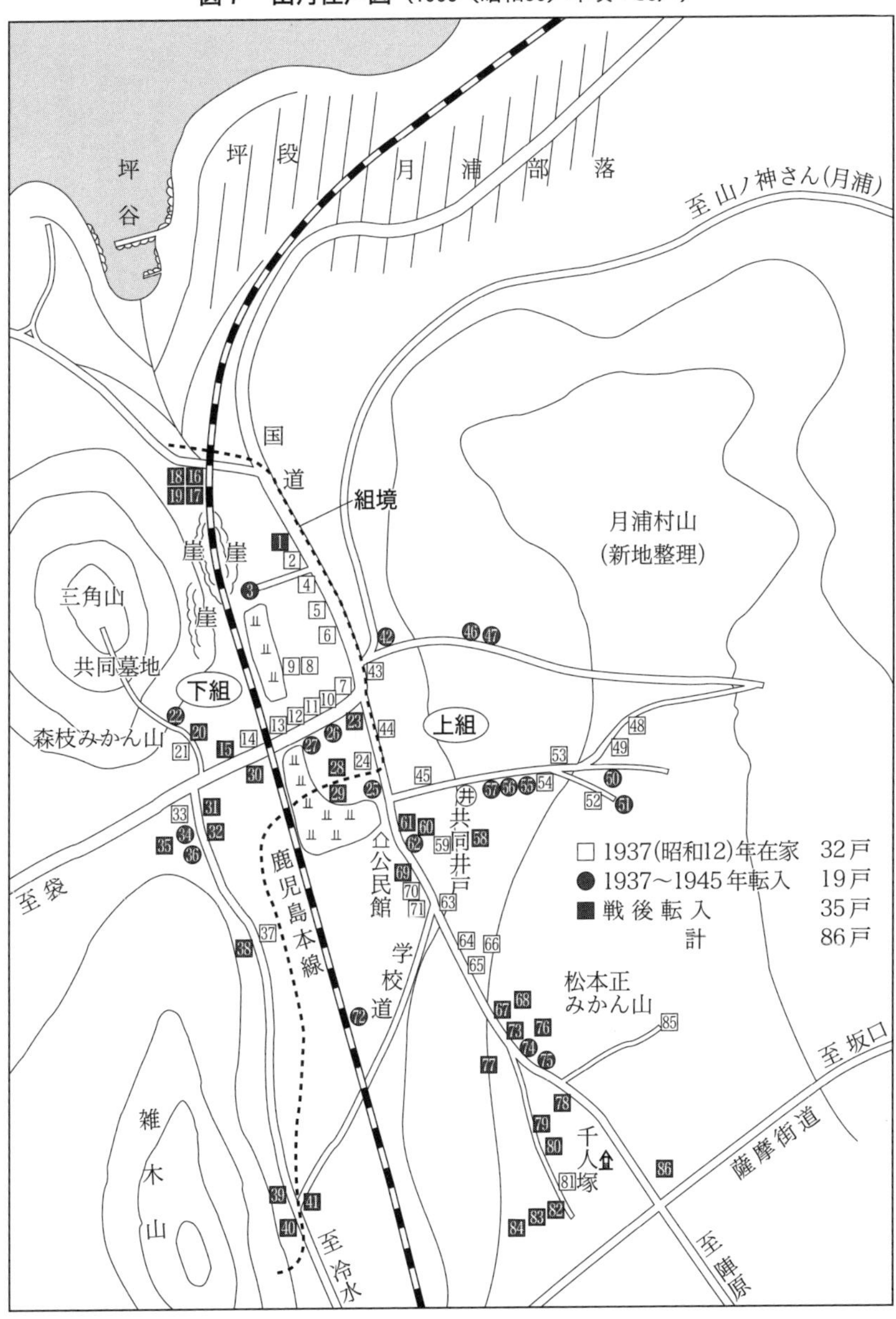

空襲と敗戦

●福満昭次（図7－61）の話（八〇年）

俺が会社に入ったのが昭和一九年。一四歳やった。一週間ぐらいですぐ現場に配属。無水酢酸係。子供だから、現場の机に座れば足が地面につかんとたい。それを三交替であの太か精留塔を運転させたっじゃっで。年輩者はほとんど兵隊行ってしもうとるもん。夜中に眠くなってくれば、顔洗って鉢巻きして、眠気ざましに精留塔の周りを走って回りよった。靴なんてなかけん、下駄はいてな。その下駄も、電気のコード線を鼻緒にしてな。運転が狂ってくると、五階まで階段を走って登ったり降りたりせんばんとたい。下駄やってバーッとすべる。反射的に手すりにぶら下がりよった。下駄は一番下まで飛んどっとたい。下駄もなしに、裸足で走り回っとる奴も居るしなあ。

水俣工場が最初に爆撃受けたのが二〇年の三月。四機やってきて、窒素工場辺りにドドンて爆弾落として逃げた。二回目に来たのが艦載機のグラマンが五〇機ぐらい。それがものすごく低く飛んできた。操縦士が見えるぐらいやってなあ。ババババババッて機銃掃射やって爆弾落とした。機銃の弾が土にぬかる音がして、爆弾がドーン！　泥がドボドボドボッて防空壕の上に落ちて来っとがわかっとだもんしゃ。

無水酢酸の現場防空壕は、コンクリーして、屋根に泥を積んで、電気つけとったで、機銃掃射ぐらいならもった。爆弾の直撃くらえばだめだばってんな。酢綿工場辺りは、穴掘ってドラム缶をそのまま埋けて、ふたかぶせたタコ壺防空壕やった。入ったまま死んだのが大分居るもんなあ。その後雨が降った。棒で突いて回って、ドラム缶に当たるとそこを掘って死体を出しとっとな。それからやった、空襲になったら運転止めて逃げろてなったのは。北九州方面を全滅させていよいよ水俣を叩こうてなったっじゃな。で、水俣工場の空襲は戦争の最後の方ばい。

俺は、藪佐（工場の近くの地名）の従業員専用の横穴大防空壕に一回か二回か逃げた。空気の悪うして頭が痛くなったりしたもんやって、後から駅の裏の山に逃げよった。畑を拓いてしもうてあって、石が積んであるよな、そこに隠れて工場を見とる。ロッキードP38ていうやつが来たよな。双胴双発のな。あげん気持ちの悪い飛行機は居らんかったよな。とにかく融通の利くとたい。山の上からビューンて急降下して、最初翼の間から機銃をバババババッて撃って、下に行ったとき爆弾を二発落とす。ドーンて土煙が上がる。海岸の方に出て行って、また回って来る。その胴体に裸体画が描いてあった。「飛行機にあげんとば描いて」て言いよったけど、感覚が違うよな。

俺は、会社の附属病院の前に住んどったけど、爆撃受けるもんやって、月浦に疎開小屋を作って疎開した。そしたら、そのうち直撃弾で前の家はガラリやられたもん。ロッキードの後、コンソリデーテッドB24とかB29とか重爆機がやって来たったい。今度落としたのは焼夷弾たい。俺は月浦の疎開小屋に居て見とったところが、B24がいつもの高度より低かった。水俣の上空に来てから太か爆弾がコロンコロン落ちてきたもん。途中でバラバラに分かれてバンバンバンて音出して雨あられ。油脂焼夷弾たい。何十本か束ねて、スクリューがついとって、高度計か何かである程度の高度になればベルトが切れるようになっとっとな。工場は大火災、駅前がそのとき全滅したったいな。重爆機が来てから、工場はコテンパンにやられた。いくら空襲受けても、会社に行かんばしょうなかっじゃっで。軍需工場やろ、軍から監督官が来て張りついとったっで。

教育というのはすごいもんじゃと思うな。会社のためということはなかったな。お国のためじゃな。頑張り抜かん、勝ち抜かんで、お国のために生命を賭けて戦地に物資を送ろうという。兵隊が負けてしまって、内地にアメリカ軍が攻め込んできたときには、竹槍で戦おうという覚悟やったんな。今考えりゃ、ばかんごたるねえて思うばってん。日本は神国である、元寇のときも神風が吹いた、大東亜戦争も後は必ず神さまが守る、そのためには銃後の我々が最後まで頑張らにゃいかんていうことを徹底して教育されとるわけやっで。頭の良い人たちは何人か負けると思っとったらしいけど、俺共、負けるて思っとらんかったもんな。

長崎に原子爆弾が落ちたとき、俺は駅裏の山から見とった。そのときも空襲警報がかかった。よそに行っても、帰りには爆弾落としていきよったからな。きのこ雲たいな、カボチャのような奴が上がって、そやつがムクムク太うなった。こっちの方さん来る[に]ごたっとたい。一緒に逃げとった同期生二、三人と、

「あら、何じゃろうか」

「こっちに来るぞ」

て言うてな。その翌日、風船爆弾じゃていう話やったけどな。

八月一五日は、青空に雲がパッと浮かんでものすごく晴れた日やった。それまで飛行機がもうガンガンやって来て、毎日が騒々しかった。それが飛行機一機通らん。音も何もせずに、物静かも物静かたい。何でこげん静かじゃろうかて思った。それだけ覚えとるわけ。天皇が放送したのを聞いてもおらんと。

その後、アメリカ軍が入ってきたら、男は飛行機の操縦ができんように手の筋を切るとか、デマが飛んだよな。山の中に逃げんばいかんとか、そういう話を聞いたなあ。そうしたら、日本の兵隊が鹿児島の方から戦車で逃げて来た。袋の坂のところで一台、百間の今の氷会社のところで一台、乗り捨てとるもんな。

食糧難

●福満昭次の話（つづき）

終戦前後は何も食い物はないしなあ。俺共、ものすごく食わんじゃったよなあ。もう米を食ったことがないし、親たちが、自分たちの着物とか持って行って、百姓家から麦と替えてきた。金じゃ買えんわけやっで。も

う百姓さまさまたい。それが、ただ殻を取っただけの丸麦やっで。ありゃ、どうしようもなかっじゃもん。時間かけてグツグツ、グツグツ煮るわけ。そうすると、ふくれてポップコーンみたいなのが出てくる。そやつだけを弁当に詰めて、会社に持たしてやらした。

カライモも、まともなカライモがあれば最高やった。苗を取った後のスカスカの筋ばっかりになっとる奴を食いよったもんな。畑の周りにぶりやってあるカライモの蔓を会社が寄せてな、持って来て粉砕して、カライモのコッパ（輪切りにして蒸して乾かしたもの）と混ぜて団子にして食えて配給したことのあったもん。にごうして食われたことじゃなかった。蚊取り線香のかわりに使うたったいな。カライモの蔓でもカボチャの葉っぱでも、新しかれば皮剥いでアク出して食えばうまかったい。会社が持ってきたのは、枯れてカラカラになったやつだもんな。

終戦後になって、会社が魚を貨車で取って配給した。「魚が入りました」てことで、各係から何人か出て係の分をもろうて来て、一人一人に分けるわけ。グチとかヒラメの小まんかとか、腐れかかっとっとのなあ。においのプンプンすっとば。それでさえも喜んで持って戻りよった。なんで釣り行かんかったかなあ。釣り道具もなかったっじゃろうなあ。

製造部はほとんど運転が止まった。無水酢酸もストップ。毎日、何名はどこの復旧作業、何名は硫酸の焙焼炉の鉱石運搬、何名は炭素工場の石炭運びて派遣たい。硫酸工場は動いたよな。終戦後、硫安を出したのは、水俣工場が日本で初めてやった。炭素工場の石炭運びはトロッコ押しやっで、あゝいうところに派遣に行けば、タクワンと麦飯を食わせらるわけ。こりゃもうご馳走たい。それば食うて、戻りには会社から硫安を幾らかくれらるわけ。それをもろうて帰って、貯めとって、百姓家に持って行って食糧と替えて食いよったな。百姓にすれば、ものすごう肥料が欲しいわけ。

会社に行けば、ものすごいインフレなのに安給料。もう土方に行った方が得じゃて、辞めた者がゾロゾロ居っと。土方とか、山仕事とかな。そっちの方がものすごくもらうわけ。復旧工事のとき、朝鮮人がスレート屋で来た。俺共、屋根にスレート上ぐっとに手伝いに行くわけ。会社の給料は食うか食わんかやろ、責任者が幾らやれて、その朝鮮人と交渉するわけ。「イヤ、ソンナニヤレナイヨ」て。そげんして、会社の給料の他に直接交渉で取りよったっじゃっで。

●田中一徳の話

どこも畑の隅にカライモを埋けて貯蔵しよったがな。それを盗まれる。床ガライモて苗を取るのに梅雨どきに実を伏せるもんな。それもみんな盗まれよった。戦後、八幡に朝鮮人部落ができて、闇で芋焼酎を製造して売りよった。陸じゃにおいがするけん、機帆船を買うて灘でつくる。粕を海にパーッとほかしよった。俺は船大工やって知っとる。朝鮮人部落にカライモ持って行けば喜んで買う。町からリュックかついで盗りに来よった。掌の指を紙にかいて、釘を指に打ちつけて、立て札を立てよった。まじないたい。そげんしても盗まれる。それから家の床下に穴掘って保存するようになった。

●松本弘の話

俺は昭和一六年に実務学校卒業して、会社の酢酸係に入ったったい。一八年に徴集受けて兵隊に行って、二〇年の暮れに帰ってきた。会社は爆撃受けとるけん、戻ってきてからの仕事はトロッコで残渣押しばかり。日給三円五〇銭やったもんな。親父の直治は一日漁師すれば一〇〇円。俺の一カ月分が親父の一日分もなかったい。熊本からトラック持ってきて待っとるけん、夜の明ける四時か四時半頃、坪谷の波止に生かしとるのを殺してやれば、百匁幾らで喜んで持っていくもん。闇たい。親父は「辞むるな」て言わったばってん、それで会社を辞めたっじゃった。その頃は、漁師さまさまていうふうたい。それから親父と一緒にごっとり（ずっと）漁師たい。

食物を握っている百姓と漁師が強い時代だった。そして村にどっと引揚者がやって来た。彼らには、食糧と住む家が大問題だった。昭和一〇年に朝鮮興南工場に行った山本タモの話を聞こう。

引揚げて漁師に

●山本タモの話

朝鮮に行って一年ばかりしたら、すぐ工員から社員になったもん。終戦になったとき、子供が八人。生きて帰りさえすれば何とかなるて思うたもんやって、支那人の家でん何でん働きに行って私は頑張ったもん。腸チフスが流行って、栄養失調になってゴトゴト倒れたっじゃっで。私共、最後まで興南に居って、帰って来たのが昭和二二年二月一七日。みんな子供を死なせて帰ってきたばってん、私は一人も死なせんで来たもん。

家族が多いもんやって、「誰か家を売ってくれる者はないか」て、引揚船の上から葉書を出した。そしたら、江郷下美善が売るて言うもんやっでな。来てみたら、まだ江郷下どんな住んどった。屠殺場に行く途中の山の中も山の中。坪谷のすぐ上たい。道なんてあるもんかな。船板を打っつけてつくった疎開小屋やった。朝鮮から引揚げてきた坂本兼平（明治四二年生）と米盛盛蔵（よねもりせいぞう）（大正九年生、七四・二認定）も、炭坑から来た池嶋春栄（いけしましゅんえい）（明治四三年生、七一・一二認定）も、同じところに小屋掛けして住んだったたい。それで四軒できたったたい（図7－16～19）。

帰って来て会社に入らんじゃった。朝鮮で社員になっとる者は、水俣の会社には使いたくないて入（い）れんじゃった。その前まで入れたて言うばってん。長男の優だけ水俣の会社に入った。優は昭和一九年に興南の会社に入っとったけんな。それから亦由と二人で漁師をした。なれとらん、海知らん人は行き切らんて言うたでちゃ、私は湯堂の漁師の娘に生まれとったで、はまってみればしゆっとたい。好かんてことはなかったな。家族が多かったで、何とかして生きて行かんばんでな。

戦後の出月の引揚者は、朝鮮から九家族、炭坑から二家族の一一戸だった。うち、にわか漁師になったのは、**山本亦由**、**坂本兼平**（大工兼業）、**池嶋春栄**、**中津美芳**（朝鮮から、図7−38、明治四〇年生、五六・八奇病発病）の四軒である。山本亦由、中津美芳は、後に水俣病患者家族互助会の会長・副会長になる。また**川上千代吉**（図7−1、村山惣八次女マタノの婿、梅戸出身、一四〇頁）は、兵隊から復員後、妻マタノの縁で四五年九月出月に来て専業漁師になった。なお、**川本嘉藤太**は四六年チッソを定年退職後、やはり専業漁師になった。

●田中一徳の話

中津さんは朝鮮引揚げ。何をしとったかは知らん。中津実て弟が出月にいて（図7−56、土建業）、それを頼って来た。畑はないし、食う物が全然ないし、みんな職がないから、漁師が一番手っとり早い。獲り行けばすぐ金になる。裸一本で帰ってきて、見よう見まねで、道具のつくり方から親父の惣八に教わりに来て、素人からやって立ち上がっとる。沖に出ても親父のけつばっかりついてされきよった。亦由どんもたい。親父は中津さんに「これだけ持っていけ」てカライモをくれよらった。うちは一年中食うだけカライモつくりよったけん。中津さんはそれで親父べったり、暇さえあればうちに来よらった。

二　戦後混乱期の村の青年たち

混乱期の新しい時代は、いつも若者のものである。当時の出月の青年たちの話を聞こう。

青年団

●松本弘（図7−66）の話

俺は小学校のときから餓鬼大将も餓鬼大将、青年になっても何でも親分やったったい。角力は強いし、柔道もとるな。走っとは一〇〇メートルと二〇〇メートル専門。郡大会に出よったもん。スポーツは何でもしよったよ。俺共がときの青年団は月浦、出月一緒やった。俺が青年団長やっとるときは、まだ夜這いのあって、俺はまめかったでそこらじゅう行たったたい。子供を下駄持ちに連れてな。下駄持ちて、娘のところに行って何かあったときは逃げんばんがな。俺共が青年時代まじゃ、イナカの太か百姓のところは、子守、下女て雇っとったがな。そげんところに行くとたい。昭和二二、三年頃まじゃ、まだありゃせんだったろうか。その頃まじゃ、どこも一〇ワットか二〇ワットの暗い電球いっちょ（ひとつ）だもん。

戦争中に強制疎開の家の廃材を出月の肝入り役の村山のちゃんたちがもろうてきて、出月に青年クラブ（集会場）をつくってくれらった。それまじゃ月浦の青年クラブたい。せっかく月浦と出月で青年が二十何人まとまってしてきたのに、二つに別るっとはどっちも損じゃて思うたばってん、部落の人たちのしてくれらすとに、ありがとうございましたて俺は一番に来んばんがな。それから青年団は月浦と出月と別れたったたい。

青年団長は、二〇年の暮れに兵隊から帰ってきてからも一、二年したよ。

●中山栄（図7－25）と福満昭次の話（八〇年）

中山　松本弘さんとか、浜元一正さんとかが、青年団のリーダーやった。弘さんも一正さんも優秀やったもんな。二人共、親は漁師。俺が青年団に入ったのは昭和二二、三年頃やったろ。終戦後はみんな娯楽に飢えとるけん、青年団活動は素人演芸とかヤクザ踊りから始まった。水俣中広がったもん。俺共がときは、わりと真面目なやつをやったばい。視聴覚教育てとこで、市から一六ミリの映写機を借りて来て、二〇円ずつ金取って田んぼで映写会したりな。第一回の選挙というのがあって、公明選挙でどの候補も呼んで聞いてみようてしたら、出月の自民党の連中共からやかましく言われたことのあった。

＊　自民党（自由民主党）が結成されたのは一九五五年一一月であり、それ以前は、民自党（民主自由党、四八年三月結党、五〇年三月自由党と改称）、日本民主党（五五年一一月自由党と合同）などが日本の保守政党だった。本書の聞書年は五五年よりずっと後なので、話者はみなひっくるめて「自民党」と言う。以下、ママとする。

福満　俺は、出月にオンボロ家の売り家があったから、それを買って月浦の疎開小屋から引っ越してきた。青年団の行事で戦後の混乱期にすぐ部落の役に立ったのは、年末の夜警団。泥棒防止、火の用心たい。青年クラブに囲炉裏切ってあるけん、ムンムン火を焚いて、何時から誰と誰て順番決めて、消防団からも一人か二人か出て、一緒に部落中回りよった。「火の用心」て。出月、月浦、湯堂、袋、神川て各部落に青年団があるわけやっで、どこの部落でもやりよった。若夫婦の居れば、「あそこは火の用心てトントンやって、行ってからしばらくしてよかことすったっで（セックスする意）」て、こっそり後帰（あとがえ）ったりな。

青年団に入ってすぐは小青年やっでな。青年共が、「あそこに薪物の積んであっで持ってけ」て言うとたい。小青年が行っておっ盗って来て、青年クラブで焚くわけ。親たちは山に行って、下枝の枯れとるやつを、かぎを竹に括って、そやつで引っ掛けて引き下ろして、丸めて担うて持って来て、自分の家の裏の軒下に小積まっとたい。それの溜まっとが婆さんたちの楽しみやったっじゃもんな。おっ盗ってもさい、「青年共はそのぐらいのことはすっとたい」て言うぐらいのことたいなあ。

中山　おら、いっちょんそげんとは覚えとらん。ハハハ。

福満　みかんちぎりも俺共やらされよったったい。あそこは早生みかんやっでもうよかぞとか、その畑の人より詳しかっじゃもんな。バケツ持って行って、入り切らんばズボン脱いで裾を括っていっぱい詰めてな。それを青年クラブに保管しとって食うわけやっで。床の間の板が外れるようにして、食ったみかんの皮はそこから全部床下に投げ込んどくわけたい。部落常会のあって、部落の人がみんな寄るじゃろ。みかんの皮の腐れたにおいがプンプンして来るわけよ。

中山　男一〇人に女一〇人ぐらい居ったがなあ。女は嫁に行くまでやった。百姓とか家の手伝いとか。

福満　大体、出月の青年で会社に入っとるのは少なかった。四、五人ぐらいかな。年輩者はうんと居ったばってんな。田上義春でん川本輝夫でん、大工の弟子入って、あっ共、炭鉱に出稼ぎに行ったっじゃもんな。青年団は出入りがひどかったもん。田上義春は精米所たい。二人共、水俣病で名売ったよな。

村の民主化

中山　終戦後まで部落の実権はボスたちが握っとった。「部落は俺共が言うとおりにしかならんとたい」「俺共が言うことを聞かんやつは……」という考え方たい。

福満　部落の役員は全部そのボスたち。部落民の意向じゃなくて、自分たちの権力をかさに、自分たちの畑の横に道を通すとか、自分たちの有利なようにするという意識が強かった。そして、言うことを聞かん奴はいつまででん叩き潰すということやった。みんな難儀しとるから、その人たちの畑を借っとるとか、いろんな世話をしてもろうとるとか、にらみが利いとるわけ。

中山　俺も供出で相当こなされ（いためつけられ）たもんなあ。供出は、実際に作っとっても作っとらんでも、五反あれば五反分出せということやったもんな。

福満　自分たちに反発してる奴にはガバッとふっかけて、自分たちにチヤホヤする人間にはちょっと軽くしてやるとか、ボスが権力をかさに利己的にやって、各部落どこもじゃもん。

中山　ボスの親分がみかん山の松本の旦那。政友会の時代からの自民党の生え抜き。日当払うてみかん山の仕事させとるから、出月の連中は季節労働者でお世話になったという意識があった。

福満　**山下督二**（図7－70、戦前の会社行き、明治三三年生、二〇七頁）、**村山末吉**（図7－49、村山惣八の長男、明治三四年生、二〇〇頁）、安田四郎助、これが大体出月じゃ大物。月浦と湯堂には自民党のすごいのが居ったから、それからみたら格下もいいとこやったけどな。あと、中津実（図7－56）、中村松之助（図7－44）、川本嘉藤太（図7－7）、盛下七平（図7－6、戦前回船業）といった年輩者が、自民党から辞令をもらうわけな。自民党出月地区の役付にせらるわけたい。部落の顔役じゃもんな。選挙のときは、必ずそっ共が回って歩くもんな。飲んで食って、金が来るし、あれが一つの楽しみやったっじゃろな。

中山　そういうボス支配をひっくり返していったのが、朝鮮興南帰りの**多野清重**（図7－68、明治三四年生）、**熊雄**（図7－67、明治四〇年生）兄弟。「民主的な世の中にわっ共が自由勝手にやるてそんな話があるか、部落はみんなの意思でやっていくべきじゃ」てことで、改革していった。清重と熊雄は引揚げてきてまた会社に入らした。会社に行きながら、その弟子についたのが我々。

福満　そして選挙が結びついてくる。こっちは革新の候補出して自民党と対決せんばいかんてことになるわけな。

中山　俺共、ボス支配に反発しよったもんでな。選挙はきれいなもんでなからんばいかんという、若気の至りもあったしな。昭和二四年の第一回市会議員選挙で、労働組合が福田正さんなんかを推した。会社行きの目覚めというのが太かった。もう演説聞けば身震いしよったもん。労働者のことを言いよったからな。今、そういう若い者をしびれさせるような演説なんてないもんな。それからばい、我々の芽が出たのは。

福満　部落で、保守対革新の対決というようなことになっていった。こっちは坂口の岡本勝どんが革新で出たろ。出月は、あっちこっちの寄り集まりということは、一番開放的ということやもんな。若い者は大体こっちについたやろな。後で出月は革新にひっくり返った。

青年団は、「出入りがひどかった」という。都会に出て行った若者たちも多かった。漁師の浜元惣八の息子たちもそうだった。

お前の好きなところに行って暮らせ

●浜元一正の話

僕は実務学校が中山栄さんの一年上です。実務学校出たら、徴兵じゃないけど、命令みたいな形で希望する者はチッソに行けだった。それで塩ビ係に入った。戦争がひどくなって、あの頃は軍隊に志願して行かなんだら片輪みたいに言われた。岐阜の陸軍航空整備学校です。二つ星（一等兵）で入って、半年で三つ星（上等兵）になって、また半年で終戦になった。幹部候補生やった。

復員してきて、チッソには入らずに、警察官になろうと思った。熊本の京町に巡査教習所というのがあった。試験受ける前の塾ですね。勉強いうたって、戦時中ろくろく勉強してないから、復習みたいなもんです。警察官は合格したんです。だけど、警察官が、朝鮮とか海外とか、いっぱい引揚げてきたもんだから、新規採用しないんです。サーベルがピストル・警棒にかわったときです。遊んどるなら水俣の警察に来るかということになった。書記みたいな仕事です。いろいろと事件書いたり、駅前に派出所があって闇物資の取り締まりしたのを書いたり。

戦後の村店になった溝口末吉店（二一三頁）に中西君て、私の同年輩の人が大口から養子に来てたんです。中西君とは青年団で素人演芸やったり、協力して一緒にようやったもんです。中西君はバイオリンが得意だった。そうしたら養子先でうまくいかずに、中西君が飛び出してしまった。彼の兄貴が兵庫県の高砂の鐘淵（かねがふち）紡績に就職していた。それを頼って。「こっちも漁師しとったり、土方しとったんじゃ、暮らしが立ちそうにない」て手紙書いてやったら、「そんなら高砂に来んか。鐘淵化学にたまたま欠員がある」。そんなら行こうかていうことで、二四年に行って守衛に採用してもらったんです。

親父は、湾内でタコ壺やったり、アジ釣したりですね。僕は漁師はもう一つ不向きで、親父みたいな暮らしをするつもりはなかった。おふくろは、「大取（うど）りするより小取りせよて言うぞ。こっち居った方がようないか」て言うた。

親父は太っ腹だった。「一正、人間一生一回だからな、アメリカだろうが中国だろうが、お前の好きなところに行って暮らせ。漁師はどうせ博打だから」て、昔から言いよった。ここでせえてことは言わなんだから。

親父が櫓船を動力船に切り換えて、機械をようせんだったから、すったれの二徳（つぎのり）（昭和一一年生、五五・七奇病発病）を漁師にしてしもうた。二徳が、

「兄ちゃんたちが先に出たから、すったれのわしが水俣病になった」て、いつも怒るけど、昔は水俣はどこでも、口減らしに出て行ったもんなんです。「一升枡の中を三人で分けてみろ、何合ずつになるか。それで食えるか。兄貴から先に行かにゃあて出て行ったんじゃ。お前が一番最後やから、しょんなか」て言うんです。

●田中一徳の話

俺は、船大工の職人になって、牛深に行って二、三年居って、わが家帰って来てから米ノ津の造船所に働きに行った。米ノ津に行く前、井上栄作さんの養子の武さんらと四人ほどで組んで住友林業の坑木山を一山請けて木馬（きんま）（そり）で出したことがある。その頃は山仕事は儲かりよった。職人で二三〇円から二五〇円しかもらわんのに、七、八百円になりよった。

俺が水俣を出たのは、昭和二六年の三月四日、米ノ津のカシクリさん（加紫久利神社）の祭の日。おふくろが「正月をして行け」て言わった。水俣駅から大阪行きの急行に乗るのに、米ノ津の造船所の連中が四、五人、祭の日やったけど送りに来てくれた。水俣を出たのは、独立せにゃいかんから。親父が「どこぞ暮らしいいところに暮らしたらいいんじゃ」て言うたから。働き先が決まって行ったんじゃない。米ノ津のカズテルてわしに二つ少ないやつが、「知ってる人もいるから瀬戸内海に一緒に行こう」て。カズテルは一週間しか居らんかった。広島の帝国人絹に入社できるて、船大工やめて行った。その頃は道具袋ぶら下げて造船所に「使うてくれ」て行く。要るなら要る、要らんなら要らんて言う。そげんしてずっと渡ってされきよった。

村を出て行った若者にも残った若者にも、それぞれ青春があった。出月村の青春の話である。

●福満昭次の話

大体の始まりが、おら、ギターが好きで好きでたまらんわけ。会社の同じ係に荒田というてギターの専門家が居らった。この人は朝鮮引揚げで、NHK辺りでやっとった人でな、奥さんは歌手か何かやったっじゃ。「ギター教えてくれんかな」て家に行ったら、音の出し方を教えて、ハ調のドレミファソラシドを楽譜に書いてくれて、「これを覚えてけえ」て。熱心じゃっで、その音譜を覚えるのも速かった。ギター買う金はなかったっじゃって、中山栄さんが持っとったギターを借って行ったと思うがな。音階の出し方をマスターしたら、「そんなら曲を教える」て、「酒は涙か溜息か」を一曲バッチリ、譜を見ながら、ここはこういう弾き方をしろ、押え方をしろて言われて、それをまた一生懸命やったわけ。三曲ぐらい習ってから、音譜見れば自分でできるはずじゃと思って、古賀政男『最新ギター独習：三〇日間基礎練習』という本を買ってきて独学でやった。荒田さんは、「三年やったら自分で弾いて歌えるようになるぞ」て言わったけど、半年ぐらいでできるようになったもん。「ウワーッ、お前は速かねえ」て褒めてくれらった。三交替しとって、朝買ってきた新譜を夕方にはパッと弾き上げたでな。ちょうど「湯の町エレジー」が流行った頃やった。

一人前になったで、同僚を集めんばんてなったわけ。青年クラブの線路の下のおかしな家（あばらや）に、小林美知雄（図7－72）て居った。あの家はまだあるじゃろ。それがバイオリンを弾きよったもん。そしたら田上義春が、「俺も何かやるごたる」て来たもん。「よし、俺がギター、小林がバイオリンを弾くで、わりゃ、マンドリンをやれ」て言うたわけ。で、教則本を買わせた。ギターは弦が六本、マンドリンは八本だけど、マンドリンは同じ奴が二本ずつあって、メロディとトレモロを二本の線で出すわけやってでな。メロディばかりやってでやさしかっじゃもん。教則本を見ながら俺が義春に教えたったい。音階から始めて、できたら曲を弾かせてみて、音の長さが音譜どおりになるように練習させて、ギターと合奏してバッチリ合うようになったのが三カ月かなあ。あれも気狂いのごつなる方やって、一生懸命やるじゃろ。本をここに置いて、ギター抱いて、マンドリン抱いて、面つき合わせて、

「ばかたんが！　何でこげんせんとか」

「そげん書いてあるがね」

「そういう話があるか！」

て、日の日中から晩の遅くまでやった。腰は中腰にしとるじゃろ、教え始めて一〇日ぐらいしたら、俺は腰を傷めたもんな。朝起きようとしたら動けんわけ。涙ボロボロやって起きて動きだせば、別に問題はなかっじゃばってんな。あのとき生まれて初めて灸を据えてもらった。ピシャッと治ったがな。

そしたら、ギターでもう一人、湯堂の福田武治（配管工）というのが来たもん。歌の上手が、出月の中津欣二、月浦の坂本繁春・末光兄弟て居った。そっ共を俺が教育したっじゃもんな。歌わせてみて、ちょっと音を上げろ、下げろ、ここは何拍延ばす、ここは切る、ここで息して柔らしゅう歌い始める、ここは強く、弱くて、音譜にちゃんと書いてあるわけやっでな。そうして、水俣でやったＮＨＫののど自慢に出したら、一位と二位やったっじゃっで。

バイオリンの小林も、最初は我流やったったい。俺が音譜の読み方を教えた。あの頃、小林はガソリンスタンドに勤めとった。俺と中津は会社の三交替、坂本繁春が浜崎組て会社の下請の保温屋、福田が釣船鉄工所でやはり会社の下請やった。このメンバーでバンドを結成したわけ。名付けて「青空楽団」。

あの頃の給料じゃ、ギターは買えんかったもん。三〇〇〇円ぐらいからあることはあったったい。いつも楽譜を買いに行く松本楽器店に古賀政男監修製作ギターというのが入荷したわけ。三〇〇〇円ぐらいのは飾りが

ついてきれいたい。そら、飾りも何もついてないけど、音が全然違うもん。鳴るしなあ。欲しゅうてたまらんばってん、手の出る値段じゃなかっじゃもん。紙紐でぶら下げてあるのを行く度に眺めとったったい。あそこは二階がダンス場だもんな。あるとき、その震動で紐が切れてギターが落ちて反響板にひびが入ったもん。

「よし、この際たたけ」て思ったわけ。

「ウワーツ、こりゃ大分割れたなあ」

「見かけがちょっと悪くなったぐらいですよ」

「そうかなあ」

て、店でバンバン弾いて、

「こりゃ、大分影響しとるなあ。幾らにするかな」

店の方もガックリしとるわけやってな、

「そんなら、あんたに安くせんばん」

て。買ったのが七〇〇〇円てことは覚えとる。七〇〇〇円なんて金はなかけん、月幾らか払うようにして月賦で買うた。割れは接着剤でばっちりくっつけてしもうた。そのギターはずーっと離さずに持っとる。

もう夕方になれば、飯食うて、「あ、月の出たねえ」、お目めはぱっちり、首にギター抱えて出て行くわけ。そうすると、義春がすぐマンドリン抱えて出て来るじゃろ、小林が出て来るじゃろ、始まっとたい。線路のところで弾いたり、山の上登ったりな。大概、夜の一一時、一二時頃までやりよったよな。

自信のついて、「飲み屋に行って流しやろうか」てなったでなあ。もう、あっちこっちから引っ張りだこやったっじゃっで。流しの本職と喧嘩になってさい、

「あんた共に来てもらえば、俺共な飯の食い上げじゃ」

福田は短気者やったで、

「何を！」

俺が、

「待て。相手の話も聞け」

て、怒ってさい。それから流しはやめた。

その頃、青空楽団で阿久根の大島キャンプ場に遊びに行ったったい。ちょうどキャンプ場祭てあって、花火上げてな。歌手は中津に坂本、二人連れ行っとるわけやっでな、晩に浜辺でやりよったわけ。そしたら、キャンプ村の村長が相談に来た。「大島キャンプ場発展のためにぜひお願いします」て言うわけ。鹿児島県庁のグループとか、あっちこっちのグループが来とるじゃろ。そっちが済めばこっちて、村長に引き回されてさい、演奏して回ったら、金をもらう、菓子をもらう。

「こげんよかことのあろうかい」

「こげんとぞねえ、芸は身を助けるていうとは」

俺共、キャンプで幾ら、食費で幾らて計算して行っとるじゃろ。島から帰るとき、もらった銭を集めて計算したら釣りが来た。

その戻り出水まで汽車で来たら、乗り換えで後の汽車が一時間ぐらい余裕のあったっじゃもんな。降りて出水の街を見てみようかて広瀬橋（中心部にある）に行った。橋の上で、

「眺めのよかがね、ここで一曲やろうか」

て、やったったい。暴力団風の兄ちゃんが来たもん。

「あんたたちは、こげんところでやっちゃもったいなか。俺が連れて行くでやってくれんか」

て言うとたい。ついて行ったら、女郎町たいな、一軒一軒やって回れていうわけ。そしたら、女郎共が全部玄関に出て来て、「かえり船」どんやれば、涙ポロポロやって聴くとたい。そして、金をちり紙に包んでポケットに入れてくれるわけたいなあ。

青空楽団は、昭和二三年頃から二八年頃まで四、五年やったな。結婚したり出稼ぎ出たり、メンバーがバラバラになったもんな。出稼ぎには、義春も出たし、小林も出た。マンドリンとバイオリンが居らんば、もうバンドはできんもん。俺も結婚したけん、結婚してからまでガタガタやって回るわけにいかんしな。それでしめえやった。

この田上義春が恋路島でタコ壺漁（二三八頁）を行い、タコ、カキなどを多食、五六年七月奇病を発病した。

世代交代という。青空楽団が活躍を始めた頃、出月村をつくったリーダーの一人、村山惣八はこの世を去った。幸せな晩年というわけにはいかなかったようである。牛深茂串から出月に来て、子供たちを会社に入れた惣八は、百姓などをして世を過ごした。家には種子島の火縄銃が飾ってあったという。嫁のセヤは四四歳で亡くなり、長島から後妻のタツを見つけてきた。昭和一三年頃、火事を出して家を焼いている。戦後、村山家を采配したのは、前出の長男の末吉だった。末吉は、大正時代に会社の石灰窒素係に入ったのだが、数年後に直江津の信越窒素肥料に転勤、同工場閉鎖後水俣に帰り串木野（くしきの）金山に勤め、これを辞めた後尾道に出て働き、支那事変の始まる頃出月村に帰って土方や百姓をして暮らしていた。惣八が死ぬときの話を、後妻タツの息子の嫁から聞こう。

村の古いリーダーの死

●加世堂サダ（大正一一年生、七六・八認定、図7−77国義の妻）の話

私は、昭和二二年にタツさんの先夫の子と結婚しました。加世堂国義です。タツさんは助産婦で、出月辺りのばあちゃんとすれば垢抜けしとった。私が来たとき惣八さんは七三で、まだ元気で自分で歩きよった。タツさんが七五か七六。目が全く見えんかった。

タツさんは、長島の川床（かわとこ）の人です。鹿児島の入来（いりき）町の人と結婚して産んだのが一三人。産み月に流産したのも入れて早死にが六人、まともに育ったのが七人。その婿どんは一三人の子を産んだタツさんを捨てて大口に出て、長島にはタツさんと子供二人、それとしゅうとじいさんの四人が暮らしとったそうです。惣八じいさんは死んだ先嫁のセヤとの間に六人の子があって、死んだのが二人、生きたのが四人。一番上の娘のカナはセヤの連れ子で川本嘉藤太の嫁。産んで生きたのが、末吉、亦由・マタノ（マタノ、七一・一二認定）が双子、ヨシノ（大正二年生、七八・二認定）たい。タツさんの長島の家に長島みかん（赤い小さいみかんで特産品）がいっぱい成る畑があった。この前私が行ったときは一本しか残っとらんかったけど。その長島みかんを惣八さんが買い付けに来て、タツさんを見つけらした。タツさんは、子供をしゅうとじいさんにあてがって、惣八さんについて出月に来らった。子供は、兄さんの方は「俺もついて行く」、弟は「何すんな、よその方（かた）に」て言うてもめたらしい。で、自分の子は長島に置いて、惣八さんの子供を育てらした。

私が結婚したのはその弟の方。長島から大口の父親のところに行って、それからチッソの阿久根の石灰石を掘る鉱山で働いた。召集受けて帰ってきたら、鉱石が出らんて鉱山が潰れた。それからチッソのカーバイド係に入った。それが昭和一七年頃。前の奥さんが大口にいて、大口から通ってきよったけど離婚して、タツさんを頼ってこっちに来て月浦に居った。私は鉄道に勤めとる人と結婚したけど、すぐ事故で死んだ。だから二人

とも再婚です。

タツさんが目が見えなくなった原因は知らん。自分で言わしたのは、畑に小麦つくりに行っとって、惣八さんが返していく、その後に種子を撒いていく。やたらとどこにでん撒いていかしたけん、

「お前は何てことをすっとか」

「あんたが返したところに撒いていくがな」

「じゃなかところにばかり撒く。もう戻れ」

て怒らしたて。帰るてしたけど、道がよう見えんで、土手をすべり落ちた。わが家に帰ってきて、夕飯を炊こうと思ってクド（かまど）に火を焚きよったところが、子供が、

「ばあちゃん、何すっと？」

「ご飯ば炊くと」

「クドはまだ先やがな」

その火の燃えとるのだけはかすかに見えよったて。それから翌朝はもう全然見えなくなったて。

私が頭子（かしらご）を産（も）って背負うとる頃（昭和二三年）、惣八さんが小便が出なくなった。今で言えば腎炎ですか。医者に行ったところが、入院せえて。一番上の末吉さんから、嫁さん連れて兄弟みんな寄ってくれて言うてきた。何で嫁さんまで行かんばんと（いかなければいかんのか）、おかしかねえて思いながら行ったっですよ。そしたら末吉さんが、

「俺は子供を食べさすっとが精一杯じゃ。入院費は持たん。盲のばあさんも見きらん。兄弟で話し合うて、じいさん、ばあさんを何とか養うごとしてくれ」

て、みんなの話し合いやった。三晩寄ったばってん、うちさん（に）連れて行くがて言う人が誰一人居らん。じいちゃんがすがるような目で、

「頼むでよ」

て言わすばってん、誰も返事せんとやもん。

「情けなか」

て言うて泣き出さした。私が、

「じいちゃん、世話焼かんでよかっじゃが。こしこの子供が居るもね、一人一〇円ずつ出したっちゃ飯は授るが」

て言うたばってん、その一〇円出すという人も居らんとだもん。

「あゝ、もう、はがいか。じいちゃんな入院させつ、ばあちゃんはうちさん行こうわい」

て、私がばあちゃんをうちに連れて来たっです。それから死ぬまで面倒見ました。じいちゃんは入院して一二日目に亡くなった。ばあちゃんは八年九カ月一緒に居りました。

惣八さんは、頑固一徹というようなじいちゃんやった。末吉さんはじいちゃんに似て性格がそっくりやった。「はがいか、くそ爺が」て言いよらった。このじいさんが寝とってわがまま言うときになれば、誰が止めきるですか。それで子供たちがみな要らんて言う。嫁さんたちはなお要らんとやもね。どげんすっですか。川本のカナばあちゃんは私が臨月腹のとき死なした。ドン腹やっで葬式にも行かんかったっじゃもん。

第六章　村の住み分け

一　一九五五（昭和三〇）年頃の出月

戦後の出月村の全体像はどうなっていったのだろうか。筆者は二〇〇一年に共同調査者の協力を得て、図7「一九五五（昭和三〇）年頃出月住戸図」八六戸（九〇世帯）の職業、家族構成、生活状態などを調べた。ただしその内容は各戸によって精粗がある。以下その概略を報告する。なお市生活保護関係資料によると、その二年後の昭和三二年の出月の世帯数は九八世帯であった。

出月村全戸調査（一九五五年頃）

・戸数　八六戸

　前に述べたように敗戦前の戸数は五一戸であったので、戦後一〇年間の増加は三五戸と多い。生活できるところにみんな入り乱れて動いた時代だったのだ。

　その内訳　引揚者一一（朝鮮九、炭坑二）、都会、鹿児島県、他郡など六、近隣部落など一〇、分家四、不明四。親子交替や村内移動もあり、五五年頃の図7は昭和一二年頃の図6とは大分さま変わりしている。

・井戸　井戸のあった家は二〇戸である。残り六六戸は依然もらい水の生活だった。村に水道の通ったのは六二年だった。

・職業別戸数

会社行き　　　　　　二五（うち会社生協一）

扇興運輸等会社下請　三

漁師　　　　　　　　一一

百姓　　　　　　　　三

みかん山経営　　　　二

日雇　　　　　　　　一五

店　　　　　　　　　一〇（村店一、食料品移動販売一、豆腐屋一、菓子屋二、精米店一、肥料店一、畳屋一、床屋一、会社生協常置所一）なお、短期間で廃業したパーマ屋があった（数に含めず）。

職人　　　　　　　　七（大工五、石工ほか二）

郵便局　　　　　　　三

歯医者	一
小学校教師	一
金貸し	一
祈禱師	二
マチ商店勤務	一
無職	五
計	九〇戸

夫が会社下請、妻が床屋というような場合、職業別にカウントしているので、総戸数八六戸とは一致しない。

これをみると、会社行きは下請を含め二八戸（三一％）で圧倒的に多い。一次産業従事者は漁師一一戸、百姓三戸、みかん山経営二戸など一六戸（一八％）である。みかん山経営は、一戸は約三町歩の松本正で、すでに出てきた。もう一戸は、村の共同墓地の下にある約一町歩のみかん山である。最初丸島の諸国屋が植栽、昭和初め頃渡辺ヨシオ（菊池）、戦時中は中井享（横浜）、四八年頃森枝某（図7－21、御所浦出身）に経営が移った。森枝某はそれまで回船業をしており、湯堂にやうちが居る。一人前の職業とはいえない日雇が一五戸（一七％）と多いのも特徴的である。狭い村に店が一〇戸（一一％）もあった。これは、出月が百姓村ではないことの反映でもある。職人は七戸（八％）で、うち五戸が大工だった。

●加世堂国義の話

松本旦那のみかん山には、旦那さんの妹と嫁さんのおっ母さんが居んなった。それでマチからたまに来よらした。俺共、旦那さんてイメージはなかったもんな。本人が、旦那さんて言わんば返事もせらっさんとやもん。「こんにちは」て言っても、眼鏡の上からジロッと見らすだけ。「旦那さん、どけ行かしたかな」て言えば、「おう」て。

●中山美世の話

なんさま出月は日雇が多かったよねえ。ニコヨン（失対）、土方、みかんちぎりに行くとか、カライモの草取りに行くとか。旦那や子供が戦死したとか、炭坑で死んだとか、足が悪くて身障者だとか。生活保護すれされ、あそこはどげんして生活してるかわからんていうところがあったもんねえ。日雇のおばさんたちには、みんな名前を呼び捨てやった。

職業別戸数がわかったので、次に主な職業についてその暮らしぶりをみよう。戸数は大変少ないが、金貸し一戸と祈禱師二戸には興味を引かれる。まずその話を聞こう。次いで戸数の多い、店、会社行き、漁師の順に調べていくことにしよう。

二　村の金貸しとまっぽしどん

村の金貸し

●中山美世の話

山下督二どん（図7−70、一九〇頁）たい。村の顔役の一人で、戦前は会社行き。戦後はいっとき、一八区の区長もせらった。畑するわけじゃなし、魚釣り行くわけじゃなし、ゴロンゴロン寝とらった。あってん、お金持っとって、闇の金貸しみたいなのをしよらった。嫁さんな、脳溢血でコロッといかした。あげんしとって、よか女の入って来よった。あら、うらやましかよ。息子が福岡辺の大学を出て、水俣高校の先生してパリパリやった。結核になって看護婦の嫁さんをもらわしたよね。そしたら、先生やめて金貸しになった。いっとき個人金融みたいなのが流行ったんだよねえ。一儲けしようと思って、みんな騙されてお金預けた。

会社行きの緒方弘どん（図7−34、明治四四年生、七四・二認定）は、辛抱して食うもんも食わずに居って貯めたお金を預けて全部パー。弘どんは督二どんの義弟にならっとたいな。空になった油瓶を一晩ひっくり返したらどれだけ溜まるかて言いよらったよね。会社の工員じゃなく社員やった。嫁さんは、湯堂の城山敏行さん（二七三頁）てみかん山の分限者の妹だもん。走るのが速くてスカートでん何でんめくって走りよらしたが。弘どんはお金がパーになって、頭がおかしくなってねえ。そら、おかしくなるもん。督二どんの息子さんは、失敗して何も彼もなくなって、奥さんとも離婚して、後はどうなったか知らんけど、大変やった。

村の祈禱師その一：オトカおばさん（生田(いくた)トカ、図7−75、明治二四年生）

●加世堂サダの話

私の母は、私が三つのとき死んだ。父は樟脳釜の仕事で山にばかり行っとった。母にトカて妹が居った。天草の宮野河内(みやのがわち)出身の左官と結婚して、自分のばあちゃんと一緒に冷水に住んどった。トカには子供ができんかった。私は小学校時代マチにいて、オトカおばさんのところによく遊びに来よったんです。土曜日に来て、日曜日一日居って、月曜日の朝、オトカおばさんのところからマチの小学校に行きよった。おばさんは、朝早う起きて飯炊かんばんでしょう。

「まこてー、この子は。わが家から学校に行けばよかろうが」

て文句言いよらった。

オトカおばさんはせからしかと(うるさいひと)のな。灸とまじないをせらった。オトカおばさんのまたおばさんが薩摩の大口の羽月(はづき)に居って、金比羅さんの社を造って、その横に住んどったらしい。その社は横に楠の木が生えて、今、部落から氏神さんとして祀っとらるですが。その人が亡くなったもんだけん、オトカおばさんが行って、位牌を二人分と金比羅さんの御神体の鏡を持って来らした。私を連れて行かしたけん、かすかに覚えとるですが。足のついとる丸い鏡です。顔は映らんとです。

何で知っとるかというと、小学校時代オトカおばさん家に遊びに行ったとき、おばさんとおじさんの真ん中に私が寝っとです。台風が来て、夜中に家がひどく揺れた。私の枕元にその鏡がガタンと落ちてきた。神棚には御飯上げる茶碗やら湯飲みやらローソク立てやら、いろんな物が前に並んどったけど、それを飛び越えて、それだけ落ちてきた。

「あれ、何じゃいよ落ちてきた」

て目を覚まして見とったら、小さなじいさんが部屋の中に居て、

「火事じゃ。消さんか」

て言わった。見たら、張ってあった蚊帳の隅が燃えよるですもん。私が押し揉んだけど消えん。おばさんたちが起きてきて、たまがって（びっくりして）蚊帳を外の炊事場に持って出て、水をひっ掛けて消さした。ローソクか何か落ちたじゃなかです。囲炉裏の火は火種に灰をかぶせとりよったし。おじさんが、

「ようまあ気がついたね」

「小まんかじいさんの火事じゃて言わったもね」

「どけえ居らるな？」

「居らるがな、はあ」

居られんとやっで。それからオトカおばさんが、

「あらー」

て、灯りをつけて拝みしかからったもん。

私はその小まんかじいさんを二回見た。もう一回は、オトカおばさんたちが隠居小屋に引っ越さしたとき。私が一六か一七かやった。養子をもろうて若夫婦ができたけん、母屋を若夫婦に譲って自分たちは隠居小屋に移らしたわけ。夜中だった。なしてあげん夜中に引っ越さんばんとやったっじゃいよ。近所の衆が加勢に来とらした。母屋から隠居小屋まで小まんか道のあって、五〇メートルどま（ぐらい）あったろうか。私が母屋から出たら小まんかじいさんが私の前を行かす。あの火事のとき見たじいさんと同じ人やもん。一メートルちょっとぐらいしかなくて、鼻ひげ生やしとらった。あげん小まんか男て居らんもん。隠居小屋の前にシュロの木があった。そこまで来たとき、居らっさんごつなった。私を連れて行かったっじゃいよ、ついて行かしたっじゃいよ。

「あれー、どこさん行かしたっじゃいよ」

「誰が？」

「小まんかじいさんの一緒に居らったがな」

「まこてー、こん子は妙なことばかり言う」

て、オトカおばさんの怒らした。金比羅さんは小まんか男てな。

オトカおばさんは、金比羅さんを拝んでまじないせらった。病気のときもあるし、無くし物とかのときもあるし。北九州方面からも来よらったっですよ。どういう伝手で来らすとか知らんばってん。私は子供やったし、まじないの何の興味なかでしょうが。

「もう一週間ぐらい寝汗かきよったろうが」

「当たった、当たった」

て言わす。人並みのことを言うとるだけじゃがねえて思ったりして。

「先祖の供養をしなさい」とか言わすとたい。藪医者みたいなもんたいな。あってんか、オタフクカゼを治すのだけは感心しよった。何か入れて墨をすって、ゴジョゴジョまじないを言いながら、顔に墨で字を書いてくれらっとたい。翌日はケロッと治りよった。

灸はどこで習わしたか知りません。私が覚える頃はしよらした。茂道辺りの人たちはほとんど来よらしたなあ。木臼野に灸をすえに行くのに私を連れて行かした。木臼野は山ン中のイタチ道みたいなところを上がって行かんばんでしょうが。戻りのとじんなせ、私を連れて行かっとたい。一人治療しよれば、次の人が来て、また次の人が来て、暗うなるまでやったもん。ブラ提灯借りて山道を下ってくっとたい。

野川さん来て、きんま道（木の搬出道）を連れて来らったのは覚えとる。三〇センチもある長い青い山ミミズの居っとたい。それが人が通ると出てきて、足にズリッって乗ってくる。「ウワーッ」て地団駄ふんで行きよった。蛇は骨があるばってん、ミミズは骨がなか。クリクリクリッて輪になってひっくり返っとやっで。足の踏み場はなかもん。一回で懲りて、

「木臼野に行くぞ」

「もう嫌ばい。遊びに来たっじゃっで、行かんと」

「柿の成っとっとぞ。山桃の成っとっとぞ」

何だかんだ騙されて行きよったっですたい。

村の祈禱師その二：真光(しんこう)さん（溝口真光、図7－76、明治四四年生）

●中山美世の話

出月には生田オトカおばさんに溝口真光さん、祈禱師のすごいのが二人居ったから、よそから来手が多かった。またこの二軒はすぐ傍やったもん。真光さんは朝鮮を引揚げてきてから、会社の工作係の鳶職やった。天草の人たちは真光さん家が多かった。私は出月で水光社（会社生協）の常置所（二二三頁）しよったけん、店に来て、

「溝口真光さん家はどこでしょうか」

て尋ねらすもん。あそこですよて教えて、

「何で行きなっとですか」

「子供が熱が下がらずにお医者さんに行っても具合がよくならない。先生に原因を聞きに来たっです」

戻りまた寄らした。井戸に金物が入っとる、その祟りじゃ、掃除をしなさいて言わしたて。しばらくしてお

礼に来らすと。ほんなごつ、草刈り鎌の刃が落ちとった、子供の熱も下がったて。物が無くなったのも聞きに来らすと。常置所でお土産のお菓子なんか買わすとたい。土地の人じゃない珍しい人はすぐわかる。

「どこに行きなっとですか」

「溝口真光さん家に行きますと」

お金が無くなって聞きに来らしたら、どこを探しなさいて言わったって。あったて。すごかったよね。祈禱師を「まっぽしどん」「考え医者どん」て言いよった。まっぽし当たるから。

部落の人は信用しとらんとたい。神信仰ていうのは、近くにあれば行かんけど、遠いところにみんな行くじゃないですか。「遠いほど利き目がある」て言うて。それと同じよ。マチの人も結構来よったよ。私の姉さんも信者やった。旦那が市会議員に出よったけん、選挙のときは必ずあと何票て聞きに来らすと。私も一遍興味津々でついて行った。小さい家よ。ものすごい神棚が飾ってあった。それがローソクで煤ぼけて真っ黒になっとるもん。姉さんと私が神棚の前に並ぶと、真光さんがウーン、ウーンて御祓いをせらっと。それから姉さんが、

「あとどのくらい頑張ればよかろうか」

て聞かす。

「五、六票がんばりなっせよ。まあぎりぎりじゃろ」

銭を包んで神棚に上げて戻ってくっとたい。その「何票足らんばい」が当たったとやっで。姉さんの旦那は、いつもビリから二番目ぐらいでギリギリ当選しよったもんな。それで姉さんは真光さんさまさまやった。

真光さんの奥さんは、一遍鹿児島本線を止めたもん。踏切でチンカチンカ鳴ればみんな通らんがな。それを

平気で通って行きよったもんで、運転手が急ブレーキかけて汽車を止めた。そしたら、「何で止めたか。こしこ（これだけ）離れとって何が危ないか。天下の往来は人間が通るもんじゃ」て、反対に汽車ポッポの運転手を怒らしたて。フフフフ。ちいとポーッとしとらしたな。真光さんの頭娘は、昭和三二年に水俣病みたいなわけのわからん病気で死んだ。学校上がる前のきれーか子やった。で、「よそん方の病気は当てるくせに、わが家んとはわからんとやろか」て噂やった。

真光は、月浦の田上マツエの家の裏に昔々の白骨が埋まっているのを霊視した人である（二四頁）。

三　狭い村に店一〇軒

戦後の出月の村店

●溝口勝とキクエの話

勝　養父の溝口末吉は兵隊が近衛兵やった。結構、男前やった。会社行きで昭和一六年頃辞めとらす。私が一九年四月に会社に入ったとき、末どんの居った係と同じ係やった。担当になって運転した機械も末どんと一緒。同じ機械を親子二代で運転したったいな。戦前、会社行きながら、ばあちゃん（末吉の妻のこと）が豆腐つくって売って、それが戦後、味噌とか醬油とか日用品を売る二階家の小さな村店になった（図7－25のところ）。戦前の村店は溝口勝五郎店やったけど、選手交替たい。同じ溝口だばってん、勝五郎さんは天草出身、末どんは冷水出身で、やうちじゃなかったい。

末どんは山を拓いて畑にして六、七反持っとった。だけど、ばあちゃんが子宮がんになった。薬価代で畑もみんな手放してしまった。

キクエ　ばあちゃんは、わが家で五年間寝とらった。「何とかしてくれ」て言うて、末どんがうちに頼みに来らった。末どんは私の母のおじになるもんやっでな。うちは冷水たい。「行ってやらじゃ」て、昭和二六年、私が二四のとき養女に来た。私の前に妹が手伝いに行って、その前にイトコが行って、またその前に大口から養子もろうたけど（一九二頁、浜元二正の友達の中西）、我慢できずに、私で五人目じゃもん。店の切り盛りはまだばあちゃんが寝ながらしとらった。店番やら炊事やら洗濯やらは私がして、ばあちゃんの下の世話は末どんがしたいよ。階段の入口に寝とらったが、夜中に痛がってモルヒネを打ちよらった。そんとき七〇前やったな。私が来て間もなく死なした。それから二七年にこの人が養子に来て結婚した。この人が二四、私が二五。

勝　その頃、私は湯堂の青年団長しとった。男女合わせて五〇人ぐらい居って賑やかなもんやった。家を出て村の中で下宿しとった。そしたら親父の坂本清市（二六七頁）が呼びに来た。親父は末どんと飲み友達やったもんな。ここに連れて来て、焼酎飲まされた。その晩泊まった。キクエと寝せられた。それぎりずっと。キクエとは、お互い知らんかったもん。親父たちの仕事（仕組んだの意）たい。来てから調べたら銭は一銭もなかっじゃもん。よう来たねて思って、私は親父と末どんに、「あんたたちは人泥棒」て言いよった。

キクエ　店はつけが多かったもんな。味噌、醤油から借りて。掛けが溜まれば来なくなったりして、仕入れの金が足りなくて借って回ったことがある。

勝　私が来て帳面見てみて、「取れんなあ」と思ったところは大分捨てたもん。結婚してすぐ、湯堂の兄貴（坂本幸、三四九頁）のところに、「おい、金なかぞ。出してくれ」て、仕入れ資金を借りに行った。

キクエ　小まんか店だったばってん、焼酎売る店は、出月、坂口、湯堂三部落にここ一軒やった。あと、つくだ煮とか子供のアメとか日用品とか、よろず店。

勝　煙草は私が来てから免許取って置いた。店の入口の横にご飯食べる四畳半ほどの小部屋があって、昼間からそこにじいちゃんたちが小積まっとった（積み重なるように寄り集まっていた）。まるで一杯飲み屋じゃもん。朝から飲みに来たのは昼までごっとり（ずっと）。昼から飲みに来たのは晩までごっとり。毎日飲む銭は持たれんけん、入れ替わり立ち替わりたい。飲まれんじいちゃんたちまで寄って、年寄りの集まり場所やった。

店は、掛けが順調に入ってくれば黒字。入らんけん、その分赤字になっていく。私が来て、こっちが赤字出してまで商売する必要なかぞて思ったもん。それで私は、売れんでもよか、掛けじゃできるだけ売るなて言うた。それからある程度は変わった。私は、払いの悪い人間には、人を見て、頭から貸さんて言いよったもん。

キクエ　この人は会社に行かんばんで、店にはいっちょん出られんかったもん。掛けでは売るなと言われて私は、

「まだ前のが済んどらんばい」

て、言いにくかったなあ。同じ部落の人だもんなあ。

勝　この店を中山栄さんに売って、国道筋の今のところ（図7－12）に店を移したのが昭和三〇年。前より少いとばかり大きくなった。平屋だったのを二階家に改造して移ってきた。土地は月浦の田上信義さんから八〇坪、一万六〇〇〇円かで、結婚したとき買うてあった。会社の結婚祝金が少しあったもんな。一階は店の横が六畳ぐらいで、末どんの寝間兼じいちゃんたちの遊び場。店の奥に下屋（母屋にさしかけてつくった小屋

根）を下ろして三畳ぐらいの部屋をつくった。私たちは二階に。じいちゃんたちが小積まっとったのは、前と一緒たい。

末どんは焼酎が好きも好き。頓智がよくて人を笑わせるのが上手で好かれよった。子供たちは大人の口真似して、「のう、末どん、のう、末どん」て、よく遊びに来よった。

キクエ　女だけの祭があって川祭ていうもんな。そんときは顔に煤をつけて、一升びんをチンポのかわりにして、「一つの魂胆（こんたん）こりゃどうじゃ」て、ひょうきんな踊りを踊りよらった。

勝　末どんは一日じゅうチビチビ飲まっと。商売上手でもあった。自分でも出して飲ませる、相手からももらって飲む。「こりゃ、あんたが出したっじゃってね」て、必ず金取りよったもん。一生懸命飲んで加勢しよったっだもん。

キクエ　うちの前が南国バスの停留所やった。バスが停まると、コップに焼酎ついで運転手さんに持って行きよった。車掌さんにはアイスクリーム。運転手さんはぐっと飲んでコップを返しよらった。のんきな世の中やったばい、ハハハハ。

私の目を気にして、焼酎ついだコップを体の陰に隠して一軒おいて隣の久保若松さん家（図7―10）に行って飲まっとたい。二杯目は、久保さんの子供に金渡して、わが店に行って買って来え（け）て。口に指やって「しゃべるな」て合図せらっとが、こっちから見えとるもん。ハハハハ。

久保さんは夫婦ともよか人やったけん。末どんと仲良しやった。子供も多かったし、楽な生活じゃなかった。それこそ掘建小屋みたいな家やった。梅戸仲仕（でも）どんして、頼まれれば子守までせらった。祭にニワトリをこしらえてくれて久保さんに頼んだら、生きたままハゼの木に当てとって首をバンと打ち切らした。ニワトリは首が離れても死なんと。血だらけでうちさん（に）飛んできた。

「久保さん、どげんすっとな、何とかせんかな」

あれには参ったでね。

一度末どんと久保さんと二人で船借りて恋路島に遊び行かった。帰ってこらったのが真夜中の二時過ぎ。「何しとったんな」て言うたら、戻りいくら漕いでも船が動かんとて。久保さんが言わすには、「末どんな、こりゃ船幽霊のついたっじゃ、ナムアミダブツ、ナムアミダブツて拝んどらったっぞ。おら、着物ば脱いで一晩じゅう漕いどったっぞ」て。何の、錨を入れたまま引っ張って来とらっと。そりゃ瀬にひっかかりゃ動かんもん。おかしか、大笑いしたっじゃが。

うちの焼酎は量り売りばかり。私が来たときは、一斗入りのかめを二本取って下の蛇口から出して量ってやりよった。昭和二七、八年頃から一升びんになった。五本、一〇本てまとめて取って。買いに来らす人は、一合びん、二合びん、三合五勺びんてそれぞれ持って来らす。子供を買いにやったり、奥さんが来たり。そりゃわが家で飲む。一升びんで買う人はめったになかった。それもお祝い事と正月ぐらいのもん。

勝　飲みに来らすじいちゃんたちは、五、六人ぐらいずつ入れかわり立ちかわりで来よった。毎日飲む金はなかもん。じいちゃんたちの常連が月浦、出月、湯堂、この辺り一帯の部落から一〇人ぐらい。昼から加(か)たって飲みよったのが魚の行商人と菓子の卸屋。夕方寄って飲むのが失対組。

キクエ　じいちゃんたちは、コップにつぐとき見とらすもん。縁すれすれまでついでからちょっとつぎ足せば山盛りになる。ありゃ、誰っでんできんとばい。コップの縁からちょっと下がっとれば、「こすか(ずるい)」

じゃもん。

「ほう、山盛り。早うすすらんば」

わが方から口持っていかんば、こぼれるもん。一升びんになってからは、

「こら、薄か」

一升びんを並べてあっでしょうが。それで新しいのを口切ってついでやったり。同じじゃもん。じいちゃんたちの機嫌をとりとり。一番せからしかった(うるさかった)のが、屠殺場入口の山本亦由さんたちの傍に居った福丸じいさん（図になし）。あん頃五五か六やったろ。

勝　福丸じいさんは馬車曳きやった。何でん頼まれれば積んで行く。馬車を曳きながら馬車の上でコックリコックリ寝て行きよらした。わが家まで馬が連れて帰りよった。一遍、神川(かみのかわ)までサトウキビを積んで行かした。チ眠って（チは強調語）、目を覚ましたときは、積荷のサトウキビは途中でヒッちゃがして(おとして)なかて言うもん。ハハハハ。

キクエ　飲んでヤマイモ掘る(くだをまく)わけじゃなかけど、奥さんを亡くさした。わが家で飲んでからうちに来らす。犬を連れてきて犬としゃべっとらすと。はい、お手、はい、お座りて芸をさせて。夜の一一時、一二時までも居らっとたい。

「もう帰らんば。閉めんばんで」

て私が言えば、柱にしがみついて、

「帰らん」

て。あれには参った。寂しかっじゃろうねえて思ったよ。

溝口勝五郎さん（図7－14）は近所じゃあるし、ほとんど毎日飲み来らった。肥料売って金を少し持っとらった。中村松之助じいさん（図7－44）が飲み方が一番きれいかった。山に行って来てから、店の入口に焚物をほいて投げやって、

「焼酎をくれ」

ついでやるより早く、キューて一息にうまそうに飲んで。この人は掛けはせずに現金で払いよった。

浜元惣八さん（この頃は図7－37に住む）もきれいかった。うちに来ていっぺん酔っ払って帰らった。戻って母ちゃんに怒られて、翌日、ことわけ（あやまり）に来らった。

「あんた家に迷惑かけたっじゃろうなあ」て。

湯堂の漁師組がちんどん（八木吉次）に政喜さん（岩坂政喜）。漁師じゃないけど雪どん（森雪四郎、いずれも第三部後出）。月浦が石工の田上勝次どん（一二一頁）。ちんどんは体が小さかったけんねえ。

「湯堂のちんどんじゃが、知っとるか」

て、すぐそれば言いよらった。

政喜さんが寄るようになったのは後からやった。この人はせからしかった。言うごたるしこ言うて行きよらった。

雪どんは、チビチビ飲んでヤマイモ掘らっとの。もう困りよった。勝次どんは、汗をポロポロ出してコショウ（とうがらし）ば噛みよらったねえ。あれーて言うごたった。雪どんと勝次どんは金は持たずに掛けやった。坂口の△△ていうのは半端ごろで、飯台をひっくり返してじいちゃんの腕をねじってくれた。

袋の森◯◯さんが来よらった。この人は会社行き方で百姓。

「親からもろうた財産じゃっで、足で踏みたくっとはもったいなか。盃に入れていただいてしもうた」

て言いよらった。あの頃の道は砂利道で、ところどころ砂利が山盛り積んでありよった。うちで酔っ払って自転車で突っ込んで体じゅうすりむかった。

勝　毎日、自転車でトロ箱二杯ぐらい積んで売りに来る魚の行商人が二人。イワシ、ガラカブ、タチウオ、タコ、そんなもん。一人は米ノ津の方で、袋から売ってきて出月まで。うちでゴールイン。もう一人はマチの八ノ窪の方で、月浦から売って来て出月まで。これもうちでゴールイン。うちに来たときは大体揃いとらったね。それから必ず焼酎飲まっと。

キクエ　一遍いつも来ん米ノ津の魚売りが、「要らんかなあ」て売り来らった。そしたら、「ここはあんたの縄張りじゃない」てつかまえて、焼酎の肴に商売物の魚を尾引かせて（頭とはらわたを取り除く意）。おとなしい人やったけど、かわいそうやったね。

菓子の卸屋さんが、せんべい屋さんと駄菓子屋さん。熊本から持ってきて卸して行きよった。そのまま居ずわりで魚屋さんと一緒に飲まっとたい。駄菓子屋さんはタケン婆てばあちゃんで、結構飲みよった。

勝　それが終わったら、夕方、安定所組が寄りよった。大体、出月の人たちは百姓するだけの畑は持たんかったもん。生活保護が多かったし、生活保護すれすれで失対に行く人も多かった。出月、湯堂含めて一〇人ぐらい。湯堂の組は次の停留所まで行けば自分の家だばってん、誰かが「寄ろうか」て言えば、「うん、寄るが」てなっとだもん。

キクエ　一日分ずつ給料はもらって来よらったで。ズッコケ、ズッコケ、米代はなかごてヒン飲んでねえ。奥さんたちはわが家で「まだ戻って来ん」て、空き腹の子供抱えて待っとらっとたい。たいがい心配せらったっじゃが。〇〇の奥さんは、

「米ンかわり（代金）はなかっじゃが、どげんすっと」て、連れに来らった。

勝　末どんが死んだのが昭和三八年一月。水俣病じゃなかったと思う。よだれが出るようなことはなかったし。焼酎で体を洗い流して亡くなったったい。フフフ。

キクエ　酒屋の寄り合いでマチで宴会のあった。飲みすぎて翌日から寝たきり。中風たいな。子供たちが帯を

持ってきて「じいちゃん、これにつかまって歩け」てしよった。子供心に動かんばいかんて思ったっでしょうもん。それから二カ月ぐらいで亡くなった。

勝　「こりゃいかん、末どんの楽しみがなくなったぞ。テレビを買うてやれ」て、すぐ枕元にテレビ据えてやったっじゃもん。そのときテレビがあったのは出月で二軒ぐらい。そしたら、大人も子供もうんと入ってきて、寝とる末どんを囲んで見とっとだもん。遠慮なんかせんもん。あの頃はプロレスが流行っとった。そんときはもういっぱい。末どんも、人が寄るのが好きやったけん。

キクエ　子供たちは漫画。「もう帰らんか」「うちはまだ御飯じゃなか」て。

勝　末どんが死んだとき、写真に困ったったい。あったのがランニング着て近所の子供たちと写っとるのがたった一枚。しょんなし、それを飾ったったいな。

確かに生活は苦しいながらものんびりした時代で、のんびりした村店である。出月で店が成り立つかどうかは、掛けを回収できるかどうかにあった。出月のような寄り集まりの村では、店側に掛けを回収する手段も力もなく、この点、掛けのかわりに畑や屋敷を取り上げた戦前の月浦の田上市次店とは全く異なる。強いのは村人の方だった。

●溝口マスエの話

親父の溝口勝五郎は、村店を支那事変の頃やめて、山商売して、終戦後になったら、こんだ肥料を売りよった。よう売れよったっですよ。だけど、つけがなあ。取って回らんばんでしょうが。行けば、裏の方に逃げよらったで。隣の人の言わっとたい。「今の今まで居らったばってん、あっちに逃げらった」て。

潰れた店もあった。昭和一〇年に月浦から移ってきた田上留彦・ツヤが始めた田上精米店である（図7―13、七八頁）。留彦（明治二二年生）は昭和一三年死去、ツヤ（明治三六年生、七一・一二認定）は昭和一四年千々岩千善（明治一七年生、五七・九未診定で死亡）と再婚した。留彦との間に四児、千善との間に新たに二児ができた。青空楽団の田上義春は、留彦の長男である。千善とツヤは五〇年、店の経営を一八歳の次男の光昭（昭和七年生）に譲って、恋路島の山番になった。

●月浦・上村良子の話

じさんの福次（月浦坪段、一三六頁）が、田上精米店と近うしとったもんな。昭和二三年か二四年やったろうな。光昭が「じさん、銭を貸さんな」て言うてきて、保証人も立てずにそのときの銭で五万円貸さったっじゃが。店が潰れて精米所を押さえようと思ったら、何もなかったて。光昭は夜逃げして、どこかよそに行ったろうがな。「まこてー、退職金から五万円て折り目もつかん銭を銀行から持ってきて貸したっじゃ。そしこの銭があれば坪谷全部買うてしまうとやった。もう打ち（強調後）くれた」て言いよらったが。

●溝口勝の話

あそこは精米店ていうばってん、麦ばかりやったもんな。そーめんもつくりよったけど、大したことなかったもん。米を売りよった。仕入れは現金、売っとは掛けやもん。光昭は仕入れ資金を俺家に借りに来た。隣り同士やもん。俺が保証人に立った分はわかっとる。じいちゃんの末吉が印鑑押したのは知らんかった。光昭は店を三五万円ぐらいで売った。俺家には一銭も返ってこん。俺とじいちゃんの保証かぶりをまとめたら四〇万円あった。その金を会社から借りて払って、会社には月五〇〇〇円ずつ給料天引きで六年以上かけて返済した。

そんとき俺の会社の給料が八〇〇〇円。残りの三〇〇〇円と店の売り上げで暮らしていった。コタツに入れる炭も買えんかったっじゃもん。マチの米問屋も何軒か引っ掛けられたのは知っとる。出月では俺家だけやったろ。光昭が夜逃げしたのは知らんかった。「あれ、どけ行ったいや」ぐらいの調子やったもん。義春が奇病になったのはその前やった。光昭がそのとき二三か二四か。店をやっていくには若過ぎたもんな。掛けで米を取った村の連中は、払わんでもよかで儲けたったい。

出月の店は、五六年以降も新しくできたり潰れたりした。新しい店の一つに、五九年に中山美世が始めた会社生協（水光社）出月常置所があった。

●中山美世の話

私は、昭和三四年一一月からわが家で水光社の出月常置所を始めた。常置所は出店みたいなもんで、市内のあっちこっちにあったんですよ。水光社の品物を置いて、売り上げの四％をもらうんです。置いた品物が食料品（カマボコ、テンプラ、リンゴ、バナナ、菓子類など）、調味料（油、醤油、味噌など）、酒類（焼酎、ビール）、日用品（ちり紙、歯ブラシ、歯磨き粉など）、あと、ニワトリの餌とか、木炭とかね。米、煙草、衣類、魚、肉は水光社の本店にしかなかった。生協だから、常置所は組合員の店。会社の従業員とか、扇興とか会社の下請とかに行かす人が出資金を出して組合員になる。

水光社の本店で買物しても、「常置所回しにしてくれんな」て言えば、本店で伝票切って、その伝票が私のところに回ってきて常置所の売り上げになるんです。現金がなくても買えるから、何も彼も常置所回しにする人が多かった。給料が出てから各自が入金に行く。水光社は、組合員の購入額を一人一人合計して、その何％

かを個人に割り戻す。一年間万遍なく水光社を利用すると、一カ月の食費は丸まる割戻金でまかなえるという計算になってたんです。その頃は割戻が年に二回あった。塵も積もれば割戻金やっで、みんな一銭でも落とさんように、水光社、水光社てなってくる。キクエさんの村店はこたえたでしょうね。建前は組合員だけの店だけど、村の人も割戻金目当てに会社行きに頼んで買いよらした。

「うちは今度の割戻金は幾らあったばい」

て、自慢になる。

最初の頃は少なかったけど、昭和四二年頃からは常置所の売り上げが常置所回しの分を含めて月一〇〇万ぐらい。四%が全部私に来るんじゃなくて、そのまた六〇%を家賃、電気代、電話代としてもらう。あとの四〇%を常置所の組合員に還元する。本店から常置所に週三回品物を配達してくる。その片づけを加勢してもらえば、その人のお小遣いに一時間二〇〇円渡すていうふうで、それは四〇%から出す。残りの金で、年に一回組合員の旅行をした。それがみんなの楽しみやったんです。みんなの店だから、私はいろいろサービスしたんですよ。お布団とか持って帰れない大きな品物は、車を自分のお金で買って、父ちゃんに運転してもらって配達したりね。ガソリン代も手出し（自分持ち）でね。

「具合の悪かで病院に連れて行ってくれんな」と、頼まれたりね。心と心のつながりでやっとったもん。

以上で一〇戸の店のうち四戸についてみた。残りの六戸についても簡単にみておこう。

池田弥平（図7-15、明治四三年生、七一・一〇認定）戦後出月に来て畳屋。近在部落に畳屋がなかったので結構繁盛したという。

岩崎トミ子（図7－26、昭和九年生）　夫武光はチッソ下請、トミ子が一人で床屋。床屋も近在部落にはなかった。

長尾米雄（図7－27、大正一二年生、八四・八認定）　戦後あちこち勤めた後、昭和三〇年頃から自転車に魚や野菜など積めるものは何でも積んで近在部落に行商。自転車からオートバイ、次いで軽自動車に買い替える。娘がいっときパーマ屋をしたがすぐやめた。

千年原フジエ（図7－40）　朝鮮引揚げ。駄菓子屋。きれいな人でビワを弾いた。フジエとねんごろになろうとして会社帰りに寄る男たちは多かった。子供たちも買いに行った。

平田キク（図7－43、夫の由太郎は明治三三年生、四九・五未診定で死亡）　戦前からの出月の菓子屋だったが、五五年当時は廃業していた。この一家は戦後早い時期に家族の多くが水俣病になった。出月の水俣病第一号といわれる（第二巻第四章）。

多野清重（図7－68）　朝鮮興南帰りで前出。五〇年頃会社を定年でやめ豆腐をつくって売った。

「清重さんは頭下げるような人じゃなかったから、みんなあまり買わんかった。で、奥さんがバケツに入れて坂口辺りに売りに行った。私の家内が見とったら、犬がそのバケツに小便した。家内はそれからもう絶対買わんて」（三好正弘の話）

清重は豆腐屋を兼業しながら、六三年、一人で経営する簡易郵便局の局長になった。場所は、川本嘉藤太（図7－7）の往還に向かって左隣。村に郵便局ができたのだ。郵便局は袋村にはあったが、月浦と湯堂にはなかった。

さて、百姓と漁師が強い戦後の混乱期は、そう長くは続かなかった。食物より現金収入がものをいい始めた。五五年頃出月村で優位に立ったのは全戸数の約三分の一を占める会社行きだった。その会社行きの世界をみよう。

四　会社行きの晩飯は夕方五時

●加世堂サダの話

会社行きじゃなからんば、月々の銭のなかで、みんなきつかりよったもんなあ。会社行きは時間から時間やっで、昼勤のときは四時半頃になれば帰ってきて、五時頃には晩飯。一般の人は遅うまで仕事して、食ぶっとは暗くなってから。それで子供同士遊んどっても、会社行きの子供には、

「わるが家は飯じゃが、戻らんか」

て言いよった。終戦後は紙芝居が来よった。カライモを持っていかんば見せん。一般のところはカライモが主食だったり収入源だったりだけん、子供がカライモ持ち出せば怒られる。それで近所の子供が全部一〇人ばかり、うちに寄ってきよった。会社行きのところは生活に困らんけん、カライモ持ち出してもよかて子供心に思っとるわけ。うちの子はよか顔して、みんなに持たせてウワーッて紙芝居見にいって、アメをもらって帰ってきよった。

●三好正弘の話

会社行きと非会社行きでは、はっきり生活が違うとった。会社行きさんて言えば、少々片輪でもチンバでも喜んで嫁に行くて言いよった。会社行きは給料もらってくるもんだから、安定してる。会社行きばかりが現金が入る。出月でいえば裕福。ところが一般の人は、ニコヨンだとか出稼ぎみたいな格好で、決まった仕事を持

ってていない。その日暮らしで、山にツワンコ（ツワブキ）採りに行ったり、薪木採りに行ったり、坪谷にカキ打ちに行ったり。私たちは山に薪木採りに行かずに製材所に買いに行きよった。金のある人は製材所に、ない人は山に。ご飯炊くのにも風呂焚くのにも薪木だもん。

●中山美世と三好千代香（大正一三年生、正弘の妻）の話

美世　出月で会社行きと非会社行きとに分かれたのは、一つは選挙。出月は昔から選挙がすごかった。水俣は大体選挙が激しいところだった。会社行きはほとんど革新系で社会党、農業を主にした人たちや漁師は自民党系、真っ二つやった。革新系は元工場長の橋本彦七さんを市長に推して当選（五〇年三月）してから勢いづいたもんね。だから会社行きは、どうしても村の中で孤立しとった。人種的に会社行きて言いよった。「あそこは会社行きじゃけん」て。

私たちは若かったから、勢いがよかったから、道をつくるにしても、クラブをつくるにしても、学校の行事にしても、部落のためにみんな一生懸命働いた。だから、みんながだんだん言うことを聞いてきた。

千代香　自民党は現ナマをまくもんだから、日雇の組はつられる。一回、もう五分遅く行けば奥さんが現ナマを開くところだった。「こんばんは」て入っていったら、開けよったのをあわてて隠した。

美世　とにかく日雇の人は多かったよな。晩は寝ずに夜回りして、選挙の頃はみんな身震いしよったよ。誰かが行くとすぐつけて歩いたりね。すごかったよ。昼だろうが夜だろうが、どこに行くとだろうかて。だから、ちょっと近所にも行けなかったよね。

千代香　もうみんな血眼になっとったもんねえ。

●加世堂国義の話

昭和三〇年頃、部落のボスというのは居らんかったな。ドングリの背くらべでみんな一緒。何事かあったとき、部落常会で揉めもするばってん、まとまるのも早い。揉むっとも勇ましいのも居るばってん、決まればみんなその通りにして、いんにゃ（否）て言うのは居らん。そりゃ感心やった。

会社行きのところは「晩飯は五時」というのは、第一部の月浦の半農半工の生活からみればびっくりするような話である。だが三交替勤務をしていれば、後夜勤のときは早寝をして真夜中に出勤しなければならないから、規則正しい生活をしなければ本来身体がもたないのだ。出月でも「一般の人は食ぶっとは暗くなってから」というのは当然である。安定した現金収入のある会社行きと「決まった仕事のない非会社行き」では「人種」が違ったという話は注目される。それに会社行きは革新系、日雇・農業や漁業などの一次産業従事者は保守系という選挙の対立が加わった。イナカの選挙を甘くみてはならない。こうして会社行きは部落で最優位の階層となった。

その会社行きの世界の内面と部落の様子を、マチから来て会社行きの嫁になった中山美世に聞こう。

●中山美世の話

姉さん夫婦が水光社の駅前分配所（常置所とは別で、分配所は支店。マチの中に数カ所あった）をやっとったんですよ。工場の正門のすぐ前です。姉さんといってもイトコだけど。私は店の加勢しとった。表の店のことから、裏のことから、もろもろ手伝った。姉さんに子供が居たでしょう、おむつ洗いから茶碗洗いから私が全部した。その頃水俣工場は何千人て居たけん、従業員が帰りに駅前分配所に寄って買い物する。汽車通勤の人たちは、お砂糖から油からお醤油から、みんな抱えて買って行きよった。忙しさも忙しさやった。

その私のところに父ちゃん、中山栄がせっせと寄りよらった。黙っとらっとたいな。きれーか字でラブレターをくれよらった。それで私はつかまった。「とにかく嫁さんに来てくれ」て言われた。よく働いて真面目そうやったでな。会社行きやってでよかねぐらいの気持ちやった。結婚して出月に来たのが昭和二七年。父ちゃんが二五、私が二三やった。親は反対したですよ。でも、私が行って頑張ってやろうかねって。絶対、父ちゃんを男にせんばと思ってね。

出月にはそれまで一回も来たことはなかった。部落中ハゼの木だらけで、ハゼの木の村みたいな感じがした。ウワーッなんて山の中て思ったよ。パッとせん薄暗い貧乏部落だもん。

父ちゃん家は、じいちゃんは死んで居らっさずに、ばあちゃんと父ちゃんと中学生の妹が居た。晩の暗いときに、ばあちゃんが私を連れて近所にあいさつに回らった。湯飲みを五個入れた包みを配って。嫁の茶飲み会（近所の人を呼んで開くささやかな宴席）とかいっちょん（ぜんぜん）せんと。そういう生活のゆとりはなかったもん。家が八畳一間の麦藁家。囲炉裏があって、たんす置いて、世帯道具がちょっと。こっちにばあちゃんと妹が寝て、こっちに私と父ちゃんと。よかことも何もできるもんかな。壁は泥壁、藁を入れてなすりつけてね。窓はガラスなんてない、押しやって上げて突っ張り棒をする押し戸。閉めれば、戸にすき間があるから薄ら明かり。すき間だらけよ。家の入口は土間になっている。犬を家の中に入れて飼ってた。その犬が発情期になったら、土間の下の泥をほじくって出て行く。穴がポンポンあいて、スースーする。冬は寒いの何の。カマドは土間の外のちょっとした小屋にあった。雨が降れば炊事は外で傘差してしよった。

父ちゃん家は部落の一番外れというか、坂道の上やった。安田政雄さん（図7－53）の家の上になるな。湯堂が真下によう見えよったもん。家に上がってくる道がイタチ道のごたるふうで、雨が降れば川になってその道をジャガジャガ流れよった。

父ちゃんの話じゃ、最初坂口に住んでたけど、出月に畑を買って移ってきた。昭和一八年に台風が来て家がびっしゃげた。それを部落の人が建て直してくれたって。粗末な家のはずよ。そのときの台風はすごかったらしい。水俣は台風がしょっちゅう来るもん。昭和一〇年頃の台風で家が倒れて半身不随になったという田上末作さん（図7－52、一六〇頁）は、私が嫁に行ったときは、松葉杖ついてやっとで歩いとらした。結婚はして、子供がいっぱい居て大変やった。

出月はみんな掘っ立て小屋みたいな家ばっかりやった。真四角に六畳二間あればよかほう。土間に釜屋がちっとこう出してあればよかほう。屋根は、トタン張ったり、ルーフィングていうカパカパした紙を張ったり、麦藁だったり、瓦が乗っているといっても、ただバーンと乗せただけのね。壁はどこも泥壁。ところどころ壊れて穴があいて、覗けば中が見えるていうふう。部屋の間には障子も何もない。土間に入れば一目で見渡せる。三間も四間もあるという家は、安田政雄、松本直治、梅田惣次郎……三、四軒ぐらいのもんやった。安田さんのところは、土間の入口に障子があったし、納戸も広いし、納屋も大きいし、畑、みかん山がすごくあったしね。月浦は、雨戸のちゃんとした漆喰をした家がほとんどですよ。出月に来たらとたんに悪い。そら歴然としていた。

困ったのは水。井戸がなかった。井戸がある家は昔からの家で威張っとった。私は、五〇メートルぐらい離れた下の安田さん家に、「お水ください」ってもらいに行った。最初は、担うてきてわが家着いたときは途中でこぼれて半分もなか。バケツで前後ろ天秤棒で担うとたい。慣れんときは、バケツが揺れるから体が振り回される。パチャンパチャンやってこぼれてしまう。慣れると、腰のリズムでバケツを揺らす。波打っていっちょんこぼれん。今、テレビで一心太助を見れば、あんな腰つきで何の担わるるかていうごたる。

あんまり水をもらい行けば気の毒かで、一日せいぜい三回ぐらいのもんじゃろか。それで米研いだり茶碗洗うたり。使い晴れせん（晴れ晴れと使えない）とたい。洗濯でもすれば一遍じゃがな。

部落の真ん中に共同井戸があった。女水ていいよった。上組も下組も何十軒て使うとるやろね。遠いところは一〇分もかかる。そこはお水くださいじゃないから、どしこでん汲んでよかったたい。でも浅い井戸で、雨降らんときは干上がりよったもん。それで、ばあちゃんたちの目が光っとっと。「あそこの嫁御はもう一〇回も汲みよるばい。一一回も汲んでいくばい」て、数えとらすと。

風呂がなあ。もらい風呂はきつかよ。家の中にあるから、行くたびに頭下げんばんし、早うには行きならんし。父ちゃん家は、外に五衛門風呂が据えてあった。めったに沸かさんもん。風呂焚けば近所みんな入り来らっとたい。一〇人も入ればドロドロたい。天井も何もなかよ。お月さまを眺めとって入った。雨降りは傘を差して。

父ちゃん（栄）の父親は、人吉辺りの出身で山商売か何かして湯の児道に家を建てて住んどらったって。保証かぶりで没産して坂口に都落ちしたって。羽振りのいい頃、ばあちゃんをもらわしたっじゃろ。ばあちゃんのもとえ（実家）はマチの浜（部落名）の大百姓だもんな。ばあちゃんの兄弟の人たちは、みんなキチンとした世帯持っとらした。ばあちゃんだけ貧乏人てとこで、兄弟つき合いはあまりなかった。昔は、貧乏人の行けば、何かもらいに来たぐらいの感じで嫌わすがな。

聞くところによると、ばあちゃんは子供を何人も流産せらしたそうなふうで、産後が悪くて、春先とかになると頭がちぃとポーッとならすところがあった。しゅうとめがきちんとしてやかましかれば嫁が苦労するていうけど、そういうのはいっちょんなかった。昼間は近所の家に行って歌でん歌うてな、お芋もらって食べたり、お茶もらって飲んだりしてたよ。あっち遊び、こっち遊び、近所遊びが仕事ていうごたるふうで、家に居らすことは少なかった。私は結婚してからも二、三年、腹の太うなるまで、姉さんの駅前分配所に働きに行ったもん。朝、水にお茶碗つければ、帰って見ればそのまんまやった。ばあちゃんが茶碗洗えば、米粒や何やひっついとっとな。水は不自由だしさ、ゆすぎとか何とかせらっさんと。私がまた洗い直しよったもん。

そげんしたばあちゃんで、えらい難儀して、父ちゃんだけが頼りやったっじゃろ。子育てもいい加減だったらしか。妹のことでん何でん父ちゃんがしよったな。その父ちゃんはさ、格好つけて、あの頃流行のロングのオーバー着たりさ、蓄音機とかギターを買って持っとったな。妹とは丸まる四年暮らしたな。高校卒業して大阪に行った。ばあちゃんと暮らしたのは七年やった。

私が姉さんのところで働かんば、チッソの安給料じゃやっていけんかったもん。父ちゃんは、二五じゃ銭の来るはずがなか。あの頃は年功序列だから。それで会社行きの奥さんで日雇に行く人が多かった。私は給料もらって一週間して一〇〇円札を出せば、「まだ持っとっとや」って言いよった。今日はこしこ（これだけ）あって、豆腐ば買うて来て食わそうかねえて。焼酎を飲ませたくても、そんなことはできんもん。今日は畑に行ったからきつかけん、焼酎を二合ばっか買うてきて飲ませようかて、そういう生活。結婚してから二、三年、一合買い、二合買いで、一升びんで買うたことはなかった。

友達はすぐできたな。父ちゃんの会社関係があったから。その頃出月は三軒に一軒は会社行きていう感じやった。そげん会社行きが多かった。一番仲良しになったのは福満昭次さん夫婦と三好正弘さん夫婦。私は上海、昭次さんの嫁さんは朝鮮興南、三好さんの嫁さんは満州、三人共引揚者やった。坪谷にカキ打ちに行かすおばさんたちとは交わりたくなかった。そげんとの仲間には入らんじゃった。近所近辺の噂話ばっかりやっで、おしゃべりするとろくなことはないし。

会社行きは、部落部落の祭に徒党を組んで押しかけていく習慣やった。父ちゃんな、四月には八幡祭に行って、何軒でん回って来らるがな。こんだ一一月三日の袋の天神さんの祭には会社行きがぞろんぞろん出月に来らっとたい。ナマスつくって、煮しめつくって、刺し身こしらえて、焼酎飲ませて、赤飯と折ばつくって持たすとたい。みんな、水光社に竹輪、天ぷら買いに騒動よ。それこそお客さんの多いところは、女籠担うて行きよらった。みんな、巻き寿司つくるのに一苦労よ。浅草海苔買って、何してって。

「祭の魚は私が買うて来っで」て、ばあちゃんは湯堂に行きよらした。タコとかナマコとか。祭のご馳走は、せんばならんもんて使命的なものやった。命がけ。ハハハハ。私みたいな何もでけん若い嫁御は、もう頭が痛かりよった。上の狭か家のときは、外でせいろ出して赤飯蒸してな。男は座っとって飲んで食うてよかばってん、女は大ごとも大ごと。

祭に使う金は、ごないか畑にカライモつくって出してな。きつか目遭うてカライモつくって、全部祭に使ってしまいよった。祭をするためのカライモづくりやった。うちはごないか畑だけは広くて全部で一町歩ぐらい。狭い畑があちゃこちゃあって、石ころだらけ。私は百姓したことないけん、もう泣きよったよ。カライモの草取りに大概二、三人頼みよった。会社行きは、どげんことのあったっちゃ、カライモはつくらっとたい。どこも一反前後は持っとらったで。

祭のときの女の楽しみは甘酒やった。一一月三日にできるように段取りしてつくらんばんで、一カ月ぐらい前から米買うて、町の麹屋で予約して麹買うとが戦争たい。麹屋さんも大騒動。うちのばあちゃんは甘酒だけは上手につくりよらしたもんなあ。甘酒は肥後づくりと薩摩づくりとある。一軒一軒それこそ秘伝で、味が違う。みんな自慢し合う。「あの人が上手じゃ、この人が上手じゃ」て。甘酒でけんかの始まりよった。

そげんして暮らしよったけど、家がさ、雨は漏ってくるしさ、もうどげんもこげんもできんごてなったもん。そしたら溝口勝さんが店をしとった家を売るて言うもんやって、二〇万円で買って移った。昭和三〇年じゃな。会社から一五万借って、五万円は父ちゃんが持っとった。家だけたい。その頃、父ちゃんの給料が八〇〇〇円。

「一万円あればよかばってん」て言いよった。屋敷は八〇坪。月浦の植田金吉さんの土地やった。後で、金吉さんから坪一万、八〇万円で買うた。勝さん家は二階家で、下は八畳二間と炊事場があった。一番うれしかったのは井戸のあったこと。「もう、もらい水せんでよかね」て。その井戸が深かった。後から父ちゃんがモーターつけてくれた。それと、家の横に田んぼがあって、湧き水で田んぼをつくりよった。その水をバケツで汲んで洗濯できたしな。

人間の価値が決まるのはな、まず家たい。部落の者は、家で人間の中身まで判断するもん。粗末な家に住んどれば人間の価値は下がる。食わんでおっても、見栄だけは張らんばな。前のがんたれ麦藁(ぼろ)家に居るときは、おばさんたちは父ちゃんの名前を呼び捨てやった。「おい、栄」じゃもん。溝口店に移ってきてから「栄どん」になった。それから「栄さん」まで行かったでな。水俣病の人たちが補償金もろうて、「まず家」てなったのは当たり前たい。

最優位階層の会社行きでも、給料をもらって一週間も経てば一〇〇円も持たないという生活だったことがわかる。非会社行きが約三分の二を占める出月がいかに貧しい村だったかということである。

五　漁師は最低

さて、最後に一一戸を占める出月の漁師の世界である。その氏名を改めて確認しよう。

・戦前からの漁師：松本直治・弘、浜元惣八、井上栄作、荒木辰雄、以上四戸

・戦後の漁師：川本嘉藤太、山本亦由、池嶋春栄、中津美芳、坂本兼平、川上千代吉、川上卯太郎、以上七戸

＊この一一戸の漁家で奇病発病者とされた者は次のとおりである（生年のみ年号）。

浜元惣八家　惣八　五六年八月発病、同年一〇月死亡。
　惣八妻マツ　五六年九月発病、五九年九月死亡。
　子供二徳　五五年七月発病。
井上栄作家　妻アサノ　明治三三年生、五六年五月発病。
荒木辰雄　昭和二九年七月発病、六五年二月死亡。なお妻愛野は七三・四認定。
山本亦由家　娘節子　昭和一七年生、五六年六月発病。なお妻タモは七一・一二認定。亦由は申請せず。
池嶋春栄家　娘栄子　昭和二四年生、五六年五月発病。なお春栄は七一・一二認定。
中津美芳家　美芳　五六年八月発病。
　息子芳夫　昭和六年生、五五年一月発病。
川上千代吉　五四年一二月発病、五六年六月死亡。なお妻マタノは七一・一二認定。
川上卯太郎家　後嫁タマノ　大正三年生、五六年五月発病。なお卯太郎は七三・一認定。

松本直治（七三・四認定）の妹が川上卯太郎の先嫁で、弘（七六・二認定）の嫁トシ子（昭和二年生、七三・四認定）は卯太郎の娘である。卯太郎は、梅戸で一、二を争う漁師だった。五四年、天草牛深の村野タマノを後嫁にもらったのを機に梅戸から出月に来て、直治・弘一家と同居し漁師をした。

なお、戦後肥料店をした溝口勝五郎は船を持っており、店がひまなときに釣りに行き、釣ってきた魚を食べた、養女マスエの子供トヨ子（昭和二三年生）が五三年一二月奇病発病、五六年死亡した。診定された中では最も早い患者である。この他に長井徳義（図7－74、明治三〇年生、七三・六認定、湯堂出身）は石工のかたわら、淵上功（図7－35、大正一四年生）は会社行きのかたわら漁業をした。いずれも遊び漁業なので算入していない。

＊　溝口トヨ子の他に非漁師で出月で発病したのは次の三名である。
田上義春　恋路島でタコ壺をした。五六年七月発病。
米盛久雄　朝鮮引揚げ米盛盛蔵の子供、昭和二七年生、五五年七月発病、五九年七月死亡。盛蔵の家は山本亦由の隣である（図7－19）。
武田ハギノ　図7－8米盛猛士（盛蔵の兄で会社行き）の妻、大正二年生、五五年八月発病、同年一一月死亡。カキ、ビナを多食した。

漁師の世界と一九五五年頃の部落での地位

●松本弘の話

月浦、出月でいえば、部落の中に三段階ある。会社行きが一番、百姓が二番、漁師が最低。昔は銭というのがなかったがな。会社行きでなからんば、ほとんど銭のある者はなかったもんな。百姓も、田んぼと畑と持っとってやるところは財閥系統たいな。家も白壁、漆喰でんしてな。昔は分限者と難儀者とすれば、差別のあったがな。

最低の漁師の中でも三段階ぐらいに分かれる。船をただ一艘持っとって、船も船次第じゃばってん、こそこそ夜ぶりでんして、わが家で食う米も買えんぐらいの仕事をする者と、ボラ釣してある程度は米の代金を稼げるような者と、畑を何反か持っとって麦とカライモは買わんでもよか、田んぼ持たんけん米の代金を働いてくればよかという者と居った。小まんか漁師は、一日海に行って、米が一升買えるかどうかじゃもん。天気の悪かったり、梅雨のとき一〇日も時化たりすれば、畑持たん者はきつかったわけたいな。それで昔は、畑をどこでんよかで見つけて借って、カボチャ一個でもつくりよった。

俺家と浜元惣八家は畑を何反か持っとったから、カライモもいくらか売ってよかし、麦も供出で出すしこあったし、大豆と小麦で味噌と醤油を手しつくり（手製）よったがな。そしこする漁師は何軒かしか居らんじゃった。その俺家でさえ、会社行きのところに「米一升貸さんな」て借りに行ったことが何遍かある。カライモと麦はあるばってん、米がなかっじゃから。それで米の飯は何かあるときでなからんば食うたこたなかった。粟はつくりよったで、粟ばっかりで食いよったが。粟ばっかりは麦ばっかりよか食いよかっばい。嚙みしめればいくらか甘みのあるもんな。あってんか、麦はな。

わしの親父の松本直治と浜元惣八は、部落の人たちは誰っでん兄弟て思っとったな。似てもおったっじゃろうばってん、海行く以外は、朝晩、どっちかがどっちかの家に座っとった。漁師仲間は、ボラ釣以外は、天気の悪かれば必ずどこかで茶飲みが仕事たい。焼酎飲む者な同士で焼酎飲む。漁師のところは生ものがなければ干物なっとあるもん。惣八どんは飲みよらったばってん、親父は飲まんかったでな。それで漁師は、茶だけはわが家で製造しよったがな。屋敷の周りにも、茶の木は必ず植えてありよった。茶の葉摘んできて、女共がクドで煙で目をしゅくしゅくさせながら釜煎りすれば、むしろ敷いてむしろの上で揉まんばんとやった。わしも加勢しよったよ。生仕上げしとけば弱ったっでな。わが家で飲むだけは自分たちで全部せんばんとやった。

漁師の話は、昨日はどこに何の居った、今度は何すっか、どげんすっか、魚獲りの方法たいな、明けてん暮れてんそげんした話ばかりたい。漁師の仕事は、時間の制限のなかろうが。朝暗いうち海行って一仕事してくれば、出月まで上がってくる途中に、坪谷の田中義光どん家で茶飲むか、浜元惣八の弟の浜下猶吉家で茶飲むかやった。

俺家の漁は、親父が一人でするときは、タコ壺、イカ籠、瀬ガシ（カシ網、一六六頁）、夜ぶり（一六六頁）。俺とするようになってから、ボラ籠。昭和二八年からボラ釣じゃな。これだけしきれば（やりきれば）、水俣の漁師は一人前たい。

＊　タコ壺：一本の幹縄に四、五尋（一尋は約一・八m）の間隔をおいて枝縄をつけ、これに素焼の壺を付して海底に沈め、この中にタコを入り込ませて獲る。タコの習性を利用した漁法。

イカ籠：竹などでつくった直径三、四尺の籠を相当長期間海中に漬けて置き、イカをこの中に誘導する漁法。

ボラ籠：籠の中に餌を入れ、ボラが入ることはできるが出ることができないよう細工し、ボラを獲る漁法。

ボラ釣：一定の場所に撒餌してボラを集まらせ釣獲する漁法。

六月の梅雨頃から一一月の祭頃までボラ釣して、それの上がれば一一月から二、三月頃まで恋路島付近の瀬ガシと夜ぶり。それから先タコ壺、イカ籠して、また梅雨頃からボラ釣、それの巡回たい。瀬ガシは一把（網の一区切りをいう）ずつ仕切ってあって、それをつなげば何十メートルでも行く。場所次第で二把なら二把、瀬を取り巻いてする。恋路島半分すれば何百メートルてあって、ずっとつないでしよった。クロイオ（メジナ）とか瀬につく魚を獲っとたいな。一本釣する者は、ボラ釣上がってからタイとか狙って牛深の方に行きよった。

冬になれば、水俣の漁師は、ナマコとカキで食わせて行きよったったい。昔から、正月の魚、カキ、ナマコ、アワビは値段のようして、一一月頃から二、三月頃までな、男は思い思い夜ぶりして、アワビとかナマコとか獲ってくる。男は居らんでも、女だけででん、カキ打ってきて、朝、町に売りに行って、ある程度のことはできよったっじゃっでな。

一一月一五日がエビス祭ていうて漁師の祭たい。部落部落で漁師はどこでんたい。旧暦やっで、その頃になれば雪のパラついたりして、漁に出られん時化のときが多かがな。船団組んで旗立てて海のパレードでんやって上がってきて、今年はどこて回りで座元を決むっでな、それこそ無礼講で飲めや歌えたい。語るごたる者な語る、踊るごたる者な踊る。漁師はな、前の日のことは必ず嘘を言う。西で獲ったら東で獲ったて言う。皆押し掛けてくれば獲れんごとなるがな。「どこで獲ったいや」て聞いても、反対ばかり教えっとたい。エビス祭のとき、「あそこで獲れたことのあったがねえ」て、面白う、太う言うとたい。漁師は、われより俺が上手じゃて思っとっとばっかりやがな。名前だけの組合員であっても、漁師の数に入っとらんでも、エビス祭には全部出てくるな。船持っとればお世話になる方やっで、その人たちは御神酒でん持って来らる。漁師以外の部落の人は加たらんな。波止なんか修理すっとき寄付もろうたりしてる人のあれば、そんとき招待してご馳走すっとたい。

●田中一徳と浜元二徳の話

一徳　親父の惣八は、「一〇年に一回ずつ家を建てたらいいんじゃ。そのくらい儲けにゃいかん」て言いよった。ごないか畑が農地解放になったろ。宅地として申請して、昭和二六年に今のところに家を建てた。家の前の道は、リヤカーも通らん小まんか農道やった。冷水に行く道ができて車が通れるようになった。

坪段のおじの猶吉どんは、うちの親父みたいに気が走ってなかった。おとなしい性質の人で、怒りもせんし、腹も立てんし、親父が「こうせえ」て言えば黙ってそのとおりしよった。わが家建てるときたい、親父から、

「人が奉仕に来とるのに、お前は今ごろ遅う来て、煙草どん吸うとる。どこの旦那か。格好悪い、お前がごたるフユジ（怠け者）はもう帰れ！」

て、怒られよった。それでも帰りもせんし、腹も立てんし、煙草どん吸うて、ボツボツ、ボツボツしよらった。同じ兄弟やけど、性格は正反対やった。

二徳　猶吉はちょっと中風の気があったっじゃろね。ちょっと暇があれば、ゴロリと転がりよらったもん。親父は、

「猶、わりゃ、そげん寝てばかり居ってどげんすっとか！」

て、怒りよった。沖に行けば寝らっとたい。

「わが寝とったっちゃ、魚は逃げっとぞ！」

「兄御ー、眠かっじゃもねー」

息子の信義も怒りよったったいねえ。

「寝てばかり居って、まこてー、はんな（あんたは）」

信義は人間もよかったが、漁師の気やったでなあ。漁師は声は大きく、行動は敏捷にせんばつまらん（だめだ）もん。

一徳　それで親父はカシ網張るときは猶吉どんは連れて行かんかった。七、八人一緒になって、二艘で建て回すとたい。カシ網は猶吉どん家に置いときよった。

三年ケ浦の鉄橋の下、あそこは坂口川の川口で、月の夜にはボラの子とかコノシロとか固まって来る。あそこの下で網を三張りぐらい張って、ガス灯点して、船べりをどんどん叩いて脅すと、獲りきらんぐらい入りよった。ボラもコノシロも潟（がた）（砂地）の魚。一緒に居るわけ。ボラの子はおいしいよ。俺共が小まんかとき、裸瀬（はだかぜ）（水俣湾の入口にある。三九三頁の図12）の近くでもう網がぼろぼろに破れるぐらいコノシロを獲ったときのある。ちょうど天神さんの祭の日やった。夜ぶりに行く人を親父が「今日は魚が固まっとる」て引き止めて、網を張った。

タチウオ釣にもぎょうさん（たくさん）行った。カタクチイワシが陸に寄ってくる。それを追っかけてくる。その頃はまだ自然が残っとった。

二徳　タチウオ釣によう行きよったねえ。その頃は女籠一杯釣って来よったけん。前は朝方よりも夕方が釣れよった。一番記憶に残っとるのは、ふんどしを餌にして釣ったことたい。俺が中学校卒業する頃（昭和二六年）やった。袋湾で釣れたも釣れた。あんまり食うもんだから、餌が間に合わずに、ふんどしを餌のかわりに巻いてぶりやった。その頃の餌はタコやったけど、何匹も釣ると食い切られる。そのふんどしに食いついてくる。笑ったっじゃが。タチウオは恋路島の内。あるいは茂道と恋路島の針の目（島の西端）の間。餌はタコからキスゴ（キス）になり、それからキビナゴになった。キスゴも湾内で獲っとたい。

＊　タチウオ釣：朝の明け方と夕方の暮れどきに釣る。

一徳　わしが小まんかときは、ナマコもぎょうさん居りよった。ナマコは春先になると瀬から潟に降りて沖に行く。瀬際を網を引いていくと、三〇センチぐらいのナマコがごっそり入ってくる。一斗缶で一五、六杯獲りよったのよ。船も少なかったしな。ナマコは、一〇センチぐらいのときが一番値段がいい。沖に出ると大きくなるけど安い。ナマコといえば、湯の児は海の中からお湯がボンボン吹き上がってくる。その頃は旅館も四軒ぐらいしかなかった。夜ぶりに行って箱目鏡で見ると、真水と潮に分かれる。そこに赤ナマコがものすごく居る。ナマコは赤が最高だもんな。赤ナマコ、青ナマコ、黒ナマコ、白ナマコの順たいな。ナマコは柔らかいけど、叩けばカチカチになっとよ。米粒とか、ワラとか、竹にふれると、どろーっと溶けてしまう。ナマコの内臓はおいしいよ。醤油かけたり酢味噌で食べたり、ウニの味と同じ。

親父は打瀬（うたせ）網もやったことがある。網を少なくして、小まんか船でも曳けるようにして、ずっと灘を流れてエビを獲っとたい。

親父はその日の水揚げで一番大きな二匹を自分でパーッとさばいて焼酎の肴にしよった。ボラとかアジとかな。小さいのは味がせんて、もう全然食べん。人が取ったら、ものすごく怒りよった。

「そら、わしの品物じゃ。あんたは買うて食うが、わしは獲って食うとやから、わしの米びつの中に手を突っ込むな」

他の漁師は売れ残りを食べよったけど、うちはそうじゃない。

二徳　親父は、裸瀬の傍のイッチョ瀬でボラ籠つけよらったもん。湯堂の人たちがみんなして裸瀬で撒き餌してボラを寄せて釣らっとたい。その寄ったボラがイッチョ瀬にボラ籠しとけば入りよったもん。それで、

「浜元どんは、俺共が撒き餌しとるところにボラ籠で獲ってしまう。イッチョ瀬にボラ籠させん」

て決まった。親父が寄り合いのあったとき仕掛けていった。

「そういうことを誰が決めたか。俺も漁師やっで権利のあっとぞ。そんなら、俺も釣りに加てろ」

「そりゃ、しようなかな」

て、加ててもらった。そしたら釣る、釣る、釣るな。

「浜元どんな、何であげん釣らっとやろか」

親父は撒き餌をうんと撒くて、聞かんかったもん。そげんすりゃ、釣らんちゃ、ボラの方から来てかかるていうわけ。親父の言うとおりやった。毎日毎日釣って、指先が切れたもんな。痛かもんやっでテープ巻いたら、食うとるのか食うとらんのか感覚がわからん。市場から揚げ高が多いて表彰されたりしたったいな。そんときは表彰されたのは少なかったで。餌を撒くとは簡単だばってん、団子にする麦ヌカを求むっとが難しい。で、うんと撒き切らんとたい。月浦の精米所に魚持って行って、独占的に買うたもん。それでも足らんから、姉のフミヨが八代の精米所に行って契約してきよった。米ヌカはスタスタして団子にならんと。麦ヌカは粘っこいから団子になる。戦後は、麦ヌカを食べよったっばい。サナギもうんと使うとたい。フミヨが鏡の製糸工場に買いに行った。乾燥してあるから小もうに砕いて、ヌカを炊くとき混ぜる。

浜元どんな、うんと釣られるねえて評判で、税金払わずにおったら税務署から二度差し押さえられた。市場に揚げると、誰がどしこて市場から税務署に届けっとたい。一番困ったのはリヤカーを差し押さえられたのと、麦箱に封印されたことじゃな。

「あいやー、あんたどま、明日食うとはどげんすっとかな」て、おふくろが言うた。前は麦飯食いよったで。とうとう税金払うた。それから市場にばかり揚げずに、マチの中野魚屋と橋本魚屋に持って行った。そして、五時五八分の一番列車でフミヨが熊本の田崎市場に持って行くようになった。水俣で売るより倍も利益が上がって、一万円も懐に入れて帰ると取られやしないかと思って恐ろしかったて言いよった。籠一杯、三〇キログラムぐらい持って行きよったな。毎日じゃなかばってん、獲れたときは。

親父は、「漁は博打。今日は獲れても明日はいっちょん獲れん」て言いよった。漁師は金の使い方が荒い。獲ってくればパーッと使って、ないときはシュンとしてる。獲って来りゃ、また飲め、食えたい。やってみて実感たい。水俣病にかからんば漁師を続けたろうな。体が楽やもね。そげん気張らんでよかもね。一日中すっとはボラ釣だけたい。アジ釣は午前中だけん。エビ網でん、イカ籠でん、タコ壺でん、一回行って手繰ってくるのに、そこ三、四時間あれば十分じゃもん。百姓は働いて働いてじゃもん。ドン百姓ていうのは、すぐ金にならんけん言うたっじゃろ。辛働は、百姓と比べりゃ漁師は三分の一じゃな。

●浜元一正の筆者宛来信（二〇〇一年）

漁師の人間関係はきれいごとだけではありません。山当による漁場の岩礁の位置、網代の位置、魚類によってはどこどこの沖釣、イカ籠、ボラ籠を仕掛ける瀬、岬等々は、漁の多寡を左右するだけに他人には教えられない個人の秘密です。弟の二徳も親父からこの山当を教わったと言っています。山当は、東西南北の交差点を島や岬の樹木、岩や山、工場の煙突の重なりに目星をつけて位置を決めていく、漁の基本です。また、潮時によっての魚の動き、小魚を追う魚群の動き等々は、それぞれのノーハウです。ボラ釣には糠を使います。この糠餌も個々の工夫によってつくられるものだけに、絶対秘密です。私の家ではボラを集める撒き餌に使う糠にかいこのサナギの煮汁を入れて練ったり、釣餌には更にバターや砂糖、肝油を入れたりして研究して練って使っていました。親父は月浦で一番の釣頭でした。それには、こうした餌の工夫の裏付けがあったからです。みんなが浜元どんの餌は違うといって知りたがっていましたが、家の釜場には他人は絶対入らせなかったそうです。撒き餌も、夜中に自分の網代に干潮を見計らって撒きに行くとか、人の知らない工夫をして、ボラを引きつけていたといいます。

　親しい人間関係の漁師仲間とはいえ、こういった個々の秘密をそれぞれ持ちながらの競争社会でした。ボラ籠とかイカ籠がひそかに引揚げられていたり、生け簀に生かしておいた魚が盗まれていたり、海には海の人間模様があったものです。一方、漁師には、波止場の公役とか戎さんの祭りとか別の世界があって、協力し合っていたものです。その戎さんは、親父が昭和一四年にナマコ網に引っかかった石を引揚げて漁師仲間で祀ったものです。

　夜ぶりは戦時中はあまりしませんでした。灯火管制や、カーバイドの入手が困難で、昼の漁が主でした。出月では戦後、中津美芳、池嶋春栄、山本亦由さんたちが漁師仲間になってから夜ぶりが盛んになりました。専門にしている人たちは三、四名だったと思います。中津さんは朝鮮引揚げで、漁をしたことのない素人で夜ぶり専門でしたので、どんな時化のときでも漁に出ておられました。夜ぶりだけで生計を立てるのは困難でした。ほとんどが一本釣と夜ぶりで、網は私の家ぐらいだったでしょうか。

先にみたように、戦前の部落における漁師の地位は中心的な位置にあった。それが五五年頃になると、スポーツ万能で出月の青年団のリーダーであった松本弘自ら、会社行き、百姓、漁師のうち漁師が最低だという。時代の変化を痛感させられる。その漁師はまた「三段階ぐらいに分かれる」という。松本直治・弘と浜元惣八は、畑も持っており、本格的な漁業者で、惣八の子供の一正・一徳・二徳の話を聞いても、会社行きより経済的に劣位にあったとは到底思えない。戦後零細なにわか漁師が増え、「小まんか漁師は、一日海に行って、米が一升買えるかどうか」「夜ぶりだけで生計を立てるのは困難」という生活の中で、部落の中での漁師の地位は急速に低下していったのであろう。一方、五五年頃は水俣工場が戦後発展の絶頂期にさしかかるときであり、工場排水による汚染により五三年頃から水俣湾の漁獲高は激減していった。五五年当時の出月は、その日暮らしの日雇も一五戸と多く、「会社行きと非会社行き」の住み分けが行われていた。

戦後になっても、村内結婚は全くなかった。そこで出月は職業階層別の村としての性格を一層強め、安給料であっても最優位に立った会社行きが村の中心的位置を占めると共に、会社行きの中で漁師に対する経済的蔑視が生まれた。「一番が会社行き、漁師が最低」というのは、その象徴的な表現として理解される。出月の奇病もまた、漁師とその家族を中心に発生した。そして漁師の世界でも出月は新参部落であった。古い漁師部落を知るには、湯堂をみなくてはならない。

第三部　湯堂村

湯堂は漁師村で袋湾の入口にある。だから月浦や出月とは全く異なる。湯堂は海際まで大木の生い茂る山で、明治維新のときの戸数は僅か数戸だった。明治時代、移住者が住みつき、山を崩して海を埋立てて家を建て、村が形成されていった。移住者は天草、それも御所浦からが圧倒的に多く、葦北郡田浦から来た人たちもいた。明治時代、村の生業は主に漁業と船回しだった。漁業は二軒の網元ができ、あとは一本釣である。大正初めに建設された工場は村の若者たちを魅了し、多数が工場に就職して、村は大きく変わった。大正末期になると、湯堂の山を買ってみかん山経営を目指すマチや他部落の人が出てくる。そこで湯堂は漁師村といっても、海と陸の世界が絡み合った複雑な構造の村となった。

湯堂は土地が狭く畑が少なかった。このことは村の生活を著しく厳しいものにした。目の前にある豊かな海は、このマイナスを埋めて余りあるはずであった。だが、零細性と技術的後進性の故に、漁師たちはその利点を生かすことができなかった。

その湯堂は疫病神にとりつかれた。大正初めには赤痢の流行で少なからぬ村人が死亡した。昭和初期から戦後にかけては結核が蔓延し、「村人の半分は結核」という有様になった。その結核が克服されたとき、水俣病が発生したのだ。

湯堂の特徴は、村内結婚が主たる婚姻形態となったことである。その結果、「村中みなやうち」となった。この点、村内結婚が全くなかった出月と対照的である。湯堂は近在部落に対する独立性が強い。

湯堂を調べる要点は、以上の諸条件が総合された漁師村の貧しさにある。

第七章　漁師村の成り立ち

湯堂の共同調査者は、坂本幸（みゆき）（大正九年生）・カヅ子（大正八年生）夫婦と坂本フジエ（大正一四年生、七三・四認定）である。幸は、親の清市（明治二九年生）の代から親子二代にわたって村の世話役や村人の相談役を務めてきた。カヅ子は、戦後鹿児島県米ノ津から幸の嫁に来て、昭和二六年から湯堂の村店を始め、婦人会の役員や民生委員などを務めた。フジエは、戦後野川村から湯堂指折りの有力者・坂本福次郎（明治一八年生）の跡取り息子武義（大正七年生、七三・四認定）の嫁に来た。可愛い盛りの長女を劇症型で亡くし、次女は胎児性であった。患者の水俣病闘争の屋台骨を担ってきた女性である。三人は湯堂の生き字引といってよい。

湯堂の網元漁については、岩阪国広（昭和一一年生、八七・一認定、岩阪若松網の一族）に教わった。

一　湯堂は山の中

序章図２「月浦・出月・湯堂周辺図」で湯堂のおおよその姿を見よう。出月村から袋村に行く国道から坂道を下った海岸端の部落が湯堂である。袋湾の入り口に当たる。部落の対岸（西側）の大きな岬をぐるっと回ったところに茂道村がある。湯堂と茂道が、五五年頃水俣で一、二をなす漁村だった。海を見ると、袋湾の入口になる遠見崎に御番所跡がある。肥後藩の海の見張り所である。月浦坪谷との間の海岸を遠見の外という。遠見はこの辺りの小字である。部落の前の海は湾状を成し、地下水が湾内に豊富に噴出している場所がある。湧平（ゆうひら）という。部落の南側は陸が海に突き出している。ここを湯堂鼻（ばな）という。部落の対岸に西ノ浦という小集落があり、ここから茂道村一帯にかけ茂道山の松の大木が繁っていた。袋部落が図の下方（南側）にある。湯堂・袋・西ノ浦・岬が囲む形で、水俣湾の内湾である袋湾を形成している。袋という地名は、この袋状の湾形に由来するものであろう。

このように湯堂は、月浦、出月、袋、茂道と隣り部落である。「はじめに」で述べたように、湯堂、袋、茂道は、県境の部落である神川と共に市の行政区割では一七区となる。

図２から国道と出月部落と湯堂部落を消してしまえば、辺ぴな海岸端にすぎなかった明治維新当時の姿が垣間見えてくる。幕藩時代、薩摩街道（一五五頁の図６参照）から御番所のある湯堂の遠見まで、急な坂を下って一本のか細い道が通っていた。湯堂村の歴史は、後に村人たちが「タテ道」、部落に入ってから「御番所行きの道」と呼んだこの一本の道から始まっている（二八七頁の図９参照）。昔は、街道から御番所までずっと奥深い山であったという。そこで海付きの漁村なのに、村人たちの話は山から始まる。

●坂本幸の話

湯堂は昔は海際まで山やったってすたい。湯堂は山の中ですよ。

●坂本康哉（昭和六年生）の話（以下、ゴシックは筆者）

明治維新の前、湯堂は三軒家やったって。維新のとき五軒になって、すべて坂本姓を名乗った。この五軒は他人です。わしの家が三軒のうちの一軒で、戸籍を見ると今（二〇〇三年）で一七〇年ほどになる。わしで五代目です。一番先祖は長次郎という。清水の次郎長なら出世すっとやったっでしょうが、湯堂の長次郎やっで、だめ。わしは、祖父の初次から知っとる（初次↓善太郎↓康哉）。家は最初海岸端にあったが、畑のある御番所行きの道上に移ったといわる。三軒のあとの二軒は、**坂本寿吉**（じゅきち）（明治二四年生、清次郎↓寿吉）家と**坂本福次郎**（明治一八年生、福太郎↓福次郎↓武義）家。御番所の役人が寿吉どん方で、御番所は寿吉どん方の屋敷やった。五軒の残り二軒は**坂本幸市**（こういち）（文久元年生、幸市↓清市↓幸）家と**坂本友次**（明治九年生、友次↓己芳（みよし））家ですね。

●坂本嘉吉（明治二九年生、福太郎の長男吉太郎の子、七三・四認定）の話（七五年、『漁民』）

私家（げ）ん親父の坂本吉太郎（きったろう）（福次郎の長兄）は明治一〇年に生まれらった。その頃湯堂は、七軒か八軒やったて語らったばい。私共が小学校五、六年の時分（明治四〇年頃）まじゃ、二五軒ほどしかなかったもん。浜に点々と家があって、あとはポツンポツンとあったっじゃ。その浜もぞ、後ろはすぐ山で高かっじゃっで。こげん傾斜になっとるところば切り落として埋立てて石垣築いで、家はつくっとっとたい。昔のことで、海の中へ継ぎ足して家を建てれば、それがわが家でよかったっばい、よい（きっと）よ。

大体湯堂は五、六軒が元祖で、あとはほとんど天草の人じゃもん。天草以外は田浦（葦北郡田浦町）から来たばかり。天草は御所浦がほとんどじゃ。そん当時は天草の畑なんかを手離して来て、すぐそげんして家ば切り込みよったもん。浜に一軒ポツンと建っとる、そうして切れつ、次の家まじゃ潮の満てば行かれんわけ。潮の干ってからじゃなからんば向うに行かれん。今の青年クラブ（昭和一六年建立）のところも、潮の干らんば通られんとやったっじゃっで。

●岩阪国広の話

明治二五年に国道が通った。その工事に田浦から**岩阪清四郎**、**岩坂政次**ていわる人が人夫で出稼ぎに来たそうです。この二人はもともと他人です。清四郎は田浦で漁師やった。湯堂を見て、「こげんよか漁場があったつか」て驚いて、二人とも居ついた。海を自分で埋め立てて七九三番地て地番を取った。そら、坂本福次郎どん家の横です。福次郎どん方も、清四郎も、その先の家も、みんな海を埋立てて建てとる。勝手に海を埋立てれば無番地だけど、どうやって地番が取れたかわからんです。昔はそれでよかったっじゃろうな。清四郎の一家は、みんなその七九三番地を持って部落の南側の海岸端に移っとる。そこは、月浦の松本忠吉家の山やった（一三八頁）。忠吉から借地です。清四郎は網を始めて網元になった。政次一家は一本釣の漁師か清四郎の網子。協力し合ってやった。国道工事に来とっとだから体一本じゃが。茂道の森さんて網元が、「あそこは昔はきつかったっじゃもん。家も網小屋のごたるところに居らしたっじゃもん」て言わす。権利書なんか見てみれば、船を担保に入れて金を借ったりしとる。清四郎の子の**若松**（明治二二年生）が一代で築いたっです。

●荒木ルイ（明治四三年生、七三・一認定）の話（七五年、前掲書）

私共が親父（**吉浦丑松**）は、御所浦の唐木崎から湯堂に来らったっばい。私共が小まんかときに、「あんたどまいつ来たかな」て聞いたら、「もう五〇年にもなる」て、言いよらった。それで明治の初め頃ばい。親父は、麦やカライモや何や食うしこはつくって、船回し（運搬船）ばしよらったったい。

私共が一六、一七、一八（大正一五年頃）のときには、ここは今こそ家の建て込んどるばってん、猫でん走り込んだっちゃ通りゃならんごたる山やったでな。こげん狭ーか道ば二斗のイワシば担うて行けば、猫やらがチョロチョロ、チョロチョロ盗ろうてすっとたい。「俺がにきチョロチョロすんな！」て、怒り方やった。昔はグリグリ担うとって提灯点べつな。水も部落の真ん中の共同井戸から汲みよったっぱい。

●坂本スヨ（明治三一年生、七五・一二認定。坂本幸市の子清市の嫁で幸の母親）の話

俺の父親の**前島勝次**は、俺が四つのとき（明治三五年）月浦から湯堂に来とったとたい。もとえは田上店の二、三軒先やったで（五七頁の図4－50、前島直喜のところ）。

ここ辺りは、今でこそ村の真ん中じゃが、太か松の木の生えとるところやったっばい。ずっと松山やった。上辺りは太か藪やった。こっちは、杉の木の、梅の木のて、枝がこげん下がっとった。こげんところは誰も突っかかりゃ得んとやっで。太か山ばっかりじゃった。恐ろしかったたっじゃっで。

御番所行きの道の上に、坂本初次が家、すぐ下に俺の親父の前島勝次の家、またその下に坂本幸市家て、三軒あったっじゃ。初次の妹が勝次の嫁で、俺のおっ母さんじゃもんな。この道から下はずっと海やったっじゃっでなあ。浜ンコラ（干潮のとき出てくる浜のこと）ば、ずっと海草じゃ、ビナじゃて拾いよったったい。それこそ小まーんか村やったっじゃってんなあ。どっからこっから入人（移住者）がひどかったもん。田浦、御所浦て。田浦から来らった人たちは、やうち（親戚）中やったで。この人もこの人もて、家建てらすとの居らしたでな。そして、この村になったっですばい。

こうして形成された湯堂村の生業をみよう。

二　四つの生業

主な生業は経時的に四つある。まず明治期からの①漁業と②船回し（運搬業）。漁業は、一本釣と網元の網漁に分けられる。次いで③大正初期からの会社行きと④大正末期からのみかん山。農業は、村の中に田はなく、畑もごく僅かであったため、単独では成り立たなかった。村人たちは現金収入を得るためさまざまな仕事に従事した。以下、順にみていこう。

1　漁業：明治～大正期

●坂本嘉吉の話（七五年、『漁民』）

天草から来た者な住みついて網たい、漁師たい。網元が二張り居ったもんやっで網子が足らんわけ。手つけて待っとったい。一本釣しとってもよか。小船をみんな持っとったで。村の人間が全部網に行けばじゃばってん、やっぱり百姓もせんばならん、何もせんばならんで、思い思いの仕事じゃっで。よそからヒョコッと湯堂に住みついても仕事の心配はなかったわけ。そりゃ、湯堂は魚の多かったっじゃっでな。私共が一三歳頃（明治四二年頃）の時分に、船の突端先行って糞すれば、二尺くらいのチヌ（クロダイ）の太か口開けつ、下は見通しはつかんごつ、何千匹て居ったっぱい。糞ばバカ食いしてゴボゴボやって。

網元は坂本寿吉家（清次郎→寿吉）に岩阪若松家（清四郎→若松）。寿吉が湯堂のほんの抜けの網元たい。湯堂はほんの浦内に網代場（あじろば）のあるもんやって、時化でん何でん年中、網を建てられよったったい。そりゃ冬場に西上りの風のひどいときは建てられんこともあろうけども、そんなことは滅多にないもね。一本釣にしても、目と鼻の先の恋路島まで行く必要はなかったたっじゃもね。そって、私共の小さい（こども）ときは、「湯堂居って生活できん人は、どこ行ったたっちゃ生活しや得ん」て、言いよった。自分の身体さえ惜しまんばたいな。

私共がときは、青年は男、女、合わせて一五人ばっかりしか居らんじゃったろうな。男はみな網と一本釣たい。娘も全部網たい。入っても入らんでも、毎日毎日潮干れば網建てて、網に掛かっとりよったったい。もう朝どき曳かんばならんていうときは、宵の内から男も女も乗り込んで網代に行たつ、船の上寝とったたっじゃもん。夜明けの三時なら三時建てんばならんてなれば、網の親方が「やろい」て、起こして建てよったったい。一年中休むてことはなかよ、冬でん何でん。

入人（いりうど）は、百姓すっとは困りよったったい。田は、私が親父の本家（もとえ）ともう一軒（岩下三太）が村の外に持っとったばかり。畑も、親父の本家が墓原（共同墓地）から一番下の道までよかところをそっくり持っとったし、坂本寿吉家が広う持っとるていうごたるふうで、何人かで持っとるだけでな。そこは兄弟とか子供が借ってつくるして、部落の者だけでいっぱいじゃったったい。そってよそから来た人は、坂口か出月の下まで来んば、畑は借りださんとやった。

親父の本家のじさんは福太郎（安政二年生）ていわっと。半農半漁じゃったつな。じいさんな、毎日一本釣行きよらった。二時とか三時に起きて夜明け釣りたい。タイ、アジ、瀬魚（せいお）、イトヨリ、あんな魚やったな。アジなんかは恋路島で、タイは出水の前田の「矢筈隠れ」でな。矢筈山が前の山で隠れるところの瀬でな。一二時か一時頃帰ってきて、魚は生け簀から上げたまま、ばあさんのトヨ（安政五年生）に担（いな）わせてやるわけたい。その頃は自分で獲ったのは、自分で売って歩（され）かんばんとやったでな。ばあさんな魚も売る、田もつくるしよったっばい。ばあさんは月浦の植田儀作家から嫁に来て（六六頁）、やり手やったつな。

●岩下吉作（明治二七年生）の話（七九年）

親父（岩下三太）が袋から湯堂へ来たのが明治三三年頃。私は六つじゃったもん。かかあは袋者で、親父は田浦者じゃもんな。湯堂は私が家共二五軒やった。二五軒は漁師じゃな。漁師ばっかりで飯食えよったんなあ。うちは半農半漁じゃな。田が部落の外に三反、畑は四反あまり。

不知火海てとこは、魚の子を産ろすところたい。八幡祭たいなあ、四月一八日頃にゃ、ウルメイワシの子の鯨尺で一寸ばかり（四㎝弱）あっとの、ほうはなかごて（始末のつかんように、めちゃくちゃ）一日船何艘て獲れよったでな。もう浦内でん何でん卵は打ち上げとりよった。赤うござすと。手ですくえば手の腹につくとの、搗いた粟より小まんかな。陸に打ち上げて赤うしとりよったが。アジの魚どま、不知火海いっぺえ、目で見えるしこはバチャバチャ、バチャバチャ、カタクチイワシを食わんがためワアワア、ワアワア言うつ、されき（移動し）よったっじゃもん。アジの魚釣りも、初手（初め）は餌で釣りよったもん。針を五本ばかりつけて、イカを小もうに切ってな。後から、田浦から来た人の教えつ、ホロ釣（擬餌釣）を習うつ、釣ったっじゃもん。瀬魚は、エビゾネに釣りに行った。出水の桂島より北の方じゃ。ここから三里あるな。あゝ、チンでん、スココベ（カワハギ）でん、ガラカブ（カサゴ）でん、イッサキ（イサキ）でん、多かったなあ。八田網のできたために魚の居らんごとなったっじゃもん。

ボラは、湯堂鼻の下に湧平ていうて水の湧くもんな、最初は坂本福次郎どんたちはそこで釣らった。それからイッチョ瀬で釣ったりして。そげんところで食わんごてなってから裸瀬の瀬戸口で釣るごつなったな（瀬の位置は三九三頁の図12参照）。ボラが百匁で一八銭ぐらいやった。

私共が小まんか頃は売ってされいて、私共がするごてなってからもう組合はあったつな。一日二度ずつ丸島の市場まで担うて行かんばんとやったもん。

漁師て仕事は、おもしろかったときが銭の多う取って、きつかったときが銭の取らんとやってでな。魚が食わんときは、あっちゃ移り、こっちゃ移り、どこが食うかと思って漕ぎ回ったときが、辛働はして銭は取らんとやって。漁師て仕事は、「どしこする」て言わならんとたい。

大正時代になって漁業組合と市場ができるまで、獲ってきた魚は女たちが売り歩かなければならなかったのだ。吉作は、「うちは半農半漁」と言う。出月と同様、湯堂でも半農半漁は漁師の上であり、数はごく少ない。その漁師と網子の生活についてもう少し話を聞こう。

●荒木ルイの話

湯堂は、ほんなごて貧乏村やったっばい。米は一升買いばっかりやったっじゃって。片口しょけ（竹籠）抱えて一升買うて食う、明日ンとを一升買うて来る。みんなやったっじゃって。分限者でござしたてところは、福次郎家と一、二軒。他は、三度の鍋でカライモでんふっかぶり（十分に）食うところはなかったつ。娘を売ったところもあったんな。

うちはもう小まんかときから網に行ったよ。学校から来れば、「早う網行ってけ」。鞄は下ろしてぶりやって行けば、イワシをざる一杯もろうて来っで、今夜のシャーはあってな。人間が足らんじゃったり何かして、子供がかえって網子より為になるもんな。そして一四、五から網子になった。何月頃てあるもんかな。雪のチラチラ降っときでん行きよったったい。一年中でん二年中でんせんば、いつもかつもせんば、いつもかつも食わんばんもね。そうすと、私共、百姓もせんばんしな、網引くまで一生懸命肥桶担ぅたり鍬取りしとれば、「魚の見えたぞー!、行くぞー!」て、法螺貝を吹かるもね。もう、鍬をぶりやっとって、粟飯でん麦飯でん茶ぶっ掛けて、タカナの漬け物どんガリガリッてやって、行きよったったい。畑から駆けっこして船に乗りよったったいな。まこてー、どげん東風(こち)の風が吹いたでちゃ(ても)、こげん潮煙りの上がっとに一生懸命櫓で漕ぐどが。「あゝ、流されんばよかがね、櫓ばひっ外ずさんばよかがね」て、陸から見とって、手繰(たぐ)り寄せるごたった。

魚獲れんときは畑する、山に行く。山に一生懸命行っとかんば、イワシが獲れてからその薪物でバリバリやって干さんばんどがな。今どきの娘は、はあ、面に白粉(おしろい)もつけんばならず、私共が見れば可笑しかごたったたっで。

●坂本スヨの話(七九年)

初手の人(村に早くから住んだ人)は魚釣りやった。小まーんか船を持っとった。嫁さんが、釣ってきたのを山野辺りまで売り行きよらったったい。塩も売り行かるし。まこてー、嫁さんが何でんせらっと。ヨイどんたちは塩浜(一九頁の図1参照)に塩焚き行かったもん。そしておっ母さんたちの分(だけ)で、カライモつくったり、粟つくったりして、食べよった。麦もあんまりなかったよ。一番は粟やった。粟に、麦はちぃと(すこし)、米はちぃと入れて食べよったったい。

あゝ、家はどんどん増えてきた。網にイワシの入っどがな。イワシば獲ってきて、茹でてイリコにして、船津辺りから買い来よらった。網は陸から曳かった。片方に六人、両方から一二人ばっかりで曳きよった。網は、湯堂に二統(とう)(統は一船団をいう)、茂道に五、六統あったでね。小まーんか子供が網に行ってシャーをもらって来たり、一四、五になれば網子で分けてくれらっどが。で、暮らしよかところやったったい。梅北正熊さんのおっ母さんどま、天草の人やったが、「こげん暮らしよかところのあるもんか」て、言いよらった。家の増えればな、村の広がっでな、同士の居っでうれしかったったい。

俺が一四のとき（明治四五年）、うちに網が来たもん。丸島から買うて来た。うちの網代は恋路島ばっかりやったろうが。親父の勝次が曳いて、兄御やら俺家の人たちが三人網子になってな。村に人間が居らんとたい。おら、一四、五でおって、月浦、小田代、侍にかけて、そげん遠いところに人間頼んでされきよったったい。網子には、一五日一五日に勘定のあって、割ってやりよったったい。よそに頼んで来たのは、ダシの分（自家用のおかずの分）でよかったたい。

恋路島の外はずっと岩のあるところやっでな。地曳きじゃなくて、船から曳くとたい。それ、あんた、こげん太かタイの魚の一荷ばかりずつ入りよったもん。タイに赤アジ、恋路島は船一艘、船一艘て入りよったでなあ。若松やんたちが、

「じさん、今日は網代かえてくれんかな」

て、ちょこちょこ来よらったもん。販売（市場）が丸島やったでな、おら、担い切るしこは担うて歩いて行きよった。担い切らんときは、船から行きよったったい。そら、入らんときもあっとたい。えらい遠くから加勢頼んで、気の毒やったったい。何年どま曳かったろうかなあ。そげんは長う続かんじゃった。網はまた戻したったい。

俺家ン親父どん（前島勝次）は、何でんせらるじいさんやったもん。博打も打たるしな。昔、こけへ蒸気船の着きよったで。凪のときは丸島に着いて米ノ津に着く。風の吹いたりするときは、丸島でなく湯堂に着きよったったい。ここの上の国道へ馬車の来よったもん。蒸気から荷物下ろして、誰っと誰っと担うぞて、みんなして担うつ上がりよったったい。「蒸気の来ったっで頼むぞ」て、俺家ンじさんの片側の家へ若っか者を寝せ

てあったもん。荷物は、二銭の、二銭五厘の、一銭のて、デコボコ道を担い上げつ、薩摩の方にでん、水俣の方にでん送りやっとたい。そすと、お客さんの行李が一個二個てあったでな、それば括って上がり、括って上がり。着物入れたりする行李ぞ。ワッサワッサやって。俺は一五ぐらいやった。その前から蒸気は来よったばってん、それまじゃ担い得んかったもん。蒸気は上り下りて、昼でんここに着きよったもん。親父どんは人力も曳かった。お客さんを乗せて、町まで行たり来たり、走らっとたい。馬車も曳かったばってんな。

博打はな、俺を連れて山ン中へ行たつ、俺に見張りさせて、四、五人して打ちよらったったい。勝った人たちの、俺に一銭くれよらったもん。サイコロの丁半やった。晩にな、巡査の行かれんところで張りよらったっじゃろうもん。一遍な、親父が巡査から追われたったい。一晩中隠れとらったときのある。そげんこともあった。トモんどん（坂本友次）の兄御が大将やった。その人は角力もとらった。幸市どんも、博打せらったが、角力もとりよらったったい。ヨシ家（山内義太郎）ン親父（庄太郎、二六八頁）が博打打たるな。ヨシ家はトモんどん方の前やった。

明治三九年度水俣村県税漁業等級議案（一三八頁）で、この頃の湯堂村の網元と漁師を確認しよう。

業 名	姓名	一カ年上げ金高見積	等級	年税金
地引網	坂本清次郎（寿吉親）	八五円	一等	一円八〇銭
モジ網	岩阪清四郎（若松親）	〃	〃	〃
雑魚釣	坂本福太郎（吉太郎、福次郎親）	一五円	六等	三〇銭
〃	吉永筆松	〃	〃	〃

一本釣　坂本幸市　〃　〃　〃
〃　山内庄太郎　〃　〃　〃
〃　岩阪(ママ)運平（三平の別名？）　〃　〃　〃

岩阪清四郎はモジ網と記されているが、網元である。網元二名、雑魚釣と一本釣（この区別はよくわからない）五名である。なおモジ網は、普通の衣料反物式に織った網をいう。湯堂村の戸数は二五戸ほどであったから、一人立ちの漁師よりここに記載されていない網子の方がずっと多かったのであろう。この議案書によると、水俣村全体で一等は四名であり、網元の坂本清次郎と岩阪清四郎はその中に入っている。因みに、このとき茂道村の漁師は二六名で、その内訳はモジ網（網元）六名、エビ流網（打瀬網）一八名、一本釣二名となっている。網元と漁師の数は、湯堂に数倍する。漁師の漁種は、湯堂は釣漁、茂道は網漁と明確に分かれている。

●荒木幾松（明治三三年生、七二・一認定、荒木ルイの夫）の話（七五年、『漁民』）

私は御所浦嵐口(あらくち)の生まれです。学校出て、阿久根(あくね)（鹿児島県）で船大工の年季（弟子）についたったい。五年間もう叩かれ叩かれてな。それから大正八年頃水俣に来た。その頃、水俣の船大工は六、七人じゃなかったかなあ。船大工すっとは何てことはなかな。仕事場は露天で、船の引っ掛けられるようなところなら何処でもすっとたい。人も寄りつかんごたる、夏は暑かところの、冬は寒かところばっかりたい。

湯堂は小船の多かったもんな、そっで小船目当てに来たったい。そうさな、二〇艘居ったかしらん。湯堂の船はボロ船で、そりゃ悪かったですよ。私が来た当時は、釘は切れてしもうて、ボロ布(ぎれ)を嚙ませてされきよったもね。人間の生命て安いもんねて言いよったつ。「おっ取れれば沈むとやが、お前たちはどげんすっとか」

て。今はあげんしたボロ船は見ろうとしても居らんもん。四尋から六尋（一尋は一・八m）ぐらいの船たいな。船釘は一二、三年経たんと切れんですもんな。一二、三年雨ざらしにしとけば、腐れの出てくるです。それで、悪かところだけ切り替えて嵌めてくれたりしよったったい。

ところが払いは掛けて言う。銭を払うてくれるのは、坂本福太郎どん家一軒じゃった。「銭な幾らな。日傭銀（日当）な幾らな。持って行かんな、ほう」て、やりよらした。他んところは、網元じゃろうが何じゃろうが、「今はなかで、イワシの入ったら、やっで」て言うごたるふうで、一カ月待て、二カ月待てて言うとが、お得意さんやったったい。どげんかしたら、金持っとっても「無か無か」て、言う人も居りよったったい。そげんとは、年末に喧しゅう言うて取りよったったい。それでもやらんかった人の二、三人居るな。今、五円とか一〇円とかの金をもろうたっちゃ何にもならんで言わんばってんな、その当時の金としては大金じゃったっですばい。五円の金借りるにも保証人立てんば貸さんというような時代じゃったで。

そして、銭を持っとるときは、他の船大工のところに行って修繕して来て、知らん顔しとったい。新しゅう、そこ切り替え、ここ切り替えすりゃ、板が白黒なっとるけん、わかるもんな。そうすると、「ありゃ、どこに行って修繕して来とっとぞ、わるがところにゃ来んじゃったなー」て、たまにゃ教ゆる人もあったったい。

新造船も、湯堂で小船を二、三艘つくったごたった。小船は知れたもんじゃったい。一艘が四、五〇円じゃなかったかな。大工賃が日当一円か。「つくってくれ」て言うたときに三分の一、格好の大体できたねえというとき三分の一、全部仕舞えたとき残りをもらう。あとの三分の一の金を、何とかかんとか因縁言うてやらん人の居ったですたい。そげんした船は成功せん（水揚げが少ない）ですな。

そんときはまだ二三か二四か。まだ若かったで、とごえてされいとって（ふざけて歩き回って）、これ（ルイ）と知り合うたわけたい。それから子供はできるし、働かんば食わせられんどがな。「ここはつまらん（だめだ）」て、道具箱担いで、家族は湯堂に置いて下関に出稼ぎに出たったい。それから釜山に渡った。湯堂に来て、嬶ば見つけて、子供ばうんと持っただけが儲けじゃった。

2　船回し：明治時代以降

湯堂の海のもう一つの生業、船回し（船乗りともいう）はどうであったか。

●坂本嘉吉の話（七五年、『漁民』）

親父の吉太郎は漁師が嫌いでな、船乗りしとったもん。長男やったっじゃが、じいさんの福太郎の財産は三男の福次郎が継いだったい。だから私も、一三になった頃（明治四二年頃）から船乗りしたじゃった。私共、陸は恐ろしかったけど、海は恐ろしゅうなかったもん。昔は三年ケ浦どま（などは）、下はカンソウイチゴの生えつ木に巻きついて、上からは太か枝の下がって、晩にどま一人じゃ通られんかったっじゃっで。それに、昔はおかしな者ばかり居ったもんやっでな。道楽者たい、博打打ちたい。そげんと（ひと）のどこの部落にも居ったったい。

私共が船は海竜丸て、一〇万斤（一斤は六〇〇g、六〇トン）積みじゃったもん。太さじゃ、私共が船が水俣で二番目じゃったろうな。茂道山の官山ば一万方（かた）（一〇方＝一㎥、一トン）ずつ伐って、一等材から二等材まで佐世保の軍港に納めるのが商売じゃった。三等材から下は民間払い下げじゃったったい。湯堂には五、六万斤積む船が四、五艘居って、材木積む船が二艘居ったもん。**関音次郎**家（音次郎→安雄）も、昔からの船乗りじゃった。あそこも天草から早うに来とったんな。

荷さえあれば船回しは儲かったったい。米ノ津から前田、切通（きずし）、袋までの間に、五、六〇艘は居りゃせんじゃったろうかな。そげん船の多かったもんやっで、やはり遊びよったったい（荷のない意）。荷の一番出るところは米ノ津じゃな。木炭が出るし、薪物が出るしな。水俣の船津にもたくさん居ったけども、原料や製品を運ぶ会社目当ての船がほとんどやった。

私共、博多から対馬にも通うた。そのときは四人乗っとったばい。朝鮮人を一人頼んで。対馬に行くときは雑穀物じゃな、戻りは材木積んでな。その頃は朝鮮人は、対馬に行けばどしこでん居ったっばい。船に遊び来て「連れ行け」て、きかんもん。私共が頼んだとは、二七、八で大概日本語は使ったけど、歯痒いかことのありよったったい。あの当時、漁船に乗るのが一カ月四円五〇銭じゃもんな。それで朝鮮人な、一カ月三円くらいなもんたい。その頃は荒しか者ばかり四、五人雇うて、五島辺りで一年中、延縄もすれば一本釣もする船の居ったったい。そげんした船は、私共が灘で波のひどうして行き切らんときでも、平気でされきよったもん。

湯堂戻ったときは、私共の船は船宿やったもん。一〇万斤積みやったで、デッキは広いし、部屋は広いし、船いっぱい裸で男も女も打ち込んで寝よったったい。湯堂の下に繋いどれば、晩にな、伝馬も五艘も六艘もつながって居りよったったい。陸で遊ぶだけ遊んでな。俺、つまらんとやったっぞ、俺共たまにしか来んで女は見つけちゃ居らんしさい、自分の船やっで、いつも寝るよかところに寝らんばんて思うとったっちゃ、先に来て寝とれば言やならんどが。何でんかんでん、あっち持ちやりこっち持ちやりして寝て、朝やりっ放しで上がってしまうどがな。そげんとを直しとかんば親父から怒らるるもね、潮掛けてデッキから何から洗い流して掃除せんばんとじゃった。

大正七年に新工場のできてからが、網元は網子が居らんようになったったいな。湯堂の若い連中は、ほとんど会社に入ってしもうたもね。そりゃ、会社がよかった。その頃は銭取り仕事は他になかったろうがな。こんだ、船方（船乗り）する者も居らんごつなってしもうたったい。長崎、佐世保まじゃ三人はどうしても要るもん。それで私共、海竜丸を鹿児島に売って、六万五〇〇〇斤積みの小まんか船に買い替えたったい。売ったのが八〇〇円、買ったのが七〇〇円じゃったかな。今度は長崎まで木炭じゃな。材木はめったに積まなかったけども、坑木ぐらいは積みよった。大正三年頃が不景気のどん底で、長崎まで木炭一俵の運賃が三銭五厘やった。それが大正六年頃になったらどんどん上がって、一俵一二銭ぐらいになったもん。それでやめ切らんかったったい。二年ぐらい乗って修繕したら一二〇〇円ばかり要った。それでとうとう船回しをやめたったい。大正一二年頃やった。

それから馬車を買うて馬車曳きをした。馬相手なら一人でよかがと思って。山から長木（ながき）やら坑木運びたいな。四年ほどやって、いっとき会社にも行ってみた。思うごた（ように）なかったもんやっで、昭和三年に水俣を出て新潟の青海（おうみ）に行たったい。電気化学工業ていう会社やった。水俣を出たのは、船回しをする頃、本家のじいさん（坂本福太郎）の世話で野川から家内持ったが、そこは百姓で船に合わん女やったもんじゃっで戻したったい。そしたらじいさんが怒り出して、それから本家に行きよらんじゃった。けつまずきゃ悪（いな）かっぱい。今の家内のトキノ（明治四一年生、七二・一〇認定）は、水俣を出た年に長島の網元しとるところからもろうたったい。

湯堂の船回しは、早くから稼業していた者に、坂本吉太郎・嘉吉親子、天草から来た関音次郎、吉浦丑松らが居た。これに加え明治末から大正年代にかけ、**吉永為吉**（明治一八年生、七三・六認定）一族（三家族）、**井上恵松**（けいまつ）（出月・井上栄作のやうち、一六三頁）、**井上喜代松**（明治三四年生、七二・七認定）、**宮下栄松**一族（三家族）、昭和年代になって**浜本用吉**などの船回しが、いずれも御所浦から移住してきた。天草からの船回しの移住者が多かったのは、湯堂の方が天草より荷が多かったからである。そのほとんどは、親子、兄弟、夫婦など家族が乗組員となる小規模の船回しだった。中には湯堂に来てから陸に上がった者も居た。

●**坂本幸の話**（七九年）

湯堂には店て店はなかったっです。おふくろのスヨの話では、油を売る店が古い時代に一軒あったて言う。昔はランプでしょうが。吉永為吉どんが船回しをやめて、大正の終りか昭和の初め頃店を始めた。それで部落の人は、為どん家の屋号を「店」て呼びよった。煙草と焼酎ですね。部落で店はここ一軒やった。ここが昔の村店です。為どんは、御所浦から一家督（ひと財産）持って来たっでしょうね。道上に二階家のちゃんとした家を建てた。家を建てる屋敷も畑も買うた。そして村のボスになっていった。為どんの弟の茂一郎（もいちろう）どん（明治二八年生）は、網元の坂本寿吉の妹のジュカ（明治三九年生）と結婚して引き続き船回しをした。為どんの後で、井上恵松どんが道下に太か二階家をつくった。恵松どんは船回しで海に出て行く、残った嫁御のオケラばんが、黒砂糖をカッチンカッチンやって売りよらった。ここ辺はお茶受けにしよった。大きな樽に入れてある。それに金棒を打ち込んでハンマーで叩いて、そして秤に掛けて売りよらった。それで店が二軒になった。恵松どんの子共が、親の目を盗んで黒砂糖をカチッカチッとやって舐めさせてくれたから、近所の子供たちがいっぱい寄りよった。その頃、駄菓子とか白砂糖なんてあるもんですか。

3　会社行き：大正初年以降

さて、日本窒素は大正七年に職工数二〇〇〇名の新工場を建設した。空前の規模の雇用が創出されたわけであり、嘉吉の話にあるように、湯堂の青年たちもその多くが会社に入った。

●**坂本スヨの話**（七九年）

会社を建てるときは、俺共がトロ押しに行って地開きしたっぱい。建ってしまうまじゃ、湯堂からも月浦からも女共みんな行ったったい。日給は二五銭じゃった。三年ケ浦の辺りで、回転まんじゅうの何の売りよらったったい。一個二銭五厘でそれを買うて食えば、「たったこしこ(これだけ)しかなかがね」て言うつ、戻って来よったっばい。

建ってしもうつ、職工ばうんと雇いしかかったでな。会社は居るしこ(だけ)は使いよらったで。清市は船乗りをやめつ、会社に入ったっじゃった。加田野友吉・次助どんは、会社に入らんがため、薩摩から兄弟で湯堂に来らったっぞ。

●坂本嘉吉の話（七五年、『漁民』）

新工場ができてから、湯堂はまたどんどん増えたったい。天草は仕事がなかろうがな。水俣に来れば湯堂からでも会社に通われるがな。天草から湯堂に来れば大楽(たいらく)のことじゃがな。会社目当てに縁家(えんか)頼って、天草から引き上げて来てさい。それで湯堂は縁家の固まりじゃもん。こっち来てこっちの子供をもろうたりすればまた縁家になるしてな。銭持たん者な、掘建で一時しのぎしてな。人間の増えて、「ありゃ誰な?」て、言うごてなったったい。そうすると知った者が、「ありゃ、どっから来らったっじゃが」て、教えるわけたい。「ありゃ、そうな」て。大正末には、六〇戸ほどになったろうわい。

そりゃ、入人の増えてよかったて、思うたつな。私共が子供の頃も、青年時代も、角力の賑(はず)みよったが、湯堂は青年の七、八人しか居らず茂道に勝たんじゃったもんな。茂道には強かとのぶん、若っかとのぶん居ったでな。それが私共が弟の連れになったら、湯堂も丈夫かとの出来てきたったい。それも、入人のお蔭でもあったつな。

会社目当てによそから来た移住者を除き、大正時代に湯堂で新工場に入ったのを確認できるのは、次の一〇名である。ここに出てくる人と親の名前は、明治時代に湯堂に住んでいた本家と分家の人たちである。

坂本清市、山内義太郎と忠太郎（明治三三年生、七三・一〇認定）兄弟（坂本幸市兄弟山内庄太郎の子）、田上清太郎（明治三四年生、七二・七認定、前島勝次の子）、岩下吉作、川中定作（川中三記太郎養子、岩下吉作弟）、山下八百喜（坂本初次兄弟山下熊次の子）、倉本徳次（明治二九年生、七三・一認定、前島勝次の子）、吉浦鶴松（明治三〇年生、七一・一二認定、丑松の子）、吉田清次。

一〇名もの村の青年が会社に入れば、網元の網漁にとっても、一本釣の釣漁にとっても、大変なマイナス要因となったことは明らかである。新工場は、湯堂の将来を変えた。第一部の月浦村でみたように、半農半工形態をとる場合、農業は今日植えて明日成る作物はない。体はきついものの三交替勤務であれば、一人の人間が半農半工をしても別に差し障りはない。これに対し半漁半工形態をとる場合は、事情が異なる。漁業は、どんな漁種であってもその日勝負、それも潮時勝負である。そこで一人の人間が半漁半工をすれば、可能な漁種は限られ、両者はバッティングする。その結果、半漁半工は、親は一本釣、子供は会社行き、夫は会社行き、妻は網子というように、家族内分業の形をとることになる。湯堂に「半漁半サラ」という言葉がある。サラは勤め人の意で、会社でも下請でも何でもよい。「一家に半サラが居らんば、漁業だけじゃきつかもん」と、村人たちは言う。半サラのいない漁師や網子は、村外に僅かなごないか畑を借りてでもカライモぐらいはつくるところが多かった。これは半漁半農とまではいえないが、中には坂本福次郎家のように本格的な半漁半農の家もあった。ただし数軒である。こういう家では半漁半工と同様、男は漁、女は百姓という家族内分業の形をとった。

大正時代の湯堂の一〇名の会社行きをみると、会社の生活も決して安定したものではなかった。岩下吉作は、家が困って会社に入ったわけではなく、「あんまり太郎も次郎も行くもんやって、俺も行ってみた」のであり、過酷な労働と低賃金に嫌気がさして辞めてしまい、丘陵地帯の山から出る薪木を船積み場まで馬で運ぶ仕事をした。また新工場の石灰窒素係に入った人が多かったのだが、石灰窒素製造は間もなく廃止になり、坂本清市ほか数名は新潟の直江津工場（信越窒素肥料㈱）に転勤を命じられた。坂本清市たちのその後をスヨに聞こう。

●坂本スヨの話（七九年）

直江津に行ったのは昭和三年やった。湯堂から清市、山内義太郎、吉浦鶴松、三、四人行ったっばい。出月の村山末吉（一九八頁）もぞ。そしたらまた直江津の工場が廃止になって、辞むるか、朝鮮に行くか、どっちかやった。

岩坂清（政次の子、増太郎の弟）が、「ボラの釣るっとぞー、早う来んかー、もうどしこ（どれだけ）銭の貯まったな」て、何遍て手紙をやってたい。「戻ろい。銭もこしこ貯まったもね。よかがね。もう来たしこはあるがね」て言うつ、昭和五年に湯堂に戻って来たったたい。鶴松もぞ。清市はいっちょん魚釣りはしたことなかったっじゃもん。戻ってきてから船つくって、岩坂清からボラ釣り習うて、漁師になったったたい。鶴松も、戻って漁師たい。俺の弟の田上清太郎は、直江津には行かんじゃったばってん、水俣工場から「朝鮮に行け」やった。「おら、朝鮮にまで行くごたなか」て断って会社を辞めつ、こんだ清市からボラ釣り習うて、これも漁師になったったたい。

一〇人のうち少なくとも三人は漁師になったことになる。この人たちは明治三〇年前後生まれ、その息子たちは大正一〇年前後生まれである。この世代の青年たちは、漁師をする気はさらになかった。その目は会社に向けられていた。その会社の状況をみると、昭和初めから六年までは新規採用はほぼ全面中止、七年から酢酸工場の開始に伴い少数の職工を採用したが、一二〜一三年頃までは数十倍も応募者が押し寄せるという有様だった。一四、五年以降は、戦争の激化に伴い職工がどんどん兵隊に取られて人手不足になり、誰でも会社に入れるようになった。清市の子坂本幸、福次郎の子坂本武義も、昭和一〇年過ぎに会社に入った組である。

●坂本幸の話

親父の清市は、新潟から帰って来てこちらには財産なんて何もなかった。退職金を幾らかもろうて来たっでしょう。婆婆を見てきとるし、わりと頭がよかった。

「あそこは退職金をもろうて来とらすから、金借りに行こう」

「あそこに行けばイノシシ（一〇円札、裏面中央にイノシシの図柄が入っていた）持っとらっで」

一〇円札が珍しかった。村の人たちが親父を頼りよった。どこも生活が苦しかったけん。食うて行くのがやっとやったけん。

入ってくれば使うてしまうのが漁師村の慣習だった。うちの親父にみんな金借りに来てる。親父が村の駆け込み寺だった。親父は低利の三分ぐらいで貸しよった。昔は五分が普通です。岩阪若松どんも、うちの親父に借りに来よった。網は簡単にはいかん。獲ればよかばってん、網子を抱えてるでしょう。網子が親方に借りに行ったりするしな。

親父は、一本釣の他に百姓と山をした。山というのは、人の雑木山を買って薪物に伐って出す。人に好かれて、村の世話役になっていった。仲人とかも大分やってきてる。

わしは大正一五年、尋常小学校入学です。その頃は、女の子なんて、そりゃもう三年か四年でほとんど行かん。行きたいんだが、自分の弟や妹を背負うたり、子守りしたり。六年出ればよかとこやった。わしの妹も小学校五年まで出てやめとる。この部落で女の子で高等科に行ったのは、わしの同級生で岩坂清さんの子カオル一人しか居らん。

わしは袋小学校一年生のとき、袋の田上英雄（会社行き、後で市議になる）と張り合ってトップやった。二年生のとき直江津に行って五年生のとき水俣に帰ってきた。そのときはわしが大分落ちて差がついとった。卒業するときは、品行方正だけはもらった。学力優等、品行方正てあった。

小学校のときは麦飯を持って行きよった。野川のケイ吉どま米の飯を持って来よった。それで、俺共恥ずかしかったっじゃっで。後から弁当は持って行かずに、学校から山越えして帰って来よった。ある物を食うて、また学校に走って行きよった。

わしは、それから高等科に行って、卒業したのが昭和九年。その頃は就職難でとにかく仕事がなかった。半年間大阪に行ったばってんうまくいかずに、親父の一本釣の手伝いをした。ボラ釣にタチ釣にアジ釣ぐらいが主やった。あとは、天草、長島の方に行ってタイを釣ったり、米ノ津の沖の桂島に行ってカレイ、コチを釣ったり。湾内じゃ、わし共ほとんど釣っとらん。黒ノ瀬戸を出るとカマクラの灯台てある。そこ辺りをイトヨリとかハンタとかコダイとか釣って、長島を一回りして、牛深との間を通って帰ってきよった。干潮のとき黒ノ瀬戸を出て、満潮のとき帰ってくる。二、三日泊りがけで。クド（かまど）と釜と水を積んで。そしこ（それだけ）ありゃよかでしょうが。一遍な、桂島の沖で櫓をポキッてツン折った。まだ子供やっで、波に合わせ切らずに、波でこねたったい。櫓は一本しかなかでしょうが。どげんもできんがて、帆で帰ってきた。帆はマギリ（風を斜めに受けて進むこと）て、向かい風でも行かるっとですよ。櫓は、体を真っ直ぐにして体ごと海に突っ込むようにして漕ぐんですよ。腰を曲げて漕いだことなら船が延びん。

親父と一緒にいつまでも魚釣りする気もないし、どげんかして会社に入らんばんて、合成係の試験を受けたばってん、すべった。森下軍喜という酢酸係の社員が遠縁になっとったもんで、「どげんかしてもらうわけにいかんどか」て頼んだ。「まあ酢酸係の試験を受けてみろ」て。昭和一二年に一一二人受けて一三人採った。コネなしに、金なしに会社に入れん時代だった。口頭試問は課長の橋本彦七さんだった。「あんたは兄弟のお金」てはっきり言わったのを今でも覚えとる。昭和一三年正月に職工になった。その時分は、会社行きていえば一級たいな。米ノ津の広瀬橋の上で弁当箱振れば女が寄って来るて言いよった時分やってな。あと、一級ていえば市役所ぐらいのもん。そのとき、わしが一八か一九か。湯堂の会社行きは、若っか者なまだあまり居らんかった。坂本武義が二年前に入っとったですね。年輩の人たちが五、六人行きよった。新工場時代に入った山下八百喜どんはもう定年で辞めとった。

給料は入社したとき七〇銭、職工になって九〇銭。その頃、カーバイドの臨時工も九〇銭。加田野春義（加田野次助の子、大正九年生）、坂本常記（福次郎長男、明治四四年生、七五・一二認定）はカーバイドの臨時工で、わしよりちょっと後に本工になった。一年ぐらい後から会社に入る若っか者がどんどん増えた。湯堂で一〇人以上居る。給料は毎月貯金して親父に全部やった。それが長く続いた。入った翌年の一四年に乾性肋膜炎をやった。結核の一歩手前。わし共が年輩は大抵しとるですよ。約七カ月ぐらい会社休んだ。その頃は六カ月休めば会社から「首！」て来よった。で、六カ月前に延命のためちょっと出て、七カ月めから会社に行った。

わしのイトコが大阪に居って、キリスト教の信者で洗礼を受けていた。わしにも大阪に来んかて誘われたが行かなかった。『一粒の麦』とか、『東雲は瞬く』とか、賀川豊彦の出した本があった。肋膜をしてから、そげんした本を片端から読んだ。信者にはならんかったけど、昭和一七年頃、水俣に賀川さんが来たときは聞きに行った。新約聖書も読んだ。それから物を書いたり読んだりするのが好きになった。日記も若いときからずっとつけとっとです。

昭和一五年が徴兵検査。甲種、第一乙種、第二乙種、丙種てあった。坂本武義ともう一人が甲種合格。ふつうは第一乙種合格。わしは病気上がりだったから丙種合格。わしには赤紙でなく白紙が来た。教育召集で熊本の輜重兵。馬の蹄鉄打ち。馬は全然扱ったことはなかった。水俣から三人行った。佐賀、鹿児島、大分、宮崎……全部で五、六〇人。一日に七つか八つは頭を打たれよった。叩かんと魂が入らんて。三カ月居て、一期の検閲を済ませて帰ってきた。除隊のとき、「お前たちは軍隊に来んでもいいような職種だから、召集はないだろう」て。自動車部隊であった。もう要らんわけですよ。二カ月もせんうち大東亜戦争。本当に召集なし。わし共が同級生はほとんど行っとる。わしだけ行かんごたるふう。わしより体の小まんか、弱かともみんな行っとる。湯堂で戦死・戦病死したのが一〇人近く居ます。

4　みかん山：大正末期以降

湯堂の主な生業の四つ目は、みかん山である。土質が赤土で海風が当たる湯堂の傾斜地は、みかん栽培に絶好の適地といわれた。大正時代の末に、マチ、丸島、袋の分限者がそれぞれ湯堂にみかん山を拓いた。昭和年代になると、よその人がその一部または全部を買ったり、新たに拓いたりして、みかん山経営者が五軒になった。

図8に一九四〇（昭和一五）年頃の湯堂のみかん山を示してある。その面積の合計は、部落の総敷地面積を優に超えている。湯堂村にとってのみかん山の意義は二つある。一つは、支配層になる人材が増えたことである。五軒のうちの一軒である城山敏行は、戦後自民党の市会議員を三期（四九・四〜五九・四）務め、村のドンになった。敏行の奥さんのハルエ（明治三八年生）は産婆さんで、この辺り一帯の村々の赤子を三〇〇〇人からとりあげた人である。困った家からはお金を取らなかったという。もう一つは、戦前は家族経営だったものの、戦後は季節人夫を雇うようになったので、貧しい村人たちの現金収入の一助となったことである。湯堂のみかん山の話を前田静枝と西アキエに聞こう。

●前田静枝（大正五年生）の話

私はマチの浜町で生まれました。父は軍人上がりで海軍の少尉だった。父の兄が浜で常盤屋旅館をしとった。当時の水俣の一等旅館です。父は前田正敏。水俣で軍人ていえば、うちの父が一番偉くて在郷軍人の会長をずっとやっていた。式があったりするときは、立派な帽子かぶって。今もその帽子はあります。うちの帳簿は、「海軍さん方」てみんなが言うとです。「海軍」ていうのがうちの屋号みたいになっていた。

母は前田タヨ。広島の人です。きょうだいは男六人、女二人の八人。私が下から二番めです。常盤屋の一族が旦那気分で、ここの山を全部、月浦の人とか一四、五人の持ち主から買い上げたんです。人夫を使って開墾させて、みかんとか柿とかリンゴとかビワとか植えた。みかんが二町歩ですね。父は浜から馬に乗って湯堂に来よったそうです。こっちに誰か人夫頭を決めて、人夫に言うて、

「ああせえ、こうせえ」て。

この家は、番小屋やった。戦後、私の代につくり替えました。それから父は湯堂に移ってきた。湯堂のみかん山はうちが元祖です。私が来たとき（大正一二年頃）は、拓いて小さいみかんの木を植付けてあった。その頃は、みかんがない頃です。みかんが重宝がられて、薩摩辺から若い娘さんたちが米を背負うて来て、

「みかんとかえてください」

て、しょっちゅう来よったです。

ここに来たとき、私が七つぐらいです。私と弟と上の姉と真ん中の戦死した兄と四人一緒に。学校は、いっときばかり袋小学校に行きました。後は市役所の隣の第一小学校に歩いて通うた。一時間半じゃ行きつかんですよ。今の者が行くですか。一年生ですよ。長男は、医大出てから和歌山県の衛生部長やって、神戸で定年して終わりました。四、五年前に亡くなりました。次男は、コダマて父の弟の叔父のところに養子に行きました。

図8　湯堂のみかん山（1940〔昭和15〕年頃）

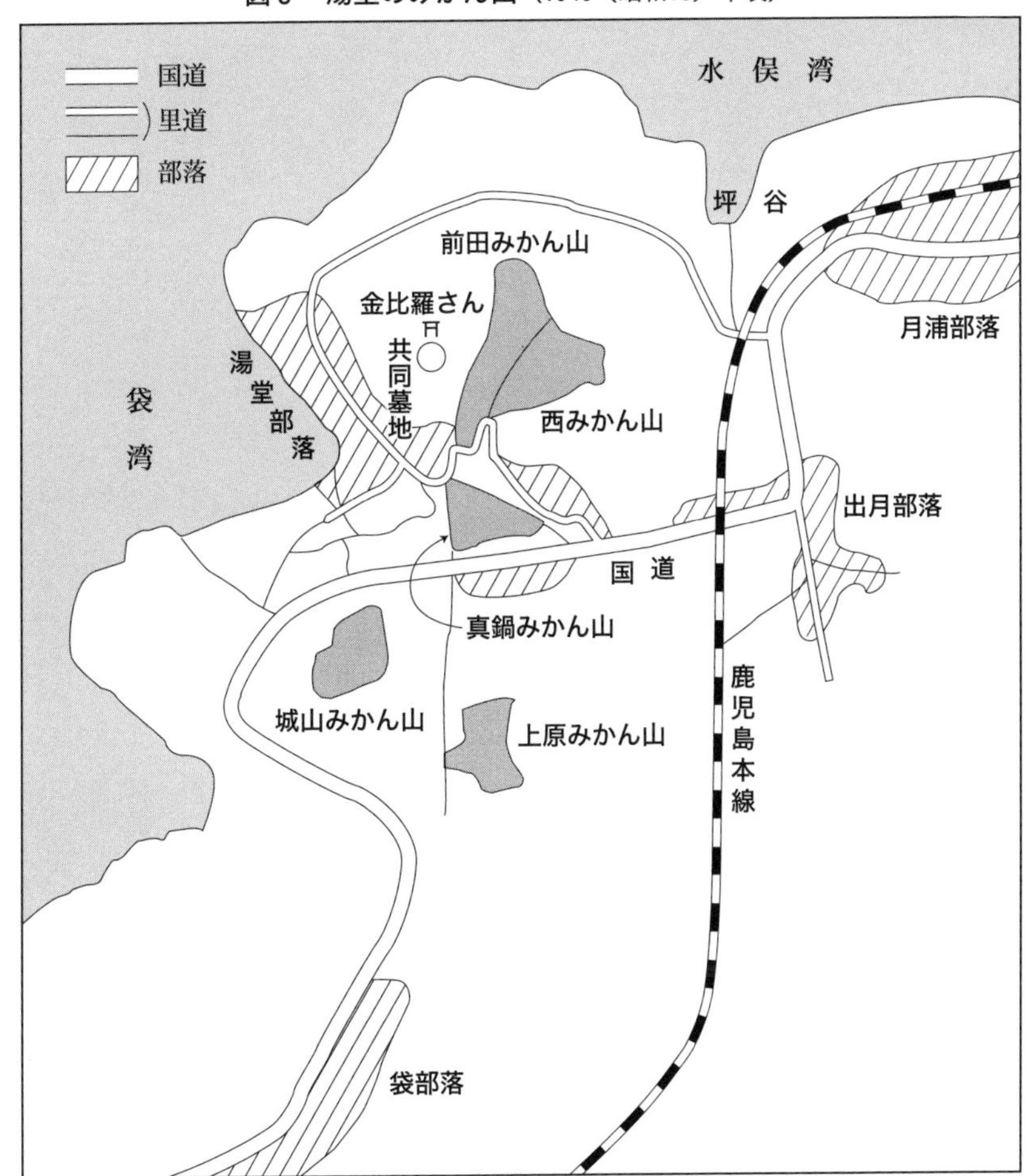

叔父も医者で、広島県の呉に病院を建てとったです。三男は耳鼻科の医者です。上の兄たちはそうやってみんな外に出ました。

父は大体体が弱かったらしいです。叔父のところ、呉に入院しとったらしいです。私が小まんかとき、汽船で梅戸に来て、母のタヨが私たちを連れて迎えに行った。覚えとります。汽車なんかなかったです。父が弱いから母が苦労しよった。それで昭和の初めに、みかん山の半分を米ノ津の西さんに分けました。

私が女学校を卒業した年、父は六九歳で亡くなりました。私が一七歳ぐらい（昭和八年頃）。間もなく戦争です。男の人は戦地に出ていくし、弟はまだ小さいし、結局、私がみかん山を引き受けてせにゃ、どげんもできんでしょう。後を引き継いでね。母は私任せです。八〇で亡くなりました。

その頃は窒素がどうか、燐酸がどうか、肥料配合するのがわからんでしょう。それを勉強して、いろいろ自分で考えてしよったですけど。みかんに掛ける殺虫剤を、以前は自分でつくらにゃならんとですよ。つくって掛けても薬害が多かった。薬から肥料から自分でこさえてしよったです。

品種は温州ばっかり。それにワシントンネーブルを入れた。ネーブルは、ほら見てご覧ね、表彰まで受けました。昔はネーブルは高級品です。今はもうネーブルはガタ落ちです。デコポンとか、ほかの種類がどんどんできてきた。

私たちは鹿児島の市場に、朝、リヤカーで駅から一〇箱ばかりずつ送りよったです。今は段ボールですが、自分で木箱をつくって、ネーブルの玉を揃えてきれいに包装して、詰めて送りました。今日送れば、明日の朝の競りにかかるでしょう。電報が来っとです。

「責任持って売る、どんどん送れ」

味がいいらしかったです。

温州は自分で販売すっとです。袋の人たちに何貫か分けてやれば、リヤカーで売ってされいて、また買いに来る。私はその間に、町の店屋に卸して歩くとです。そうして販売しよった。最初は貫単位でした。自転車の尻に箱で積んで、ずっと注文取って回って、空いたところへ入れて。店卸です。最初から売れ残ることはなかった。大成功です。

その頃はみかんが実らんとですよ。みんな下手だから、技術がないから。技術がだんだん伴ってくるから収量が増えてきた。今のようにすれば、その頃はみかんも大分穫りよったでしょう。昔は、剪定とか自分の我流でばっかり。部落の子供がよう盗りに来よった。見つかれば、怒って怒り散らかすとですよ。そうすると、山の中にパーッと逃げっとですよ。

戦後は、大きな商人と取引です。もうキロ単位ですね。大口のセーパ商店とトモオ商店と、大きな青果を扱う商売人がよう買いに来よったです。そすと、卸売のキリシマ商店が一切私のミカンは売ってくれよったです。顔は悪いけど味がいい。それで、

「前田さんのところのミカンを買ってくれ」て、小売りの店が言うそうです。いくらでも販売してくれよった。売れ残るどころじゃないです。まとまった金を持ってくる。

それでみかん山を倍の二町歩に広げました。水と薬を動力で送るように全部配管した。それが一〇〇〇メートルぐらいある。一番初めはヤンマーの発動機でしたもんね。それが女の力じゃ起こしきらんとですよ。こんだ電気に変えた。その頃に思い切って進んだことをやったわけです。遅くまで取っとくと値段がいいからて、二間×一〇間、三〇坪の大きな冷房の貯蔵庫をつくりました。部屋を五つに仕切って、両方ずっと棚になって、うち三部屋が冷房。何度かにセットして。四月頃まで持っとっとです。

普通自動車の免許を昭和三二年に取りました。水俣で紅一点です。最初は、前に発動機がついて後がリヤカ

ーの耕耘機です。前二輪、後二輪。袋の郵便局の山田さん、ここの西さん、私の三人、耕耘機に乗ってトットットて行った。昔の公会堂で試験受けて、白浜で実地検査ですよ。軽の免許でくれたです。それで軽自動車を買うたわけです。普通免許じゃないからまた駅裏の自動車学校に行ったです。一〇人ばかり通って、免許取るため汽車で松橋（熊本市の近くの地名）に行かなきゃならんとです。みんな汽車の中で眼鏡掛けとって勉強の仕方。私はそんとき眼鏡持ってくるのを忘れたっですよ。こらいかん。で、私一人だけ八代の駅で降りたです。運のいいことに駅のそこに眼鏡屋があった。そして、度を合わせてもらって、タクシーを飛ばせて松橋まで行った。私の方が早かった。

今、他人の土地は通らないんです。園内は全部自動車道路で、至るところに行かるっとです。行き戻り、歩いて行く必要がない。園内はナンバーを外したので行きます。外に出るときは、ナンバーをきちっとしたのに乗る。乗用車一台、トラック二台、園内用のが三台あります。自動車が一番ためになりました。

●坂本幸の話

前田さんには部落の者は、「常盤屋の旦那」て言いよった。わしは小まんかとき、「旦那さん」だけ知っとって、前田て姓も知らんかった。前田さんのみかん山は、金比羅さん（村社）の上ですもん。わしが小学校二年生のとき（昭和二年）、五、六人で金比羅さんにたむろしとって、六年生のボスの命令で皆でみかんをヒッちぎりに行った。ヒッ捕まって、「名前を言えばお前だけは許してやる」と言われて、ペラペラしゃべってしまった。なんの、ことわけに親父たちが行った。その頃のみかん山は、そげんやかましかった。

●西アキエ（大正一二年生）の話

主人の両親が、米ノ津で田んぼが一町ぐらいあったのを三分の二ぐらい売って、昭和二年にみかん山を前田さんから買って、湯堂に来られたんだそうです。みかん山が一町歩、木が五、六年生だったそうです。そのときのお金で三三〇〇円だったておっしゃったです。

結婚したのが昭和一五年です。もうそれこそ戦時中の兵隊妻でですね。兄が教職についておって、私は女学校終ったばかりだったんです。三月に卒業して一二月に来ましたので。満一八歳と一〇カ月ばかりでした。主人は、ちょうど支那事変から帰ったところだった。陸軍中尉でした。結婚させて行かないといかんということで、さあさあで、突貫結婚だったんです。私の兄貴と中学生のときに同期生で、それほど知り合いでもなかったんですけど、仲立ちさんが一週間ぐらい入り込んで、とうとう二分間ばっかしの見合いで、ここに来たんです。お父さんの名前が西甚左エ門、主人は次雄です。

私が来たとき、木は一二年生と一八年生ぐらいでした。今の広さです。そのとき一町五反です。義父と義母が五二と四七とおっしゃいましたから、まだ元気がよくて、一生懸命やって五反広げられたんですね。木が小さかったから仕事もしよかったでしょうけど、ものすごく頑張って草を取り続けたとおっしゃったです。それで、草一本生えずにね、ほんとうのきれいなみかん山だったんです。若木だから全然枯木もなくて、よく成ってくれよりましたです。

お父さんは、私には、仕事は薬剤散布のときだけでいいからとおっしゃったんですけど、女中、下男雇うとったもんですから、草を取ったり一緒に仕事させてもらううちに、かれこれ百姓も手につきました。私は剪定も何も知らなかった。百姓も初めてです。女中は、子守がてらということで長島から雇っていた。一七歳ぐらいだったですかね。食わせて、作業着着せて、年三〇円だったと思います。下男は、長島とか出水の田舎の方から来てくれてなった。それが年五〇円ぐらいだったでしょうか。

温州みかんとネーブルですね。ワシントンネーブルが二反ぐらい。ネーブルは高価品で、みかんとすれば倍以上高かったんです。柑橘の王様だったですね。前田さんも少しつくっとられましたけど、ネーブルはうちが主でした。戦時中、皇室に二回献上したことがあります。温州みかんが一〇〇匁が一円だったです。戦前はほとんど市場がなくて、売り商いですね。出水駅の弁当屋とか、水俣の福田さんとか、あの人たちの引き合わせで出したらしいです。出水に持って行くときは、一〇〇貫（四〇〇kg）ずつリヤカーに積んで、押したり押されたりして夫婦して持って行ったとおっしゃいますよ。捌け口がよかったんでしょう。

戦時中は、他のところには出されなくて、茂道にあった海軍の施設部に出してなさったんです。それがずっと年二万円ぐらいの収入。お父さんの話では、一年に二万円上げたらみかん山は安泰だということでした。必要経費は半分もかからなかったと思います。人件費は、下男と女中に払うだけです。

お父さんは、米ノ津の売った田んぼを取り戻すという気持ちがあったんでしょう。ここのみかんの儲けで向こうにまた田んぼを一町一反買われました。山が出たからって山を買うたり。私たち家族には、兵隊に行っている主人の留守宅渡しが毎月ありました。それは全然使う必要はなかった。そのままずっと蓄えていました。終戦後になって、このままでは不在地主になってしまうということで、お父さんとお母さんはまた米ノ津の本宅の方に帰られたんです。

主人が終戦直後に復員してきたでしょう。それからずっと主人の経営です。主人も、ようしてつくらんばんねという意気込みがありました。戦後は、あっちこっちから商人の人が自分の店で売るのを大きな籠で三日越しに取りに来よりなさった。一五貫籠てありました。山野とか、大口とか、人吉の湯前（ゆのまえ）辺りまで来よりなさったです。湯前の方は、夜が明ける前、五時頃来よんなった。まだ私たちが寝とっとに、四トン車、五トン車で持って行きよんなった。仲買商人さんだったでしょうね。みんな現金です。みかんは、ほんともう主食以上に見てもらったもんですから、値段も相当よかったんです。ネーブルは一個一個紙に包んで、レッテルも貼って、木箱に入れて、沖縄の方にどんどん送りました。鹿児島から沖縄に行くんです。

戦後は人夫さんです。草取りから、採集から、肥料やりから、ほとんど人夫でやりました。人夫は部落の人です。網子の人が漁の合間のあるときには、

「草取らせてくれ、みかんちぎらせてくれ」

て、来らした。終戦後、アッパッパ、簡単服が流行ってきたから、若い人は、

「アッパッパどん（でも）買わんばんで、雇ってくれんな」

て、来よんなったです。人夫に来てくれた男の人たちは、網に行ってシオシオしとる着物をそのまま着とんなさったりですね。

「お下がりでもください」

て、言いよらしたですよ。

うちもおかげで助かりましたったです。草取りなんかには四、五人雇うて、一週間ぐらいかかりよったです。四月の八幡祭の小遣い銭取りて来よんなったですから。夏は今のように草は生えなかった。秋の肥料やる頃、また草取りです。年に二回か三回頼みました。平鎌で草の種子もないようにきれいに刈って、その後、二股の鍬でずっと中打ちしていた。手と鍬ですね。

採集のときなんか、少ないときで一五、六人、多いときで二三人おりました。木が大きくなってみかんが成りますから、一週間から一〇日はかかりました。うちは、みかんを貯蔵庫に一〇トンくらい詰めよったんです。こっちは正月出し、こっちが二月出し、三月出していうふうにしよったんです。女日雇（ひゅ）で一三〇円ぐらいでし

た。四、五日働いて、

「おう、五〇〇円取ったたい」

て言うて、喜びよらしたけん。それから一五〇円になった。二五年頃ですね。ずっと働いてくれなる人には、絣（かすり）を一反買って半分ずつ分けたらいい作業着ができるもんですから、作業着をやったりしました。

「一本のみかんの木に二万円ばっかり成る」

て、噂だったそうです。人の話では。いくら景気になってきたからて、どうしてそんなにありましょう。

昭和二六年に、前田さんに二七万円、うちに二一万円の増加所得税が来ました。そのときはびっくりしました。主人と二人でするようになってからの税金ですよね。そんなこと今までなかった経験でしょう。机上の計算だけだったんじゃろうかなぁて、私はいつも言いよったです。来たのは袋で前田さんとうちだけです。前田さんはお母さんと二人だし、うちはまだ子供が小さいし、扶養家族が少なかった。城山さんは男の子供さんを五人、全部学校にやっとったもんですから、扶養控除があったんでしょう。それからずっと所得税がかかりました。市役所の方から全部立ち木を検査して、一本一本の本数を当たって、みかんの収量がこれだけあって、こういう収入になっているから所得税を出してください。全部帳簿に記入しとって、税務署にも二回行きました。主人が軍隊主義で、使うことも飲むこともすごかったですもん。税務査定のあるときなんかは、月浦の人たちとつくっていたみかん組合で寄って、夜はうちとか城山さんのところで慰安会です。二次会まででしょう。そんな調子で徹底して飲みよったです。昭和三〇年頃で、年収五、六百万ぐらいのもんでしたろ。

湯堂でみかん山やっていたのは、うちと前田さん、**城山敏行**さん、**真鍋七蔵**さん、**上原大二**（じょうばらだいじ）さんの五軒です。五軒はお互い独立経営でした。前田さんが一番先にして、うちが追って、それから城山さん。城山さんは袋一番の分限者さんの弟さんです。ご兄弟が多かったもんだから、やうちの山内さんがしてなったみかん山を買われた。ここが一町二反ですね。

真鍋さんは福岡県の八女からおいでた。昭和八年頃、丸島の石塚さんのみかん山を買ったていわるですね。ここが六反以上ありますね。終戦直後の昭和二三年に同郷の田中千年さんに譲られて、米ノ津に行って向こうでみかん山をされた。みかん栽培の指導で名誉市民を取られた。有名な方です。

上原さんは松橋から。「水俣の方はみかんがいい、ブドウもいい」という話を聞いて、大二さんが自分で拓いて、人夫さん入れてつくんなったみかん山だそうです。やはり一町歩ぐらいじゃないですか。上原さんとこは、私の長女と後先に子供が生まれた。奥さんの夏枝さんが、「嫁に来たときはまだみかんは成りよらんじゃった。男の子が二人できたし、みかん山楽しみで働いた」て言わるですね。ご主人が早く召集されてですね、戦死されました。

みかん山の話は戦後にまで及んだ。①漁業は明治期～大正期だけについて述べているので、戦前～戦後については後で改めてみることにしよう。

三　昭和期以降の湯堂の村の姿

次に、昭和期以降の湯堂の村の姿をみよう。その概略を図9にまとめた。

部落のでき方

●坂本幸の話

湯堂の人が持っとる山はいっちょん（ひとつも）なかった。よその人の山ばっかり。それだけ貧乏村やった。湯堂は三つの組に分かれとっとです。先住者が三組、移住者が一組と二組です。

一組は、月浦の松本忠吉さん（子供栄）の山と畑だった。それを拓いて、網元の岩阪若松さんも網子たちも、みんな家を建てさせてもらった。網子たちはここに固まっとる。松本忠吉さんは、土地を売らんかった。土地を買うてことができん。だから今でも栄さんから借りとる人が多い。その先の湯堂鼻側に吉浦丑松さんの山が一山あった。吉浦さんは御所浦から来て、部落からポツンと離れて家を建てた。昔は一組を向（むかい）組といった。

二組のうち国道の下辺りは、丸島の石塚直人さんという分限者の小松山だった。それを移住者がそれぞれ借って拓いて家を建てた。農地解放とかで、今では個人個人の持ち物になった。国道の上は小松山と雑木林で、袋辺りの人たちが持っとった。昔は国道の下辺りを松山組、国道の上を上組といった。

三組は、湯堂居つきの人たち、その分家や養子先の人たちが主です。それで昔は先組といった。三組の人たちの土地は自分の土地です。遠見の海岸端にやはり部落から一軒離れて関音次郎さんの家があった。この辺りはずっと山で、関さんが持っとった。そこから坪谷までの崖上は、何町歩てあるマチの深水（ふかみ）さん（伊蔵（いぐら））の松山だった。

湯堂は国道の坂下にある部落だから、村人にとって最も重要なのは、部落から国道までの道をつくることだった。道、川、井戸、海岸などの村のインフラを調べよう。

●坂本幸の話

道は、湯堂で最初にできたのが、前田静枝さんのみかん山の前を通って国道に出る道。村の人たちが公役(くやく)で出て自分たちでつくっとっとです。ここら辺の道はほとんど公役です。できたのが昭和五、六年頃でしょう。それで荷馬車が初めて部落まで来るようになった。バラスも敷かんガタガタ道です。この荷馬車道はうち（図9の三叉路のところ）が終点やった。うちの前に土橋があった。下が川だった。

その次に、昭和一五年頃に御番所行きの道を広げて、同時に湯堂鼻の方まで延ばした（図9の弓なりの道）。この道が湯堂の銀座通りですたい。タテ道はそのままです。

海端は道がなかった。それで御番所行きの道から海岸に降りていく小まんか道が最初二つあった。後で坂本福次郎どんがもう一つつくったですね。

二筋の小川が部落の三叉路のところで一緒になって海に流れよった。一つは前田さんのみかん山から。もう一つは、タテ道の横が溝やった。国道を横切ってきれーか水の流れよった。小魚でん何でん居りよった。どこか湧水のあっとじゃなかろうか。わし家ン横辺りで広がって、海に出るところで幅二メートルぐらい。わし家ン下が、下に石を敷いて共同洗濯場になっとった。川に降りる段々もつくってあった。よか川やったっですよ。十何年前（一九八〇年代）、川の上にふたをかぶせてコンクリー道にしてしまった。

●岩阪国広の話

私共、小まんかときは部落の川で泳ぎよった。武ンどん家（坂本福次郎家）の椿の木があって、そこに登って川にボトンと落ちたりしよった。ほじれてしもうて深かったっです。

●坂本幸の話

三叉路のところが村の共同井戸やった。戦前、ここ辺りは全部そこを使いよった。年寄り共、井戸端で話がはずみよったですたい。湯堂は水に困ることはなかった。戦後、それぞれ自分の家に井戸を掘って、共同井戸をあまり使わんようになった。昭和三〇年頃は、四、五軒に一つぐらいあったでしょう。御番所寄りの部落の先の辺りは、村のかかりつけ医の徳永さんが「潮鳴水」て名付けた井戸を使いよった。石垣でちゃんとして、碑まで建てて、五、六坪ある。荷馬車道の途中の方は、松田勘次さん（明治二七年生、申請拒否して死亡、第二巻第五章）の下の方に湧水があったですもんな。

幸の話で、海端に道がなかったことは注目される。天草などでも山が海に迫っている村落では、石垣を築き、上が家、下が海というところが少なくなかった。湯堂は出月と違って地下水が豊富だった。戦前井戸のある家がなかったのは貧乏のせいと、共同井戸で用が足りたからである。

●坂本幸の話

部落に沿ってずっと石垣を築いで海です。いつ築いだか知らん。一丈（約三m）ぐらいあるでしょうね。船をつなぐところは、一組の岩阪若松の前の網船のつなぎ場、三組の坂本福次郎家ン前、川中定作家ン前、その先て、それぞれにあった。石垣の下は遠浅で、干けば浜が出てきよった。満潮のときは海やもん。

●坂本フジエの話

俺が昭和二一年に湯堂に嫁入ってきたとき、青年クラブの裏の海は塵捨て場で、みんなゴミ持ってきて捨て

図9　湯堂の組分け・村のインフラ（戦前〜1950年頃）

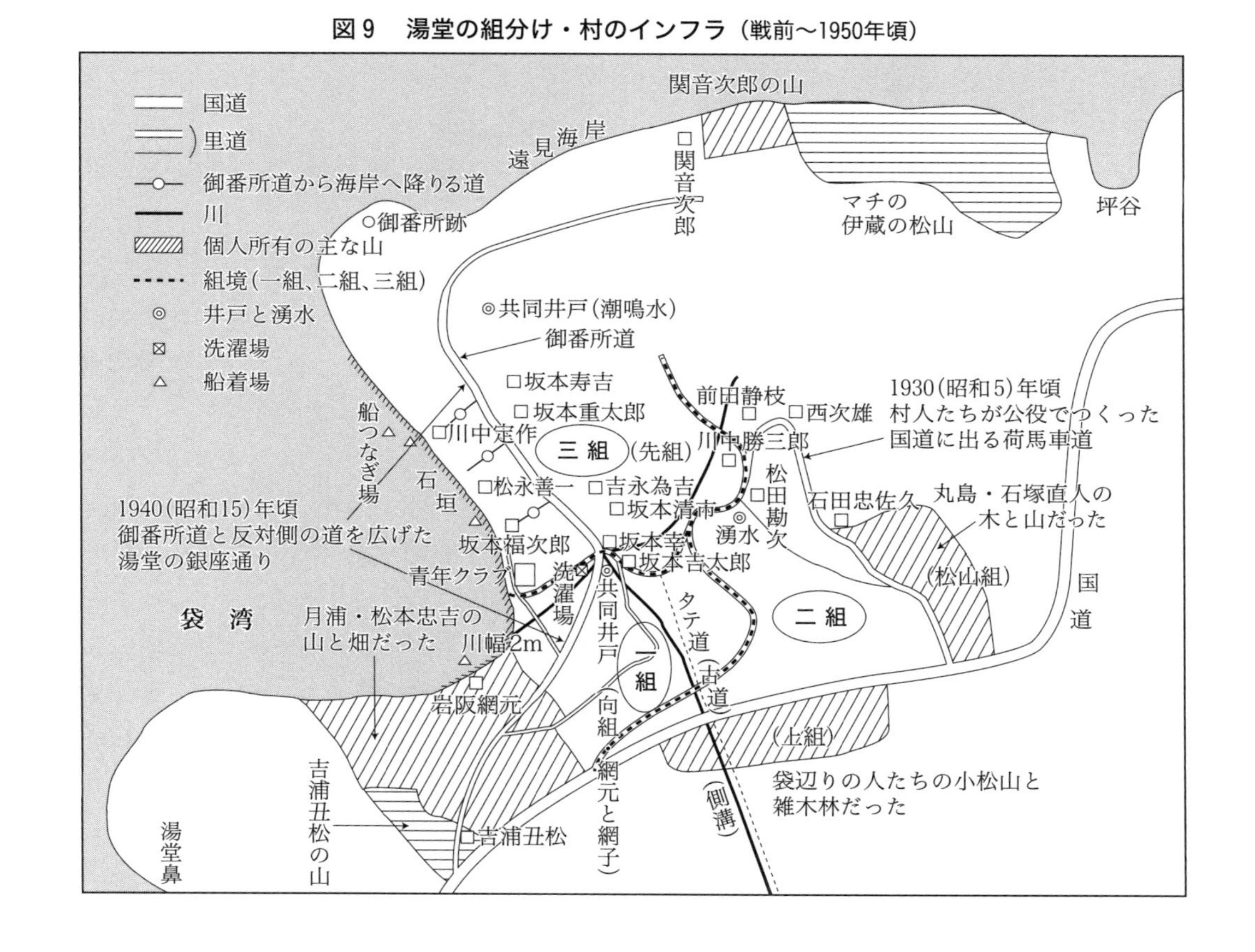

よったがな。残飯も捨てればヤカンも捨てる。あそこは山小積みなりよったがな。潮の引いたときは、汚かも汚か。山の方に向いとるクラブの前を通って、俺家（坂本福次郎家）まで道のあったったい。俺家から先は道はなかったい。俺家の庭、松永善一の庭、川中定作の庭を通って行きよったったい。庭先は石垣で海たい。庭先の下がストンと石垣たい。それで縁を開け放して縁に腰かけとれば、誰っでん通る方、縁に腰かけてしゃべって行きよらったったい。「お茶飲まんな」てお茶飲んだり。

それで、俺が来てから、部落の子供が三人続けて海に入ってうっ死(ち)んだ。一人は、ばさんが網に行たてイリコば湯がいて干しとらったって。三つくらいの子じゃ。それば取って食って手の汚れたもんやっで、手を洗いに石垣に行って海に入った。親が見とらんとたい。「どけ行ったんな」て言いよらったら、海入っとってもう生きらんかったっじゃろ。もう一人は、じいさんばあさんのところに行っとって、ひっちゃげつ(おちて)。三人めの子は湧平(ゆうひら)に浮かっとったな。

●坂本幸の話

石垣から小まんか子が海にひっちゃげれば、自分じゃ上がり切らんで。わしが小学校四、五年の頃も、ちょっとの間に、一年か二年の間に、子供が四人水死したですもんな。

村のおおよその姿はわかったが、湯堂と隣村との関係はどのようなものだったのだろう。

隣村との関係

●坂本幸の話

湯堂は大字月浦字湯堂と大字袋字湯堂とあった。今は「湯堂」じゃけど、戦前や戦後しばらくは「湯道」と書きよった。月浦と袋が親村ということになる。場所割りでなく、自分の親が月浦なら、分家してもそのまま月浦に籍は置いとくというふう。月浦系統が七軒ぐらいあった。ほかは全部袋系統ということになっとった。昔は、税金を別々に月浦と袋に持って行きよった。親父の清市の代から一緒になった。月浦と袋が親村といっても、部落からみれば関係は薄かったですよ。月浦と袋は百姓部落じゃもんな。湯堂じゃ袋はちょっと敬遠しよった。袋の連中は威張っとるて言いよった。田んぼ持ちだから、金持ちだから。袋から湯堂に来たのも、明治初めの山内庄太郎の養子先の家と、後から岩下吉作家どんと城山敏行さん家ぐらいのもん。湯堂は湯堂で独立しとったですよ。出月との関係は、湯堂でもごないか畑を借っとったところがあった。出月に家をつくったりして湯堂から移った者は後じゃ大分居る。

湯堂と茂道は敵同士やった。湯堂でも漁師する人たちはわりと気は荒かった。うちの隣の吉永為吉どんにしろ、先の坂本寿吉どん、坂本重太郎どん（寿吉の弟）、みんな性格は激しかった。そうしないとやっていけん。でも、茂道はその段じゃなかもん。湯堂と茂道は性格の合わん。網元もボラの釣り場所も、湯堂と茂道は分かれとった。湯堂で何か悪かことすれば、「茂道のごたるがね」て言うとたい。そういう湯堂のおとなしさは持っていかんばて、わし共指導しよっとですたい。

●坂本フジエの話

漁師村では、湯堂が一番おとなしかっぱい。茂道辺りは激しかっぱい。湯堂は漁師ていうとが半分じゃがな。

茂道は、ほんな(ほんとうの)漁師部落やろうと思うとる。袋の天神さんの祭には、俺が嫁に来てからも青年団の部落対抗のありよったもん。湯堂と茂道は必ずけんかしよった。俺共よか若っか女の、肩をこげん怒らして来よったもん。茂道者は湯堂を、湯堂者は茂道を敵のごつ思っとっとっじゃろうもん。隣同士で。

●坂本武義の話（大正七年生、七九年）

　俺が青年時代、茂道に行ったこたなかった。あんまり用事もなかったが、あそこには行くごたなかったな。親父の福次郎の青年時代から、漁師の分で、湯堂、茂道、梅戸、丸島、船津たいな、競船(せりふね)の賑わいよったったい。「ユド、モド、ウメド　ヘイヨーヤッサ、ドンドンドン」て言うてな。「ヘイヨーヤッサ」は掛け声、「ドンドンドン」で鐘を叩くとたい。丸島と茂道、船津と湯堂が組んで、必ずけんかたい。昭和の初め頃じゃろ、船津の組がマチの中で丸島者を何人か叩いたってな。さあ丸島の組は黙っとらん。ドラム缶にコールタールをたぎらせて、船津に殴り込みをかけるて騒動になったげな。そんとき丸島の組が湯堂に、「丸島の沖を通れば打殺してくるる」て言うたげな。親父共、船を担いで来たってな。親父の兄御の坂本吉太郎たい、「牛」てし(あ)こ名(だな)で強さも強さ、金比羅さんの鳥居の石柱を一人で担いだ男ていうもん。茂道の組がそこの瀬戸口に船何艘かで来とって、女でん何でん尻引っ張って何の彼の言いよったていうもん。吉太郎が出て行って、「わっ共全部上って来え。来てみろ」て、たんか切らったら、グスとも言わんじゃったて。それで湯堂と茂道は昔から犬と猫やったたな。

　競船は、ふなべりの低い競走用の船に屈強の漕ぎ手十数人、鐘打ちと舵取りが一人ずつ乗り込んでスピードを競う。中国南部から長崎に伝わり、水俣には明治中期に入ったという。競技は川筋をつけかえる前の水俣川で行われた。筆者は一九七〇年代に丸島の網元・江口勘喜から、昭和初めの漁師村の戦争の話を聞いた。漁師の数では、丸島が船津を圧倒していた。殴り込み寸前に船津が丸島に詫びを入れて納まった。湯堂は海上戦争を避け、船を陸路水俣湾奥の百間まで担いで行った。さぞ重かったことであろう。アハハハと勘喜は笑った。船津が水俣古来の、他は明治以降、天草などからの移住者が形成した漁師村であることはすでに述べた。船津対丸島、湯堂対茂道というように、隣合う漁師村が敵関係になったことは、娯楽が少なかった時代の漁師村同士の競技が発端にせよ、漁業という営為そのものに根があるのだろう。

いずれにせよ幸の話で、隣村との関係は「湯堂は湯堂で独立していた」という点が重要である。漁師村の湯堂は月浦・袋の百姓部落とは疎遠、出月とも関係は薄く、同じ漁師村の茂道とは敵同士だった。

四　アカハラと村の戸数推移

さて時計の針を大正初めに巻き戻し、それ以降の湯堂の戸数推移を調べよう。村の人口は、一方的な増加要因だけでなく減少要因もあった。疾病である。明治三三年頃二五戸ほどになった村（二五六頁、岩下吉作の話）を大正二年に赤痢が襲い、また夜這いによる梅毒が蔓延した。

●坂本スヨと幸の話

アカハラ（赤痢）の流行

スヨ　湯堂でアカハラの流行ったとき、俺は一六やったぞ。坂本幸市どん家（げ）は二人死なった。うち（前島勝次家）は罹ったのが二人じゃった。俺共家はまだよかった。川中アシていうとが死なる、うんと死んだったい。アカハラはちょっと治らんで。もう便所にばかり行くごたっとたい。便所に行く前は急くも急く。それで苦しかったたい。「明日は町役場から検査に来るて言うが」て、もう船から海に逃げたりして、そここ、そここ、隠れてされいた者が死んでしもうた。早う避病院（伝染病隔離病舎）に行った者が助かっとったい。うちは一番に姉が行たったたい。人に迷惑のかからんごて早う行かんばて、俺も行たっじゃっで。まだどげんもなかうち、「よいよ、これもじゃっで、早う連れ行こい」て。二カ月ぐらい避病院に居ったろうわい。早う行ったで罹らずに済んどった。幸市どん家の和市は、ウンコはチョロチョロ下にヒッちゃげる方で、魚獲り行かることにして、畑の隅に行たて、ようとしゃっしゃり（ひどく下痢し）よったもんしゃ。

幸　三人罹かって、親父（清市）の兄御の和市と妹のヤナが死んで、親父だけ助かっとる。和市はそのとき二〇歳、親父が一七、ヤナは一五。親父は、「俺、腹の中はアカハラできれーいに流しとっで長生きすっとじゃ」て言いよらった。

スヨ　ここ辺りが一番罹っとっとたい。家の固まっとるで。三軒こうして並んどったで。

幸　三軒で一番家の多かったところや？

スヨ　うん。しめ縄を張って出されんとやった。白灰（石灰）ば振ってしもうつ。

幸　ほとんど軒並みやったってな。あの頃の伝染病は治療のしようがなかった。水俣病とアカハラはどっちが恐ろしかったいや？

スヨ　そら、アカハラが恐ろしかったなあ。ひどかったよー、アカハラは。水俣病は狂うて死ぬ者は死んだばってん、後はそげん急症じゃなかもん。

幸　あんたは、それから清市に同情して一緒になったっじゃて、みんなから冷やかされよったが。幸市じいさん（文久元年生）もその翌年五三で死んどる。残った清市は苦労したという。

スヨ　幸市じいさんは、二時起きたり三時起きたりして、山野、大口まで魚売りの、塩売りのて、行かったったい。博打も打つ、角力もとる、漁師もする、あの人も何でんしよらった。清市がな、じいさんのタスキ（借金）を持ってさるかったっじゃろ。吉太郎どんの運搬船（二六三頁）に乗ったて言わる。苦労しとっとたい。結婚したとき、清市が二二、俺が二〇歳やった。

夜這いと梅毒と十八ガサ

スヨ　俺は兄弟は多かったっばい。早う五、六人死んどっとばい。赤子で死ぬ、子供で死ぬ、若っかとき死ぬ、昔は死ぬ者が多かったで。生きたとが男が三人、女が二人、全部で五人けね。俺家（おるげ）の暮らしはそげんきつうもなか、あんまりようもなかったったい。俺は学校に行ってよかったっじゃばってん、甘えつ、いっちょん行かんと。たった一日行った。たった一日、学校というところに行った。オシカが連れに来よったもーん、一日しゃっち（しゃにむに）連れ行った。行かずに、よそん方の子供でん（でも）遊ばせつ、遊んどりよったったい。その頃は女ン子は、ちょっと年の来れば口減らしに子守の何のあちこちやりよったっばい。

一五になれば、若っか者（青年組）に入らんばんとやったもん。女も男も若っか者の宿に小積まっとりよった。うんと居るもんか。ご飯はわが家わが家で食ぶっとたい。嵐のあったときの分、女たちのせしかいよった（炊き出しをした）ったい。そげんしよった。女はされかんばってんなあ、男はされきよったよ。クズノハ（坂口）辺りから遊び来よったて言うで。

幸　漁師原（ばら）（漁師部落）は、夜這いのものすごく流行りよったな。それで男が梅毒を感染させたり。年寄りのばあさんたちから、あの人もやった、この人もやったて聞くもね。じいさんたちの話は、あんまり聞かんなあ。女は寝る相手が誰彼てなかもんな。

スヨ　そげんことはなか。なかったばってん。

幸　梅毒は治らんもんなあ。

スヨ　医者どんの居らったよ。マチに深水さんもござる、徳永さんもござる。治療しよらった。トウボウガサ（瘡）て言うごたった。

幸　十八ガサて言うて、梅毒子（先天性梅毒）がうんと居った。うちのすぐ前、兄弟二人共やった。あの子はそれこそブンブン蝿のたかって、どもこも寄ってつかれんじゃった。十八ガサは、十八にならんうちきれいになってしまうからな。嫁さんもろうたりして。◯◯さん方にも居った。二番目の子け。

スヨ　たいがい居るよ。△△家ン子はみんなたい。頭子はひどかったが、後じゃきれいにしとる。

幸　一本釣の□□さんも梅毒やった。あそこの子供の一人は、トラホームじゃろか、目の悪うして見えんごとなったがな。トラホームも多かったな。医者どんな、金のなかところはあんまり診察してくれんかったろ？

スヨ　いんにゃ、そげんことはなかった。銭でんうんと持った者な、一遍に払うて来てもよかっじゃばってんか、みんな貧乏やっで、医者どんが「いっぺんに払わんでよかが。盆正月によかよ」て言いよらった。払いが残る者な、歳暮に魚持って行く、そーめん持って行く、しよったったい。医者にかかるときがきつかりよったんなあ。

大正六（一九一七）年の戸数：三五戸

アカハラは、村人たちを恐怖させた。そこで村人たちは、金比羅さんを勧請してきて村の上の丘に村社を建てた。金比羅さんは魚身で蛇形、尾に宝玉を蔵すといわれ、航海の安全を守る神さんである。湯堂にふさわしい神さんであったろう。筆者が九九年にお参りしたとき、月浦の山ノ神さんの社よりずっと立派だった。昔は、角力の方屋と二五軒分ほどの桟敷があったという。村を挙げての大事業であったに違いない。村の共同墓地は金比羅さんの下にあった。坂本喜代次（寿吉の親清次郎の別名）と坂本初次の土地を村人たちが買って墓地にしたのだという（坂本康哉の話）。神社と墓地の位置を二七五頁の図8に示してある。鳥居に大正六年奉納とあった。境内に三六名の村人と村社を建立した業者と思われる五名の名前が刻まれている質素な建立記念碑が建っていた。碑文は次のとおりである。

村社建立記念碑（大正六年頃。括弧内とゴシックは筆者）

世話人　**坂本留次**〔福次郎の別名〕、**坂本喜代次、坂本吉太郎、岩坂**〔正しくは阪〕**若松**

金四円　井上仁八

金参円　吉永亀太郎、坂本留次

金弐円五拾銭　坂本吉太郎

道寄進　坂本福太郎、吉永筆松

金弐円　坂本喜代次、関音次郎、吉永為吉、岩坂若松、坂本徳次、森下松太郎

金壱円五拾銭　松田恵八、前島勝次、山内庄太郎

金壱円　坂本清一〔正しくは市〕、坂本吉次、岩坂栄、片野〔正しくは加田野〕友吉、岩坂増太郎、関和市（わいち）、坂本初次、吉浦丑松、川中三記太郎、岩坂三平、川中七造、緒方福次、岩下三太、倉本徳次、山岡六市、山下熊次、井上恵松、中村貞吉、岩坂清、荒平三次郎、中元〔正しくは中本〕鉄次

村の全戸が寄進して建立したとみられる。坂本留次は福太郎と同居なので一戸減らし、このときの村の戸数を三五戸と推定してよいであろう。明治三三年頃の二五戸からの増加は約一〇戸ということになる。
世話人の四人がこのときの村のリーダーだったのだろう。坂本留次は半農半漁、坂本吉太郎は留次の長兄で船回し、坂本喜代次と岩阪若松は網元である。道寄進の坂本福太郎と吉永筆松（吉永為吉のやうち、二六〇頁の県税漁業等級議案では雑魚釣）は、村社までの道の地主である。

寄付金は四円（一人）、三円（二人）、二円五〇銭（一人）、二円（六人）、一円五〇銭（三人）、一円（二一人）で、総額五〇円（三四人）、最高と最低の差は四倍である。村の中での経済格差はそれほど大きくない。米価換算で、当時の一円は二〇〇〇年では約二〇〇〇円に相当する。
三五戸の本家・分家の別、出身地別、職業別などを坂本幸に教わった。

〈本家・分家の別〉（三五戸）
本家が二三戸（うち新たな養子先三戸）、分家が一二戸である。分家は、兄弟分家やよそから一族で移住してきた家が多い。

〈出身地別〉（本家二三戸だけ）
湯堂生え抜き七、御所浦・天草七、田浦二、薩摩一、近村（月浦、袋、野川）六である。移住者は一六戸に上る。

〈職業別〉（三五戸）
網元二、漁業（一本釣・網子）一七、船回し七、会社行き四、百姓二、店一、不明二である。網元・漁業一九戸（五四％）と船回し七戸（二〇％）で、全体の七四％を占める。会社行きが増えるのはこの後である。

昭和一六（一九四一）年の戸数：七八戸

次に湯堂の戸数がわかる確かな資料は、大正六年頃から約二五年後の昭和一六（一九四一）年に建てられた湯堂青年倶楽部の建設記念碑である。碑銘に「皇紀二千六百年集會場新築紀念」とある。倶楽部建設のいきさつは次のようなものであった。

●坂本幸の話

以前の集会場は、網元の若松やん家のすぐ上にあった。六畳一間ぐらいの粗末なもんやった。若い網子共が寝泊まりして、そこから網に行きよった。「よか青年倶楽部を建てよい」ということになって、「ここまで陸を延ばそい」て、部落で海を勝手に埋立てて建てた。それで今でも無番地です。玄関が今とは反対の山側にあった。裏の海側は石垣を築いで、人の通るくらいの軒先があって、潮のザブーンザブーンて来っで、満潮時になれば渡られんときのあった。「こげんよか倶楽部はよその部落にはなか」て、部落の自慢やった。三〇畳ぐらいあったですもん。盛大に落成式をやった。そんときわしは部落の青年団長やったですたい。記念碑の文字は村人のかかりつけ医の徳永正さんが書いた。

記念碑に七八名の村人の名前がある。村社建立記念碑と同様の理由で、昭和一六年の戸数は七八戸と推定される。大正六年頃三五戸のうち三戸は跡なしになっていた。この間の実質増は四六戸である（七八引く三二）。

寄付金額別人数は一六〇円（一人）、一五〇円（一人）、一二〇円（一人）、一〇〇円（四人）、八〇円（一人）、七〇円（二人）、六〇円（二人）、五〇円（三人）、四〇円（一人）、三五円（二人）、三〇円（一三人）、二〇円（一一人）、一六円（二人）、一五円（六人）、一一円（一人）、一〇円（一七人）、七円（一人）、六円（一人）、五円（八人）で、村

人個人の寄付金総額は二三九六円（七八人）である。

人数が多くなったので、建設役員と五〇円以上の高額寄付者の名前だけ紹介しよう。また湯堂漁業組合代表として一七名の名前があり、四九〇円を別に寄付している。この湯堂漁業組合は、水俣町漁業組合湯堂部会の意であろう。湯堂だけで独立した組合があったわけではない。

湯堂青年倶楽部建設記念碑（昭和一六年、ゴシックおよび括弧内は筆者）

集会場青年倶楽部建設役員
功労者　**吉永為吉、城山敏行**
会計　**西甚左エ門**
組長　**岩坂清、坂本清市、松田勘次**
委員　**吉浦鶴松、岩坂増太郎、吉永茂一郎、坂本寿吉、坂本福次郎、橋本仙蔵、麻生武利**

寄付者芳名
百六拾円　吉永為吉
百五拾円　岩坂〔正しくは阪〕若松
百弐拾円　坂本福次郎
百円　西甚左エ門、倉本徳次、麻生武教、城山敏行
八拾円　橋本仙蔵
七拾円　真鍋七蔵、上原大二
六拾円　岩坂清、坂本清市

五拾円　　吉浦鶴松、井上松義〔恵松の次男〕、前田タヨ〔静枝の母〕
（四拾円以下略）
四百九拾円　湯堂漁業組合代表者
吉永為吉、坂本福次郎、岩坂増太郎、坂本吉太郎、沢永貞光〔昭和一五年死亡、戸数に含めず〕
川中勝三郎、松田勘次、岩坂清、岩下吉作、吉永茂一郎、坂本清市、吉浦鶴松、崎田與吉〔寄付金拾円の崎田末彦の親と思われるので、戸数に含めず〕、松田政次
岩坂惣市、田上清太郎、組合員外　城山敏行

他部落
五拾円徳永正ら二名、拾円七名

建設役員と高額寄付者から判明する村の支配層は、大正六年頃とは一変している。一貫してリーダーの地位にあるのは、坂本福次郎家、坂本寿吉家（喜代次の代がわり）、岩阪若松家ぐらいのもので、あとは新しい名前である。功労者の吉永為吉は村店、城山敏行はみかん山、会計の西甚左エ門もみかん山である。組長の岩坂清（一組組長）、坂本清市（三組組長）、松田勘次（二組組長）はいずれも一本釣である。岩坂清と坂本清市は既出、松田勘次は畑約五反を持つ半農半漁の漁家であった。委員七名は、吉浦鶴松（丑松の子、直江津帰り、漁師）、坂本福次郎、坂本寿吉（網元を廃業）は一本釣、岩坂増太郎（明治一六年生、五七・八奇病で死亡、五七・一〇診定）は岩阪若松の弁指（べんざし）（網漁の指揮者）、吉永茂一郎（為吉弟）は船回しである。橋本仙蔵はマチで金貸し業、麻生武利（寄付二〇円）は、マチで金貸しなどの商売をしていた武教（寄付二〇〇円）の父親らしい。なお、このうち松田勘次、坂本寿吉、岩坂増太郎は寄付金三〇円組であった。

五〇円以上の高額寄付者は一五名（一九％）である。うち吉永為吉、坂本福次郎、西甚左エ門、城山敏行、橋本仙蔵の五名は建設役員である。残り一〇名のうち岩阪若松は網元、真鍋七蔵、上原大二、前田タヨはみかん山、倉本徳次と井上松義は会社行きである。徳次は前島勝次の子（坂本スヨの兄）で、部落の遠見岬寄りの土地を持っていた倉本家の養子になった。

このように村の支配層は、従前の網元などの漁業者に、みかん山経営、村店、マチの金貸し業、会社行きなどが新たに加わっている。

出月では村社は建立せず、村の青年倶楽部は、戦争が激化し空襲に備え強制疎開を命じられたマチの家をもらい受け解体して持ってきて建てたものだった。湯堂ではその日暮らしの村民が多い中で、大正初め金比羅さんを建立し、ここにまた立派な青年倶楽部を建てた。村人の努力の結晶なのだろうか。それともこれが派手好きでもある漁師部落というものだろうか。

建物は、二百数十円でできたという。寄付金総額は三〇五六円だった。引用を略した寄付金四〇円以下の人数は六三名（八一％）である。最低五円から最高一六〇円まで三二倍の較差がある。湯堂漁業組合として別に四九〇円の寄付を行っているので一概にはいえないが、貧富の差は著しく拡大しているとみてよいだろう。当時の一円は、米価換算で二〇〇〇年では約一〇〇〇円である。

この七八戸の出身地別および職業別を坂本幸に調べてもらった。

〈出身地別〉

湯堂一九、御所浦一八、その他天草一二、獅子島一、長島一、田浦六、薩摩五、郡外二、県外三、マチ一、近在村二、不明八である。島嶼部の合計は判明するだけで三二戸に達する。とりわけ御所浦からの来住者は一八戸と多く、湯堂居つきの戸数と匹敵している。

〈職業別〉

一本釣一七、網元一、網子一三、船回し一〇、会社行き一四、みかん山五、職人六（船大工二、大工一、木挽き一、石工二）、マチの商業二、村店一、イリコ行商一、露天商一、不明七である。外数として一戸の中で一人前の漁師と認められる者四、会社行き五がある。漁業（一本釣、網元、網子）三一戸、船回し一〇戸、計四一戸で、村の半分以上が海の仕事である。

明治末〜昭和一六年の戸数推移をまとめると、明治三三年頃二五戸（岩下吉作の話）→大正六年頃三五戸（村社碑）→大正末約六〇戸（坂本嘉吉の話）→昭和一六年七八戸（青年倶楽部碑）ということになる。

五　村内ぜーんぶやうち

「湯堂は引っ張り小っ張り、ぜーんぶやうちじゃもん」と村人たちは言う。そのすべてを述べることは困難である。そこでモデルとして、湯堂居つきの家から坂本福太郎家（半農半漁）、坂本幸市家を、早い時期の移住者のうちから月浦から来た前島勝次家、田浦から来た岩阪清四郎家（網元）、岩坂政次家（網子）を選び、それぞれ三代にわたって子供の数、死亡率（昔は早死にする者が多かった）、湯堂に住んだ子供の数、男の嫁の里、女の嫁入り先などを、調べることにしよう。初代は幕末〜明治初め生まれ、二代は明治一〇年〜三〇年代生まれ、三代は明治末〜大正初め生まれというおおよその年代区分である。

モデル五家を調べるといっても、難しい作業であることに変わりはない。嫁も一人ではなく先嫁と後嫁のケースがある。子供の数は大変多い。病死や戦死もある。娘は私生児を産むこともある。無事成人して結婚したとして、結婚相手を調べ湯堂に引き続き居住したケースだけ名前を記しても、それが三代にわたれば登場人物はねずみ算式に増える。これを読者の側からみれば、複雑でやたらに人の名前が出てくるので、読むのが面倒ということになるであろう。やうち関係を調べることは、いわば村の血縁の結線図をえがく作業である。湯堂の場合、この結線図は第一部「月浦村」と比べると一段と複雑である。だがこの結線図なくして、湯堂を理解することはできない。そこで読者は出てくる名前は一々気にせずに、結線図のおおよその流れをつかんでいただけばよい。

まずモデル五戸の調査結果を記し、次にその分析を述べることにしよう。

モデル五戸の三代記

坂本福太郎家

初代は福太郎(安政二年生)と増太郎(万延元年生)。福太郎は湯堂に住み、増太郎は月浦に養子に行った(一三四頁)。福太郎の嫁は月浦・植田儀作家から。三男二女を持った。男の子供は三人とも湯堂に住んだ。女の子供二人のうち一人は村の川中三記太郎に嫁、一人はシンガポールに渡り、そこで結婚、夫死亡により戦前湯堂に戻って「シンガポールおばさん」と呼ばれた。

長男吉太郎(明治一〇年生、前出)の嫁は田浦、五男七女を持った。男のうち一人は戦死、一人は戦後結核で死んだ。残り三人は長男嘉吉(明治二九年生、前出、後嫁長島出身)、次男直記(明治四四年生、戦後満州から引揚げ、長崎に出る)、三男留次(大正七年生、七五・一一認定、月浦坪段の坂本留次と同姓同名)で、戦後湯堂在住は二人である。女七人のうち六人はそれぞれ村内の岩阪栄、岩下吉作、川中定作、東山某、水本千八、大町良に嫁、一人はアメリカに渡り、そのまま消息を絶った。そのとき渡航年齢に達せず、岩阪栄の嫁になった姉と名前を取り換えたという。この姉は本来ミサオだったが妹の名前のコマになった。先のシンガポールおばさんといい、アメリカミサオさんといい、「昔のことで自分で行ったか、騙されたか」、渡航の経緯はわからないという。明治時代に湯堂から外国に行った女性が二人いることは興味を引かれる。

福太郎次男吉次は初手嫁（薩摩出身）が死亡して再婚、三男二女がいる。坂本吉次なのだが、後嫁の姓をとって「八木吉次と名乗って打ち置いた」。以来八木吉次となった。男社会の時代に珍しい。村人は「ちんどん」と呼んだ。男三人のうち一人死亡、湯堂に残ったのは次男（次助、明治四五年頃生、後嫁シヅ子は鹿児島出身で、七六・一一認定）だけである。女二人のうち長女は死亡、次女は外。

三男福次郎（明治一八年生、前出）の嫁は野川からで、六男三女を持った。男のうち一人は死亡、湯堂に残ったのは、長男常記（明治四四年生、嫁湯堂）、次男武義（大正七年生、前出、嫁フジエは野川から）の二人で、あとの子供は外に出た。長女スナオ（大正五年生）は湯堂・梅北熊義の嫁になり死亡。次女と三女は外。

坂本幸市家

初代は幸市（文久元年生）。その兄弟山内庄太郎（養子に出る）。二人とも湯堂。幸市の嫁は袋から。二男四女を持った。長男と女一人は大正二年の赤痢で死んだ。生きた娘三人のうち湯堂に残ったのは二人で、三女ワサ（明治三四年生、八二・一認定）は沢永貞光の嫁（貞光は八代の人、漁業。ただしワサは沢永の籍には入らず）、四女トメ（明治三七年生）は村の坂本清（坂本初次兄弟徳次の子、船回し）の嫁。三三歳で結核で死んだ。

次男清市（明治二九年生、会社行き→一本釣）の嫁は前島勝次の娘スヨで、前出。清市は七男四女を持った。うち死亡四人、生存七人。次男がこれまでたびたび登場願った幸（大正九年生、嫁カヅ子は米ノ津から）である。五男正

（昭和五年生、七五・九認定。妻チカエは湯堂・吉永茂一郎の娘。昭和七年生、七五・九認定）も湯堂。四男が勝で出月溝口店の養子であり、第二部に登場した。七男も出月に住む。娘のうち一人は村の坂本数広（福次郎長男常記の子、会社行き）の嫁になった。あとは外。

山内庄太郎の嫁は袋から。一一人の子を持ち、六人死んで生きたのが五人という。うち三男一女だけわかった。長男義太郎（嫁は薩摩から）と次男忠太郎（明治三三年生、七三・一〇認定、会社行き→一本釣、市内牧ノ内から来た嫁ツヤも七二・七認定）が湯堂、三男は長崎の炭坑に出た。女セキ（明治三六年生、七三・一認定）は村の山下益太郎（坂本初次兄弟山下熊次の子、船回し）の嫁になった。

長男義太郎の子は不明。次男忠太郎の子は二男四女。長女は死亡。次男は湯堂に住む。三女田鶴子は村の坂本康哉の嫁になった。

前島勝次家

初代勝次の嫁は、湯堂生え抜きの坂本初次の妹。一〇人余の子供を持ち、早く死んだのが五、六人、生存五人で三男二女。長男善十（会社行き）が跡を取り、次男徳次（明治二九年生、七三・一認定）は倉本に養子、三男清太郎（明治三四年生、七二・七認定）は田上に養子。三人共湯堂。善十の嫁はどこから来たか不明、徳次と清太郎の嫁はマチから。長女スヨ（明治三一年生）は、先に述べたように村の坂本清市の嫁、次女ヤチヨ（明治四三年生、七六・六認定）は、興南に行った善十が湯堂に連れに来て興南で新潟の人金子伊三郎（明治四一年生、七二・七認定）と結婚、戦後一家で湯堂に引揚げてきた。

長男善十の子は四男二女。湯堂居住はいない。次男徳次の子は三男。うち長男死亡、弟二人も外に出た。三男清太郎の子は二男四女。長男と次女は死亡。次男は湯堂、長女は外、三女エミ子は村の緒方啓吉（大正八年生、七五・

八認定）の、四女イツ子（昭和四年生、七三・一二認定）は村の本田典之（昭和三年生、七三・一二認定）の嫁になった。

岩阪清四郎家

初代清四郎は夫婦で田浦から来た。湯堂に住んだ清四郎の子は二男三女。清四郎は豪の者で、「種違いやら畑違いやら」の子供もおり、茂道にも出水の名古にも隠し子が居るという。田浦時代の子供たちのうち湯堂に連れて来てかかり子にした四男が網元の跡を取った若松（明治二二年生、前出）である。

若松の嫁は後出岩坂増太郎の妹シズ（明治一九年生）。一男四女を持った。長男が万平（大正五年生）で若松の跡を継いで網元になった。万平の嫁は後出岩坂三平の娘キクエ（大正七年生、六〇・二認定）。若松の長女キクは村の吉永元記（親が吉永為吉のやうち、網子）の、次女マノは村の松永善一（大正四年生、七一・一二認定、一本釣）の嫁になったが、いずれも結核で若死にした。三女フクエも独身で結核死した。四女サチヨは村外に嫁。松永善一は、男の子が万平一人なので、やうち経営補強のため、若松が養子にするつもりで田浦のやうちから呼んだ。善一のもとえが「そこまでしてもらわなくても」と辞退したので、養子にしなかったのだという。なお万平は男の子四人を持った。一人若死に。

若松の弟栄（明治三一年生、七二・一〇認定）も湯堂に住んだ。栄の嫁は先に述べた吉太郎の娘コマ（明治三四年生、七七・一〇認定）。六男二女を持った。うち男二人（一人の嫁が湯堂）、女一人が湯堂、外に出たのが五人。男二人は会社行き、湯堂に残った女は村の関次夫（関安雄の兄弟）の嫁になった。

若松の妹マチ（明治三六年生、八一・四認定）は、田浦に嫁に行ったが、離別か死別した。県内玉名の人藤田喜市と再婚、天草の魚貫（おにき）炭坑で働き、戦後湯堂に引揚げて夫婦で網子。若松が万平の横に竹ガワラの家をつくってやった。

その下の妹シゲル（明治三九年生、七八・一〇認定）は興南に行き、水俣他部落出身の清次（明治三二年生）を養子に迎え、戦後湯堂に引揚げてきた。清次は網子になった。子供一〇人。清次が病弱だったので生活は困窮した。

同じく妹キミ（大正五年生、七一・四認定。若松の家に子守で居たが、マチとシゲルの妹であろうという）は、次に述べる岩坂政喜の嫁になった。

岩坂政次家

初代政次は夫婦で田浦から来た。そのときは岩阪清四郎家とやうち関係はない。子供は三男一女で、三平、増太郎、シズ（岩阪若松嫁）、清である。あと同胞が一人か二人、田浦に居るという。

長男三平の嫁は田浦から連れてきた。その子供が一男三女。湯堂に残ったのが、長男惣市（明治三五年生、七三・一認定。嫁は増太郎の娘サナ、明治四二年生、七二・一〇認定。イトコ婚）と万平の嫁になった三女キクエ。三平は清四郎網の船頭をし、若松の代になると惣市が船頭になった。

次男増太郎（明治一六年生、五七・一〇診定）は、最初湯堂で一本釣をしたらしいが、若松網の弁指になった。増太郎の嫁は村の山下熊次（坂本初次兄弟）の娘。子供は一男七女まではわかる。男の子は戦後すぐ結核で死亡。長女タモ（明治四〇年生）は出月・山本亦由の嫁（第二部前出）。女のうち湯堂に残ったのが五人。次女サナは前出惣市の嫁。三女モヤ（明治四四年生、七三・一認定）は嫁に行かず私生児二人を生んだ。五女ミツ（大正四年生、七二・七認定）は村の宮崎武助（明治二二年生、七二・一〇認定）の嫁。宮崎武助はどこかよその人。六女キミコは丸島の青年団の角力取りと子を成したが湯堂に留まった。七女栄子（昭和二年生、七一・一二認定）は村の浜田忠市（大正一四年生、五六・四頃奇病発病、五八・九死亡）の嫁。忠市は田浦出身である。

三男清は一本釣をした。その嫁は村の松田勘次（青年倶楽部碑二組組長）の妹エツ（明治二九年生）。子供二男四女。

次男は結核死。長男政喜（大正三年生、七一・一二認定）の嫁は若松妹のキミ（前出）。政喜は一本釣をし、奇病発生当時漁協の理事であった。次女マサ（大正四年生、七〇・六認定）は前出松永善一の後嫁になった。湯堂に残ったのはこの二人である。

岩阪清四郎家と岩坂政次家を網元漁業という観点からみると、網元は清四郎→若松→万平と引き継がれた。網元制を維持するには、優秀な弁指、船頭と、団結心のある網子を確保しなくてはならない。清四郎家のやうち網子は、栄、藤田喜市・マチ夫婦、松永善一など、政次家から弁指が増太郎、船頭が三平→惣市で、両家は若松の嫁が増太郎同胞、万平の嫁が三平娘、松永善一後嫁が清の娘など、血縁関係で結ばれていた。「若松網はやうちで固めていたもんな」ということになる。

これをまとめると次のようになる。

初代：男六人（坂本幸市家は兄弟山内庄太郎を含む）嫁湯堂一、湯堂外五（月浦一、袋二、田浦二）

二代：初代の子四二＋α、うち生存二八（死亡率三三％）＋α、湯堂居住二五（居住率八九％、男一四、女一一）

　男の嫁　湯堂五、湯堂外七（野川一、マチ三、田浦二、薩摩一）、不明二

　女の村内結婚一〇。男・女の結婚による村内やうち増、計一五

三代（二代の子のうち湯堂に居住した男一四について調べたもの。ただしうち一名は調査漏れ）：判明した範囲で子供計八九、うち生存六九（死亡率二二％）、湯堂居住三二（居住率四六％、男一四、女一八）

　男の嫁　湯堂六（うちイトコ婚二）、湯堂外四（野川一、長島一、薩摩二）、不明四。

　女の村内結婚一六（他に、嫁行かず子持ち二がある）。男・女の結婚による村内やうち増、計二二（イトコ婚

一を除外）

これから次のようなことがいえる。

初代、二代の生んだ子の数は、少ないところもあるが、おおむね一〇人前後と多い。死亡率は、二代で三三％と著しく高く、三代で二二％となる。生存のうち湯堂で居住した数は、この順に六→二五（八九％、男一四、女一一）→三二（四六％、男一四、女一八）であって、二代は多く湯堂に残り、三代になると外に出た子供が多い。湯堂の戸数は、明治末、大正末、戦前、戦後の四段階で増加してきたが、生活限界戸数といったものがあるのであろう。

男の嫁は、調査洩れもあるが、判明した範囲で初代で湯堂一、湯堂外五、二代で湯堂五、湯堂外七、不明二、三代で湯堂六、湯堂外四、不明四である。村内からの嫁をもらう数が代々増えている。女は二代が一〇、三代が一六、村内に嫁に行った。

村外からの男の嫁に注目すると、初代、二代、三代で村外嫁は計一六（月浦一、袋二、田浦四、薩摩三、長島一、野川二、マチ三）である。近隣部落の月浦と袋は初代のみである。敵関係にある隣の漁師村の茂道は居ない。天草も居ない。湯堂全戸をとっても、同じ傾向がみられるであろう。

●坂本スヨの話

月浦・袋からは湯堂にあまり嫁御に来とらん。月浦から来たのは、福太郎どんの嫁御と俺ぐらいのもんじゃ（湯堂に四つのとき来て成人、結婚）。田浦は、若松どんたちの関係じゃ。湯堂に嫁さんに来とるのは、薩摩（米ノ津、出水）とウラ（山野、大口）が多か。あとは、野川とか水俣の他部落じゃ。マチがちいとな。御所浦やら天草からうんと来らったばってん、そら向こうで結婚して来とらすもん。新たに天草から嫁に来たのは居らん。

茂道は知らん。行かんもね。ぐりーっと回れば陸続きじゃばってん、官山（茂道山）の中ば通って行かんばんとやったで。網子には湯堂から行きよった。海から連れ行かっとたい。茂道から嫁に来たのは、網元しとった寿吉どんと弟の重太郎どんが、兄弟して、茂道の網元の杉本兼作どんのところから姉と妹をもらわった。それぐらいのもんじゃ。

これらの結婚は、網業を媒介にして血縁関係を強めた家があるものの、おおむね職業や生活程度に左右されず自由だった。親が決めたものも、子供たちの意思によるものもある。先にみたように男・女の結婚による村内やうち増は、二代で一五、三代で二一、計三六である。モデル五戸を調べてこの結果だから、対象を全戸に広げれば、確かに「村内ぜーんぶやうち」ということになるであろう。これは、婚姻による村外からの財貨の移入がなく、もしあればの話だが、親の乏しい財産のさらなる細分化を意味する。結婚した夫婦は独力で生きていかなければならなかった。なお、同じく漁師村の茂道も村内みなやうちであって、「茂道に行って人のことは言われん」（岩阪国広と言う。「湯堂と茂道は、村の中で結婚する部落じゃもん」（月浦・田上英子）ということになる。湯堂のやうち関係は、月浦とは比べものにならないほど濃密であり、村内結婚が全くなかった出月の対極にある。

先のモデル五戸調査でもう一つ注目されるのは、死亡率の高さである。高い死亡率は、再婚を増やす。湯堂を調べていて、「あそこの先嫁は誰、後嫁は誰」という話を多く聞いた。村全体の再婚者数を合計すると（五五年当時）、男二一（うち先嫁死別一九、離別二）、女四であった。先嫁と後嫁それぞれの産んだ子供の数、有無はケース・バイ・ケースである。また後嫁をもらった場合、連れ子結婚が四あった。後嫁に逃げられては困るので、男は連れ子を可愛がるケースが多いという。

ところで家系図は、上から下に見ることが多いが、下から上に見ることもできる。今生きている子供にとって問題なのは、せいぜい父親と母親のそれぞれの兄弟とその子供（イトコ）ぐらいであって、祖父と祖母のそれぞれの兄弟とその孫（フタイトコ）になれば、「湯堂でそんなこと言うとれば切りはなか」ということになる。都市化や核家族化が進んだ現代の人間にとって、「村内ぜーんぶやうち」の漁師村の人間関係は想像しにくい。

●坂本幸の話

わしは兄弟だけで七人、イトコは二、三〇軒ある。どこもいっぱいいっぱいの暮らしじゃけん、自分のところで精いっぱい、やうちといっても昔は親しいやうちてなかった。普通の場合は、つき合いなんて特別しないですよ。話があったり、特別なことがあったときは、兄弟を頼る。親父たちは、兄弟でしよったですよ。その程度ですよ。わしは、子供のときからやうちやよその家に遊びに行ったことはなか。福次郎どん家の横が「開き」て言って、若松どんの網干し場でもあった。子供たちはそこで遊んだ。

「ぜーんぶやうち」となれば、「ふだんのつき合いなんて特別しない」のだ。血縁関係が厚くなっていけば、内実は薄くなっていかなければ村では生活していけないということなのであろう。ところで、どこも貧乏といっても家に差があった。漁師村の自由な結婚は悲喜劇も生んだ。そして関係した人たちの人生を変えた。

●坂本フジエの話

福次郎は、常記やんが長男で、武義は次男じゃもん。常記やんが、親の思ったごたる嫁さんをもらわんかったんな。船回し一家の宮下幾松の妹たい。その親たちが兄弟三人御所浦から湯堂に来て、どもこもやかましか人たちやったがな。福次郎もじゃばってん、月浦の植田家から来たばあさんのトヨ（福太郎の嫁）がうんと言われんとたい。分限者どん方から湯堂に来て、わが姉妹はマチの大百姓のところにばかり嫁に行っとらっで、天草者という頭もあったっじゃろ。常記やんが俺共に語っとはたい、「あの糞ばばが」て言いよらった。「俺家のかかり子（親の面倒をみる子、後継者）の嫁にするごたなか」て、もらわずに居ったっじゃ。そしたら子供のできた。武義の妹のシゲ子の生まれたのと同じときじゃ（昭和五年）。常記やんはまだ二〇歳前たい。引き離そうと思って、シゲ子は翌年生まれたことにして、その子の籍は武義の弟に入れてあっとじゃ。昔は、娘が父なし子を生んだりすれば、その手ばっかりやったったい。そしたら二人めができたがな。のすもんな。

「しようがなか、わっ共一緒になれ。そんかわり、わが家にゃ入れん」て、家ばつくってくれたてな。母親のサクは、おとなしか人やった。「常記の不自由かろうと思って、米とか麦とか隠れて持って行ってくれよった」て、言いよらった。銭は、女やっで持たれんで、くれやならんもん。結局は、次男の武義に跡を取らせてかからったわけたい。

●坂本幸の話

戦前、島田菊太どんと森雪四郎（二一九頁）どんて、飲んで暴れて山イモ掘って、どもこもならんとが二人居らった（青年倶楽部記念碑に名がある）。俺共、恐ろしゅうして会えば逃げよったもん。菊どんは、子供はおらずにばあさんと居らった。戦後、首を吊って死なった。七〇ぐらいだったでしょうね。ばあさんは、最後は養老院で死んだ。無縁仏に入らったったいな。

雪どんは石工やった。それこそ六畳一間の掘建小屋に子供がガラガラ小積まっとった。悲惨も悲惨。親父は焼酎飲んで飲んだくれて、子供は食う物がなかったい。そこの何番めかの子が、年は二つ三つ上やったが、わしと同級生やったですたい。昼飯食いに学校から一緒に走ってくる。雪どん家には何もなかっですけん。

「カライモ持ってけ。持って来んば泣かすぞ」で、持っていってやりよった。そのすぐ下の妹は長崎に女郎に売られた。すったれ（末っ子）の女の子は、戦後網子で働いとった。きれーか子やった。その子とみかん山の前田静枝さんの弟とできた。前田さんが承知するもんですか。で、二人で長崎さん（に）出て行かった。静枝さんは、一人でみかん山せんばしようがなかごつなったっですたい。

●坂本フジエの話

その子がな、ずっと後になって湯堂に来たことがあっと。

「あんたたちは苦労したろうなあ」

て聞いた。そしたら、静枝さんの兄御どんが二人長崎で医者をしていて、その人たちがお金もくれらるし、着物もくれて、静枝さんの弟にならっとは、みかんの剪定とか何かして、

「いっちょん苦労はせんじゃった、よか生活した」

て語らったげな。女郎に売られた姉は、よか旦那が請け出して一緒になって、その人も一〇万、二〇万て銭ばくれらったて。

第八章　戦後の湯堂

一　敗戦混乱期の湯堂

本章から、主に戦後の湯堂を調べていく。敗戦期は、湯堂村ではどのようなあらわれ方をしたのだろう。戦争中、湯堂にもアメリカ軍の飛行機がやってきて機銃掃射した。福次郎の息子の武義は、九死に一生を得て兵隊から復員してきた。そして、戦後の混乱が村にも押し寄せてきた。

●岩阪国広の話

戦争中は、私共小学生たい。空襲警報の合間に、岩阪網は女と年寄りで何とか網を曳きよった。けっこう獲って来よった。空襲のときは、人は山に逃げよったが、私共網船に全部乗って沖に出て、船底とか、船と海の間に浸かって隠れとった。海をババッと撃ってくるけん。

終戦二、三日前やった。警報解除になって安心しとったら、グラマンが茂道の方にツーッて行って、旋回して戻ってきた。青年倶楽部の前に六〇トンばかりの運搬船が止まっとった。それ目掛けて撃ってきた。岩阪若松のシズばあさんが、末っ子の孫がちょっと外に出て行ったのを抱えに行って、家に足を踏みかけらったとき、尻べたを撃ち抜かれた。弾が入ったところは傷が小まんかばってん、出るところは太かもんな。三輪車に乗せて病院に行ったたっじゃっで。坂本武ンどん（武義）の妹さんもそのとき撃たれて怪我をした。船溜まりの上の松林のところに大きなカメが置いてあった。崎田末彦さんがそのカメの後ろに隠れとった。そのカメに弾が当たって、ピーンピーンて跳ぶのが岩阪万平（若松の跡継ぎ、三三三頁）の家から見えとった。防空壕の穴にのぞき穴つけて見るごてしとったけん。

湯堂には、ほんなもんの兵隊さんが一小隊二〇人ばかり、その松林のところに居った。武ンどんのイトコの坂本留次が小隊長で、竹槍持っとって練習ばかりしよった。兵隊の住まいは、そこに防空壕掘っとった。袋の小学校にも、海軍の兵隊さんが五、六〇人居ったな。その連中が地曳に来よった。魚もらってそれを主食に食べよった。茂道の西ノ浦に海軍施設部て倉庫つくって、その倉庫に沖縄の子供たちが疎開してきて住んどった。チッソは、袋に居た軍隊が終戦のとき海に爆弾を捨てた、それが水俣病のもとて、後で大まじめに言うたったい。

●坂本武義の話

俺は、昭和一四年一月一〇日召集。熊本野砲六連隊入隊。すぐ中支（中国中部）へ。下士官候補せろて言うたもんな。おら、親のかかり子やっでしやならんて断ったばってん、しゃにむにな。南京に下士官候補学校のできた。俺共が第一期生。卒業して新牆河作戦参加。卒業した折兵長、一年せんうち伍長、一年で軍曹。それから曹長になった。利けよったな。将校がせんばん中番指令でん何でんさせよったでな。一個中隊が六個分隊、一個分隊が二十何人、全部で一二〇～一三〇人居る。「曹長殿に頭右」で、その百何十人の兵隊の点呼をとりよったもんな。曹長には当番のついてな、飯でん何でんお膳で持ってきよった。階級が上になっただけ、食い物とか楽やったんな。

死ぬ目に遭うたのは、昭和一七年にソロモンに行ってからじゃな。船団は輸送船が六隻で護衛に駆逐艦が一隻やったもん。もうかすかにあそこがソロモンて見えとったでな。そしたら、ボーイングの六機編隊でワンワンやって来たっじゃもん。みんな、それ気をとられつ高射砲打ったり何だりした。そしたら一隻魚雷で撃沈された。魚雷が俺共が船の五〇メートルばかり先の方を通って、船長が舵ば切っとっとな。俺共が真横に居た船の横っ腹に当たった。やられた瞬間を見とったが、一発であの太か輸送船がウワーッと傾いて燃ゆったっで。その船から最後まで高射砲を打ちよったがな。俺共、全速でソロモンに向かって逃げたったい。着いてすぐ上陸させた。真っ暗闇、どっちが東か西かわからんところに降りつ、山砲も全部降ろしてしもうつ、ジャングルの中に隠れてしもうた。見えるところに居ればまたやられるっで。日本の宣撫内に入っとる土人の居ったでな、途中で土人にも会うたが、その土人はいっちょん見えんとたい、真っ黒かろうが。

携帯口糧（兵隊一人分の糧食）を一個中隊ドラム缶で二、三本持っとったでな。ソロモンに行ってから半年どま輸送の利けたっじゃろうか。あとは途絶。米一粒もなかっじゃもん。もう将校も兵隊もなか、食うとに一生懸命たい。ジャングルば伐り開いて開墾して。土人の斧をかっ払って、斧で太か大木を伐った。飛行機の来ればジャングルの中に走り込みする方でカライモをつくって。あそこは、カライモは年がら年中よかで。面

（実のこと）ば土に押し込みさえすれば。カライモができるまでの四カ月ぐらいが一番きつかったな。

海岸端に居ったで、魚を獲って食うたで助かった。魚は多かったでな。七〇センチもある平アジが海岸まで来よったで、手榴弾を一発投げ込めば、四、五〇匹は浮きよったもん。俺共がソロモンについた折は、二メートルもある貝が、海岸の木の生えとるところから居りよった。俺共人食い貝て言いよった。挟まれれば死ぬとな。一人じゃどげんもしや得んと。貝柱ばかりで三〇センチぐらい、二つも抱え切らん。そればドラム缶で油で炒めて食うた。うまさ、うまさ。油は、ヤシ油をとってな。塩も全然なかったで、塩水をドラム缶で炊いてつくった。後から、一〇尋ばかり潜って獲らんば貝も居らんごつなった。兵隊共が食うてしもうて。

野砲六連隊は全部、熊本の一三連隊も行っとったで、何千人たい。俺共、運のよさ、離れ島にばかり警備にやられよったもんやって、命が助かっとっと。俺共、ソロモンに行ってから戦争はせんとばい。艦砲射撃も受けとらんと。本隊のやつ共がやられたったい。飛行場でも大分やられとる。隊の入れ替えがあって、ほかの中隊から俺共が四中隊に来たとは助かって、四中隊から出たのは全部死んどる。高田軍曹て、俺と下士候の同年兵やったが、九中隊かどっかに行って戦死した。俺、残ったで運のよかったったい。山本五十六がソロモン上空でやられたでな。あんときは俺共探しに出たっぱい、闇の中に。湯堂に帰ってきたのが昭和二一年の春やった。人生の一番よかとき、七年間、兵隊たい。

●坂本フジエの話

終戦後、湯堂も、闇のドタバタ騒ぎになったったい。村の石田勇次郎（大正七年生、七二・一〇認定）と△△よ、船持って行って、会社の倉庫から肥料をおっ盗ったことのあったったい。そら大掛かりな仕事じゃもん。担いで来て船に積んで逃げようとしたところが、ひっかかるごとロープが張ってあったげな。一回二回じゃなかもんやって、会社の方も見張っとったてな。△△は、しこたま腰を打たれて、カラ一生腰チンバやった。二人共警察に突き出されて、豚箱（留置場）に入っとらっと。勇次郎は、悪かも悪か、悪知恵ばっかりたい。女も六人か七人持ったろうわい。一番めをもろうて、また二番めを目つければ、一番めは戻らんばしょうなかな。一人、二人、三人、四人までは知っとるな。

終戦後は、魚は規制品になって自由に売買しちゃいかんとやった。ボラが獲るるも獲るる、あんまり獲れたもんやって、リヤカーで魚屋に持って行ったったい。隠れて行ったっじゃばってんか、巡査さんに見られとって、ボラは取り上げられたいよ。

終戦後の食糧難の中で、わが世の春を一番謳歌したのは網元だった。

●岩阪国広の話

終戦後は、食い物のなかったけん。カライモつくるのに種芋を畑に伏せて人糞かける。伏せたその晩にひっこがして（ひきぬいて）全部おっ盗られよった。よそにはなくても網元のうちには食い物があった。魚と換えてくださいて、みんなが持ちかけよったけん。うちはほとんど米の飯やった。俺は団子汁（すいとん）が好きで好きで、団子汁ばかり食べよった。米は米で持ってくる、玉子は玉子で木臼野の養鶏場から持ってきてやるし。屠殺場の管理人が肉と換えてくれて、毎日のごて持ってきよった。業者が屠殺場に牛を持ってくる。管理人がその人たちからもらわすわけです。網元は、若松が隠居して子供の万平になっとった。

一一月一五日がエビス祭で、網元が網子を全部呼んで祭しよった。西さんはネーブルを女籠一杯担うて来なった。いつも魚やって食べさすけん、エビス祭に返すとが精一杯。みかんでん何でん食い放題、飲み放題やった。アルコールは、小林（宮崎県）のアルコール会社から魚と換えてくれろて、ドラム缶で持ってきよった。それば一〇倍に薄めて。私は子供じゃばってん飲んでみた。あれは甘かりよったな。

万平はマチの有力者とつながりがあった。魚もらいに自民党のボスたちが来よったもん。映画館の親父も、映画券でん持ってきてくれよったことのあっとたいな。網子を映画に連れて行くときは、産交（熊本県のバス会社）に電話すればバスで迎えに来よった。今のタクシーのごたるふうたいな。水俣の所長あたりがしょっちゅう来て魚を食うとるけん。熊本の産交の上の人も知っとったしな。

漁師は保守的な考え方で、うちは自民党やった。熊本の衆議院議員の坂田道太とはつき合いやったもん。万平は、生きとれば城山敏行さんと二人市会議員に出っとやったっです。人が出ろ出ろて。漁協組合長や市議会議長になった淵上末記は高帽子かぶって、団扇持って来よらした。若松は、末記さんにはしちゃんかちゃんに言いよらした。「何か、わるが。人ン土地ばおっ盗ってしもうて。長崎（末記の出身部落）にわるが土地のどけへあるか」。そげんした噂やったもんな。「わる家ン山のあっで印鑑を貸してくれろ」て、ちいとばっか本人にやって、あとは全部わが取ってしもうたて。

終戦後は衣料がなかった。帆掛船で船に帆掛けよったけん、漁協あたりでその廃棄がありよった。それやらモジ網を持ってきて、ランニングやジャンパーつくって、網子に着せよった。袋の駐在に高田さんて居った。魚とアルコールをもらいに毎日うちに来よった。駐在所も、うちからもろうたモジ網のランニングを着てされきよらった。十五夜の晩に来て飲んで、酔くろうて、俺家ン網子の若っか者と喧嘩して帰りよらった。駐在所は今んごたなか、一〇年でん一五年でん居ったもんな。とうとう袋に住み着かった。

終戦後は、うちに来れば一晩で一カ月の金を取るて、会社辞めて来た人が多かった。湯堂ばかりじゃなくて、侍辺りからも青年が来よった。「使ってくれんかな」「よかたい」。翌日から来てよかった。人助けです。「お前のごたっとは乗るな」、そげんことは言わんかった。網子はその頃、男が二〇人、女も二〇人ぐらい居ったけん。夫婦で行かすとも居るし、娘さんたちも行きよった。そうすると、子供が二人とか三人とか、多いところは一家族から五人ぐらい行きよった。子供でも夜も行きよった。みんな食い物がなかけん。自然におもしろくなって、「俺、もうこれを商売にせんばん」て、網子になった人も居る。子供には、「シャー」（おかず）といって、イワシを一升か二升ぐらい、枡で量ってくれる。船に乗って行きさえすればくれる。たとえ見物やっても持たせてやる。

万平は人のよかばっかり。晩にな、浜に下りていってアシナガダコを五、六匹すぐ獲ってきよった。また上手やったな。鍋でチョイチョイとやって塩で揉みたくっとって刻んで食えば、うまかもんなあ。

漁師も景気だった。四六年五月に行われた福次郎家の武義とフジエの結婚式は、世の食糧不足の中、豪勢なものだった。

●坂本フジエの話

披露宴には、ものすごいタイの魚を使うてあったもんな。一貫匁ぐらいのタイを一〇枚ぐらい縄延（なはえ）（後出）で獲って来て、それを浜焼き（尾頭つき）にして、こげん太か魚鉢に一匹乗せて、大根は輪切りにして串に刺して品のよう乗せて、加勢人の人が、来たお客さんにそれをむしって、小皿に分けて配りよらった。刺身でんして品のよう乗せて、加勢人の人が、来たお客さんにそれをむしって、小皿に分けて配りよらった。刺身でん吸い物でんタイばっかりでしてあった。一人一人の会席は平木膳（脚付きでない食膳）やっで、煮しめでんつくって、巻き寿司を二つか三つ乗せて、ナマスでんしてな。中皿ていえば、タチかイカを刺身にして、五つお膳のあったとな。六十何人分してあったもんな。それで一晩は結婚式。

焼酎はなかったっじゃもん。万平しゃんが小林のアルコール会社に行って世話してくれて、バスも五〇人乗りの太かバスを手配してくれてよ。万平しゃんは網元で、警察にも魚どん食わせたりしとらったもんやっで、融通が利きよったっじゃ。野川から二〇人は来てよかていうぐらいやった。親戚はみんな来るし、部落からも親しゅうしよった者を呼ぶし、一晩中一二時ぐらいまでしよらったっじゃ。

後から青年の見知りとか、もう一遍あっとな。今度は、女の人たちばかり寄せて、女の茶飲みてあっと。やうちと隣近辺の者たいな。結婚式には旦那が来ったっで。俺、こんだ、勤めとった会社病院の看護婦やら事務員やら、また連れ来たっじゃっで。全部来らったっじゃっで。してくれらったっばい。そげんして四日ぐらい祝いのありよったいよ。そんときが、あぶり魚ばどけ(どこに)やったっじゃいよ、見つけ出さんて騒動やってたい。グチの魚やらコダイやらあぶってあっとたい。どげんしてん見つけ出さずに、茂道に買いに行ったりせらったがな。縁の上に竹の桟があったが、竹籠(しょけ)に入れて、そけ乗せとって、後から出てきたことのあった。

二　戦前〜戦後の湯堂の漁業

湯堂の漁業については第七章で明治〜大正期についてみた。戦前〜戦後期について、一本釣を坂本武義から、岩阪網の網漁を岩阪国広から教わろう。

戦前〜戦後の湯堂の一本釣

●坂本武義の話

うちは田畑つくって百姓もしとったばってん、「銭がめ」ていうたら、漁業からばかりたい。百姓はわが食うとが主で、カライモも麦も安いし、銭取るてことは難しいもん。漁業ばっかりで銭取りをしとったったいな。親父（福次郎）の代は、一本釣ばかり。そして春と秋は縄延。縄延も一本釣のうちたい。わしが漁業したのは兵隊から帰ってきてからじゃもんな。二一年の三月に帰ったで、四月、五月からすぐタイの縄延を親父としたったい。

＊　縄延（なはえ）：延縄（はえなわ）ともいう。一本の幹縄に多数の枝糸をつけ、その先端に釣針をつけたもの。水底に使用するものを底延縄、中層以上に使用するものを浮延縄と称する。

この付近に機械船（エンジン付きの船）は一艘も居らんじゃったでな。櫓漕いで、餌は出水の名古（なご）の下で網引っ張ってシャコたい。縄延行く者な、みんなそげんして餌は取りよったじゃもんな。朝から出て、三時か四時頃まで餌取りして、夕方、縄を入れよったったい。出水の沖に桂島て島のあるもんな。あの島から水俣の方に行たつ、延（は）えらったんな。一箱に針の一二〇〜一三〇ついとったでな、そっば一〇箱ばかりずつな。五尋（一尋は約一・八m）越し、針のついとったい。そっで一箱六〇〇尋、一〇箱で六〇〇〇尋、一万メートル以上になるな。日の暮るる時分に延えてしもうてから、二時間ばかり、そこに錨を入れつ、飯どん食うて、そしてまた手繰（たぐ）りしかかっと。手繰ってしまうとは、夜更の一二時から一時頃になっとな。そしてまた、漕いでわが家まで帰ってきよった。二時間ぐらいかからせんどか。ちっと風どんあれば、何時間てかかるでな。親父と二人で二丁櫓で漕いで来よったったい。そっで、とんでもない苦労をしよったったい。

四月、五月のタイは桜鯛ていうもんな。それがおもしろかごと食いよった。櫓船やっで、イケスもそげん太うはなかでな。タイが太かもんやっで、曲がって泳いどっとやっでな。戻ってきてから、太か竹籠に全部生かしておくと。あくる朝殺して市場に持っていった。そん時分な、一貫匁からある太かタイを一〇枚も獲ってくれば、会社の給料の一カ月分はあったっじゃもん、一晩で。わしは兵隊に行く前会社に行きよったが、もう会社にゃ出るなて親父がやられんかったったい。親父は縄延の名人やったもんな。湯堂で縄延すっとは、親父と岩坂清どんぐらいなもんやったろ。

春先の木の葉の芽立つ時分は、一本釣でミズイカ（アオリイカ）ば獲りよらった。ちょうど旧の三月三日、飯がわりに餅を搗いたのを持って行たとって、恋路島の内で太かミズイカをうんと獲って来らったことのあったっばい。五〇センチできくもんな。擬似餌じゃな。太かミズイカは、「来た！」て引っ張っとればヨマ（釣り糸）を引っ切る。ヨマをくれて、イカがだれて（つかれて）から揚ぐっとたい。

四月には、チン（クロダイ）縄を延えらった。タイはシャコで延えよったばってん、チン縄は餌はエビでな。餌獲り専用のエビ網てあった。夕方、袋湾の中を一回り引いて回れば、太かエビの一升ぐらいは入りよった。一升獲れば一日張るしこあっとやもんな。チン縄は、恋路島の内から沖を延ゆっとたい。チン縄はタイ縄の小まんかつ。縄が小まんか。一箱、針が一二〇本、それば七箱延えよったで、真っ直ぐ延えれば何千メートルてあっとな。灘（なだ）（天草との間の沖合いをいう）半分ばかりは行きよったんな。朝は八時前、もう夜が明ければ行く。朝八時頃延えしかかって、入るっとが二時間ぐらいかかる。それからいっときばかり煙草どんして揚げしかかる。揚げてしまえば一二時か一時頃になる。それからまたもう一回やるとなると、もう夕方になる。夕方から帰ってきて、また餌の網引き。それで、縄延はいっちょん暇はなか。餌曳きが二時間から三時間。

親父は瀬に詳しかったでな、瀬の際ば瀬に引っかからんごと延えさせて行きよらった。わしはただ櫓漕ぎばつかりやったで。さあ行け、こんだ戻せ、ずっと延える方で山を見てな。瀬の中に入れば、縄は引っかかって切ってしまうもね。よか魚は、瀬の際じゃないと居らんとやもん。チンでんタイでん、瀬の中に入れば食わんとやもん。瀬の際になれば、延ゆる方で二〇メートル越しぐらいに二〇センチぐらいの石を縄に括って投げ込んでいかったっで。それの速かったい。忙しかっじゃっで、延えていくとも。俺はできんとやったっぱい、してみたばってんな。

手繰っとも、簡単には手繰りならんとばい。もつれたまま手繰って打置けば、後がえらい目遭う。もつれを解いて、また延えんばんでな。ありゃ、手繰るときは楽しみやっで。針の何本て手前から、魚の食っとるてことはわかるもん。縄がようと真っ直ぐになれば、タイはツッツッて縄を引っ張っていく。こりゃタイじゃてすぐわかる。チンはそういうことはせんもん。

サバ縄ていうともあったで。そら、俺共が兵隊行く前な。それはチン縄と一緒で、恋路島内からこの沖を行たつ。サバ縄は、浮きを浮かしてずっと投げ込んで行きよった。サバは上浮かってされくで。餌は、タレソイワシの生きとっとを針かけてやりよった。そりゃそう長くは延えならん。浮かしとるで、どうこうすれば船の打ち切ってくるもん。船の通り道じゃないところを延えんばいかん。サバも獲れよったっぱい。太かサバのな。それも、春先じゃな。四月頃が一番多かった。

潮の速かところは縄延はできん。瀬の境なんかもやりゃならん。潮の流れとれば縄が瀬にはってくでな。潮はここ辺りは穏やか。ここは漁すっとにはもってこいのところやったもんな。それで、湯堂はほとんど一本釣ばかりで暮らしとった。

一本釣は、水俣湾の中ででん、恋路島、裸瀬、中ノ瀬て、ずっと瀬のあっでな。その瀬の辺りで、メバルとかタイとか、たいがい釣れよった。水俣湾の中で商売になりよった。そすと、出水の桂島から一〇〇〇メートルぐらい斜め北方にエビゾネて太か瀬のある。そげんところに行くしてな。

ボラ釣

湯堂の一本釣で一番太かた、ボラ釣じゃな。そら、七月から一〇月、夏じゃな。ボラ釣も、俺共家ン親父の時代からじゃもんな。じいさんの時代にはボラ釣はなかったていうが。親父たちが、湯堂でも一番最初にボラ釣をしとらる。どっか天草辺りから来て教えたてな。爆弾釣たい。ボラの卵をとってカラスミにするようなことはせんと。食用たい。

＊　爆弾釣：一定の場所に撒餌してボラを集まらせ釣獲する漁法。船を錨で固定し、小麦の糠でつくった団子の中に針をつつみ、一隻の船で数本の漁具を使用する。単独で操業するより多数の船が共同して同一場所において餌付けを行い操業する方が効果的である。餌付けは継続的に行わねばならない。

カラスミ：ボラの卵巣を塩漬けにし、圧搾乾燥させたもの。酒の肴として珍重され高価。天草などではカラスミにするため雌のボラを獲るボラ漁がある。

糠で団子をつくって針を六本、針の先を外に向けてずっとかける。団子は一〇センチはなかな。糠ばかしでほかにゃ入れんと。俺共がまだ小まんか折は、親父どま湯堂の沖で釣りよらった。うんと釣って忙しか折は、加勢に行きよったったい。手繰りよれば、ヒッ外(ぱず)れて自分ではってく(にげていく)とたい。逃がせば頭打たれつ、怒られよった。あんまりうっちゃれば(つりのがすと)ボラの居らんごつなっとたい。親父たちになれば、逃がさせよらんもんな。ボラも引くでな。太かとになれば七〇センチからあったっで。昔はそげん太かた多かったっぱい。ボラは、チョッチョッて食うたってな。それを引っ張っとれば、口を割り切っとやって。それで、ボラに任せんば、だれてから揚げんば。

そして、ボラ釣の一番盛りになればフカの来よったっばい。針にかかったボラをフカの来て打ち食うとたい。フカの来ればボラはいっちょん食わんごつなってな。俺が五、六年生の折かな、あんまりフカの来て漁の行われんもんやって、みなでボラを餌にしてフカ縄を延えた。親父の兄御のちんどん（吉次）が、そげんた専門やったで。フカのかかったまま船をグルグル恋路島内ば引っ張って走っていくたっで。だるるまでフカに引かせとった。それが何日てかかったな。そしてとうとう湯堂の湾内まで引っ張ってきて、銛ばくらわせつな。車力（大八車）まで何十人てかかって担い上げつ、そして丸島に積んでいった。太かとの来よったもん。あげんとは人間を食うたっでな。そげんして獲れば、いっときはまたフカは来んと。

裸瀬にボラの網代をつくって釣るようになったのは、俺共が学校卒業する頃ばい。一二、三艘並んどりよったな。ボラ釣はおもしろかっじゃっで。俺共は昭和八年の卒業やっでな。その前はわがよかところば釣って来よったったい。湾内の湧平でも釣れよったっばい。裸瀬の網代場を網代割りしてくじ引きでするようになったとは、終戦後ばい。人間の多うなって抽選になった。一艘ずつ錨を四つ張って、一日、朝八時頃から夕方暗くなるまで同じところにかかっとって釣ったっで。そこに糠ばずっとかぶするわけ。はい、撒くと。湯堂の一本釣は、夏のボラ釣で食って行きよったったい。

アジ釣

五月、六月、七月は、アジ釣に行きよった。兵隊から戻ってきたときも、いっときはアジ釣したっじゃっでな。昔は灘いっぺえ食いよったっじゃっで。多かったっじゃっで。ここの沖はもうどこでもよかった。針は二〇本から三〇本ばかり。擬似餌でサバの皮を剥いで晒して切ってつけて、アジを釣りよった。今のヒラアジ（マアジ）とは違う。マルアジ（アオアジ）たい。それが灘いっぱい、ジャガジャガ、ジャガジャガ立っとったでな。三〇本全部下がっとったことのある。そりゃちょっともう上がらんと。針いっぺえ下がるときは、アジやつが道具でん何でん引っ切って持ってはってきよった。

日和見と潮加減

昔の漁師は、ラジオはなし、テレビはなし、わが勘で、目で見て、日和見て、雲行き見て、漁ば決めよったっじゃっで。朝出て行く折も、雲がこげん行くで今日は何の風が来っぞて、自分でちゃんと天気見て出て行きよった。もうひどう吹くぞていうときは、出んで打ち置いた。親父が日和見て、「沖は何の風ぞ。潮の満ち直しには雨ぞ」て言えば、必ずやっでな。雨の降り出す折は、必ず満ち直しじゃもん。俺共も、親父どんの言わっとを見たり聞いたりしてるもんやっでな、雲行きとか見てほとんど当たっとな。

魚の食うときもそげんやっで。満ち直しとか、ナカラビとか、立て返しとか、魚はそのときになれば必ず勇むとじゃもんな。満ち直しは、一番干ってから満ちしかかる折。ナカラビは、潮の半分干ったり満ったりする折。立て返しは、満潮から干潮にかかる折（いずれも日周期）。ボラ釣でん、満ち直しには必ずボラの食いしかかる。一時間ぐらい勇んでじゃんじゃん食いしかかるが、また自然と止まって、ナカラビ、半分ばかり満っときまた勇む。そすと、立て返しな。何の魚でんそげんたい。アジの固まっとるところに行ったっちゃ、潮の加減で食わんときのあったっで。それが立て返しとか満ち直しになれば、もう針いっぱい下がっとたい。そすと、潮の小潮（干満の差が最小となる潮）の折は、魚は勇まんとやもんな。中潮（干満の差が中くらいの潮）が一番勇む。中潮から大潮（干満の差が最大となる潮）になるときがな（以上、月周期）。

秋の九月から一〇月になれば、またシャコ、エビ獲って縄延たい。縄延は春と秋じゃもんな。夏はせんとだもん。一〇月、一一月頃になれば、ここの沖でタイとかチンとか、一本釣じゃな。

冬は、鉾(ほこ)突きたいな。箱眼鏡で見て、カレイとかメバルとかナマコとか。カレイも太かとの揚がりよったで。八〇センチからあるカレイのな。ずっとこげんところの岸を、見えるところを見てされく。カレイは、石の上を這うとっでな。素人は全然見えんと、石の色しとっで。俺共見かからんやった(みつけられなかった)ばってん、親父は上手やったもんな。居ったらすぐ、「押さえろ、押さえろ」と言いよらった。とにかく魚の真上に行くごて櫓を押さえ返して船をやらんばんでな。そして、「真上に来たか」て聞きよらった。そらあ名人じゃったなあ。湯堂で上手は、俺家(おるげ)ん親父とちんどんと二人ばかりやったもん。終戦後も、遠見の外の下で、一メートルぐらいのカレイを一ところで二枚獲ったっぱい。

湯堂の網漁と漁師の暮らし

昔は、珍しか、こげんとのあったっじゃろうかと思うごたる魚の居ったたんな。湯堂の網元は、初手は若松どんと上の坂本寿吉どん、二張りしかなかった。あとは一本釣ばかり。若松どんがアユ子獲る網を持っとってな、この湾内でアユ子ばっかり伝馬(てんま)一艘入れよったっじゃって。大したもんやったっぱい、この湾内のアユ子ていうとは。もうイワシの子は混じっちゃおらんとやって。アユ子ばっかり固まっとりよったんな。湧平に水の湧く。ここにもうんとついとりよったっじゃって。そすと、袋の川にもアユの居りよったもんな。そげんしてこの湾内は何でん育っとりよった。エビでん何でんな。昭和六、七年頃ばい、一艘の船でずっと網を建て回してきて、みんな降りて陸から曳きよった。こっち一〇人、こっち一〇人、両方で一緒に曳く。それ、アユのいっぱい入ってな、持ってきて湯がいてよそに売り行きよったったい。あってん、アユは公然とはできんやったもんな（後出）。巡査がやかましゅう言うたったい。袋の駐在所にイカリさんてやかましか巡査の居らってな、すぐ捕まえよらったて。それでシロコ（カタクチイワシの稚魚。シラスともいう）ていうて売りよった。そりゃうまさもうまさたい。全然苦ごうなかっじゃって。

俺共が小まんか折は、オオバイワシ（体長一八cm以上のマイワシをいう）もこの湾内に来よったっぱい。冬の雪のパラパラ降る頃は、この湾内に来てジャガジャガやって。オオバイワシはズ黒うして固まっとってな。それこそ海の色は変わっとるもん。それを刺網をずっと建て回して追うとたい。そげんすれば網に首刺し込んで引っかかる。そげんして獲らったっぱい。

冬の土用でん夏の土用でん、土用（立春・立夏・立秋・立冬の前の一八日間）に入ってから何の魚でん固まるもんな。ボラでんイワシでんな。冬のボラ網たい。叩き網ていうとたいな、ボラの居るところを切り回して叩く（海面を竿などで叩いてボラを網に追い込むこと）とたい。冬のボラどま、一匹か二匹かボラの飛ぶところはもう何百貫て固まっとる。船津の網元の蓑田武一郎どんがボラ網を持っとった。太か船二艘から建て回して、叩いて、この沖で何千貫て獲らったことのあったっぱい。一遍で。俺共が兵隊行く前、昭和一〇年頃じゃな。そら、ここら辺りで語り種になるごたる漁やった。銭を数えるのに太え目に遭わったってな。その頃蓑田どんは葦北郡じゃ一番太か網元やったもん。アジの魚の多かった頃、アジ巾着も二張り出しよらったもん。アジも一晩で何千貫て獲らったったい。

冬になれば、イワシでん、アジでん、サバでん、この湾内に入って来よったっぱい。イワシのチョコチョコ、チョコチョコ飛ぶとたい。今はタレソイワシどま居らんがな。恋路島内を真っ黒なってされきよったがな。タレソイワシも固まれば真っ黒になるもんな。

若松どんたちは、カタクチイワシを獲る船曳網を毎日曳きよらった。専従の網子が一四、五人居ったろ。みな部落の者たい。男共が行くところは女共もそれかかっとったでな。若松どんも、全盛時代は二張り出しよらったで。両方出せば三、四〇人要るがな。カグラサン（網を縄で引っ張るろくろ）を巻きよったっじゃが、ありゃ六人巻きやっでな。くりくりくりくり。女共、上がった網ばずっと細めよった。

緑ノ鼻（三九三頁の図12参照）どま、千貫網代て言いよったっじゃっで。あすこ行けば必ずカタクチイワシの入りよったで。湯堂と茂道で順番決めて網代繰りしとって、ずっと曳きよった。そこは地曳きたいな。伝馬も太か伝馬でな、一丈八尺から二丈ばっかりの船やっでな。それ一艘も二艘も獲れよった。緑ノ鼻をやる日は、同じところを五回も六回もやる。そげんずっと入りよったっじゃっで。そげんして獲ったカタクチイワシを親方と網子で割って、わが家で湯がいて干して売りよらったっじゃ。商売人の買い来よったで。

あってんか(だけど)、網子ばかりで暮らして行くところは、そりゃきつかったんな。やっとのことで子供ば養うて行きよらったったいなあ。網子ていうても、ちいとずつはカライモなっとつくっとらったでな。カライモどん食うて、米のなか折はイワシどん食うて育てて行き方たい。昔の漁師ていや、一本釣やったっちゃ、きつかったで。米も一升買いしよったがな。一升ずつ。今んごて米屋てなかったばい。薩摩辺りから女籠(めご)で担うて売り来よらった。「米量(はか)りの来らった」て言いよった。俺共がまだ小まんか折たい。

俺共、半農半漁でやってきたでよっぽどよかったばってん、漁一本で一本釣りした者な、魚も獲れるときは獲れるばってん、冬どま仕事じゃなかっじゃもん。春先から秋まじゃどろころ(どうにか)よかばってん、冬の四カ月ていうとがほんの遊びじゃもん。湯堂でも、きつかところは娘売ったりしよったもん。

網子も、漁師は漁師たいな。あってんか、漁業組合に入っとらんちゃよかったっじゃもん。一本釣の組は、ほとんど漁業組合に入っとったでな。そりゃもう一人前の漁師やっで。親父が代は、一本釣の漁師は一〇人は居らんかったろ。俺共が代になってからは、組合員は一五、六人やったでな。

湯堂は遭難で死んだという話は聞かんな。沖行っとったっちゃ一本釣やっで、そげんひどか風も出ずじゃろうが。また、ひどか風の折は出んじゃったでな。茂道は、俺共がまだ小まんか折、七人か死んだ。茂道は昔、打瀬(うたせ)の居ったでな。全盛時代は二、三〇艘居ったじゃなかろうか。俺共が知っとるようになってからも、一〇艘ぐらいは居ったもんな。その頃は櫓船ばかりやったで、こちの風（東風）のどもこもひどかったもんやっで、流れ網が茂道の沖に引っかかっとったてな。それば助けに行くて、小まんか船から乗って行たっとって沈んでな。湯堂は、台風のときも大したことはなかった。まだ波止もなし、俺家の石垣から外は海やったで、下につないどって、南風のきつうして船をがぶり込んだ（陸上に押し上げた）ことはあったな。

わしは昭和一一年頃、会社に入ったっばい。俺共がイトコの婿になるのが配電に行きよった。その人の配電に入れてやるて言わった。その時分は、会社がよかったもん。漁師は会社行きのごと決まった収入がなかがな。初任給は日給九〇銭やった。

武義の話で、一本釣の漁師は「冬の四カ月がほんの遊び」というところが重要である。これは湯堂の一本釣の限界を示す。福次郎の漁師の腕は秀れたものであった。それでも「昔の漁師ていや、一本釣やったっちゃきつかった」のである。

＊　茂道の遭難事件については文献がある。紹介する。なお、ここに出てくる茂道の漁師のうち一〇人程度が認定患者になっている。

●石本寅重（大正一〇年生、七三・六認定）の記述抄（『袋小記念誌』）

茂道の共同墓地の東端に一基の大きな弔魂碑が建ち、その前に墓石が同じ型で七基並び建てられています。その墓を七人組の墓と部落の人たちは称し、その下の通りを礼拝して通っています。

時は大正一五年四月二三日（旧暦三月一二日）。東の風が強烈な突風となり大荒れに荒れ始めました。波頭は真白く砕け、潮煙りは中天に舞い、時には雨さへ混り視界は遠くまで見えなくなりました。畑の麦は棒で打ったように乱れて倒れ、立っている麦の穂は風で切られてしまいました。如何に東風が強かったかがうかがわれます。午前も一〇時過ぎた頃、誰かが、「茂道の下沖に漁船が一艘、碇を打っているようだが、碇がきかずに沖へ流されつつある」と言った。部落民たちが駆けつけると、潮煙の舞う白波の中に見え隠れする一艘の漁船を見たのであります。
「あの船を救え、あのままでは命が危ない」と騒ぎ立て、またたく間に人々が集まりました。

ちょうど干潮時でありましたので、皆で競舟を引き下ろし救助に行くことにしました。命知らずの海の荒くれ男たちが、五尺の褌をきりりっと引き締め、赤銅色のかいなには競争用の三尺三寸の櫂を持ち、手ぬぐい鉢巻姿も勇ましく、年長の佐藤増太郎さんをはじめ一六名の漁師たちが、水煙舞う怒濤の中で見え隠れする漁船を目指して出て行きました。ものすごい追風であるため、舟は矢のように突っ走りました。

だが東風は、沖に出るほど強くなり、波浪も大きく、しかも高くなるのが常でございます。一六名の強者（つわもの）たちの乗り組んだ舟は高い波と追風が強いために、舵も取りにくく、非常に危険であるために、用意していた大きな綱を舟の後部に長く曳き、針路を安定させ、絶対に横になさぬようにして（横になすと転覆する）目指す船へとたどり着いたのです。この舟に乗り組んでいた人たちは、佐藤増太郎、杉本力松、森松蔵、小柳直吉、中村藤太郎、森林蔵、川元善四郎、佐藤末、坂本朝次、川元清、杉本筆一、佐藤又義、田上吉松、杉本長義、森政喜、杉本進。

この人たちの舟が出たのを知り、後れを取ってしまったと思う気持ちの人々や、先の舟に乗りきれず残された人たちとが一緒になり、先の一艘ではとても無理だからあと一艘出そうということで、同じ型の競争用に使うもま舟を浜から引き下ろし、怒濤狂い逆巻く荒海原へと乗り出して行きました。この舟は競争の時には乙組が乗っていました。先の甲組用の舟より少し小さい舟でした。この舟に遅れて来た人たちが二、三人、待て待てとぴょんぴょんと飛び乗ったので、人員が一七名になり、荷足も入り、あの大暴風の中に行くのは無理だったと言われています。ところが血気にはやった若者たちは、「早う出せえっ」「やれえー」と舟を出してしまったそうです。

この舟も後部に大きな綱を曳いて舟の舵の安全をはかったそうですが、沖に出るにしたがい、風は強く、波は高く、舟は小さい上に荷足は入っているために、このまま進んだら波が打ち込んで危険であると舵を握っていた川元栄次郎さんが舟を戻そうと横になしたところ、運悪く大波が舟の上へと押しかぶさり、あっと言う間もあらばこそ、舟は横転し、乗組員たちは舟から放り出されてしまいました。乗組員たちは必死になって舟にはい上がろうとしますが、舟はぐるぐると三転四転します。このもま舟と言うのは、漕ぎに軽く舟足が速いようにできていて、台張り等がないために泳いで人がつかまえる所がなく、特に吹きすさぶ風波の中では泳いでいるより方法がなかったようです。

陸で見送った人々は、高ぶきの岡の上へと走り、そこで注目していました。だが、今まで波しぶきと水煙に見え隠れして進んでいた二番舟が急に見えなくなりました。「二番舟は転覆したぞ」と、誰かが叫びました。残った女や子供は泣き叫び阿鼻叫喚の巷と化しました。「よーし、俺たちが行こう」と、杉本兼松・寛三の老兄弟と佐藤栄一郎の三氏が、今度は一番舟、二番舟と違った漁船の肩幅の広い波に強い（船足は遅い）舟に乗って出かけて行きました。追風に吹きまくられますので、この三番船も飛ぶ鳥のようでした。高ぶきの岡から見ると、三番船はどうやら二番舟の遭難現場へ到達できたようです。かすかに真っ白い波浪と水煙の中に沖へ沖へと吹き流されながら小さな黒い船影が縦になり横になりしているのがわかります。

ところが幸運にも、今まで猛威を極めて吹き荒れた東の大暴風もはたと止み、沖から心よい西風が吹き出した。人々の祈りが神に届いたのか、まことに奇跡的な風の変化であります。その追風に帆を上げた遭難漁船は、一番舟を曳いて二番舟の遭難現場へまっしぐらに駆けつけ救助に当たりました。遭難者の中に息も絶え絶えの人もあり、三艘の船を曳いて一応茂道に入港しました。

ところが、入港して船をつなぎ、遭難者はまだ船から上げ終わらぬ中に、また東風が吹き出しました。一時、西風が吹かなかったら、まだたくさんの人が死んでいたでしょう。

当時一八歳の田上古市さんは、こう語っています。「県境の川尻から約千メートルぐらいの所で引き返そうとして、水舟になり転覆した。多くの人が、舟がくるくるかやるときに頭や体を打たれている。溺れかかった人が手や足にすがるために、自分も何回も溺れそうになった。陸に向かって泳ごうとするけれども、向かい風がものすごく、潮煙と波しぶきで目を開けることも呼吸をすることもできないので、板を一枚持って桂島へ上るつもりで泳いだ。エビゾネ（瀬の名前）近くまで泳いだところ、引き揚げられて自分は助かった」。

二番舟の人たち（年齢は当時数え年）は、死亡者、宮崎銀太五九歳、森市次五四歳、佐藤国太郎三五歳、崎口荒蔵二八歳、杉本繁義一九歳、小柳国芳一八歳、宮内年松一七歳、以上七名。生存者年齢順、佐藤明、平木政次郎、川元栄次郎、石本千代松、田上磯松、佐藤末雄、宮内市次郎、森政男、田上古市、倉井国雄、以上一〇名。

これらの三六名の人たちは、人に頼まれて行ったものでもなく、自発的に、勇敢にも危険な暴風の波濤の真っ只中へ救助に赴いたものですので、熊本県からと、水俣町からと、それぞれ感謝状や表彰状と記念品が贈られています。特に一番舟の人たちには金一封が贈られています。尊い犠牲者となられた七名は町葬で葬ってくれてあります。

ここに七名の犠牲者の冥福をお祈りしてペンを置きます。

合掌

次に戦前〜戦後の岩阪網である。国広の話の中に網元や網子や網小屋が出てくる。村の中の位置がわかった方が理解しやすいので、図10「一九五五（昭和三〇）年頃の湯堂住戸図」を示し、以下出てくる名前に家番号を付しておく。

戦前〜戦後の岩阪網

●岩阪国広の話

葦北くんだり（以南）の漁師で、湯堂の岩阪若松て知らん者な居らんじゃったもんな。規模は小まんかったばってんな。熊本県で一、二の水揚げを上げて、県知事から表彰状をもろうとっとですよ。万平のところに飾ってあった。網元は船から網から仕込みに金が要る。体一本であれだけやるということは難しい。

若松が長男の万平に網元を譲ったのは、昭和七年頃。その後で万平は岩坂三平の子キクエを嫁にもろうとっとやもん（三〇五頁）。長男の若人（七四・二認定）が昭和一二年生まれやから。私（昭和一一年生、八七・一認

図10　湯堂住戸図（1955〔昭和30〕年頃）

三組

1. ＃関　安雄
2. 坂本　清
3. ＃吉永茂一郎
4. 梅北熊義
5. 梅北正熊
6. 崎田末彦
7. 岩坂美秋
8. 宮下彦平
9. 坂本　正
10. ＃坂本己芳
11. ＃坂本寿吉
12. 坂本常記（数広）
13. 坂本重太郎
14. 加田野友吉（幸雄）
15. 中本サモ
16. 加世堂コマ
17. ＃岩阪若松（国広）
18. ＃吉永為吉
19. 生嶋政吉（雪雄）
20. 坂本店（幸・カヅ子）
21. ＃坂本清市
22. ＃坂本吉太郎（留次）
23. 森枝ヒロエ
24. ＃坂本善太郎
25. 西川ミチ子
26. 川中勝吉
27. 岩下　斉
28. 山下重夫
29. 山下益太郎
30. 松田政次
31. ＃川中定作
32. 岩坂一行
33. 吉永元記
34. 松永善一
35. ＃坂本福次郎（武義・フジエ）
36. 八木吉次

一組

37. 石田　勝
38. 藤田喜市
39. ＃岩阪若人
40. 浜田忠市
41. 浜崎由雄
42. 荒木幾松
43. 岩本栄作
44. 井上松義
45. 井上松雄
46. 浜本用蔵
47. 浜本　実
48. 森　鶴松
49. 加田野春義
50. 宮崎武助
51. 前島善十
52. 岩坂増太郎
53. 岩坂政喜
54. 山下八百喜（定雄）
55. 溝口伊三次
56. 岩坂惣市
57. 宮本亮介
58. 洲上朝市
59. 脇畑福市
60. 洲上亀吉
61. 古川光恵
62. 東山スギ
63. 田中　一
64. 松永勇次郎
65. 倉本徳次
66. 水本千八
67. 大町　良
68. 大野光恵
69. 岩坂正義
70. 岩下吉作
71. 吉浦鶴松
72. 岩阪清次
73. 山田　猛

二組

74. 松田勘次
75. 麻生武教
76. ＃田上清太郎
77. ＃宮下幾松
78. ＃前田静枝
79. ＃西　次雄
80. ＃中村秀義
81. 坂本嘉吉
82. 山内忠太郎
83. ＃金子伊三郎
84. 井上喜代松
85. ＃石田忠佐久
86. 盛下　武
87. 盛下雅男
88. 古寺重吉
89. 松田美徳
90. 荒木重美
91. ＃口脇敬六
92. ＃吉田清次
93. 井上正光
94. 小浦松雄
95. 宮下義則
96. 岩本和作
97. 福田与市
98. ＃上原夏枝
99. 池田末八
100. ＃田中千年
101. 渡辺栄蔵
102. 橋本仙蔵
103. 黒島重吉
104. 黒島梅太郎
105. ＃城山敏行

注）＃は井戸あり。下線は会社行き。

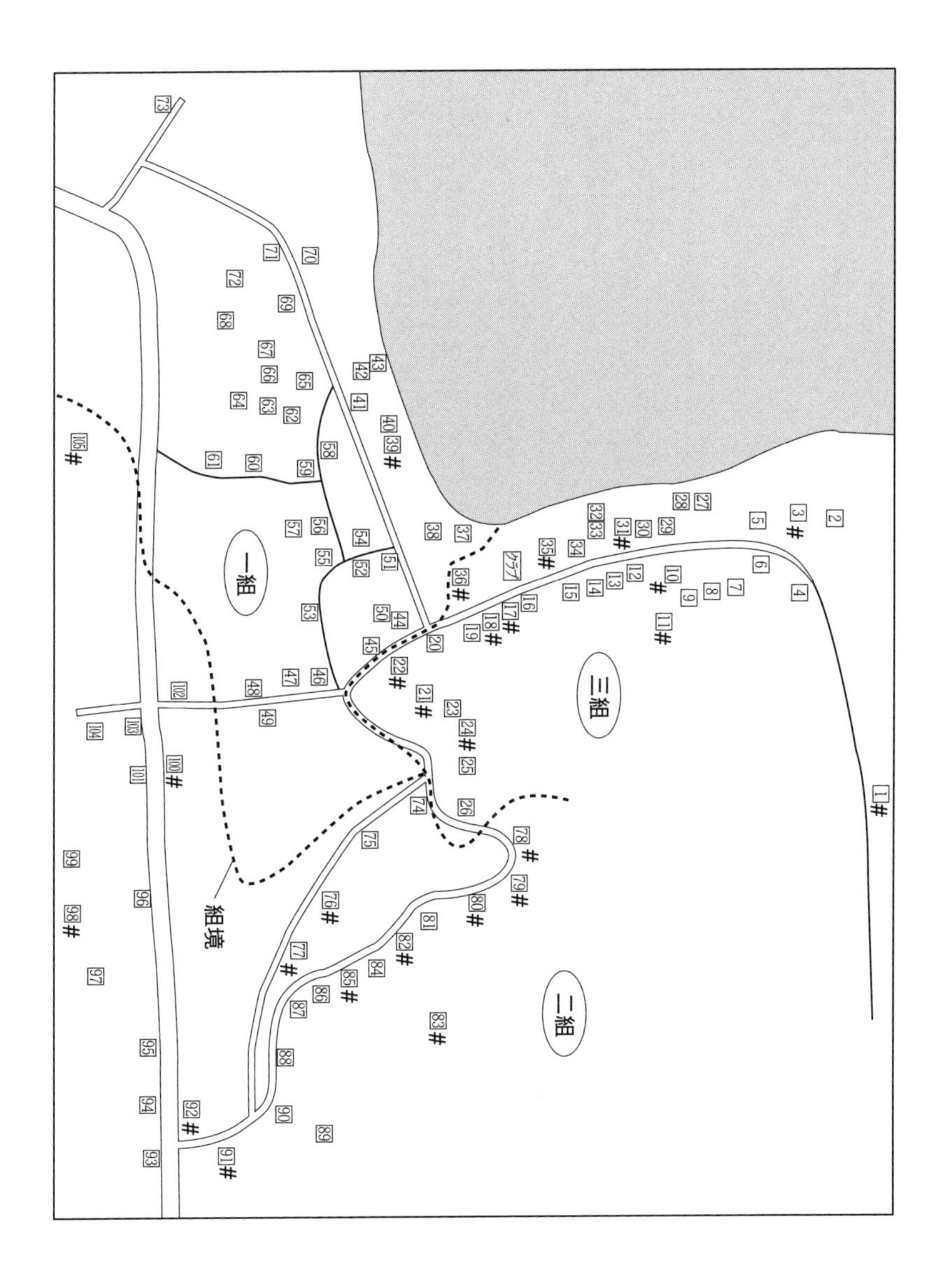
一組
二組
三組
組境
クラブ

定）と若人は、万平の家で兄弟のごとして育っとっと。私は、万平の妹のマノの私生子。それで若松が自分の子供ということにして籍に入れとっと。相手の男の名前は大きくなってから知ったばってん、「あんたを父親とは認めん」て言いよったったいな。

万平は、一四年頃兵隊に取られて、二、三年して病気になって戻ってきた。若松はただ沖の仕事から第一線を引いただけであって、金庫は若松のものやったっじゃろな。万平は、獲れた金はボスと（全部）持ってきてやりよったけん。

若松（図10－17）は、私が中学校出た頃（昭和二六年）、六〇をちょっと過ぎたばかり、まだ元気でバリバリやった。自分でボラ釣行って小遣い銭ぐらい稼ぎよらったけん。自分は陸に居って隠居ていう方、網の道具を繕って万平にやりよらした。御番所行きの道上に隠居家つくって分家しとらしたけん。体は太かったですよ。焼酎も飲みよらしたし、強かった。厳しいことは厳しかった。女が先に風呂に入れば、風呂場を叩き破りよったていうで。私が悪かことをすれば、切れ物を持って追いかけて来らった。田浦から来た者な、「隠居ンじいさん」て呼びよった。万平には「万平さん」て、さん付けです。漁師はなかなか「さん」は使わんとにな。網子同士は呼び捨て。

若松の初手嫁のシズばあさんが人間のよかったけん。貧しか網子のところは、イリコのお金をやるてしたっちゃ要らんて言うて持たせてやりよらしたて。うちには、網子から入って来んお金が大分あったっです。貧しか人が買いにくれば、「銭な要らん、持って行け」て。人が米でん持ってきて置いとけば、それも持たしてやりよらしたて。「えらい助けてもろうとっとばい」て、みんな今でも言いなっとですよ。若松が儲けたのも、あのばあさんについとったっじゃ、ばあさんに授かっとったっじゃていうわけですたい。またシズばあさんの亡くなってから、あんまり太か漁はできんじゃったもんな。万平の代になってから、資本を打ち込むばかりであんまり獲っとらんです。若松時代は、魚はジャンジャン入ってきよった。

昔は、魚が米みたいなもんで、米はおかずのごたるふうやった。海端の網元のところ（図10－39）は、道上のじさんの隠居家から見えとるでしょうが。昭和三〇年頃、幸敏（若人の弟）が遊びに来て見とって、「また、誰が米借り行かった。あ、銭借り行かった」て、そればかり言いよった。藤田喜市（図10－38）とか、岩坂惣市（図10－56）とか、岩阪の親戚がみんなザル持って来よらした。あってん、毎日毎日借ったたっちゃ、イワシが獲れんばどげんなったたっじゃいよ。網子はほとんどやうちじゃもんな。他人混じらずていうふうで。

うちがやっとったのは、地曳と中曳（船曳）と双手巾着です。中曳は海の中を曳いて網をカグラで巻いて船の上に引揚げるけん、地曳のように場所が限定されん。巾着は八田網と同じように火船で魚群を寄せるけど、すぐ網裾の沈子網を巾着のように締めて魚群が網の下へ逃げんようにする。

＊　双手巾着網：一船団の構成は八田網と同じ。八田網との違いは国広の説明するように網の構造にある。双手は二隻の網船を用いることからいう。無動力船の場合が多い。双手巾着網は次第に大型動力船の網船一隻でまき網する片手巾着網に変わった。

双手巾着を始めたのが昭和二二年頃。だいたいうちは、県の仕事で、水俣湾の稚アユを獲って県に納めよったんです。明神のマテガタ（網代の名前、三九三頁の図12参照）で五、六センチの稚アユを獲りよった。何十万匹て、畳三枚ぐらいの網籠のイケスに生かしとって、そのまま五時間も六時間もかかってゆっくり漕ぎ船で引っ張って来よった。ここにまた三日ぐらい生かしとって、人吉（球磨郡）からトラックが来て球磨川に放流するために積んで行きよった。稚アユ獲っとは、熊本県でうちが一軒です。稚アユは、湯堂の湧平でも獲った。冬の晩は、袋の川から稚アユがガジャガジャ音立てて下って来よったっだけん（川で孵化した子アユは海に降り、プランクトンを食べ数センチの幼魚に成長し、春に川に上る）。地曳網だと網ですれて一〇分の一ぐらいしか生きらん。巾着網を県がつくってやっとったから、絞り上げよった。そうすると案外歩留まりがよかった。

その網子を待機させるという名目で許可を取って、昭和二三年に万平が五〇坪の本宅を建てた。その頃は、規則があって太か家は建てちゃいかんことになっとった。製材所にも顔が利きよったけん、古材木を柱に二、三本入れとるばかりで、よか材木を揃えた。

一組は、国道まで全部月浦の松本忠吉の土地やった。万平は忠吉さんから借りていた。買おうとしても売らっさんじゃった。昔は肥料が不自由かったけん、網子の人糞を月に二回ばかり、リヤカー引っ張って取り来よらした。それが本宅の土地代ていうごたるふうで、金は払わんかった。本宅の横が田ン中（たんぼ）で、一反ばかりあった。その一反分の上納は、米二俵て決めとらった。その田は後で自然と畑になってしまった。本宅の前は六畳二間ぐらいの庭ですぐ海。そこが船着き場です。私はちょくちょく海にションベンしよった。石垣の鼻に二尋ぐらいの船を置いてハモを生かしとった。あちこちから業者が買いに来よった。

網の種類が多かったけん、網小屋がそこもここもてあった。吉永元記さん（図10－33）の前と松永善一さん（図10－34）の前に二つ。どちらも十何坪ぐらい。これは県の網小屋。山下八百喜（図10－54）さんと本宅の横に一つずつ。どちらも約二〇坪。全部で四つ。それでも足らずに本宅の座敷に置いたりした。

昔は網が紡績網やったけん、干さんば腐るっとです。海の中に棕櫚（しゅろ）の木の柱を立てて、竹で棚つくって網を干した。これが約二〇坪。その横に後で石田勇次郎（図10－37石田勝のところ）がジャコや太かイワシの干し棚をつくった。網棚やったら下からも風が入るけん、魚の乾きがよかわけです。「あんたがすっとなら、よかが」て、うちが松本さんから借っとった田ン中の一部を勇次郎に貸したっじゃっで。袋網（網の魚捕部の名称）は月に何回か、黒くなった汚れを取るため太か釜で湯がきよった。私はその水担いやった。

うちの弁指（べんざし）は、岩坂増太郎です（図10－52）。田浦じゃヤーさんやったて。体は小まんかったばってん、元気のよかったな。魚を見る目はウの鳥のごたった。みんなの信頼は絶対やった。朝起きるなら、うちの前の網棚に座って、一日海ばかり眺めとらった。たまには伝馬で行って流れて海を見とらした。昨日はあそこ辺り居ったけん、今日どま湾に入って来っぞていうごたるふうで、構えとらす。夏場はイワシが来れば海が赤くなる。イワシが目ン玉ながら赤くなる。ボラはパッと飛ぶ。ホラ貝を船にも一つ積んどりよった。イワシが居ったときは、弁指が沖からホラ貝で合図しよった。見えたら鳴らす。ホラ貝は、弁指のじいさん、私、若人が吹きよった。プーッと長く吹いて、プップップッとやったり、あ、こりゃ誰が吹いとるてわかる。湯堂中聞こえよった。夜も吹きよった。

増太郎は、田浦から湯堂に来て、若っかときは延縄ばしよらしたそうです。瀬と潟は、延縄についてくる砂でわかるという。海の底がどげんなっとるか知っとらす。延縄しとらんば瀬がどこまで出とるか、引っ込んどるかわからん。湧平の方にもちっと瀬がある。私は今でも、湾内が大潮で乾いてしまって歩いて行く夢を何遍でん見る。海底がどうなっとるか地形を知りたい。今、魚群探知機があるけど、実際に見てみたい。もうちょっと若かったら、アクアラングを借りて潜ってみる。

増太郎は角力に詳しかった。本宅の傍の畑のところに方屋つくって、小学校一年生からとらせて練習しよった。一一月三日、袋の天満宮の祭の部落対抗試合が賑わいよったもん。増太郎が選手を決めよった。方屋に毎晩来て、小学生、中学生、青年共が二、三〇人寄って練習するのを見とらした。うちに五右衛門風呂据えとって、井戸が空になるぐらい汲んで、一晩に何回てお湯を沸かして、お湯は入れ替え入れ替え、練習上がりに入れよった。

万平の死

何も彼もうまくいっているようにみえたっですたい。そしたら突然、万平が事故に遭うて死んだ。仕事を広ぐるごたったっですね。西方（にしかた）（鹿児島県川内市）に小さな五〇メートルぐらいの島がある。潮が干らんば島には渡りならん。そこに、梅北正熊（しょうぐま）（図10－5、明治四一年生、七三・六認定）の姉夫婦が納屋掛けして居らった。島にヤギでもニワトリでも飼うてあって、ニワトリが玉子をどしこでん持ちよったもん。正熊どんは、西方の財産を全部売って早うに湯堂に来らったたいな。万平は、正熊どんに勧められて、昭和二三年にその島に拠点をつくって網を始めた。網子の半分は西方にやっとった。島との間に小屋つくって、網子はそこに全部寝泊まりしよった。女衆が櫓を漕ぐのは珍しいて、川内（せんだい）辺りの学校からよく視察に来た。俺共も行きよったが、あそこに行くには汽車の鈍行で一時間かかりよった。

たまたま万平が湯堂に帰って来てまた行かるときに、若松が、「もうやめろ。あと二、三年すれば国広は中学校上がる（卒業する）。若人も上がる。わが家ン者でやってよかっじゃっで、そげんジタバタするな」て、言わった。それを聞かずに行った。その晩に突風の来て、船を引き寄せたところが、アンカーながら滑ってきて下敷きになった。肋骨を折って、動かしならんけん、いっときは西方のタカキ医院に置いてあった。それからこっちに連れてきて、向こうからタカキ先生が一週間に一回ばかり往診に来なった。そのまま寝たきりで、肺炎起こして昭和二四年に死んだ。今なら助かってる。あの五〇坪の家を新築して何カ月しか生きとらん。まだ三三歳だった。

万平が死んで計算の分配の方法が変わってきた。やうちの網子といっても、わが身が可愛かけん、自分たちがいい方に持っていった。私が中学校卒業したのが昭和二六年。若人が二級下。若人が卒業するまでの二年間、ミカジメ（監督）をした。巾着網の寄合にも出た。それから若人が親方になった。私は、隠居の方に行って住んで、そこから若人のところに仕事に来た。若松は、シズが死んで（昭和一七年七月）出月の加世堂サダさん（一九九頁）の姉さんのミツを後嫁にもらっとった。私がカーバイドの臨時労務者になったのが昭和二八年。会社合い間に手伝いよったけん。

●脇畑アキノ（昭和六年生、網子・脇畑福市の長女）の話

私は網のある間は網子に行った。親方がぶっ倒れらったでな。西方行って時化（しけ）くろうて、風の吹いて波の太うして、どもこもひどさもひどさ。私は口船（二艘で網船の網を引き、建て回す船）やったで、陸に早う上がった。万平しゃんは、太か船の間にはさまれたってな。私は見とらんと。肺はもう穴のあいとったて。やっと陸に上げて西方の病院に連れ行ったっじゃろ。えらいことやったっばい。

怪我せられんば、万平しゃんはよかったばってんなあ。若松やんの代はよかったけど、万平しゃんの代はあまりよかことはなかったもん。それから、国広さんが中学校卒業してすぐ責任持ってしたもんな。若人もたい。あん子共、二人連れ高校には行っとらんとやが。そして増太郎やんと網守ってきたが、獲れんかったもね。

万平は、兵隊に取られ、除隊してきてから戦時中は戦争のため満足な漁ができず、戦後四年めに事故死したのであり、「万平の代になってあまりよかことはなかった」不運な網元であった。万平は、「若松やんに似て親分肌だった」と村人たちは言う。

三　一九五五（昭和三〇）年頃の湯堂

敗戦から一〇年経った五五年頃の湯堂はどうなったのだろうか。水俣病がひそかに襲っていた頃である。筆者は九九年に共同調査者の坂本幸・カヅ子夫婦と坂本フジエから五五年頃の湯堂全戸の家族構成・生活史、衣・食・住、階層、やうち関係などを教わった。一日四、五時間、話す方も聞く方も熱中してやって、まる八日かかった。聞き終わったとき、筆者は生まれて初めて一つの村を丸かじりしたという実感を味わったものである。帰りの飛行機の上からほんのいっとき九州の海岸の村々が見える。あの村にもこの村にもそれぞれの歴史が詰まっているのだと思った。

先に図10「一九五五（昭和三〇）年頃の湯堂住戸図」を示した。同図はマチの本屋・宮崎一心堂が六〇年に作成刊行した水俣各部落の『住宅地図』を基にし、幸に訂正してもらって作成した。市内の各機関をくまなく探して、六〇年版が水俣に残っていた最も古い住宅地図だった。

調査戸数は一〇五戸（三組三六戸、一組三七戸、二組三二戸）である。市生活保護関係資料によると、五七年の湯堂の世帯数は一二二であった。一〇五戸との差は、家族構成上の事情があったり、住宅難が十分解消されておらず、一戸複数世帯の家が多いためであろう。以下登場する村人には、先と同様、図10の家番号を付す。調査結果のうちモデル五家のやうち関係については、先に報告した。

一九五五（昭和三〇）年湯堂全戸調査

〈昭和一六年以降の戸数増加・戦後移住者の出身地別〉

昭和一六年の七八戸が昭和三〇年頃に一〇五戸になったわけだが、七八戸のうち七戸は他部落に転出したりして跡なしになっていた。差引実質増三四戸（一〇五引く七一）である。これを戦中と戦後で分けると、戦中増一〇戸、戦後増二四戸である。戦中増一〇戸のうち九戸が息子分家による。戦後増二四戸の内訳は、新たな移住八戸、よそで結婚した娘夫婦が湯堂に帰ってきた家一〇戸、出稼ぎ先から帰ってきて別戸となった息子夫婦六戸である。二四戸のうち海外や炭坑などからの引揚者は一〇戸（興南六、釜山一、満州一、新潟一、炭坑一）である。独身者で兵隊や出稼ぎ先などから親の家に戻ってきた者がいるのは、もちろんのことである。また昭和一六年以降世帯主が親から子に代わった家が二一戸ある。このように戦後の湯堂は変動が激しく、戸数も大幅に増えている。

戦後よそから湯堂に来た一八戸（新たな移住八戸、帰ってきた娘夫婦一〇戸の夫）の出身地別内訳は、天草四、薩摩二、田浦一、葦北郡外一、県外三、マチ一、近村一、不明五とばらついており、戦前のように特に天草が多いということはない。帰ってきた娘夫婦が多いのは特徴的である。普通なら娘はよその家に嫁に行き、そこで暮らしていく。娘の婿とその一家が湯堂に来たのは、戦後の食糧難の中で、「湯堂ならイワシなっと（ぐらい）、カキなっとあるもね」ということだったらしい。また、植民地などで他国者同士が結婚した場合、男はそれなりの事情があって故郷を出てきているので、「どうしても女の方を頼っとな」ということになるらしい。

戦後、引揚者などが困ったのは第一に家である。坂本吉太郎家（図10－22）では、長男の嘉吉一家が新潟の青海から、次男の直記一家が満州から引き揚げて来、三男の留次が兵隊として湯堂に配置されていた。吉太郎家は狭かったので、帰ってきた長男と次男の二家族を置く余裕はなかった。そこで嘉吉一家は、吉太郎の小屋に住んだ。直記一家は村医の徳永の掘った防空壕に住んで塩焚きをして暮らし、それから長崎の炭坑に行った。五五年頃は湯堂に居ないので、図10に載っていない。留次には、吉太郎が竹ガワラの小さな家をつくってやっていた。嘉吉は部落内に退職金で家を建て漁師になった（図10－81）。留次は親のかかり子として五五年頃は吉太郎の家に戻っている。

〈職業別内訳〉

一〇五戸の職業別内訳は、一本釣二七、網元関係二、網子二一、船回し九、会社行き一九、同臨時工一、扇興（下請）一、営林署二、市役所三、市役所の常傭人夫一、郵便局一、教師一、みかん山五、職人四（船大工二、大工一、左官一）、土方二、失対三、行商二、店二、金貸し一、その他四、無職八である。一家の中で親は一本釣、子供は会社行きというように複数の職業に就いている場合は別個に計上しているので、総数は戸数と一致しない。

漁業計五〇戸、船回し九戸で、海の仕事は五九戸、会社行き他陸の職業の合計は五二戸である（無職を除く）。全体としてみると、村の半分以上が海の仕事であることは戦前と変わらない。漁業戸数は、昭和一六年の三一戸から一九戸増加している。これは戦後漁業ブームが起きたこととも関係している。戦後新たに漁業者になったのは、一本釣四戸（朝鮮引揚一、新潟引揚一、露天商からの転向一、不明一）、網子四戸（マチ一、興南引揚二、炭坑引揚一）計八戸である。船回しは戦前の一〇戸とほとんど変わらない。一方、会社行きは臨時工、下請を含め二一戸であり、昭和一六年の一四戸より七戸増。この他市役所等他の勤め人の増加や職業の分化により、陸の職業の合計数は昭和一六年の三〇戸から二二戸増えている。

一九五五年頃の村の支配層

●坂本幸・カヅ子の話（七九年）

幸　この頃はみかん山の城山敏行さん（図10－105）の時代です。自民党の市会議員を三期した（二七三頁）。うちの親父の清市（図10－21）が選挙の責任者やった。敏行さんは親父より年は大分下だが、「清市、清市」て呼び捨てやった。でも友達やった。親父がちょっと早く死んだ（昭和四五年）。このときは敏行さんは泣きよった。自分が一番頼りにしているのが死んだ。親父は戦前からずっと村の世話役、相談役だった。昭和三〇年頃までは元気でしたもん。

カヅ子　人がこそこそ相談に来れば懐金でも貸してみんなを助けてきた。部落の地の人であれば、仲人してもらったりお金貸してもらったり、助けてもらっていないという人はいないだろうなという話ですもんね。

幸　あんた、うちの親父は仲人もどし(どれだけ)こしたかな。もう数えきらんごたる。「人さまのためにならんば」て言いよったもんな。

カヅ子　酔っ払えば「よかじゃなかか、人さまのためならよかじゃなかか」て。生活に困って土地買うてくれて来た人がいた。「だまして買うたて人は見るから、困った人の土地を買うごたなか。隣の人ならば地続きだから、世間体もいいから、隣に売ったらどうか」て言わった。隣に行ったら「金がなか」て。そしたらお金を自分で立て替えて、ちびちび返してもらうようにして、売る人も買う人にも話をつけてくれた。そのとき七万円やった。そういう温かい気持ちがあった。

幸　親父は漁協の監事（三九四頁後出）をして、海の方も中堅になってやってきとる。岩坂政喜（図10－53）を理事に押し上げた。政喜は親父を頼りにしよったもん。だけん、漁協の方は、ボスといや政喜ですね。

網元の岩阪万平は早く死んだから、この頃はもう関係ない。坂本福次郎（図10－35）は力はあったけど部落の表面に出てこなかった。マチの金貸しの橋本仙蔵（図10－102）は戦後も顔が利けとった。ばってんか、雇っとった男と女の事務員がつるんで金を使い込んだ。それから金貸しをやめ、持っとった何反かのみかん畑でもつくっとらった。もうボスというほどじゃない。

●西アキエ（図10－79）の話

城山敏行さんは、市会議員のときは強かったですもんな。「俺がせんことには何もできん」というような口ぶりだった。「何を持ってけえ」でしょう。うちの人（次雄）なんかペコペコしてなあ。私は「同じみかん山仲間で、陸軍中尉までした人間の、何でそげんペコペコせんばんとね」て言うたことのありました。

五五年頃の村の支配層は、城山敏行、坂本清市、岩阪政喜といったところらしい。村人の衣・食・住と階層については、章を改めて述べることにしよう。

第九章　漁師村の貧しさ

一　湯堂の衣・食・住

湯堂の最大の問題は貧困である。貧困には原因と構造がある。その一端についてはすでにみてきたが、村人の衣・食・住からその実態をつかもう。

●西アキエの話

昭和一五年に湯堂に来てびっくりしました。ものすごくびっくりしました。家も杉瓦、杉の木っ端でつくった家が多かったです。トタン屋根だったり。肥前瓦を乗せてあっても、鬆(す)立ってしまって見るかげもなかった。

腐ってボロボロになって、そんなのが多かったです。坂本福次郎さん家がちょっといい家だと言っても、小さい瓦屋根でした。網の親方さん（岩阪若松）といっても、網小屋だけはたくさんあったですけど、住宅は平屋の小さいほんと見すぼらしい家だったんです。どこも壁は泥壁です。それも泥壁は落ちてしまって、ドンザ（漁師の作業着）とかボロ着物を張ってあった。

お父さんの西甚左エ門は、昭和二年に湯堂に来て四年に家を建てたとおっしゃいました。そのときから二階家で、今もそのままです。はい、応接間もありました。お母さんが、「来たときは湯堂はまだものすごかった」て、言いなったです。ご飯でん炊いとれば、ぐらしかごたったって。そこの松田勘次さん（漁師、図10－74）のところ、川中勝三郎さん（漁師、図10－26）のところなんかも、お子たちがうちに遊びに来て、「俺家は米の飯は食べたこたなか」て、言いよったそうです。昭和二年は主人なんかまだ学校で、主人の妹のミサトが家に居た。お母さんたちが米ノ津の実家に田植えの加勢なんかに行かすときは、妹が一人で居るもんですから、いつもにぎり飯を握っておいて、「遊びに来てくれたときは食べさせろ」て言って、行ったそうです。

網子さんは、イワシの獲れたときは獲れたときで、親方さんのところに納めて、少ししかもらわっさんとでしょうな。その頃の生活ってなあ。私が来たときも、「米一升がわりする（一升分の代金を稼ぐ）のに二日かかる。今の百姓人夫の衆は一日で米一升買い得る。高っか方じゃ」て、言わしたです。

ここ辺りは畑という畑が全然なかったでしょうなあ。村の外に田持っとって米つくる者は一人か二人しか居んなさらんし、カライモをちいとつくったっちゃ、常食になるしこなかったんじゃないですか。薪も、今夜焚くともなかったり。冷水の上の方に枯れ枝を担い籠で取って来よんなったですもんな。うちのみかんの剪定屑なんかを喜んで持って行った。今は考えられない生活ですよ。

飲めばすぐケンカでしょう。忘れませんが、私たちの祝儀のとき翌日に披露に呼んだ。ここ辺りの人たち三人でケンカして、とてもじゃなかったですよ。漁師の人は気の荒いていうか。

「うんが何や」て、こげんだったですもん。飲みさえすれば、そういう荒か人が居りよった。石田忠佐久さん（図10－85、明治二五年生、七二・一〇認定、網子）は、飲むのも強かったけど、ケンカも強かった。煙草屋の吉永為吉さん（図10－18）、川中定作さん（図10－31、会社行き）、あの人たちも強かったですもんな。網の親方の若松じいちゃんがまた強くて、湯堂を風靡しとらした。

私は、来て二、三年は、飲み方が始まらんばいいがて思っとりました。あそこで飲んでケンカせらした、ここで飲んでケンカせらしたて、賑わいよったです。

●坂本カヅ子の話（七九年）

うちは、ばあちゃんが天草から来て米ノ津に住んでたんです。昔は、鹿児島県出水郡下鯖淵米ノ津町やった。母親が、米ノ津郵便局に勤めてた父親との間に私を生んだ。その頃郵便局に勤めるのはあまり居なかった。野田（出水の西、約一〇kmのところ）の銀主どんで、とんでもない太い屋敷やった。母親との結婚を認めなかった。そして私が四歳のとき結核で死んだ。学校の先生しとったおじさんたちもみんな結核で死んだ。それからばあちゃん、母親、私の三人暮らしです。豆腐屋をしていました。

私は、昭和一八年の暮れか一九年に湯堂に来ました。米ノ津でも強制疎開のある頃です。私のところは町でしょう。湯堂に来て一番びっくりしたのは、子供が全部青鼻垂らしてること。袖はテカテカ光ってるんですよ。今難民の腹の出とる子が居るでしょう。湯堂にもあんな子が居たがねえて思い出す。夏は何も着らずに裸で遊んどったもんねえ。三歳ぐらいまでは、素っ裸だもん。七つぐらいから泳ぎよった。海から上がっちゃ裸でカライモどん取り行って食べて、また海にドボンて、一日中裸、カッパと同じやった。

私も貧乏に育ったけど、町方の貧乏と湯堂の貧乏は全く違うですもん。衣・食・住すべて。私は親一人子一人で、どん底の生活したけど、親子で働いてしたけど、米食べとったでしょう。麦入れても、食べ頃の麦入れて食べとった。ここらは麦だけやった。米て見らんかった。

五〇ぐらいのおばさんたちが、ピラピラお腰(こしまき)一枚で走り回って、お乳をぶら下げて、「網が出たぞー」て、大きな声でワンワン言うて、呼び回って、走り回って、私はほんとびっくりした。網に行ってイワシを干したりしよんなった。遊びに行くときは、袖なしの肌着を引っ掛けて。あれはサラシでつくったのか、ユカタ地でつくったのか。冬場になればネルのお腰をして、縄帯してブラブラ下げて。足はほとんど裸足。海にどっぷりつかったりするでしょう。網子の生活はきつかった。しょっちゅうお金が入るわけじゃなし、それが一年中でしょう。

●坂本幸の話（七九年）

漁師たちはみな六尺ベコ(ふんどし)やった。赤ベコ。家建てのとき、赤とか白とか五本ぐらい旗を立てる。それをヘコにして。夏は裸にヘコだけだった。みんな生活がいっぱい、きつかったから、そげんしよった。子供のわしたちは、それこそ着たきり雀ですたい。

湯堂は「畑という畑が全然なかったでしょう」と西アキエは言う。確かに畑もろくにないのでは生活に困るだろう。田と畑から調べていくことにしよう。

田と畑

村にはただ一カ所、村の川が海に出るところに月浦の松本忠吉所有の田が一反ほどあり、網元の岩阪若松が借りていたが、自然に畑になった。それで村に田はなくなった。村人たちは、ここを「タンナカ」という地名で呼んでいた。他部落に田を所有している家が村に三軒あった。坂本福次郎二反（袋一反、坂口一反）、坂本吉太郎一反五畝（坂口）、岩下吉作（図10－70）約三反（坂口）である。吉太郎の田は、もとえの親（福太郎）から分けてもらったものだという。ほかに他部落の田を小作していた家が一軒あった。

●坂本フジエの話

川中定作家のオヒロおばさん（明治三九年生、七三・八認定、定作の妻）たい、そりゃ精出さったっじゃって。わが畑に麦もカライモもつくって、馬も入らん沼田んぼを袋に二反ぐらい借ってつくりよらった。わが力で耕して。子供が一一人居るがな。定作おじさんは会社に行って、オヒロおばさんが百姓は一人でしよらったで。雨ン降り、農薬のホリドールか何か掛けて、それを吸って死にかからったったたい。

それ以外の村人たちの主食は、畑で穫れるカライモと麦ということになる。一家一〇人ほどの戦後の標準的な家族数の家庭で、そのカライモと麦で自給自足するには畑が二反は必要だった。だが、二反以上の畑を所有している家は、村に一〇軒ほどしかなかった。坂本福次郎（武義・フジエ、図10－35）四反以上、坂本吉太郎二反以上、坂本寿吉（図10－11）二反以上、岩下吉作約四反、関安雄（図10－1）五反以上、川中定作約四反（会社に行きながら買い集めた）、坂本己芳（図10－10、友次の子）約二反、坂本清市二反以上、松田勘次約五反、山内忠太郎（図10－82）二反、岩阪若松八反以上などである。

●坂本フジエの話

湯堂は、畑そのものがなかっじゃっで。終戦後、わが畑持っとる者はうんと居らんたっで。他の者な、とにかく子供がひだるか(ひもじい)もね、三畝なっと五畝なっとカライモつくらんば、湯堂じゃ生活していかれんもん。俺が嫁に来てから、俺家は供出でカライモを百何十俵て出しよらった。一二貫入りで三三〇円とか三七〇円とか、そのくらいの値段やった。カライモまで買うて食わんばん者な、そりゃきつかったよ。畑は一枚二枚ていうとたい。村中、坂やっで仕切りの段がついてるもんな。何畝畑一枚ていうふうたい。三畝畑、五畝畑、畝でいうな。大体三畝畑じゃな。湯堂じゃ、その一枚二枚が大変たい。

●坂本カヅ子と幸の話（七九年）

カヅ子　よそから来て一本釣した人たちは土地がない。家の土地も借りて掘建小屋みたいなのを建てて、畑をつくるにもよその畑を借りてするぐらい。小作して暮らす。そんな生活。自分の僅かな土地で野菜でもつくるのは、湯堂じゃいい方ですよ。湯堂の女は生きんがためにそら働いてる。確かに働いてきたて思うですよ。

幸　親父の清市も初めは畑を持たんかった。ちっとずつ買うて寄せた。わしが小学校の頃、部落の先に二反ぐらい。そこにカライモと麦とつくりよった。米は買わんばなかった。麦にちょびっと入れるばっかし。米の飯食う漁師なんて居るもんですか。あと、出月に何畝かのごないか畑を一枚借っとった。ごないか畑を借っとったのは、湯堂に三、四軒ある。農地解放で自分のものになった。

●岩阪国広の話

戦後、イワシだけはあるばってん、網子はそりゃ食い物に困った。万平が、農地解放の農地には取らないという条件で話つけて、屠殺場のところのマチの深水さんの松山の一部を、網子に開墾させて打たせたっです。若松は深水さんとつながりのあったけん。

●坂本フジエの話

深水さんの山を開墾して、借ってつくっとる者は多かったがな。常記やん（三一〇頁、図10－12）も、子供は多かし、うちが分けてくれた畑じゃ足らんかったっじゃろ、そこを借りとらった。俺共、加勢に行きよったもん。坂口のツルナガ建設のばさんたちも、広かとこを二枚ばかり、何反て借ってカライモの麦のてつくりよらった。あそこは男の子ばかり六人。双子の居って、その子ば女籠に入れて来らったもん。

●坂本幸の話

前田静枝さんが、みかん山以外に山を二町ぐらい持っとらした。村の人たちが一部開墾して、カライモ畑に成（な）して、借ってつくっとった。農地解放でやらんばならんごとなった。取ったのが七、八軒。一軒平均三畝か四畝。全部で三反ぐらいあっじゃろ。農地解放で取られたのは湯堂じゃ前田さんだけやった。

その湯堂の食生活を坂本武義・フジエらに教わった。武義家は湯堂で指折りの豊かな家だから、あとは推して知るべしということになる。

食 生 活

●坂本武義の話（七九年）

俺共が小まんか頃（大正末～昭和初め頃）は、昼飯は学校から走って食いに来よった。飯どん食うてから、カライモを握ってまた学校に行きよった。夕方の三時か四時頃になれば、「わっだ（おまえたち）、カライモでん炊かんか」て、こげん太か鍋で炊かせよらった。必ず炊きよったっじゃっで。子供はカライモ持って遊び行き遊び行きして、鍋いっぱいどま（ぐらいは）すぐなくなりよった。カライモ食えば晩飯もそげん食わんでな。

朝は囲炉裏に火焚いとって、石垣のごとカライモ小積んで焼いてな、食いよったったい。親父の福次郎は囲炉裏の横座っとって、けんかすりゃ、焼け火箸握っとってくらわせよらった。カライモのこげん太かっば二つぐらい食って、あとは飯たい。米は一升の麦に二合か三合。俺家は子供が七人も居っとやもね、母どんもついで食わすっとに太か目に遭いよったったい。「めし、めし」て。子供の七人、八人居らんところはなかったもんな。少ないところで五人じゃろうわい。うちは、田も二反余りつくりよったっじゃが、米は全部食うてしまいよったっぱい。いっちょん売ったことたなか。

年中カライモを主食のごたるふうにして食うて、あとが麦と粟たい。うちは粟がほとんどやったな。親父が麦は好かんじゃったもん。それで粟つくって、麦はあんまりつくらんじゃったもんな。「粟飯ば炊け、粟飯ば炊け」て。

カライモは一〇月は掘っと。つくっとが六月。太かカマ（畑に掘った貯蔵庫）で四つも五つも埋（い）かしとりよったで。一カマ何十荷て埋けとったっで。彼岸入りから四月の八幡祭の頃、タネガライモば開けて、フセガライモといってカライモを畑に埋かして、カライモの苗をつくる。

そすと、夏、ミウエ（実植え）ガライモていうつ、カライモの太かつばかりまた畑に埋かしとけば、「返った」て、また子のついたりする。そのミウエガライモの子がまたうまかったっじゃっで。そりゃ、七月、八月、一カ月半ぐらい食うしこつくっとったい。フセガライモ、苗を取ったイモは豚の餌じゃ。そりゃ食やならんと。

夏はコッパも食いよった。掘ってくずのごたっとの出っどがな。それば洗って蒸して干す。ようと乾燥させて、それを鍋で炊いてつぶせばアンコのごとなる。それば飯茶碗に盛って食わせらった。コッパは七月から九月頃までじゃな。九月になればもう新ガライモのできっで。一カ月ばかり前から早う掘って食うもん。新ガライモはまたうまかで。

俺家がつくりよったのは、カライモが二反、粟が一反じゃな。粟は六月につくりよったで、カライモと時期は一緒たい。麦の半作がカライモ。半年は麦、半年はカライモたい。二反カライモつくれば一家九人食うしこはある。二反のカライモを食うてしまいよった。戦後は強制供出させられたばってんな。

それでカライモは、年がら年中あっとたい。昔は、もうみんなきつかったっじゃっで。それでほとんどカライモ頼りの生活やったっじゃっで。そしてイワシの獲れよったろうが。それで、カライモとイワシはどこでん食うとらっとたい。俺共、オオバイワシどま、一回に一〇匹でん食いよった。そりゃ、生と塩焼きで。カタクチイワシの子のシロコなんかは、そのまま太かドンブリに入れて、食うごたるしこたい。

朝はイワシは食わんな。漬物ばかり。みそ汁は炊かん。みそ汁の何の。俺共が子供のときは、親は昼はほとんど仕事に行たて居られんかったで、飯ばショケ（竹籠）に入れて、針金に引っ掛けてありよった。それを落として、漬物のあればガツガツかき込んで食って学校に行きよった。イワシ焼いて食ったりすっとは晩じゃな。晩は親が居っで。イワシの獲れんときは買ってまじゃ食わん。あっときは毎日食うとたい。

俺共、二日も食わんば精進（魚断ち）のきつうしてな、居りきらんと。それで俺家ン親父は、メバルでん何でんすぐ自分で釣りに行かったんな。上魚は売ったっで、絶対自分じゃ食わんもん。上魚は、カルワ（カレイ）、コチ、タイ、スズキ。親父と延縄する折はそげんとば獲って来よったったい。下魚なんかは炊いて食わせらった。眼鏡突きして、タコとかナマコとかはよう食いよった。イオはイワシの半分も食うとらんなあ。イワシ以外の魚をイオて言うとたい。コチのイオ、タイのイオてな。ボラは七月から一〇月まで四カ月釣っでな。ボラは毎晩食わんこたなか。四カ月はボラの刺身、ボラのみそ汁、ボラの煮つけたい。

カライモとイワシ・イオは、カライモを一〇とすりゃ、イワシ・イオが六ぐらいじゃな。ほかにオカズてなかがな。

今のチクワ、テンピラ（てんぷら）て、普通は見たこともなかっばい。それこそ、正月か祭か、何かあったときでなからんば。米の飯は盆と正月だけ。盆が三日、正月が三日、祭の折はオコワ。それで米の飯のうまさうまさなあ。米は高かったもんなあ。

●**岩下吉作の話**（七九年）

今はあーた、麦飯の粟飯のて食う者な居らんもんなあ。粟に米二合半入れて炊けば、粟ばかりで吹きやるごつありよったもん。うちは粟を一反四畝ばかりつくりよったで。で、一〇俵獲ったっちゃ、食うとに足らんかったっじゃもね。

●**坂本フジエの話**

畑の野菜は盗られよった。カボチャちぎりも居れば、カライモ掘りも多かったたい。自分は遅うつくって、まだ自分方は獲ってば食べならん。あそこんとは早うつくっとらっで、もうこのくらい太かっじゃ、カボチャも成っとる。あれを盗ってくればうちの子供がひだるか目に遭わんて思えば、やっぱ盗るごたるがな。それこそ背に腹は換えられん、生活のかかっとることやっでな。

そげんとがよう人に目かかってな。わが畑じゃなかっぱ、行ってカライモ掘りよれば、「あれ、あの人はどこのカライモ掘りよらったが、泥棒せらったが」てことは、すぐわかっとたい。見とらんて思っとるばってん、人間てもんはどこからか見られとるもん。

そりゃ言うもんけ、言わならん、言や切らん。見て見らん振りたい。そげんとの盗られたっちゃ、盗られた人間はそげん困ることじゃなかもね。「あんた家んカボチャばちぎりよらったばい、カライモば掘りよらったばい」てことは、耳には入る。ばってん、その人の家に行ってやかましゅう言う人間の居るもんかな。

畑を借りてつくる者は、食い物が足らない。それを補ったのは浜で採れるカキやビナだった。

浜

●坂本スヨと幸の話（七九年）

スヨ　小まんか頃は浜に行きよったなあ。あゝ、行きよったよ。潮干（ひ）るまじゃ薪物を拾うたり、丸めたりして、干ってから浜ンコラでビナ拾うたり、カキ打ったりしよったったーい。獲れば獲れば居りよった。三月浜て、三月まじゃ、はめつけて（せっせと）行きよった。三月から先はあまり行かんでありよった。

幸　浜行きとカキ打ちがばあちゃんの仕事やった。百姓の合間ですたいな。冬は薪物取り、春先になれば浜行き、五月になれば麦、麦穫った後カライモづくりやっでなあ。

わし共が時代もうんと居りよった。夏はあんまり獲って食わんじゃったな。フグなんかの卵持って当たるて言いよったな。夏は、泳いどって潜って沖ビナを獲りよった。沖にいるビナたい。

スヨ　浜はどこでもよか。部落の下でよか。そすと、恋路島に行ったり、裸瀬に行ったり、茂道山の海岸に行ったり。部落の下て、遠見の外までずっとたい。三、四〇メートル干くでな、浅瀬で石ころでん何でん出よった。で、カキがつきよった。巣やった。恋路島に行けばアサリ貝とか、貝の獲れよったでなあー。太かこげんとの居りよった。恋路島の湾内の側はうんと干くでな、カキもうんと居ったでねえ。

幸　裸瀬は、潮が干いてしまえば畳二、三〇枚ぐらい出る。満潮のとき出ないときがあるけど、いっとき。あの近辺から瀬ノ内（網代の名、三九三頁の図12参照）は巣やった。茂道山にはいっぱい浅瀬がある。漕いで行きよった。それで腕は鍛われとる。

●岩阪国広の話

潮は大潮、中潮、小潮てある。浜行きは、大潮から中潮頃はよか。小潮のときは全然獲れん。また潮は夏と冬で違う。冬間の大潮はものすごく干く。盆潮はもっと干く。潮は朝と夕方でも違う。朝方の潮、朝潮も干く。網子の嫁さんたちは、ビナ拾いでもカキ打ちでも行きよった。沖に網に行って今日はつまらん（だめだ）ていうときのありよったったい。イワシの居ないときは、網は全然つけずに素戻りして帰って来たもん。獲るっときは、行って二時間もすれば帰ってくる。何時間て来んときは、今日は獲れんばいねえてわかる。私も船で裸瀬でん恋路島でん連れに行った。昔はアワビが居ったもんな。節句の頃は、野川、長崎、木臼野、湯出辺りから「連れて行け」て来よった。私共が、ずーっと渡すとにかかっとりよった。金はもらわん。つき合いで。昔は浜行きが賑（はず）みよったもん。

●坂本フジエの話

潮どきであれば女の人たちは「ビナ拾い行こう」て、もう走って行きよらったがな。田上清太郎おじさん家（図10－76）のトメおばさん（明治三四年生、七二・七認定）、幸さん家のスヨおばさんので、とにかく浜に行くのが好きやったもん。潮の干れば、貝掘り行こい、ビナ拾い行こいて、必ず来よらったもん。スヨおばさんたちは、畑もしよらったっじゃばってん、潮どきになれば、とにかく行かんば済まれん人やった。必ず行きよった。俺共、いくら潮どきやったっちゃ浜には行き出さんやったんな。やっぱ百姓で忙しかったっじゃろな。

ビナは、マガリとシリダカ、グッチョビナ、丸ビナて、何種類てあっとたい。マガリとシリダカは、岩から落としてきて、塩水で湯がけばうまさもうまさ。子供は一番初めにこれば食いよったもん。ビナは居る範囲が広かもん。今やったっちゃ、俺があっさり拾うて来てくるる。ビナだけじゃなかばってん、カラス貝ていうともおる。これは石にびっしり付いとっと。あまりうまか品物じゃなかばってんか、味噌お汁（つゆ）に炊けば、ダシのよう出よったもん。

家と薪木

先の坂本カヅ子の話で、「よそから来て一本釣した人たちは、家の土地も借りて掘建小屋みたいなのを建て」たということだった。今度は家と燃料源の薪物についてみよう。

●坂本幸とカヅ子の話（七九年）

幸　家ていえば、わし共が知っとる時分、カヤ葺きの掘建小屋が四軒のうち一軒ぐらいあった。木があれば枝が出る、叉木のある木を伐って持ってきて、それを柱にする。その柱を何本か地面に埋め込んで叉に梁を渡す。屋根は麦ワラ。そうして二間ぐらいの家を建てる。○○どん方はせいぜい六畳一間、それ、五、六人寝よった。入口は開き戸、庭（土間をいう）は狭いところは畳一枚ぐらい、広いところで二枚。そこに赤土を使って自分でクドを一つか二つつくる。外につくるところもあった。

カヅ子　吉太郎さん家も、田があるといっても、六畳一間に囲炉裏端が四畳半ぐらい、二間の小まんか家やった。網元やったという寿吉どん方もあまり太うなかった。真四角やった。六畳二間に庭があればよか方ですね。

若松さんの船頭しとった生嶋政吉さん家（図10－19、明治三四年生、七三・一認定）は、ちゃんとした材木使って、瓦が乗っとったけど、天草式で、かがんで入らんと入られんごたる家やった。「こうやってかがまんば入られん」て言ったら、ばあちゃんのスヨが、「牛深の人やっで、軒が低かったい」て、教えらした。牛深は島だから風が強い。だから、低う家をつくってあるそうです。

幸　俺家は、親父の清市が新潟から帰ってきてから建てた。清市の姉婿が大工だった。八畳の座敷に、六畳の上がり口、二畳の囲炉裏間に、三畳の納戸が二間あった。庭が一間半×二間。その横にクドを二つつくって、水がめ置いて、クドの横に薪木積んで、その外が便所やった。昔は、ちゃんとした炊事場なんてなかった。戦後になってからつくった。田上清太郎家、川中定作家も全く同じ造りやった。親父は、村の人たちに講金組んで家を建てるように勧めとる。

カヅ子　私が来たとき、大きな家というのは、みかん山の西さん家、坂本福次郎さん家、船回ししとった吉永茂一郎どん（図10－3）方が太か藁葺きの家、倉本徳次おじさん家（図10－65）、あと一、二軒ぐらい。納戸のある家は少なかったですよ。布団そのものがなかったっだけん。

●坂本フジエの話

昔の家は今思えばバラックたい。雨漏らんばよかところたい。天井も張らずに、上の柱の横に竹を割って組んであるのが、みんな見えとっと。天井のある家なんてあるもんな。俺共家は、庭の広うして部屋が四間あった。八畳の座敷、六畳、囲炉裏の切ってある部屋、納戸が四畳半か六畳ぐらい。庭を入って障子なんてなかよ、一目で見えっとたい。座敷との間にふすまがあったな。家の横にひっついてカマヤ（釜屋）をつくってあった。クドが二つあれば鍋が使えて、ハガマ（羽釜）どんかけて飯、お汁たいな。カマヤの横に薪物小屋をつくってその後ろに風呂場のあって、小屋の横に便所があった。うちは五衛門風呂持っとらったで、何軒て入りに来よった。俺共家は井戸のあったでな、井戸で水汲んで、井戸の周りにはコンクリーしてあった。

どこでん便所は屋根はあっと。屋根のなからんば、雨水でいっぱいになってどもこもならん。尻は、雑誌のごたっとばむしってしよらった。新聞は取らんで、なかっじゃっで。汲み取りのなかで、わが家ん者の汲まんばいかんやった。俺、嫁来たときはそれだけはし切らんかった。父ちゃんが一人で汲まった。そりゃ畑たい。野壺てありよったっじゃもね。畑持たれんところは、まさか海には捨てられんじゃろで、「野壺に入れさせてくれんなあ」て、持って行ってくれよらったっじゃろ。みんな喜んでもらいよったっじゃろうもん。ただで。

婦人会で一週間に一回ずつ、二人ずつ当番で、肩掛けの噴霧器で便所に殺虫剤ば掛けてされきよった。で、俺、部落の便所は全部知っとっとたい。俺家は小便のところは壺を埋けて周りはコンクリーしてあった。大便のところはカメどん埋けて、板でまたがるごてつくってあったな。ちゃんと大工どんのつくった板やった。そげんところはよかところやった。一番困ったのは、〇〇どん方、そこはどもこも行くごたなか、泣くごたった。汚かった。板がなかったい。壺をただ埋けてあっとたい。座りもならんもん。そげんところの何軒かあったな。俺家は戸を開ければここは便所てわかっとったばってん、小屋の隅とか、便所はここがよかろうもんていうところにありよったがな。

●坂本幸とフジエの話

幸　飯を炊くのも、網子がイワシを湯がくのも、薪物やった。それで、冬は薪物取りが仕事やった。薪物をいっぱい小積んであるところは分限者どんて言いよった。

フジエ　湯堂の薪物取りは俺の里の野川辺りとは違うとやった。「ベラ取り」ていうとに行きよった。ベラて、枯れ枝たい、落ち枝たい。それば拾うて来よらった。朝から行けば二把、昼から行けば二把、一日で四把。野川辺は山の切れた（伐採した）とき、ウラハ（梢）の生を買うて、「人割り」ていうて、ここからここまでは誰んとて、一山ば区分して薪物を取って、きれーに小積んで持っとりよった。五〇把が一小積みやった。うんと小積んであるところがやっぱりよかった。「カラフユジは薪物も持たん」て言いよった。一把も持たれんぐらいやった。

幸　恋路島とか茂道山の下払いのあるときは、生木でももらいよったったい。おふくろに加勢して恋路島に行ったことのある。

フジエ　茂道山に大風の吹くどが。枝の折れるがな。その生のまんまば喜んで五把取った一〇把取ったて束に丸けて、海岸端に寄せて、父ちゃんが船に積みに来てくれよった。

前田さんは、自分の山の松葉でん何でんくれられんとやった。松葉拾い行けば、タヨばあさんが、「誰か！」て、怒りよらった。がめつかった。船の底は松葉で焼きよらった（船底に付くカキ殻などを焼いて除去すること）もね。油なんかなかったもね。

戦後の村店と店から見た村人の暮らし

村人の生活状態を熟知する立場にあるのは村店である。そこで、戦後の村店である坂本店の話を坂本カヅ子・幸夫婦に聞くことにしよう。興味は、店そのものと、店から見た村人たちの暮らしにある。

●坂本カヅ子と幸の話（七九年）

カヅ子　戦後の昭和二三年頃、井上松雄さん（図10－45、市役所勤め、船回しで嫁が黒砂糖を売っていた井上恵松の三男）がうちの前に低い家を建てて、マチから来た奥さんが煙草を売るようになった。それで吉永為吉どんは煙草屋をやめた。私が村店を始めたのは昭和二六年です。

私は商売欲があった。とにかくお金に不自由したくなかった。終戦後結婚してから、会社行きの給料だけじゃ子供の教育もできんでしょう。何としてもお金を。出水の大きな店からシャコを卸で買うてきて、村のお祭とか何かに売って回った。ここ辺りは米がないでしょう。山野に魚売りに行って、米と替えて来た。

幸　四人の子供を何としても教育して終わらせんばんてことが、二人とも頭の中に一番にあったっですね。自分たちはこれだけの教育しか受けとらんのだから、子供には少しでも教育を受けさせてやらんばて。わしの子供の頃、水俣に中学校を建てるという話があったそうです。「そげんこととすれば貧乏人共が言うこと聞かんごとなる」て、会社やらマチの分限者どんたちが反対してオジャンになった。「そげん話てあるか」て、わしは思った。勉強したい子にはさせるようにするのが当たり前じゃないかて。わしが学費出して、すったれ（末っ子）弟の英之から法政大学に出した。興南から引揚げてきた金子伊三郎おじ（図10－83）が、会社の社員じゃあったし、自分の子供を法政大学の工学部に出した。この子が村で最初に大学に行った。その次がうちの弟です。妹のクミ子も女学校に出して、洋裁学校にやった。

カヅ子　私が店もやるし、お針もやった。父さん（幸）の給料は生活費だけ。店をしながら、父さんが帰って来るまで針です。裁縫は子供のときから見よう見まねで。米ノ津の池田呉服店から自転車で振袖から留袖まで何でも持って来よったっです。ミシンは村に一台しかなかった。私は本当、精出しとっとです。

幸　水俣の呉服屋も来よった。わしが前夜勤で上がって来るまでやっとるもね。大体器用かったっですね。子供の洋服から何から縫うて着せよった。針で私より上げよったかもしれん。私の給料なんて、定年で辞めたとき（七五年）一二万円ぐらいだった。知れたもんやった。

カヅ子　店て、小さな店ですよ。今のままです。六畳ぐらいの土間に品物並べて、私は居間に居って針です。この家は、ワサおばさんの夫の沢永貞光（昭和一五年結核で死亡）という人が建てた家です。私たちは、結婚してこの家に住んだんです。じいちゃん（清市）の家はすぐ上です。

店で売ったのは、日用品とか、味噌・醤油とか、お菓子とか、つくだ煮とか。日用品は、下駄、タオル、石けん、マッチ、小さいちり紙、何でもです。お菓子は最初限られとった。アメ、げたんは（黒砂糖をつけた麦生地の鹿児島の菓子）、豆類ぐらいですね。つくだ煮は、スルメでもコンブでも薄板に入れて三角に折って、秤にかけて売りよった。

ここら辺のおばさんたちは、「味噌貸さんなあ」「醤油貸さんなあ」て来よらした。塩は持っとらした。そうすと、ここは川がどんどん流れて、洗濯に行きよったでしょう、石けん持たずに来て、「石けんを貸さんな」て借りて、洗濯して帰りよらした。そげんした生活やった。掛けです。店を出して二、三年したら「通い」（通い帳）ばっかりやった。通いが四〇冊あったですよ、四〇冊。会社行きは全部通い。通い失ったと言って持って来んでな、取らんずくの人も五、六軒ある。全部部落の人です。店やってれば、性格のよくわかるですね。でも、どろころ（どうにかこうにか）みんな返して。いい人たちばかりやったです。

売り上げは、昭和三〇年頃で一日二〇〇円ぐらい。儲けはその二割です。どこも貧乏やったから、子供は欲しくてもお菓子を買えない。中にはおっ盗る子もそりゃ居ました。親に言えば、ことわけ(あやまり)に来よらった。通いをごまかしたり。例えば船回しのところなんかは、夫婦連れ船に乗ったりして、留守の間、子供だけでしょう。子供世帯でしょう。子供だから盲めっぽう買えば親から怒られる。通いを消して、自分で金額を書いて。字が違うからねえ。あの子は、小学校六年生か中学一年ぐらいやったろうね。「こら、私の字じゃなかがね、どこの字？」て言うて、来たとき聞くんです。そすと、何も言えずに黙っとる。「こりゃ、あんたの字じゃないの？」て言えば、黙っとる。そういう子が部落に何人か居ったですよ。子供に言うでしょう。○○さんは反対に怒って来よった。「俺家の子はそげんこたせん」て。「そるばってん、こげんこげんじゃ」て言えば、しようなし戻りよらった。事情を話して聞かすっとですたい。でも、昔の子供は素直でしたよ。

村の店は、うちの後で五、六軒したでしょうね。でも成り立たずに、二、三年でみんなやめてしまった。結局、店は、井上さんの煙草屋とうちの二軒だけだった。

幸　店はそこに一人かかっとらんばんでしょうが。その人の人夫賃ぐらいなからんば割に合わん。うちはわしが会社に行きよったし、カヅ子が針しよったし、卸した品物はうちで食うだけは儲けじゃがねというぐらいの調子でやって来たからできとっとでしょうたい。

湯堂の坂本店を月浦の田上店、出月の溝口店と比べてみると、月浦の村店は店優位、出月の村店は村人優位、湯堂の村店は両者均衡していたといえよう。

二　蔓延する結核

こういう貧しい湯堂の生活をさらに根底から脅かしたものがある。結核の蔓延である。先に村の死亡率の高さについてふれたが、その最大の要因は結核にあった。

●前田静枝の話

私は、村の共同墓地の石塔を調べたことがあっとです。ほとんど三〇代前に死んでる。びっくりしました。湯堂は、村の半分が肺病（結核）ですよ。

●坂本幸の話

結核を肺病て言いよった。肺病はわしの生まれた（大正九年）前からあった。湯堂で流行ったのは、昭和初期から二〇年代。もう病気すれば結核だった。ほとんど結核で死んどらす。病院なんてあるもんですか。水俣で入院できる医院はなかった。会社病院だけやったろうわい。でも、そげんところに行く余裕がないから、安売りの薬なんか飲ませて、みんなわが家で死んだ。で、家族感染が多い。村の者は医者にかかり切らんかった。健康保険もないし、かかれば金が要る。また医者も治療法がなくて、胃の薬をやるぐらいのもん。肺病は伝染するからじゃなくて、伝染したから、隔離はみんなしよった。小屋つくって寝せたりして。しかし、そのくらいじゃだめ。どうにもならんてなれば、放ったらかしするわけにもいかんし、ただ寝せとかんとしようがなかった。

九九年全戸調査で確認できた戦前結核死亡者は七戸九名であった。実際はこれよりはるかに多いであろう。また確認できた戦後から五五年頃までの死亡者は一六戸二一名＋α、治癒は僅かに一戸一名であった。結核については、月浦村、出月村でも気をつけて調べたが、三〜五戸程度であった。湯堂の結核の蔓延ぶりは飛び抜けている。逆に、月浦では象皮病の話を聞いたが、湯堂では聞かなかった。

結核は、村の幾つかの家を崩壊に追いやった。湯堂生え抜きの網元であった坂本寿吉家もその一つである。寿吉（明治二四年生）・ミキ（明治二六年生、七三・四認定）夫婦の間に子供はできなかった。寿吉の弟重太郎・モセ（図10－13、モセ、明治三一年生、七五・八認定）夫婦も、子供を一人持っただけだった。寿吉には妹が三人居た。長女ジュカ（明治三九年生）は前出吉永為吉の弟茂一郎と結婚、一一人の子供を産んだ。三つ子も産み、マツ・タケ・ウメの名前をつけ、お上から表彰されたこともあった（タケとウメは幼児死亡）。茂一郎は船回しであったので、寿吉の網の助けにはならなかった。次女は村生え抜きの坂本善太郎（図10－24、初次の子）の嫁になったが、早死に。子供は産まなかったらしい。三女は網子であった崎田末彦（図10－6）の嫁になったが、子供四人産って死亡。死因は結核と推定される。子供とやうちが少ないことは、やうち経営的網元漁業にとって致命的だった。寿吉網が操業したのは大正末頃までで、廃業に追い込まれたのは昭和一〇年頃のことだという。廃業後寿吉は一本釣の漁師になった。「船と網はあるもね」と、吉永為吉と坂本清市がいっとき曳いたが、すぐに手離してしまった。これで湯堂の網元は若松網だけになった。

寿吉は、月浦坪段の坂本友次の子勝和を四歳のとき養子にもらった（一三六頁）。勝和は優秀な子で、高等小学校卒業後、佐敷大野小学校の代用教員をした。そして教え子の睦子と結婚、湯堂に戻った。睦子との間に子供（昭和二二年生）が一人できた。その後睦子がまず結核で死亡。次いで勝和も発病。睦子死亡後、ジュカの三女チカエ（昭和七年生、七五・九認定）が看病に行き、勝和の内緒子を産んだ（昭和二五年生）。勝和は長い間自宅で寝た末、痩せ細って死亡した。寿吉の妻ミキも結核になり、七五年死亡。ジュカの家では、長女が結核で昭和一六年死亡。ジュカも結核で五八年死亡。崎田末彦家は、母親だけでなく末娘が結核で戦後死亡。

寿吉は、昭和一六年頃、ジュカの四女タカエ（昭和一四年生、五六・五奇病発病）を養女にしている。戦後の寿吉家の生活の窮迫ぶりを、タカエに聞こう。

●坂本タカエの話（七七年）

私は、二つのときに吉永茂一郎家から坂本寿吉家に養女に行った。あそこで二歳から一二歳まで育った。寿吉は、私がまだ生まれとらん頃網元やったていうばってん、知らんと。私が大きくなってから一本釣しよらったけん。人の娘を育つっとじゃばってん、私はまともな生活はしとらん。もう私を打ってばっかり。学校の帰りの遅いて言うて、「何ばしとっとか」て、カパーッ。六年生のときなんか、掃除当番なんかで遅うなるがな。「何ばしとっとか、今まで」、カパーッ。給食費やＰＴＡ費たい、三〇円け、四〇円け、そればやかましゅう言うて、くれんかった。育ての母親のミキが隠して持たせてやらった。まともにお金も渡さなかった。六年生の修学旅行にも、やっちゃもろうとらん。

育てのミキ母さんは優しかったよ。人間なよかったっばい。あの人の育てらったけん、私は太うなったっじゃろうで。若っかとき、行商か何かしよったっじゃろうね。

六年生卒業したら、「中学校にはやらん。行く必要なか」て言うて、学校にやらんだった。それで、自分の本当の親のところに帰った。自分の本当の親てことは、小学校三年のときにわかった。私を産ったジュカお母さんが中学校に出してくれた。ジュカお母さんは肺病やって、体弱かったけんな。私のすぐ上のチカエ姉さんが働いて、ぶんと（強調語）兄弟の面倒見とっとやろ。中学校のときは、修学旅行も、博多と別府にやってもろうた。そうして昭和二九年に中学校を卒業したっばい。

もう一軒、結核に家族感染した家をみよう。

●坂本フジエの話

吉太郎おじさん家のオスギおばさん（吉太郎の娘、東山スギ、明治四三年生）たい。父なし子を一人産たった。それからよそに出て行って、よその男と結婚して、終戦後湯堂に戻って来て家つくって入らった（図10－62）。婿どんな、体が弱くて青ざめとらった。何ばしよらったっじゃろうか。何で食わったっじゃろうか。オスギおばさんは、力も強いし、達者かった。畑は持っとられん。オスギおばさんが土方行ったり、ビナ拾いしたりして暮らしていかったっじゃろうな。婿どんな、間もなく結核で死んだ。子供も一人じゃ二人じゃなか、結核で死なせとる。三人か四人、続けて死人を出さったもん。どげんして葬式を出さったいよて言うぐらいじゃ。あそこは、生き残った子供たちは頭のよかったもん。みんな名古屋に出たな。次男は電機屋で働いて、後で自分の店を持った。娘の婿どんも名古屋でちゃんとした仕事をしとるもんな。

戦前、湯堂のかかりつけ医は、マチで開業している徳永正医師だった。当時水俣の各部落は、かかりつけのマチの医師がそれぞれ決まっていて、医師は自分のお得意部落に往診にも行く。戦後は、市川秀夫医師が袋に開業、この地域一帯の主治医になった。それで戦前、家族が結核に罹れば、徳永医師にかかった。そしてお金がないので、

「薬価代」になけなしの畑や家の敷地を手離し、部落の土地の多くが徳永医師の所有になった。筆者は二〇〇〇年に湯堂の土地台帳を調べたが、湯堂の本部落ともいうべき三組の土地の約四分の一は、海岸端を中心に、徳永医師の子供の名義になっていた。

●坂本幸の話

寿吉どんは、畑や土地も徳永さんにやっとらす。みんなそげんしたふうです。もっとも徳永さんは病気だけで取ったわけではない。海岸畑の先の方は、わしのおじの徳次が養子に行った倉本家の土地やった。徳次が事業に失敗して徳永さんにやった。徳永さんは、昔の御番所のあった眺めのよかところに立派な別荘つくって、たまに来よらした。徳永さんとみかん山の前田さんが、「旦那さん」やった。旦那さんは、普通の人はみんな寄っつきならんかった。そのくらいの権力というか、金の力があった。徳永さんは、昭和二〇年頃までは別荘に来よらしたですよ。

ストレプトマイシンが開発され、戦後、日本にも入ってくるまで、結核は死に至る伝染病だった。そして結核は、日本の国民病だった。水俣では、結核の出た家は「肺病の統（とう）」と呼ばれ、統の有無は子供の結婚の際必ず調べられ、統であれば破談になった。ここでいう統とは、血統のことである。戦前、水俣でどのくらい結核が流行していたのだろうか。昭和一一年発行の『水俣町勢一覧』に衛生の項があり、「死亡者数及原因」が載っている。これによると、戸数五三五〇戸、人口二万七一一〇人、死亡者数四六三人で、原因別死亡者数は、伝染病及全身病八三、神経系疾患二七、血行器疾患五八、呼吸器疾患一一〇、消化器疾患八一、泌尿及生殖器ノ疾患一五、妊娠及産五、その他八四となっている。伝染病で多いのは、赤痢と腸チフスである。呼吸器疾患は一一〇人と最多であり、これは結核とみていいだろう。戦後、湯堂で結核はどのように認識されていたか、幸とフジエに話を聞いた。

●坂本フジエと幸の話

フジエ　今は何も嫌わんばってん、昔は肺病の統とコシキ（ハンセン病）の統ばかり言いよらったもね。嫁御行こうでちゃ、向こうが調ぶっとはそればかりやったもね。俺共が実務学校時代は、肺病患者の家の前は走って通りよった。平（ひら）（マチの部落名）に○○て居らったもん、道端に。ヨボヨボして肺病やったがな。もとえの野川辺で肺病で死んだ者は俺共知らん。老人結核はあっとばい。年とってからたい。もう死ぬ前、六〇代、七〇代たいな。あってんか、湯堂は多かもね。

幸　湯堂は、親父の時代からほとんど結核患者の居らん家はなかでしょう。でも湯堂は、何てことはなかごたる。気にはしとったろうばってん、そげん。

フジエ　気にせんじゃったっじゃろうなあ。行ったり来たりしとるしな。「わが家も結核じゃもね、同じ結核のあそこに行たでちゃ何たるか」て、いうふうになるじゃろうもん。

豊（大正一二年生、吉太郎の子）は、いつ頃死んだろうか。俺が来たとき、豊は小屋住まいして歩いてされきよったと。色は青たれてボヤボヤやって。俺はここに来る前、会社病院の看護婦やったで、「注射ばしてくれろ」て、箱ながら液ば薬屋から買うて来よったもん。もう肺病てことはわかっとったで、俺、最初から恐ろしゅうなかったい。嫌て断りやならんたい。あってんか、親は肺病を好かれんじゃったもん。武義とイトコになっとじゃばってん。おら、幾箱て打ってくれたもん。何の注射やろかなあ。栄養剤て思っとったろうなあ。それで、嫁御は持たん先死んだったいな。

今んごて、たやすう病院にはかからんとな。保険はなし、お金はなし、かかり切らんとやろうもん。今では点滴ていうばってん、昔、食塩注射といえば死ぬ前の患者やがな。「ご飯ば食べんけん食塩注射ばせらる、もう長うは生きられんとばい」て、子は思いよったもね。

肺病の者な、どがんしたでちゃ（どうなっても）わが家に寝とったんな、死ぬまで。どげんもしようなかったろうが。生きては居るし、助からんて思うとるもんやっでな。

幸　戦前は全部わが家で死んどっとやっでな。病院なんかで死んだ人は居らんとやっで。わしの弟の正（図10－9）も肺病やった。戦後たい。で、小屋の二階に寝せとった。同じ家族でもみんな隔離しよったっじゃって。飯は、親父たちと一緒に食いよった。わし共、結婚しとったで別やった。また、本人もうつしちゃいかんという気持ちがあった。もう助からんと思っとったですたい。そしたら、ストレプトマイシンが出てきた。昭和二五年頃、一本一〇〇〇円か二〇〇〇円ぐらいしよった。おら、正に二〇本打ってくれたもん。それで治った。アメリカの兵隊さんを知らんば、手に入らんとやったっじゃろうね。どげんして手に入れたか、覚えとらんばってん。

フジエ　そりゃ、たまがるごたる銭やもん。

幸　おじの田上清太郎（図10－76）の子マサノブ（昭和三年生）も肺病になった。それはわしが熊本の療養所に連れて行った。湯堂で療養所に行ったのは、マサノブが最初かもしれん。昭和二六年頃でしょうね。

フジエ　行っとる者は居らんもんな。寿吉どん方の勝和どんな、その頃病院に行かんでやっぱわが家で寝込んどったがなあ。病院には入院もしやならんじゃったが。

幸　薬が出てきたで、肺病に罹ってもちゃんとした療養すれば助かっとっとやばってんか、不摂生な人が早う死ぬとなあ。肺病はフユジ病ともいいよったっじゃっで。仕事はしないし、うまい物は食うでしょうが。ブラブラしとる生活がほとんどやった。そして、たまたま精力は出て来るわけですよ。男、女。マサノブも、行ってみたら患者同士で一緒になっとっとやっで。そげんした生活するようになればだめじゃもん。マサノブは療養所で死んだ。勝和も精力の強かったぃよ。

フジエ　フユジ病ていや、川中勝三郎（図10－26、勝吉の親）は「ドセ病み」ていいよった。山下八百喜どんもやった。会社辞めてから。昔はあげんした病気が多かった。ドセ病みは今いえば腎臓じゃろうか、何じゃろうか。勝三郎どんは色は青たれて、人が見たとき何さまきつかそうやっとたい。座って居るごたなかていうぐらい、ゴロゴロしとらったがな。行けば必ず上がり口寝とらったもね。腫れかぶったごたるふうで、痩せちゃ居られんと。「あの人はフユジ転けとらっと」て。勝三郎どんは、若っかとき船乗りやったっじゃろ。

幸　肺病が下火になったとき、今度は水俣病やった。

結核が蔓延する村の衛生状態はどうであったのだろうか。

●坂本カヅ子の話（七九年）

今考えればゾッとするような不潔な野蛮な生活しとったたっですよ。

●岩下吉作の話（七九年）

今はもう家に蠅さえ居らんごつなったな。昔は、ウワンウワンしとったばってん。あんた、夕飯食うとに、「蚊帳張って食わんばん」て、言いよったっばい。

村は、蠅が大量発生する環境下にあった。網子たちは、獲れたカタクチイワシを湯がいて干してイリコにする。

村の家という家の前、道という道の上には、ムシロを広げてイリコが干してあった。それに「太か銀蠅」が真っ黒になるほどたかった。そのイリコを子供たちは学校帰り、「つまんじゃ食べ、つまんじゃ食べ」して帰って来た。また網子たちは、カタクチイワシを茹でた水を流す。それにも蠅がたかった。戦後は、「豚養い」が流行った。子豚を何匹か買ってきて、一年ほど養い、大人豚にして売る。豚養いは、貴重な現金収入源だった。豚小屋は、「屋根をして、小さな丸太を立ててトタン壁の後壁をし、前は何本か丸太をして豚が出て行かなければ」いい。豚は小屋の中で糞尿を垂れ流す。麦ワラを敷いて「尻をかえ」、それを畑の堆肥にした。糞尿の吸収率をよくするため、最初は土間だったが後ではコンクリートにするようになった。その不潔な豚小屋には、蠅がブンブン、ワンワンたかっていた。

村の家々の便所は、どこも外便所だった。また畑には人肥を入れる野壺が掘ってあった。その便所と野壺にはウジがいやというほど湧いていた。村の子供たちはみな回虫を持っており、虫下しを飲まされた。

蚊とノミとシラミも、大量発生した。蚊のため、蚊帳を張らなければ寝られなかった。ノミは、家に入れば足に飛びかかってきた。

●坂本フジエの話

ノミは、丹前と布団にワンサと居っとたい。縞の布で裏どん付けて綿どん入れた袖のある丹前たい。冬は、丹前ば一番下に着て布団やっで。俺家ンばあさんたちも、朝になれば、明るいところのお縁にその丹前をちょっとずつ広げてノミば取りよらったもね。一日働いて疲れて寝れば、ノミもわからんとやろうもん。ノミの噛みつくでて起きて座っとる者な居らんで。

シラミも居ったったい。櫛よか目の小まんかスグシてあったがな。そっで髪を梳いてくるれば、シラミのパラパラ落ちよったったい。子供たちは、頭にＤＤＴていうとじゃろ、白かっぱいっぱい振って、タオルかぶって帰って来よったがな。今五〇ばっかりの子がそんときの学校生徒じゃろうわい。

幸は「肺病が下火になったとき、今度は水俣病やった」と言った。湯堂は赤痢・性病↓結核↓水俣病だったのだ。赤痢と結核は疫病だが、水俣病は工場がつくり出した人工病である。われわれの三つの村の奇病時代については第二巻で調べるが、どんな人が湯堂の奇病患者になったのか、ここでまとめて述べておこう。患者は漁師や網子とその家族であり、それも子供が多かった。

網元・網子関係

岩阪キクエ（網元岩阪万平の妻、大正七年生）五六年七月頃発病。

岩坂増太郎（弁指、明治一六年生）五六年二月発病、五七年八月死亡。

　一行（増太郎の三女モヤの子、網子、昭和七年生）五六年四月発病。

田中敏昌（船頭岩坂惣市の長女ユキ子の夫網子田中一の次男、昭和三一年四月生）胎児性。

浜田忠市（図10－40、網子↓会社下請、大正一四年生）五六年四月頃発病、五八年九月死亡。

　良子（長女、昭和三三年九月生）胎児性。

一本釣関係

崎田タカ子（崎田末彦の後妻の長女、昭和一六年生）五四年八月頃発病。

坂本キヨ子（坂本嘉吉の長女、昭和四年生）五三年四月頃発病、五八年七月死亡。

松田富次（松田勘次の三男、昭和二四年生）五五年五月頃発病。

　フミ子（同長女、昭和二年生）五六年七月発病、同年九月死亡。

岩坂聖次（岩坂政喜の三男、昭和二八年生）五六年一月発病、同年七月死亡。

　まり（同三女、昭和三一年五月生）胎児性。六二年死亡。

　すえ子（同四女、昭和三二年一〇月生）胎児性。

松永久美子（松永善一の四女、昭和二五年生）五六年六月発病。

　清子（同三女、昭和二三年生）五六年八月発病。

坂本真由美（坂本武義・フジエの長女、昭和二八年生）五六年六月発病、五八年一月死亡。

　しのぶ（同次女、昭和三一年七月生）胎児性。

坂本タカエ（坂本寿吉の養女、昭和一四年生）五六年五月発病。

岩本昭則（図10－43岩本栄作の三男、昭和二五年生）五六年八月発病。

渡辺松代（図10－101渡辺保の長女、昭和二五年生）五六年七月頃発病。

　栄一（同長男、昭和二七年生）五六年一一月発病。

　政秋（同次男、昭和三三年一一月生）胎児性。

中村秀義（図10－80、大正三年生、会社行き、妻が漁業）五六年一一月発病。

三　村の階層

五五年頃の一〇五戸を階層別にみると、どのようになるだろうか。

●坂本幸の話

みかん山と網元を別にして、村の階層ていや、まあ上・中・下ぐらいに分けられるでしょうね。上は、普通に生活していけるとこ。中は、家族に病人が出るとか、葬式を出さにゃいかんとか、何事かなければやっていけるとこ。下は、その日暮らし、食うか食わんか、生活保護ぎりぎり、あそこはほんときつかったというとこ。でも、村中どこも似たりよったりですよ。みんないっぱいいっぱいの生活やったっですよ。

幸に、「みかん山と網元を別にして」残り九八戸をおおよその見当でこの上中下に分類してもらった。

上　二九戸（三組一三、一組一一、二組五）　三〇％
中　三〇　（三組八、一組一〇、二組一二）　三〇％
下　三九　（三組一四、一組一五、二組一〇）　四〇％
計　九八戸（三組三五、一組三六、二組二七）　一〇〇％

幸の定義で、上は「普通に生活していけるとこ」であることに注目しよう。立派な暮らしができるところではない。中は「何事かなければやっていけるとこ」である。その何事かのうちに葬式も入るという。つまり葬式もろくに出せない家である。その葬式はどのように行われたのか。

●坂本幸の話

組で棺、花、提灯をつくる。組でお金の足らんときは村に相談した。棺は、村の大工さんとかみんなで。わし共が知るごてなってから、その家で、マチで売っとるのを買うて来よった。花は、ハスの花を右と左に二つ。

それだけ。花輪はなかった。土葬です。墓掘りは組でする。共同墓地の中のどこでも空いているところに埋ける。墓掘りは、わしがまだ青年になる前、親父の代理で行ったことがあるが、あまり気持ちがようない。すぐ隣に入っとっとやっで。生仏は、臭いもしよった。「こりゃ、出て来らっとたい」て、年寄りの人がもどかしよらった。

とにかく、葬式を出すときも最低限やった。その最低限にしよった葬式さえ、困る人が居った。葬式を出し切らんという家庭があった。金はほとんど使わなかったけど、幾らか要るでしょうが。飯もいくらか炊かんばんし、豆腐の汁とか酢和いとかつくらんばいかん。酢和いは大根刻んで、そのくらい。それを墓掘りさんたちに食べさせよった。焼酎飲ませたり。費用はそれだけ。葬式が済んでから、家族、親族だけ寄る。そのくらい。香典は、「悔やみ」ていいよった。生活に合わせてやっでなあ。昔は何十銭。

火葬は、湯堂では親父の清市が第一号です。死んだのが昭和四五年。土葬でもよかったけど、「もう火葬にするが」てとこで。水俣では、その前から火葬が当たり前になっとった。

下は「その日暮らし、食うか食わんか、生活保護ぎりぎり」のとこであり、四〇%と一番多い。これでは実感がわかないので、中と下から職業別に抽出して具体例を七戸みてみることにしよう。

会社行き

梅北熊義（図10－4、大正二年生、七四・四認定）

●坂本フジエの話

先嫁が福次郎じいさんの娘スナオ（大正五年生）たい。熊おじさんは、先嫁の子が一人、後嫁の子が八人。

子が九人居って、会社の給料ばかりじゃ、どげんしてん金は足らんとやった。今んごた贅沢じゃなかよ。子供に、どげんボロ靴を履かせたっちゃ、足らんとやった。それで給料前になれば、

「とと、金貸さんのい」

て、必ずじいさんに金借りに来らった。じいさんは金を大事にしよらったで、そりゃ返さんば次貸されんもん。一応返しといて、また借りる、また借りるやろな。それで熊おじさんは船持っとって、会社から帰ってくるとすぐ船に飛び乗って、ナマコ獲ったり、タコ獲ったりしよらった。ガネを一斗籠いっぱい獲ってきて子供たちに食べさせたりな。そげんして何日て稼いで暮らして行きよらったったい。湯堂じゃ会社行きが一番よかったっじゃばってんな。

漁　師

宮下彦平（図10－8）

●坂本幸の話

御所浦から来て、最初は船乗り、それから寿吉網の網子、後から一本釣やった。嫁さんは長崎県の五島辺りやった。子供をうんと持って困った人も居るし、子供を持たずに困った人も居るしなあ。彦じいさんたちは持たずに困った。養う人が居らずに。で、じいさんはおじさん方で死なした。ばあさんは、養老院で死なした。水俣病が出て、人はみんな漁から降りとっとに、じいさんは死ぬまで釣りに行きよった。それで、食うか食わずか。ほんなごてきつかったな。日傭取り行ったり。日傭取りといっても、この辺りは仕事がなかった。ばあさんが海に行ってビナ拾ったりして。親父の清市に、「ちょっと銭を貸せ」とか、相談に来よった。

●坂本カヅ子の話

彦じいさんの家は、六畳一間の掘建てでワラ葺き。じいちゃんとばあちゃんが裸で寝とった。真っ裸で。珍しかった。一回行ったとき、裸で起きて来よらったもん。色恋のあれじゃなくて、裸で寝とると暖ったかいんですって。「あら、ばあちゃんたちは裸で寝っとね」て、私、声掛けたもん。そしたら、「こげんして寝らんば寒うしてたまるもんな」て言わった。

天草のうちのおばたちも裸で寝っとよ。夏も冬もですよ。私は、おばの家に里帰りするでしょう。「あれー、おばちゃんたちは裸で寝っとね」「裸で寝らんば暖(ぬく)もるもんか」て。天草とか五島とかは裸で寝るて、今になって思う。

彦じいさん方は、入口を出て便所があった。便所の入口にはムシロを下げてあって、めくって入る。湯堂に来て一番びっくりしたのは便所。ずっとムシロで囲って、竹で両方挟んでブワブワしないようにして、上の方をくびって、カーテンみたいにこう分けて入る。そこは竹ベラが置いてあった。何すっとやろかて思った。きれいなのと、捨てるのとあった。

田上清太郎（図10—76）

●坂本幸の話

うちのおふくろの弟。子供が六、七人居る。一人は結核で戦後死んだ（三七三頁）。嫁のトメおばさんが体が弱くて仕事をし切らんかった。清太郎おじさんは達者かった。出月に畑を二枚、九畝ばかり持っとって、子供を育てんがため、カライモでんつくりよらった。少(ち)いと会社の石灰窒素係に行って、辞めて北九州の若松に行って船に乗っとった。親父の妹（トメ、三三歳で結核で死亡）が嫁に行った坂本清（坂本初次の兄弟徳次の子）

ていうのが居る。この清・トメの子が後で水俣病で東京方面に名前を売った大村トミエです。この清おじさんは、若松で大阪方面に行く石炭運搬船に乗っとった。清太郎おじさんはその清おじさんの船に乗った。昭和五年頃、湯堂に帰ってきて親父からボラ釣習って一本釣になった。でも生活のきつかったで、昭和九年頃、嫁さんと子供を残して、また若松に出稼ぎに行かった。その頃は緊縮時代で水俣に仕事はなかっじゃっで。その時分は、みんな苦労しとっとなあ。終戦前に帰ってきて、戦後はずっと漁師。漁師で生活がきつくないところなんてあるもんですか。

古川光恵（みつよし）**（図10－61、大正四年生）・ハルエ（大正九年生、七五・六認定）**

●**坂本フジエの話**

光恵さんは牧島（御所浦のすぐ西側の島）出身。ハルエさんは湯堂（図10－15のところ、中本鉄次の娘）。戦後夫婦で湯堂に来て一本釣。子供が六人居ってよ。ここは何さまきつかった。ハルエさんがいつも言うて聞かせよらった。「ビナを拾うてきて子供に食わすれば腹いっぱいになるもね。何も要らんもね。潮水で炊いて食わすれば喜んで食べよったもね。またあの人のビナ拾い行っとるて人の思わっでと思って、おら、白か手拭いはかぶらんで、人目につかんごてして採り行きよったっばい」て。ビナで子供を育ててきとらっとじゃ。ビナはうんと居りよったで。光恵さんは昭和四二年やったっけ、飲んで寝転んどって交通事故で死んだな。家に誰か半サラ（サラリーマン）が居らんば、漁師はきつかったっじゃもん。

●**坂本幸の話**

ハルエはわしと同年。一年生から学校には行っとらん。

網　子

藤田喜市（図10－38、明治二四年生）・マチ（明治三六年生、八一・四認定）

●坂本フジエの話

終戦後炭坑から引き揚げて来てよ、夫婦して網子やった。マチおばさんは若松やんの兄弟だけん、若松やんが万平しゃんの横に竹ガワラの家をつくってやったったい。マチおばさんは、字の読み書きはできらっさんかった。三味線が上手で、村の行事のときは必ず三味線抱えて出て来らった。あら、どこで覚えて来らったっじゃろうか。おばさんはよか人やった。ワンワン言うとの。畑は持たれん。おじさんもおばさんも、焼酎飲むとが一番の楽しみやったっじゃ。イワシが獲れれば、おばさんがシロコなんかを秤持って売って歩いて、そのお金で毎日一合ずつ出月の溝口店に買いに行きようった。一合買うとがやっとじゃろうもん。飲めば、喜市おじさんはヤマイモ掘って（くだまいて）よ。子供は四人じゃな。長男（昭和二年生）は電気工やった。これも飲み助やったで。素面のときは、人間のよかとの、真面目に仕事すっとたい。飲めばしめえやった。

脇畑福市・タキ（図10－59、タキ明治四四年生、七七・一一認定）

●脇畑アキノの話

じさんはためどん（福市の別名）。天草流れたい。天草は御所浦、御所浦は嵐口てとこ。若松やん方に男郎（おろう）（下男）で居らったて。網子が足らんかったもんやって、青年宿に泊まり込みでなあ。御所浦からも、出水辺りからも、侍辺りからも、小田代辺りからも、四、五人どま青年宿に居らったっじゃろ。じさんはいつ頃来たか知らん。それから若松やん方の網子に加たれということで、ずうっと網子。

じさんは、頭はよかったばい。尋常四年卒業やっで。ソロバンもしようったが、暗算が速かった。若松やん

の、

「ためどん、入れてみろ、ほう」

て、いつも計算させよらった。

　ばさんはタキ。ばさんのもとえは野川。フジエさんの実家の隣やっで。フジエさんの父さんが仲立ち（仲人）やったて。「ためどん、家つくらんば、入るところはなかっじゃっで」て、オサヲばん（フジエの実家のばあさん）がたい。それで家から先つくって。湯堂鼻では、吉浦丑松どん家、吉作どん家と、俺家とあったばっかり。来たのは早かったたい。網子の講金てあって、網子の分で毎月幾らか掛けよったてな。満期で二〇〇円やったて。二〇〇円でできとる家ですたい。その材木は、野川の自分の木を伐って、製材所で割（さ）いてつくらった。ばさんのもとえは、田んぼも山もあったっじゃが、兄御の嫁さんが売ってしもうとっと。

　俺共家は、うんと難儀したばい。じさんとばさんと夫婦して網行きよらった。行きよる間、私には子ばかり背負わせてなあ。子供は五人。女の子ばかり。私が一番頭たい。水俣に俺と二番めが居る。あとは名古屋と大阪と東京。私は二年か三年しか学校に出とらん。わが名を書くのもやっとかっとじゃ。名古屋に行っとっとが、

「姉さんが犠牲になって、俺共運のよかったっじゃ。姉さんな、学校にもやらずに子ばっかり背負わせて、ぐらしかった（かわいそうだった）」

　今、気持ちのわかってきたっじゃろな。じさんの、

「学校ばかり行っとったっちゃ飯は食いやなるか」

て、言いよらったで。あんまり飲みもせられんし、辛抱ゴロやった。網子は、イワシの獲るるときはよかったい。獲れんときが哀れ。家族の少なか者なよかばってんなあ、家族の多かところは足らんもね。昔はイワシのうんと獲れよったっじゃばってん。それで、ばあさんが野川に百姓の加勢に行って、麦でんカライモでん持っ

て来よらった。よその荒れコバ（焼き畑）を打って、カライモでんつくって働いて来らったですたい。子は俺が守りして、百姓ばかりしよらった。つくっとらんばまだ哀れやったなあ。俺は子守しながら、ビナ、カキとって、三度三度食って。それで、とにかく人に言われん貧乏はしとっとな。それこそ村店から借って食ったりしとるよ。まこてー、子供ば五人育て上げらったっじゃっで。私は一二歳頃から網行きよったもん。イワシの獲れたとき、焚物寄せとかんばということで、朝は山に焚物取りに行く。山行く、海行くして気張りよった。妹共がそれぞれ学校上がって、よそに紡績やらどこやら行って、そしたら生活がよくなったでな。親には、それぞれ毎月送ってやりよったけん。

網子は、岩坂三平やん、岩坂栄さん（図10－69、岩坂正義、大正九年生、七七・八認定の親、阪を坂に変える）、生嶋政吉さん、藤田さんのじいさん（喜市）たちとか行きよらった。上（二組）も大分行きよらったっばい。黒島さんのじいさん（図10－104、梅太郎、明治二六年生、七一・四認定）はチンバチンバしとって。石田忠佐久どん（図10－85）は長う網にかかったよ。息子の勝（昭和二年生、七一・一二認定）もがま出して（精出して）行ったばい。渡辺保さん（図10－101栄蔵の長男、昭和二年生、七二・六認定）も行ったばい。みんなきつかったったい。

イリコ行商

中本サモ（図10－15、明治二八年生、七二・一二認定）

村人たちの話などをまとめると次のようである。サモは吉浦丑松の長女。夫鉄次（村社建立記念碑、青年倶楽部建設記念碑にあり）が五二年頃死亡。網元や網子からイリコを買い、野川や長崎などイナカの村々を行商して生活。子供三男四女。サモの苦労の甲斐あって、子供たちは無事に成人。三男のうち二人は、戦争中徴用工で外に出たり、会社行きになったりして働く。長男忠次郎（大正一三年生、七五・九認定）は戦後、一本釣のち失対。三男邦利（昭和四年生、七三・一二認定）。四女のうち三人は戦後村内に嫁。

次男国雄（大正一五年生）は会社行きで鉛工、かたわら網子や銛突きをした。敗戦前原因不明の病気になる。本人は初めしびれと目が見えにくいことを訴え、赤紙が来たが行けず。バカの真似をして徴兵を拒否していると疑われ、憲兵が何度も自宅に来た。戦後、よだれを流し、言葉はアーアー言うのみ、目は見えず、耳はほとんど聞こえず、飲み込めず、手足が変形、寝たきりになり、四七年一二月二九日死亡した（東京から来て移住した患者支援者の伊東紀美代調査記録）。

「国雄さんは子供たちを防空壕の中に入れて、会社から持ち出してきたビニルを切ってくれよった。そうしたらコトッてうっ死んだな。あぶく垂れて、手は、会社から持ち出してきたビニルを切ってくれよった。言い切った者には、一等兵、二等兵から兵隊の階級を言わせよった。言い切った者にはガタガタ震うて、どもこもひどかった。ばさんがうちの網に来よらしたったいな」（岩阪国広）。

「家が道上。その下を通ると、うめき声じゃいよ、泣き声じゃいよ、わからん声のしよった。鉛の影響で頭をやられたっじゃろうと思っとった。家の人も食うために一生懸命働かんばんで、もう放ったらかしも同然。悲惨な家庭やったっですよ。ここはやうちの人も寄っつかんじゃった。わしは家の中に入ったことはない。交際がなかったからな」（坂本幸）。

中本サモの家は、広さは普通。畳一〇枚ぐらい。かまやと便所が一緒のところにあった。中本国雄は後に、湯堂の水俣病第一号といわれる。

以上、湯堂の貧困についてみてきた。第三部の冒頭で、「海と陸」という二つの異質な世界から村が形成されたと述べた。陸の世界でいうと、カライモと麦で自給自足していける畑を所有している村人は、約一割しか居なかった。湯堂は土地なき村であった。村の貧困の陸の基底はここにある。子供たちが多く村に残り、三代も経つと村内みなやうちという村落構造は、土地なき村を一層土地なき村にした。そして、子沢山と結核の流行が貧困に拍車をかけた。海の世界は、一本釣の漁師専業では生活を維持することはできなかった。岩阪網の網子の生活は、さらに収入不安定だった。村の貧困の海の基底はここにある。陸と海の弱い環が二つ合わさって、「みな、いっぱいいっぱいの生活」となって帰結した。

　ここでわれわれは一つの疑問に突き当たる。前節の坂本武義や岩阪国広の話にあるように、水俣湾は資源豊かな不知火海随一といえる好漁場だった。その好漁場を持ちながら漁師が貧しかったのはなぜか。この疑問に答えるには、水俣湾の漁業について詳しく調べなくてはならない。奇病は水俣湾で操業した漁業者とその家族に発生したのだから、水俣湾の漁業について知ることは、この面からも重要である。われわれは、第一〜三部で三つの村について調べた。水俣湾は三つの村が共有する第四の村ともいえる。第一巻の最後に、水俣湾の漁業について章を改めて調べることにしよう。

終　章　水俣湾の漁業

水俣湾は、湯堂、月浦、出月の漁師の主要漁場であった。奇病と呼ばれた急性劇症型水俣病は、その水俣湾で操業する漁師とその家族を中心に発生した。水俣湾の漁業について正確な知識を得ることは、水俣病事件史研究の基礎的な作業の一つである。湾内や不知火海の生態系の知識も不可欠なものとなる。

本章はまず、水俣市漁協の漁業権、地区構成、水俣湾の網元漁業の特性などを調べる。次に、水俣湾の個人漁業を漁種別に調べる。その結果、どんな漁種が急性劇症型である奇病の発症と深いかかわりがあったかが判明する。地元漁師による水俣湾漁業の特性を理解するためには、対照として田浦や女島（めしま）などの不知火海先進地漁業と彼らの水俣湾での操業実態を知る必要がある。

不知火海の回遊魚は、秋から南下を始め、冬は不知火海唯一の浦湾である水俣湾に集まる。ところが水俣の一本釣漁師は「冬の四カ月は遊び」であり、また夜ぶり以外は夜間の操業をしなかった。一方、三つの村で唯一の網元である岩阪網の巾着網は、年間を通して夜間の漁だが、網代は湾口部だった。これ幸いと田浦や女島の漁師たちは、水俣湾の湾奥部を中心に冬場に夜間の網漁を行い、大漁したのである。市漁協もこれを事実上黙認した。

水俣の漁師たちの貧しさの原因は、その漁業の後進性と小規模零細性に求められる。

一　水俣市漁協の地区構成・共同漁業権と水俣湾の網元漁業

最初に、水俣市漁協の地区構成、漁業権、網元と網代（あじろ）を松本弘（五五年頃の漁協理事）と岩阪国広に教わろう。図11に市漁協漁業権を、図12に水俣湾の主な網代と瀬を示す。以下の記述で出てくる網代の名前については、図12を見ていただきたい。

水俣市漁協の漁業権

●松本弘の話

漁協と農協は全然違うもんな。水俣市漁協は共同漁業権を持っとって、茂道、湯堂、月浦、梅戸、丸島、船津、湯の児の七地区で部落割りしとったい。海岸から約一三〇〇メートルぐらいが「火共第一二号」といって水俣市漁協の地先漁業権たいな（図11）。大体一部落一地区だけど、月浦地区だけは月浦（坂口を含む）・出月・百間の三部落で一地区やった。後から来た漁師じゃけんな。百姓であれば月浦者と出月者というふうじゃばってん、漁師はそげんことはなか。月浦と出月は同じ地区でまとまっとる。

昭和三〇年頃の組合員の数が、籍だけというのを入れて大体三〇〇人。内訳は、茂道六九、湯堂五〇、月浦三六、梅戸二六、丸島四七、船津四六、湯の児二六人。七地区のうちじゃ茂道と湯堂が一番大きい。こっちに漁業の中心が移っとった。共同漁業権といっても、各地区が自分の地先の漁業権を持っとったいな。

茂道：神川の川尻から坊主ガハンドまで。川尻から南は出水の権利

湯堂と月浦：瀬ノ内、裸瀬から明神の鼻まで
梅戸：明神の鼻の外から二子島の外の崖のところまで
丸島：二子島の外から水俣川まで
船津：水俣川から大崎ケ鼻の先の勝崎鼻まで
湯の児：勝崎鼻から津奈木の境目まで

それで、水俣湾（恋路島の内側）は大体湯堂と月浦の権利たいな。その北は津奈木の権利た。坊主ガハンドは湾内だが茂道の権利やった。湯堂と月浦はたいてい何でも一緒にやった。

市漁協の共同漁業権は、第一種、第二種、第三種とある。

＊　第一種共同漁業権：藻類、貝類又は主務大臣の指定する定着性の水産動物を目的とする漁業。
第二種共同漁業権：網漁具を移動しないよう敷設して営む漁業で定置漁業に該当しないもの。
第三種共同漁業権：地曳網漁業、船曳網漁業、餌付漁業など。

一番大きいのはイワシ、ザコ（雑魚）の地曳網と船曳（中曳）網で、網元が各地区に居る。茂道四統（とう）、梅戸一、二統、湯堂、丸島、船津各一統、全部で八統か九統あった。各網元は網子を抱えとるもんな。月浦と湯の児には網元は居らん。

漁業権の職種はあとエビガシ網（後述）、魚カシ網（磯刺網）、ボラ餌付一本釣、ボラ籠、タコ壺、イカ籠、夜ぶりなどが主なもので、これは漁業者一人一人が職種ごとに県知事の許可を取らんばいかん。漁場は各地区の権利の強いところと入会（いりあい）的なところとある。アジとかガラカブ（メバル）とかクサビ（ベラ）とかの一本釣は、どこでも自由に獲っていい。漁協の組合員でなくてもいい。

網元の地曳網と船曳網の曳き場所を網代という。ボラ餌付などの魚の漁場を網代ということもある。陸の地

図11 水俣市漁協共同漁業権図

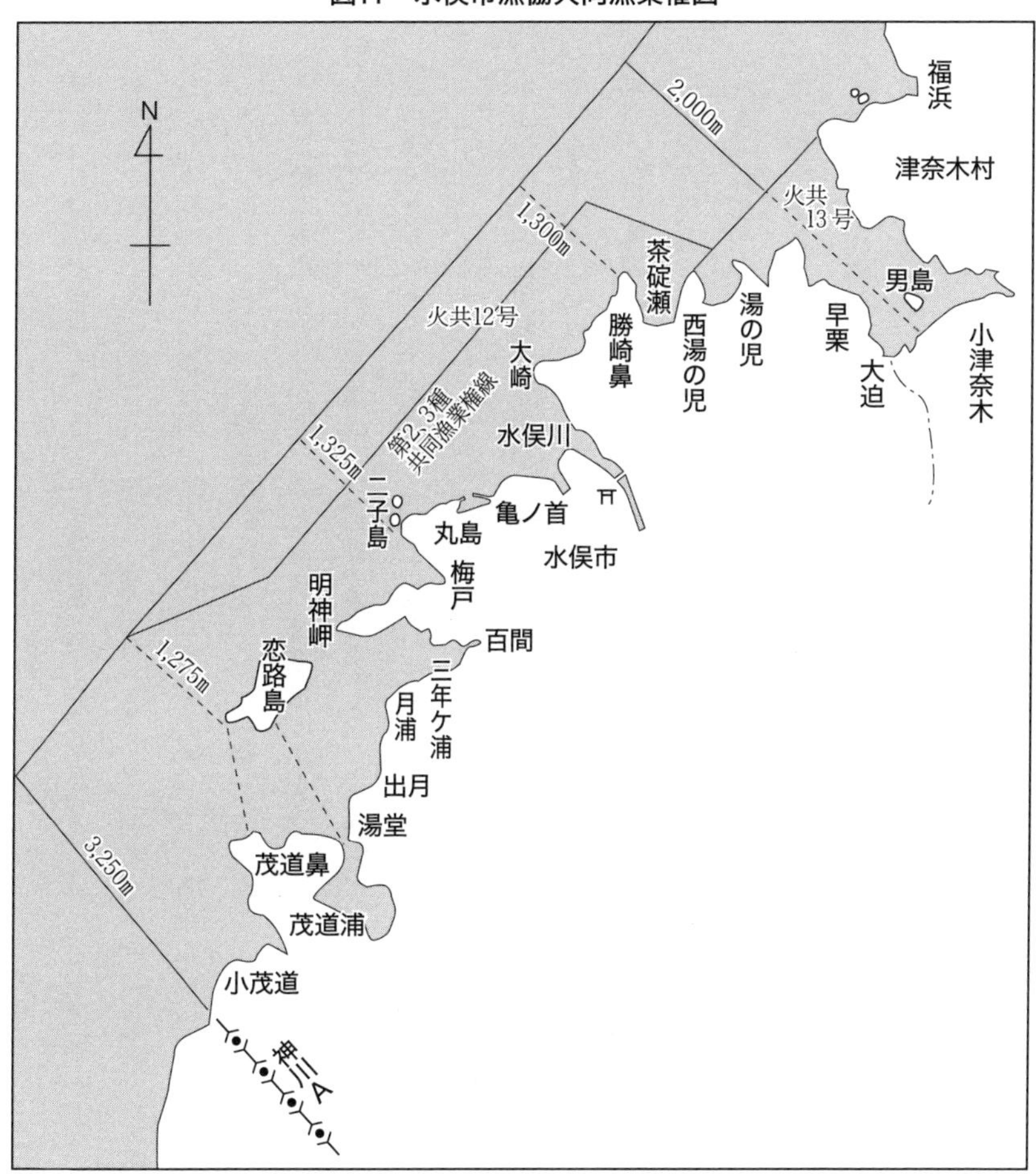

資料）『水俣病事件資料集』上巻、68頁を改変。

形が出っ張ってるところは、鼻先が必ず太か瀬じゃもん。潮が満っても干っても大きな石がある。その先は、小棚（こだな）という段落があって、ゴトッと落ちて深くなる。陸がへっこんだ湾胴（わんどう）（入江）になれば、砂浜が多か。海水浴でもできるようなところ。沖は、瀬のあるところもあるが、潟（がた）になっていて砂ばかり。こういう湾胴のところが地曳網の網代。網は何百メートルてあるからな、ところどころに石があれば、網元が網子に担い上げさせてきれいにしよった。船曳網の網代は、イワシや魚の群が入ってくる通り道を曳く。

イワシは、湾内にばっかりは居らんよ。潮の満ち干きで午前中なら午前中、恋路島の内にパッと来る。干潮になれば湾の外に出て恋路島の外辺りでまた固まって、満潮になればまた中に入ってくる。それで朝どきがいいか、夕どきがいいか、網元の人たちはそれを見てせらっとたいな。固まっとが何時になるかたいな。イワシは一団体、二団体ていうふうで群々で居っとやもんな。

水俣市漁協の地曳網と船曳網の網代は、南の鹿児島との県境から北の津奈木との境まで、三〇カ所ばかりあった。部落にすれば何カ所かずつある。自分の部落の網代は、その部落の網元が優先権を持っとる。恋路島に内側二カ所、外側二カ所、四カ所網代があるが、ここはイワシでなく魚の網代で入会やった。船津、丸島、梅戸、湯堂、茂道、各部落から来っとたい。恋路島には、隣の津奈木もよう瀬ガシで獲り来よったもん。「どこかさせんかな」て言えば問題はなかったい。「俺が来たのが早かっじゃ」て言えば、「ここは俺共が権利じゃ」て言うごたるふうになってくる。

大体、不知火海には水俣湾しか太か浦湾はなかったがな。よそは全部外ばかりの漁で、外を動いてされく魚を獲る。ここはイワシでもボラでも、湾内に入れば一週間でも一〇日でも居るもん。ある程度川の水の流れ込むところに魚は住み込むとたい。稚アユも袋湾で獲れよった。スズキも海で育っとるばってん、川の流れ口じゃなからんば釣れん。それでわし共に言わすれば、水俣湾は不知火海の一等漁場たい。魚の宝庫て、よその者

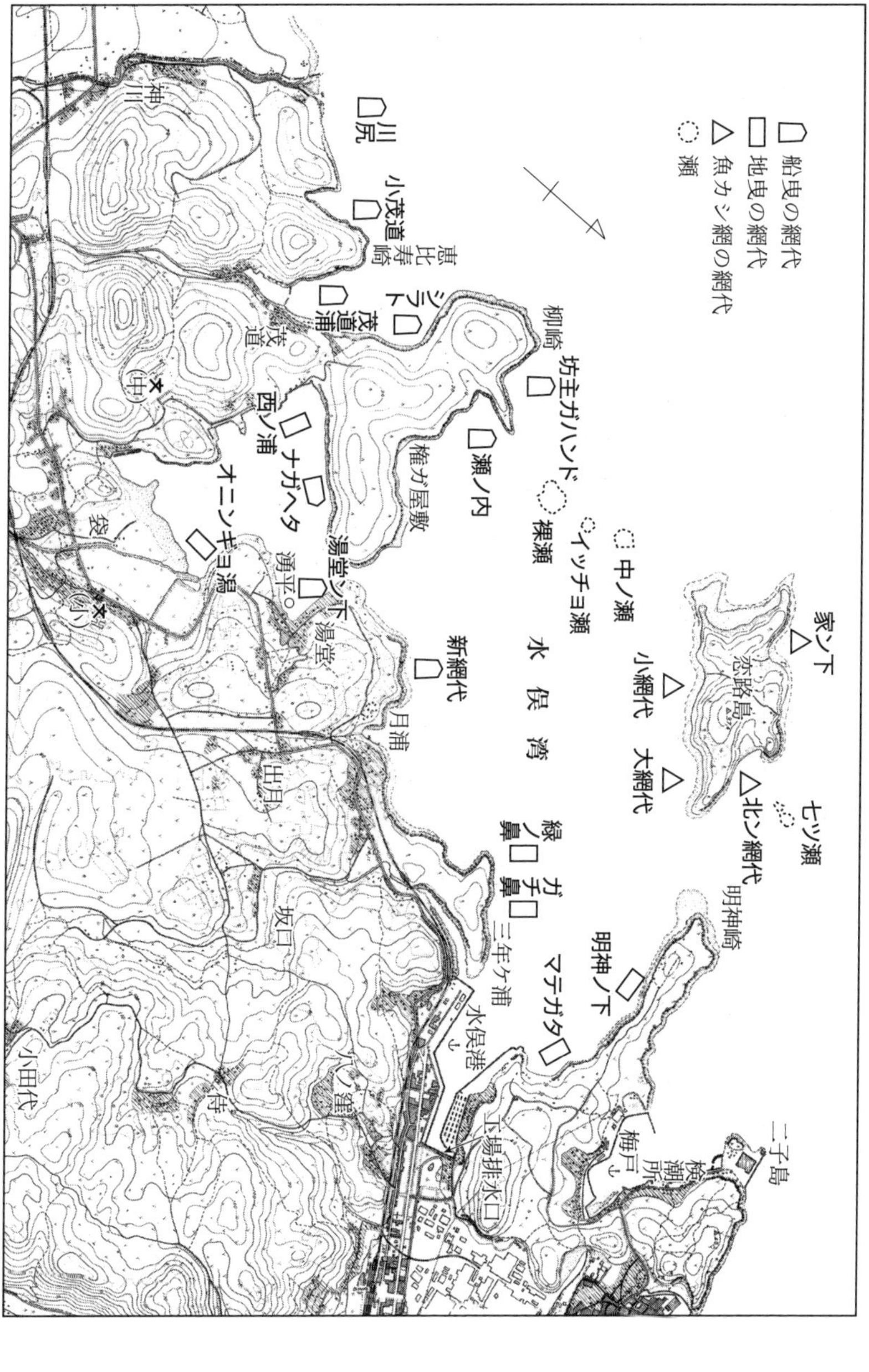

図12　水俣湾の主な網代と瀬

もここにばかり獲り来よった。時期的にボラでんコノシロでん固まっとやもんな。魚は昼でん夜でん固まるな。ボラは夜になれば動くのがわかっとたい。ちょうど蛍のごたるふうで、キラキラ、キラキラ光っとやって。魚の動くのはきれいかもん。そげん夜は夜なりで、ボラの大群が居った。

漁業権を各部落部落で握っとるけん、同じ水俣市漁協といっても、部落同士の争いになる。理事は六人で、形の上では組合員の選挙だけども、実質はどこの部落が取るか、どことどこの部落が組んで取るかたい。茂道と湯堂は、うまいとこすれば二人ずつ理事に上がりよった。月浦は湯堂から票をもらわんば理事を取れん。監事を一人湯堂にやるからていうふうで話し合うてしよったったい。

網元と網代

●岩阪国広の話

戦後の網元は、船津の蓑田武一郎、丸島の江口勘喜、梅戸の中岡好盛、湯堂がうち（岩阪万平）、茂道が杉本進（六一・八認定）、杉本長義（七四・二認定）、中村荒蔵（七五・一二認定）、森重雄（七三・一二認定）の四統、全部で水俣に八統居ったっです。

水俣湾内の網代は、南の方からいって、坊主ガハンド、瀬ノ内、ナガヘタ、西ノ浦（地曳）、湯堂ン下、オニンギョ潟、新網代、緑ノ鼻（地曳）、ガチ鼻、マテガタ（地曳）、恋路島の大網代、小網代て、主な網代が一〇以上あった。茂道には、川尻、小茂道、茂道浦、シラトて四カ所ぐらい網代がある（図12）。建前は、湾内から茂道まで湯堂・茂道の共同網代です。昔は、月初めに網元同士で話し合って網代割りをした。実際は、茂道が獲れるとき湯堂が行かないので、茂道も遠慮して湾内に来なかった。杉本長義と中村荒蔵は来た。私たちがやった後でやってくれるならいいけど、私たちより先に場所を取ってするけん、もめよった。雁首にぎって喧嘩したこともある。茂道の網元は、茂道湾の網代を交替でやりよったっです。

袋は、部落の前の海がバラス（砂利）で、沖の方は砂浜、遠浅で一五〇メートルぐらい干いた。湯堂鼻の下も、オニンギョ潟といって、追っかけっこしてよかぐらいの砂地が出よった。それで、西ノ浦とオニンギョ潟の両方から地曳を曳いた。袋は港がなく、船をつなぐ場所がなかった。何人かは漁をする人が居ったが、タコ、ボラ釣、朝晩のタチ釣ぐらい。船は、どこでん松の木なんかにつないで打ち置きよった。

少し網代の説明をすると、

「新網代」は、坪谷の傍です。

「緑ノ鼻」は、陸がガチ山といってちょっと山になっている。ガチ山の下から大潮のときは一〇〇メートルぐらい干く。貝殻混じりの砂浜できれーかった。沖の方は段があって深くなる。ここは地曳です。陸の太い石をロープを括って三〇メートルばかり沖に出してカグラを巻きよった。ここが一番獲れる。千貫網代ていいよった。

緑ノ鼻の先（百間港側）が三年ケ浦。水深二、三メートル。昔は五、六〇トンの運搬船が入ってきよった。潮が干けば、水は幾らか残って、一〇〜二〇メートルぐらいの幅できれーか貝殻混じりの砂地が出て来よった。魚の産卵場だった。坂口川がそこに流れ込む。月浦の上の坂口辺りに家が増えてから汚くなった。

明神の「マテガタ」。一〇〇メートルばかり干潟が出よった。貝殻混じりの砂地でものすごかった。陸の方は二、三〇メートルぐらい、きれーな砂。アサリでもカキでも何でも獲れよった。みんなそこでカキ打って食べたりしてる。その先はチッソのドベ（ヘドロ）でぬかりよった。マテガタも地曳の網代です。水俣湾は、これほど理想的な魚の集まり場所はない。一番よかところです。

図12でわかるように、工場の排水口のすぐ近くに網代があったのだ。これは言い方が逆である。工場は、網代のすぐ近くに排水口を設けたのだ。

水俣湾の網元漁業の技術的特性はどのようなものか。湯堂の岩阪網を例にとって調べることにし、第三部の話の続きを岩阪国広に聞こう。また対照として茂道の網元のイワシ網漁を杉本栄子（網元・杉本進の娘）に教わることにしよう。

岩阪網の技術的特性と漁の仕方

●岩阪国広の話

不知火海で巾着（三三七頁）が始まったのは、戦前私共が生まれた頃（昭和一〇年）。全盛は私が中学校を卒業した（昭和二六年）頃。不知火海中がもう明々しとった。風の吹けば、平国（ひらぐに）、田浦からも湯堂に避難してきた。田浦の赤山昇（明治三六年生、七三・一認定。岩阪若松の親戚）も巾着網をしとって、船溜まりだった坂本武義さんの先の石垣に船つないで、うちでゴロッと昼寝でんして、カライモでん炊いて食べたりしよった。うちの網干場ば貸してくれろて、網を干したりしよったことのある。御所浦などの島の組は沿岸から一カイリ（一カイリは約一八五二m）ぐらい沖でやる。恋路島の沖ぐらいで火船（ひぶね）を焚きよった。湾内は遠慮する。陸に来たら、私たちは注意しよった。

うちは、中ノ瀬の中を小さな巾着網でやった。裸瀬の沖に中ノ瀬てある（図12）。大潮で潮が流れる場合は、網が破ける場合もあった。あんまり獲るから、湯堂の盛下雅男（図10―87、明治四四年生）と石田勇次郎（図10―85、三三八頁）が共同で牛深から巾着網を呼んでやったことがあるが、網が大きいから網ばかりけがして一年ぐらいしか続かなかった。「あげん太か網じゃつまらんと。どうせ獲りきらんでよかたい」て、うちの弁指の岩坂増太郎は自信持っとらした。うちの巾着網は、湧平の稚アユ獲りに県がつくってやった網を自分たちで太うなかした。

うちが主にしたのは、巾着（双手）と中曳（船曳）と地曳です。比率は、ほとんど変わらん。中曳がちょっと多くて、比率は三、四、三ぐらい。

巾　着

網船　二艘　最低一〇人×二＝二〇人　櫓三丁。幅二間×長さ一〇間
曳船　二艘　二人×二＝四人　櫓二丁
火船　一艘　三人、動力船。火源、発電機二〇〇〇ワット、たまに水中灯
一統　五艘、最低二七人。
弁指　岩坂増太郎　火船に乗る
網船　船頭　逆網（左船）　岩坂惣市
　　　　　　真網（右船）　生嶋政吉

よその巾着は火船二艘、一統三、四〇人でやるけど、うちは火船一艘、一統で三〇人要らん。

船頭の生嶋政吉は牛深出身です。政吉の親父の弟は牛深の浜謙（浜中謙太郎）の機関長やった。浜謙の屋号はイチマルで、その船をイチマル船ていいよった。浜謙は一代で熊本県一になり、一代で昭和三五年頃なぐれた（零落した）。岩阪若松の屋号はマルイチ。どちらも丸に横一やった。私は、子供のときは火船に座って見とった。大きくなったら網の責任者みたいな形。

巾着は火船を使うけん、闇夜だけ。夕方行く。一晩に二回ぐらい網を建てる。一カ所やって移動してまた一カ所やる。朝は夜明け、日の上がるとき。夏だったら五時半か六時頃。カタクチイワシを獲る。タチも入る（イワシの五分の一）。イワシをタチが追っかけて来る。中ノ瀬はエビも居て四～六キロ、多いときは一〇キロぐらい獲れた。エビは値段がいい。

火を点けて三〇分か一時間すると、イワシが集まって下から泡が浮いて来る。イワシでなく魚だと泡が大きい。慣れんば見きらん。夜明けになると、イワシや魚はみな火船について浮いて来る。それを下から包み回して網を絞って底から揚げる。

お月さんの半分（半月のこと）ぐらいまでは出よった。そのときは月が引っ込んで暗くなってから、一一時でも一二時でも行きよった。行けばほとんど獲れた。船一艘ぐらい、一斗枡で五〇杯から一〇〇杯ぐらい獲ってきよった。そら、獲れんときもある。あれが毎日毎日獲れよったら蔵が建つけん。

弁指は火船に乗って、網を張るとき合図する。そのときは、曳船が網船の鼻を曳いて回る。網船が櫓を漕げば、網が櫓に引っかかったりして、よか案配に広がって行かん。最初曳いてやれば、あとは網船が自力でやる。火船を囲んでイワシを包み回して網船が二艘並べば、曳船をほどく。火船も外に出て、網を真っ直ぐ曳くよう、平行して曳くように、沖から弁指が片手で合図する。イワシの入ったときは、早く巻け巻けて両手で合図する。網の袋がイワシで浮き上がってしもうとるけん、すぐわかる。「ワアー、今日はうんと入っとる」て、みんなが網船のカグラ（三二八頁参照）でバリバリ巻くとたい。最初は、若っか者がビューッて、それこそ目の舞うごて回す。重くなってから、みんなが入ってワッショイ、ワッショイで巻く。昔は五人巻きやった。私共、棒の折れるごて巻きよったけん。瀬に引っかかったときは、棒でん何でん折れる。そげんときは、二人ずつ入って一〇人で巻く。それでも上がらん場合のありよった。そのときは、逆に網を緩めてしもうて元に戻す。私は、真夜中でん何でん飛び込んで、潜って行きよった。そげん元気のよかったもん。瀬に引っ掛くれば網が破れてしまうとたい。

若松は一口ぐせに言いよった。「人に使われようと思えば学問せろ。人を使おうと思えば、学問せずに網を曳け」て。「学校に行くなら人に使われると思え、我がで人を使おうと思えば学校に行くな」。水俣病が発生してから逆になった。人から使われるごてなった。

中曳（船曳）

月夜で巾着のできないとき、昼間、坊主ガハンドとか新網代とか緑ノ鼻辺りでやった。時化以外には毎日のように出た。中曳はイワシ網と魚網とある。魚網はアジを主に獲った。これは夏。それに太かタイが何枚か混じって獲れた。そこにちょっと石があって、石にタイがつく。

網船　　二艘　一〇人×二＝二〇人
弁指船　一艘
運搬船　一艘

船の上からカグラで巻く。網のつくりは巾着じゃなく八田網と一緒。カグラが五人。網を曳く人と、アシ（重り）を引っ張る人と、上がってくるときドベ（ヘドロ）を洗う人が要る。樽を五間に一つぐらい、樽一つに石の重りを二つばかりつける。緑ノ鼻辺りをやるときは、その石を一つ越し、あるいはほとんど外してしまう。そうせんとドベで上がらん。もうそのくらい工場排水のドベが溜まっていた。紡績網だから日に干すでしょう。最初一回か二回曳くまでは石をつけておく。茂道辺りは、乾燥させたのを入れるときも濡れたときも、そのままの重りでやったから、網を破って帰りよった。

ドベは、私共がやった昭和二二年頃からずっとです。「ドベを洗う」というのは、二尋ぐらいの棒の先に柴なんか切ってきて括って、それで網の中の水面を混ぜくって洗ってやる。そら、子供でいい。そげんドベが溜まっていても獲れた。

地曳網

網がイワシ網と魚網とある。網の目の大きさが違う。魚網は、コノシロ（三〇cmぐらい）、ボラ、小魚（キス、コチ、チヌ、カニ、カレイ、アジ子）を獲る。小魚は雑貨物といった。イワシ網にも入る。小魚は、今は市場で高級品、昔は捨てよった。シバという小魚がものすごく入った。これは食べた。ほかにグチ、エソ、スズキ、何でも入る。エイとかフカも入りよった。

船は、巾着用と地曳用と二組持っとった。網船各二艘。地曳は大潮のときだけ。大潮は月に二回、一五日に一回来る。一回に大潮が三日続く。大潮にならんと干潟ができないから、陸から曳けない。潮時次第で昼間も夜もする。地曳は、網船一艘で五、六人で網を建て回す。網を陸から二組に分かれて曳く。うんと入ったときは、弁指が「頑張れ、頑張れ」と合図する。建て回すのは干潟から一五〇メートルぐらい沖。幅が三〇〇メートルぐらい。曳くのは、網のアシとアバ（浮き）を両方から曳く。アシとアバ最低五人ずつで一〇人、両方で最低二〇人、まあ三〇人ぐらい要る。曳く、緩める、曳くという呼吸。その呼吸がなかなか合わない。曳くばかりではだめ。最後は並んで曳く。仕掛りから終わりまで一時間半ぐらい。

地曳は年中するけど、遅くても一一月いっぱいまで。霜月（旧暦一一月）一五日、霜の降る寒いときにパンツいっちょで腰まで浸かっとって網を曳く。そのときは冷たくて手が凍える。腰から下はしびれるごたる。冬間はしない。四月頃からまた曳く。

地曳に行く網子は巾着と一緒。子供も行く。沖で魚を追い込んだり、子供は元気がいいからかえっていい。夜中の一時二時に干潮になれば、ホラ貝を吹いて一二時半頃から人を集めて、一〇分か一五分ぐらい待って、集まったときにしよった。そのために五〇坪ある大きな家をつくっとった。

霜月一五日は、袋湾をオニンギョ潟と西ノ浦から魚網を曳きよった。ほとんどボラ、コノシロ。そのときに西ノ浦の海軍施設部に終戦後住み着いた人たちが、小まんか子供を起こして網にやりよらした。かわいそうやった。あそこ付近はたいがい失対に行きよったけん。獲れたらコンテナでこぼしてやった。三人来たら三人で分けて帰るわけ。そうせんときは、茂道内の組は朝からランプ点しとってみんなカキ打ち。小まんかときから打っとるけん上手ですよ。夜がようよう明るくなって私共が網しよれば、オーイて手を振って。

ボラ大網と江切網

あと、ボラ大網と江切網（えぎり）（建干網（たてぼし））もやった。

ボラ大網は、ボラとコノシロを獲る。

網　船　二艘
伝馬船　二艘
動力船　一艘

＊ ボラ大網：魚群を発見すると、網船は左右に分かれて魚群を囲むように投網し、手船（伝馬船、動力船）は魚群の前方に位置して石を投じ、または船を叩いて、魚群が網外に逸走するのを防ぐ。

一〇〇メートル間隔ぐらいで船団組んで、上りは田浦辺りまで漕いで行きよった。田浦の沖に曲瀬（まがせ）てよか瀬がある。下り（出水沖）も行った。瀬をやる。魚を見つけてされく（まわる）ときは、四、五艘の船でずーっと海を見ていく。一晩に何里て交替で漕ぐ。網船はうんと居るけん、三〇分なら三〇分交替で漕げば後はごっとり寝とってよか。伝馬に乗っとるのは二人ぐらいだから、頻繁に変わらんばいかん。網船には男も女も乗っとって、交替で寝とるけん、そりゃひっつく。

魚はジッとなっとるけん、棒で叩いたり、石を投げたりして網に追い込んで、手で手繰る。勇ましかったい。網船には男たちが四、五人居って、一人が手繰っては交替して曳く。一人じゃ五〇センチ上がるか上がらんかたい。冬の魚は一匹でも見えたら何千貫て固まってる。そこ付近にボラが来た、コノシロが来たというとき出るだけ。一冬に一〇〜二〇回ぐらい。これがまた素戻りが多かった。なかなか網を張るチャンスがない。行き当たれば一晩で蔵の建つような獲れ方やった。一晩に何百貫て獲ったことのある。昔は三年に一回漁をすればいい。満足するような漁をすれば後の二年間は遊んどっても結構生活される。あってん、獲れれば獲れたで使ってしまう。

江切網は若松が専門やった。他にはする者が居らん。袋湾いっぱいカシ網で仕切ってしまう。満潮のときに棒を立てとって網を張って、干潮になって逃げてくる魚は全部網にかかる。ボラ、チヌ、コノシロ、スズキ、カニ。長さ二五〇メートルくらい、高さ三メートルくらい。張るのは簡単だけど、網に入ったのを外すのがひまが要る。大潮のとき、「今日は地曳には行かんで、江切網をやろうか」て、若松と私でしよった。

カニは、「ガネガシ」ていうて、網の目の大きいほど太かとがかかる。若松がつくったのを私が張りに行きよった。茂道辺りから朝おっ盗りに来よったですたい。何でわかるかというと、手だけ残って身がおっ盗られてしもうとる。行けばうろたえて漕いで逃げよらしたもん。◯◯と△△のじいちゃん、二人。船見てわかるもん。何も言わんです。逃げ出すとを追っかけて行くわけにもいかん。女籠一荷獲りよったで、欲しか者にはくれんばていうふうたい。そりゃ、飲めばけんかになっとな。

煮干しの製造

イワシを獲ってくると、親方と網子たちで分配する。親方二分の一、網子二分の一ぐらい。網子同士の取り前は、男の網子で一人前として、弁指三人前、船頭一人半前、女の網子半人前。女が男の半分なのは、男の網子は漁に出んときでも網の修繕や船の手入れに毎日来るけんな。

網子たちは、女籠で担うて帰る。女籠一杯が大体一斗入る。二杯入れたら二斗。それを自分たちで煮干しに製造する。親方も製造すっとです。生イワシ一斗で七升ぐらい製造できる。薪はそれぞれ製材所から買ってきたり、自分で山から取ってきたり。イワシ釜は一斗樽で四、五杯入る。うちの場合は網元だから、土間に屋根してまだ大きい釜をつくっとった。釜小屋が一〇坪じゃきかん。ムシロを入れる小屋、湯がいたイワシを棚にかけて冷やしていく棚小屋があって、これに三〇坪以上のスペースが要った。全部で四〇坪以上。

煮干しの製造は、まず湯がく。煮立ったら浮いてくるから、タビ（手網）ですくって棚に移して冷やして、また次を入れる。朝になったらムシロを敷いて、手でずっと広げて天日に干す。日和のいいときは午前中ぐらいでいい。道路端にずっと干す。終戦後は自転車ぐらいのもんで、車は居らんかった。干上がるのを水俣の乾物屋が待っとって網子一人一人から現金で買う。仲買人たい。終戦後は貴重も貴重。うち辺り買いにくるのに土産持って来よらしたけん。網子は、自分の売上げの一定割合を親方にやる。二割ぐらい。生活のきつい人は、親方に入れきらずに、元ながら食い込んでしまいよった。それで入って来んときが多かった。

よそ辺りは、親方と網子の差がひどかった。茂道では親方が一人で売って、そのお金の一部を網子にやりよった。うちは、網に行く前も、カライモを二釜三釜炊いて、みんな腹ごしらえして行きよったもん。帰ってきたら帰ってきたで、タチを刺身にして、ダレやみていうて、焼酎を飲んで帰りよった。焼酎は八幡の朝鮮部落にドブロク買いに行って、氷枕に入れて持ってきよった。そしたら、朝鮮人は全部送還されてしまった。

仲買人が買う単位は一貫目。一貫目が紙袋一俵。うちで製造したのは、私が秤取りして、掛けて売りよったけん、石田勇次郎の妹が私に「一貫目、一貫目」てあだ名しよった。あの当時、一貫目四五〇～五〇〇円ぐらいやったかな。網子は、獲れるときは何俵て売りよった。うちは、昔景気のよかときは、どの引き出し開けても、五円とか一〇円とか、お金がどしこでん入っとった。で、女中も二人居った。

タチとか魚は、うちがまとめて市場に出す。自転車で持って行ったり、たくさん獲れたときは船で持って行った。それを計算して網子に渡す。焼酎の代金から燃料費から船の経費を計算して、それは親方の方に加てて、親方と網子と半々ぐらいに分けよった。親方は、資本入れるときは、網の代金、燃料費、修理代、ものすごくまとまった金が要る。

イワシ		
網元	1/2＋網子煮干し製造分1/2×1/5=6/10	六割
網子	煮干し分1/2×4/5=4/10	四割
魚		
船の諸経費を入れて親方	1/2	五割
網子	1/2	五割

あんまりイワシが獲れ過ぎて、製造しきらんときのありよった。そげんときは堆肥にしよった。うちには、イワシを詰めっとに太かカメを三本ばっか置いてあった。イワシの肥料は抜群ですたい。今日はもう製造するところのなかで、これ以上は獲るなていうごたるときは、休みよったですけん。

この国広の話を聞くと、網元の岩阪網の特性がよくわかる。まず巾着網だが、闇夜の操業で、手漕ぎの小型網船と網代の瀬に合わせた特殊な小型網による双手巾着網であった。火船は一艘で足りた。網代は湾口部の中ノ瀬である。中曳網の網代も湾内であって、イワシや魚が入って来るのを待って操業された。いずれも出漁日数に対する歩留まりは高く、網子の約半数を取り分が半人前でコストの安い女性にすることができた。

これに対し、不知火海の沿岸各地の双手巾着網は、魚群を追って不知火海全域に出漁した。魚群が入ってくるような自前の湾はなかったからである。出漁回数に対する歩留まりは低かった。せっかく魚群に行き当たっても、先行する火船を網船が見つけ出さずに、漁ができないこともあった。重労働なので女性の網子は使えなかった。また、岩阪網では地曳網の比率が高いことも注目される。これはよほどの好漁場でなければ不可能なことである。岩阪網にあっては、他に例をみない有利な立地条件と小規模性が相関していたといえよう。

中曳（船曳）を湾奥部の緑ノ鼻でやるときは、すでに昭和二二年頃から網の重りを外さないとヘドロで網が上がらなかったという話にはハッとさせられる。チッソの排水による湾内汚染は早くから進行していたのだ。

次に岩阪網の対照として、茂道の網元のイワシ漁をみよう。

茂道の網元のイワシ網

●杉本栄子（昭和一三年生、七三・六認定）の話（八八年、現地研未発表レポート）

茂道のイワシ網は、百年ぐらいになっと。昔は一一統居って、網代をクジで順番決めて、一カ月に一回、回って来るぐらいやったて。網元の親方は、みんな一人前の権利を持っとっと。新しい網を買うて、網子を集めきれる人たいな。その力がなくなった人から、「あんたの株を売らんな」て買うていって、戦後は一一統が四統になった。うちは、じいさんの杉本寛三とその兄弟の留蔵、力松の三人が網元やった。親父の進（明治三八年生）が二代目、私共（杉本雄・栄子夫婦）で三代目たいな。戦争中は、地曳と中曳（船曳）両方やっとったけど、昭和二四年頃に茂道のイワシ網は完全に中曳に変わった。県の許可は、船曳網ていうとです。地曳は本当の網代といえば網代だけど、中曳も網代を決めて曳かんば、獲る者な獲る、獲らん者な全然獲らんということになるけん、回り番こになるよう今でも網代割りしとっとです。

最初の中曳網は一統船二艘で三〇人。茂道の戸数は、私の親父の代で六〇軒、昭和三〇年頃は七、八〇軒。村中全部網子です。それで茂道は出稼ぎは全然ない。網で食えるけん。親方は網子の取り合いたい。私は、中学校時代は朝三時に起きて、神川、袋、茂道回って網子を集めよった。子供も、学校行く前から貴重な労働力たい。それで、子供をたくさん持っとった者は威張っとった。「俺家ン子を二人ばかりやって、焼酎飲ませんか」。飲ませんばんと。実際は子供をやらんとやけど、探りに来っと。そげんとが毎日の繰り返し。米はいっちょんないし何もなかばってん、親方のところは焼酎だけはあったと。だから私は、小学校三年生ぐらいのときから飲みよった。私は三歳から船に乗って、一〇歳ぐらいでな、網つくりよったもん。

網の長さが一五〇メートルぐらい、深さが一二、三メートルぐらい。藁綱やった。網に行ってくれば、晩の内に干さんばんとたい。腐るるけん。漁をしきらん者は、塩水を掛けに行かんばんと。それで焼酎飲んどるような親方は、一カ月で潰るっとやっで。船の上で寝るような親方でなからんばな。「三当四落」て言いよった。三時間寝れば当選、四時間寝れば落選。そういう親方やった。親方はわが家には寝らずに、波止の上か道の上に寝よった。そうすれば、他の網子に蹴ったくられて起きるけん。中村荒蔵さんはその手やった。藁綱が椰子綱になったのが、昭和二七年。

一番最初、「さあ獲り行くぞ」てなれば、人間は余っとっと。ところが二日め、三日めになれば、イワシの処理をせんばんど。湯がいたり、干したり、雨が降れば入れたり。そのときは猫の手も借りたいもん。昔は、雨が降れば大変やったと。茂道は、獲ったイワシを親方四分、網子六分で分ける。女の網子は半人前たいな。それを親方も湯がく、網子も湯がく。力のある網子は、「もっと湯がかせんな」て、言って来よった。干したイリコは、「売ってくれ」て、親方に持って来っと。売り上げをまた親方四分、網子六分で分ける。

親方　〇・四＋〇・六×〇・四＝〇・六四　六割強
網子　〇・六×〇・六＝〇・三六　四割弱

になっとたいな。分散して湯がけば、完全に消化してしまう。イリコにする過程を能率よくしよったな。欠点は、網子によってやり方が違うけん、一つ一つ製品が違う。仲買人も、一つ一つ見て値段つけよった。

網子三〇人のうち一〇人ぐらいが本雇。親方が、「今度は網をべらり破ったけん、加勢せんな」て、分け前を減らすこともあった。そこらあたりは、親方と網子の信頼関係たいな。お金でもめたことはなかったと。

茂道では四九年頃、地曳が完全に中曳（船曳）に変わったという点が注目される。すぐ隣の漁村なのに、湯堂と茂道の網元では、歴史も漁法も網子への配分方法も異なる。だが網代が茂道湾内であって有利な立地条件にあること、小規模網元漁業であることは、岩阪網と軌を一にしている。この二点を水俣湾の網元漁業の特性としてよいであろう。

不知火海のカタクチイワシの生態

人間が水俣病を発症する前に、ネコが多数狂死したことはよく知られている。ネコの発症の原因の一つに、道端に干してあったイリコを食べるなど、カタクチイワシの摂食が挙げられる。不知火海のカタクチイワシの生態について漁師の話を聞いておこう。

●女島・緒方覚の話（大正一四年生。八八年、現地研未発表レポート）

一般的に魚は、秋に南に下る。例えばタイ・チヌは、一〇月に下り始める。ところが不知火海のカタクチイワシは、秋口の一〇月から春先の三月にかけて上る。そして六、七月に体長六、七センチのイワシになって、下りにかかるもんな。

●茂道・杉本雄の話（昭和一四年生、八一・六認定、栄子の夫。八八年、同前）

カタクチイワシは、秋口の一〇月頃になると、暖流に乗って鹿児島沖から上がってきて、黒ノ瀬戸から不知火海に入る。九州の西海岸を北上する群は、出水の名古、茂道沖、水俣沖とずっと上がって行って、宇土半島の三角から有明海に抜け、長崎から日本海に行く。黒ノ瀬戸から茂道まで二日で来る。伊唐島（長島の北側の小さな島）の方に北上して、そっちから水俣に来る群もある。それは必ず水俣湾に入りよった。そうやって、産卵しながらずーっと春先まで上がって行く。それで、イワシはまず秋口から春先にかけて獲れ、次は四月の八幡祭の頃獲れ、その次は六月頃に獲れる。年に四回ぐらい孵化すっとじゃろ。正月前後の孵化が一番多かごたる。水俣の場合、チリメン（カタクチイワシの子）が獲れるのは主に一一月から三月までです。黒ノ瀬戸から入って産卵する場所は、出水の福之江の沖合付近が多かごたる。石とか藻とかあって、海流の動くところですね。茂道にも、卵が真っ赤になって流れて来るときがある。イワシは、全部不知火海から出ていくわけじゃない。沿岸で生まれて、年がら年中、伊唐に行ったり、水俣沖に来たり、出口を知らずに沿岸で育つのが、有明海に抜ける群の二割弱居ます。私共、セグロ、カワギン、シロイオとか言うが、カタクチイワシは環境によって変わる。まずウロコが多いのと、ほとんどついてないのに分かれる。イワシのウロコは大体一分間に二、三枚取れる。集団で泳いどるとき、一匹が一枚ずつ落とせば、イワシの体がずーっと尾を引いたように見える。

目がチラチラしてわからんようになる。潮の速いところで生まれて来たのは、やせて頭が大きい。不知火海で育ったのは肥満児。その場でお汁にしても、柔らかくだしが出る。

カタクチイワシを網で獲ると、タチ、アジ、コノシロなどが入る。イワシを餌にしようとタチなんかが寄って来る。イワシは、他の魚の餌になるために走ってされいて（まわって）いるようなもんです。カタクチイワシが居らん限り他の魚はどげんもできん。イカなんかの死骸は見るばってん、イワシの死骸は見らんです。一本釣の組は、「イワシがどこら辺りに居ったで、こんだ（こんどは）タチの来っぞ」て言う。私共も、名古沖でタチを釣った人から一匹もろうて、何を食うとるか調べたりする。昔は、イワシ網に入ったタチは安かった。網ですれてしまって汚い。市場には、「釣ってきた」て持って行くけど、嘘です。

七月から盆過ぎ頃になると、下りイワシといって、逆に長崎から下って来る。長崎から来たイワシは太かっです。特に頭が大きい。沿岸に寄らずにかなり沖を通る。それで下りイワシは、なかなか獲りきらんです。私共が獲るのは、主に上りイワシ。茂道では、八月過ぎれば一〇月頃まであまり漁はせんとたいな。

杉本雄の話で「沿岸で生まれて、水俣沖に来たり、出口を知らずに沿岸で育つのが、有明海に抜ける群の二割弱居ます」という点が注目される。この二割弱の群は、それだけメチル水銀に汚染されやすかったであろう。

二　水俣湾の個人漁業

網元漁業でなく個人漁業の漁種は、「漁協の地区別」に特徴がある。

漁業地区別の個人漁業の漁種

●坂本武義の話

地区別の主な漁種をいえばな、

茂道：瀬ガシ、ボラ籠約二〇人。エビガシ昭和三〇年頃二、三人、後になって一四、五人。あとその他一本釣

湯堂：エビガシ昭和二八年頃五、六人、三〇年頃一〇人ぐらい。一本釣（ボラ、アジ、タチウオ、ベラなど）ほとんど全員

月浦（月浦、出月、百間）：エビガシ四、五人。あと一本釣と夜ぶり。出月は夜ぶりする者が多かった

梅戸：エビガシ一〇人ぐらい。あと一本釣

丸島：エビガシ一〇人ぐらい。イカ籠、タコ壷二、三人。あと一本釣で小漁師。恋路島沖辺りにはあまり来なかった

船津：エビガシ二、三人。あと一本釣で小漁師

湯の児：エビガシ二、三人。ほとんどが一本釣。現在はほとんど観光客相手というとこじゃろ。

●松本弘の話

湯堂地区と月浦地区の漁師は、ボラが主な生活の糧やった。ボラ釣してエビガシ持っとる者な、遠くに行かんでも生活圏は一〇のうち七までは湾内で持っとった。冬は夜ぶりでもしてな。エビガシは昭和二八年頃から流行って来たったい。俺はエビガシはせんじゃったばってんな。

これをわれわれの三つの村別にいいなおすと、次のようになるであろう。
1　夜ぶり：出月に多い
2　エビガシ：湯堂、月浦、出月三部落の一本釣漁師の一部が操業
3　ボラ釣：湯堂、月浦、出月三部落共、一本釣の漁師のほとんどが操業
4　その他一本釣など：操業したのは三部落の小漁師に多い
個人漁業の漁種は、多彩であるといえる。以下この順に漁法、漁場、魚やベントス（底生動物）の生態、奇病発病との相関等を調べていこう。

1　夜ぶり

●松本弘の話

冬は海は時化てくるばってん、昼まじゃ風の吹いとっても、夕方になれば鏡のごつ凪（な）いどるときのあっでな。朝、日が出てくればまた風の吹き出すていうふうでな。雨の降ったり、風の吹いたりするときは、夜ぶり行ったっちゃ見えもせんしな。海岸でばかりやっで、澄んどるときは一、二メートルぐらいなら大抵見える。舟底が海底に当たりさえせんばよかったい。風は季節季節で違うとたい。梅雨頃になれば南の風が吹く、八月、九月、夏から秋口になれば北の風が吹いて涼しゅうなる、冬になれば西アゲていうて西風ばかり吹くもんな。

夜ぶりは、ガス灯をとぼして、箱眼鏡（底ガラス張）で見とって、魚（底魚）とかアワビとかナマコとか鉾（ほこ）で突くとたい。それを女共が自分の打ったカキと一緒に全部売りに行く。カキは、雨の降ろうが照ろうが潮さえ干けば獲れよった。昔は雨合羽もなかったでボロ布（ぎれ）着てな。そげんしてわし共子供のときは養われよったったいな。わし共が小まんか頃（大正時代）まじゃ、夜ぶりもガス灯がなかったからな。アカシ（あかり）て、船の上に針

金で網つくって、松の木の芯の油のあるところを大事に取って来て焚いて、燃えた後はくべくべして、その灯で箱眼鏡見て魚を獲ってされきよった。そりゃ、ガス灯が明るか。水俣病の始まる頃になれば、バッテリー、電気になった。そうすればまだ見える。中津美芳さんたちは、もうバッテリーになった。あの人たちはほとんど夜の仕事やった。浜元惣八、荒木辰雄、池嶋春栄、出月は夜ぶりすっとは多かったで。うちのじいちゃん（松本直治）たちも、時化以外は夜ぶりばかりたい。

一〇～一一月頃になるとアオサ（海草の名）の芽が出てくる。正月前必ずアオサが採れる。陸で霜の降る晩は、海は湯気の立って暖かっじゃもん。そういう晩は、アワビもナマコも動くとやもんな。石の上のアオサをなめに来る。アワビを獲るのはカギになっとる道具がある。アワビは、昼は深かところの石の下に居ってなかなか出て来んばってん、夜は一番浅いところに居るもんな。ナマコは鉾で獲る。その鉾は「かかり」（先端のストッパー）がついとらん。それでサーッと揚げれば落ちる。かかりがついとれば腸が破けて値打ちのせん。傷のドロッと溶けっとやがな。自分の家で食うとなら、かかりのあっとでよかったい。売っとは、かかりのないので刺して獲って、なるべく破れんごてな。魚を突く鉾は、かかりがついとらんば突いてから引き抜ける。魚は、腹を突けば銭にならん。身に傷がつかんごて頭ばかり狙う。腸の破れた魚は、わが家で食わんば売りならんがな。

こっちのイナカは、野川、長崎、袋、どこも一一月三日が祭やったがな。その頃になれば、祭魚（まつりざかな）を獲っとってくれんかなて前もって注文のありよった。必ず買いに来てくれよらした。魚もアワビもナマコも、正月頃が一番値のよかったい。三月の節句が過ぎれば、海草は全部抜けてしまう。カキを打つのは旧暦の一一月から三月の節句まで。節句を過ぎると海岸にフグが産卵に来る。潮どきになればカキは貝殻を開けるからフグの卵が入る。毒持っとるからな、獲りもせんし、売りにも行かん。ビナは年中食う。夏ビナていうて、海水浴する頃になれば固まっとったい。

水俣病が出たのは、出月、坪谷が早くて、湯堂それから百間。出月が早かったのは夜ぶりした者が多かったからな。中津美芳さん家は夜ぶりの銛突き専門。恋路島から坪谷、百間ずっと。後からボラ釣もした。荒木辰雄さんも夜ぶり専門やった。ボラ釣はせんでアジなんかは釣らった。早う体が弱くならった。池嶋春栄さんも夜ぶり専門で、娘さんが水俣病になっとる。八ノ窪の半永一喜さん（昭和四年生、四五・八奇病発病、七一・四認定、子供一光、昭和三〇年一一月生、胎児性）は明神から坪谷にかけての恋路島うちでの眼鏡突き。この人は昼も夜もやった。後から一本釣をせらった。

●浜元二徳の話

夜ぶりは、ガス灯で底を見る。二、三メートルぐらい。三メートル五〇あればもう深いところ。箱眼鏡で見て、船をずっと突っ張ってされく。底魚の寝てるところを突く。カレイ、コチは石と同じ色しとるけん、よう獲りならん。タコはすぐわかる。私たちも夜ぶりしよったが、小まめに行けば、行ったなりの収入はあった。五（半分）ばかり干ったとき行き、三、四満ちてくれば帰る。そこ四時間ぐらい。一番干潮のときが漁の盛り。一番いいのは凪の大潮のとき。カラマ（小潮、潮のあまり干かないとき）は行かない。

底魚が寝るのは早いときは夕方から。目を開けて寝ている。朝は早い。潮が満ちてくればもう起きとる。

夜ぶりの場所は、もう水俣全部たい。北からいえば、大崎ケ鼻、湯の児からこっち、梅戸の二子島、梅戸港のチッソの火力工場の下。二子島にはずっと瀬があって、数は多くないが、きれいなナマコやった。火力の下には太かナマコの居った。明神に来て、明神の内を曲がってマテガタ。ここには、カレイ、ヤノウオ（アイゴ）、コチとかいっぱい居た。恋路島、月浦の下、坪谷の傍、ずっとこの界隈。裸瀬、茂道の権（ごん）ガ屋敷（図12）、ここはナマコ。風の吹けば袋湾のナガヘタ。ここもナマコ。風の吹いて来れば船をさしていくのに重い。で、わかりにくい。風の吹くときはあまり行かん。霜のギラギラ降るときは水は暖か。海も静かで夜ぶりするのによか日和たい。

夜ぶりの歴史は古い。最も原始的な漁法といってよいであろう。戦後にわか漁師になった人たちがまず夜ぶりをしたというのはうなずける。「船底が海底に当たりさえしなければいい」二、三メートルの浅い海岸で行われた点が注目される。そんな浅い海底で底魚が寝ていることも、アワビが昼は深い海底に居て夜は一番浅いところに居るということも、聞いてみなければわからないことである。「水俣病の始まる頃」には、火源がガス灯から電気になるという技術改良が行われた。海底が前よりよく見えるようになり、それだけ漁獲しやすくなっていた。浜元二徳の話でわかるように、夜ぶりの場所は「もう水俣全部」で湾外でも行われたが、明神のマテガタ、恋路島、月浦の下、坪谷の傍といったチッソの排水口にわりと近い海岸や、裸瀬、袋湾のナガヘタといった湾内が主だった。夜ぶりを専門に行った漁家では早くに奇病患者が出た。なお松本弘の話に出てくる八ノ窪の半永一喜の例でわかるように、箱眼鏡を使っての鉾突き漁は、夜ぶりだけではなく昼も行われた。

2　エビガシ網

エビガシ網は五〇～五三年頃にかけ水俣の漁師に伝わった。その全盛期は五三～五六年だった。

●浜元二徳の話

エビガシは、田浦の隅本栄一さん（四三七頁）が持ってきて、山川通・千秋（月浦）や山本亦由（出月）を雇って百間でやった。それから私の親父（浜元惣八）が一番に隅本さんに習って始めた。隅本さんは、「水俣はエビのうんとかかるもね。なして獲らんとや」て言わった。親父がやったのが、私がまだ学校に行きよる頃やから、昭和二五年頃（二六年、袋中学校卒業）。それから中津美芳さん家がする、田中守さん（坪谷）がする、どんどん増えた。うんと獲れたのは二八、二九、三〇、三一年。獲れたも獲れた。ビッシリかかってきた。インスタント食品が流行ってきたとき、人間が飛びついたのと同じ格好たいな。エビは坪谷から百間のマテガタにかけて湾内で育つ。三年ケ浦のへた（海岸）よりマテガタの方がうんと居った。それで早く行って場所取り方やった。「ここからこの範囲は俺が張るけんねえ」て。百間港にそげんエビが居りよった。車エビ、スエビ（色が白い、シバエビ）、本エビ（足が赤い、クマエビ）たいな。

ナガシ（梅雨）になると、水が出てくるからエビはいっとき沖に行く。この頃はボラ釣の準備をするけん、ナガシ前のハエの風（南風）が吹くときはもう行かなかった。春先、潮干狩りのときが一番獲れた。秋もマテガタで獲りよったったい。寒くなるとエビは砂に潜るもんな。

エビガシ網を手繰るときは、上下別々に手繰る。親父が櫓を漕いで、私がアバ（浮き）を、おふくろがユラ（重り）を手繰りよった。ユラを手繰る人はうまいぐあい輪をつくっていく。手繰ってしまってきれいに置いておいて、陸でエビを外す。うちは一七把から二〇把張ったな。エビガシといっても、魚は居るし（だけ）こかかる。コノシロ、ボラ、ガラカブ。ワタリガニや小まんかカニがかかって網をグシャグシャに切ってくれっとたい。これが一番困りよった。

●坂本武義・フジエの話

武義　俺家は昭和二七、八年頃まじゃ延縄をやっとっとな。出水の名古ン下で、餌のシャコば船の上から網引っ張って獲りよったろうが。それが出水に製紙工場のできて、その汚水でシャコの居らんようになって、延縄ができんごとなったったいな。それからエビガシに変わったわけたいな。もうそんときは、機械船の着火船やった。電気で起こすとの。機械船は、わし共が部落で一番早くつくったもんな。昭和二六年頃じゃなかったかな。それまじゃ櫓船ばかしたい。それから松田勘次どんが機械だけ買うてきて据えたな。

エビガシも、湯堂じゃ俺共が一番早かった。長女の真由美が生まれる頃、昭和二八年頃たい。田浦の橋本政市（まさいち）さん（明治三七年生、八二・三認定）という人が俺家に来て網をつくってくれらったっじゃもん。それから流行りだしたっじゃもん。

フジエ　田浦は、ここら辺は漁師ていやならんごたるほんな漁師じゃ。田浦が何でん漁は早かもんな。田浦んとがこっち入ってくっとな。

武義　橋本さんは、嫁と二人、夜中に百間に来てやっとっとじゃ。その前は、俺共、カシ網でシメ（ボラの子）を獲るぐらいのもんたい。

フジエ　水俣ン漁師はまだエビガシを知らん頃じゃもん。その頃は、田浦ではもう盛んに獲りよったてな。橋本さんたちは、田浦でエビガシして獲る者の多かもんやって、水俣にこっそり獲り来よらったて。うんとこせ、一〇キロでん二〇キロでん獲って、「あの人はうんと獲ったが、どこで獲ったっじゃろうか」て、他の者の言うとて。教ゆるごたなかで、田浦でも少（ち）っと張って、隠して水俣で獲りよったて。そげん橋本さんの語って聞かせらった。夕方張って朝揚ぐっとやって、昼はひまじゃがな。湯堂の石垣の下に船着けとって、俺家に上がって、よう教えて、つくってくれらったっじゃっで。そして網を張ったっじゃっで。

武義　わし共がつくってもらったエビガシ網は、一把の長さが約一五尋（二七m）、丈が一・五メートルぐらい。三重網になっとって、外網が二重、中網が一重。外網の目の大きさは二〇センチばかり、中網は二センチばかり。網の足に、ユラという素焼粘土の重りをつける。網の下は底につき、上は浮き（アバ）があって浮かっとる。魚でん何でんかかればバタバタすって、外網に巻いて逃げやならん。こげん太かヤノイオ（アイゴ）やらタイもかかる。中網は目の小まんかで、エビがかかっとやがな。それば二〇把、三〇把、上も足もずっとつなぎ合わせてしまうとたい。それを一把ずつぶら下げとって、ずっと投げ込んで、流して張る。それで長さは、湯堂から対岸の西浦ぐらいまである。一人は、船を動かしてずっと舵を取っていく。一人は網を張る。重りと浮きで調整して、潮で動く。カシ網が移動するから、底を這ってるエビがびっくりしてかかっとたい。エビは潟に居て、ある程度移動するもんな。そん時分は、誰も獲らん折やって、湾内どこにでもエビの居ったもね。

わし共、最初は、ここ辺りは居りそうなふうじゃねえて、勘で入れたったい。今、明神の波止場のある、あそこの根から少っと沖さんずっと張りよった。明神のマテガタは、後から誰っでん競争で張りよったったい。「百間にエビは湧いて来っとじゃ」て言いよった。毎晩張って、それこそいっちょん減らんたっで。「こりゃ、どこから来るエビじゃろうか」て。行って張りさえすれば、同じところでばい、かからんてことはなかっじゃもん。二〇把、三〇把ばかり張れば、一〇キロばかりかかりよったもね。もう花のごと下がっとりよったもね。もう外しきらんけん、陸に網ば上げつ、陸で外させよった。

フジエ　ほんなごて、花のごて刺さりよったもん。じさんと二人で行きよらったで。百間に毎晩、そこばかり。それこそ、「ここは無尽蔵ね」て、言いよったったいな。どしこ獲ったっちゃ獲りきらんたっで。行けば行くしこ、面白かごて毎晩入ったっで。陸で網を広げれば、ここへもそこへもエビが下がっとりよったもね。エビは逃げようと思って、クルクル回ったっでな。俺共、馴れとらんどが。茂道に加納光志さんて仲買人の居って、ノコ屑に生かして東京送りしよった。なるだけ死なんごてと思って一生懸命外しよったったいな。

そるばってん、やっぱり頭とかヒッ切るがな。身ばかり取るときのあるがな。そげんしたエビをわが家で食いよったったい。真由美（五六・六奇病発病）が「エビを食わせんな、エビを食わせんな」て言いよったもね。真由美は食うとるもんなあ。三一年の春エビば食うとっと。

武義　スエビが一番多かった。車エビはわりあいかからんかったな。五月の麦の色がつく頃が一番獲れよった。スエビで一キロ三七、八匹ぐらいたいな。朝早う、まだ暗かうち揚げ行きよったでな。その頃は湾内の臭さも臭さ。もう居りきらんぐらいやった。「こら、会社の排水ぞね」て、俺共言いよった。スエビも車エビも色が変わっとりよったもんな。

フジエ　ばさんが三一年の五月二六日死なったが、沖へ出やならんとがきつかりよったぐらいやった。五月末から六月頃の一番獲れるときやっで。

エビガシは網のお金が要っとたいな。自分でつくりきれば安かろうばってん、難しかで。田浦ン衆から習わったことじゃっで。そっで、うんとは持たんもんな。最初は持っとる者が二〇把ばかりじゃもん。それの破るれば自分で修繕して使いよらったったい。金回りのよかれば新しゅう一〇把でん買うて、順繰りずっと使っていきよらった。

●岩阪国広の話

うちが田浦のイトコの淵上深（嫁が橋本政市の娘）から習ったのと、武ンどんが橋本政市さんにつくらせたのが一緒ぐらい。橋本さんは船溜まりに船をつないどって、水をもらいに上がって来なった。それから武ンどんと親しくなって、つくってやろうかてなった。武ンどんは金は持っとらしたけん。

網は一把一五〇〇円ぐらいやったかな。私共三〇把。大体二、三〇把じゃな。四万五〇〇〇円の資金ていえば、その頃大きかった。金持っとらんばできんかった。また金ができてもやりきらんとです。田浦も葦北も全部エビを獲りよったけん、網屋に買いに行っても仕立ててある網はなかった。うちは網元で網は専門じゃけん、仕立ててないのを買うてきて、一〇〇メートルざっと延ばして三つ切りに切って、竹で目を拾って自分でつくりよった。エビの値段は、車エビで一キロ五〇〇円やったかなあ。スエビは値段の落ちる。私共も、一〇キロから二〇キロぐらい獲りよった。

みんながそれをみて真似をして、それから湯堂のエビガシが始まった。松田勘次、渡辺栄蔵、中村秀義、松永善一、岩坂栄、岩坂政喜、田中一、岩坂一行。エビガシしたところはどこも水俣病が出た。勘次どんは長男の富美(とみお)さんと行きよった。末っ子の富次君（五五・五頃奇病発病）が可愛かったけん、あの子にばかり食わせよらしたがな。他の者にな、いっちょん食べさせられんかった。あそこもきつかったけん、毎日がカライモばかりやったけん。渡辺栄蔵さんは、長男の保さんと行きよった。中村秀義さんな、阿久根（鹿児島県）から御手洗(みたらい)広志（後に志水広志、七七・四認定）さんて人を頼んどらった。私は、じさん（若松）が行かれんかったで、カーバイドの労務者に行き方、ちんどん（八木吉次）を頼んで行きよった。前夜勤のときは行く前に網を張って、帰ってきてから夜明けに手繰りに行く。明神の瀬戸が専門やった。会社よりエビガシの方が上がりよったけん。エビの頭を魚が噛む。体は残るけん、それば剥いで、会社に行くときは、弁当のおかずに持って行きよったつじゃっで。俺も富次君が食いよったしこは食うとっとたい。

水俣の漁師が湾奥部でエビガシ網を始めたのは、田浦の漁師に遅れること二、三年である（四三七頁）。エビガシは網に資金が要った。それで誰も彼もできたわけではない。漁期は通年でなく、春と秋である。五六年にエビガシ網を行った漁家では「どこも」奇病患者が出た。坂本武義の話にあるように、五五年頃の湾奥部では水俣工場の排水による汚染が進行し、排水の悪臭で「居りきらんぐらい」であり、エビの色が変わっているほどであった。そういう状況の中での豊漁だった。

3　ボラ一本釣とボラ籠

ボラ一本釣

●**松本弘の話**

ボラは、夏前になると米ノ津方面から来て湾内に入り、一週間ほど居る。明神から湾外に出て田浦、八代まで上がって行く。一団体また一団体て次々来ては出て行くして、六月から一一月頃まで獲る。岸、瀬際を姿の見えるぐらい浮いて移動する。固まって来るから、そのときは潮の色が赤味がかる。漁師は、コノシロじゃろうが、ザコじゃろうが、魚の固まっとは必ずわかる。湾内に入ったボラは、餌付けの餌を食うて何日かすると色が変わる。入って来たばかりのはギンギンしていて、あ、これは次の新しい団体て、素人でも見分けがつく。普通は底の潟に居って、砂地をせせって（突ついて）されく。

ボラ釣は裸瀬で湯堂がしよった。裸瀬は太か瀬で、その周りに太か石のあって、こんだ潟になる。瀬の回りの潟のところに漁師が大勢寄って、撒餌をしてボラを寄せて釣っとたい。加(か)てくれろて、戦後、月浦地区のわし共が入っていった。浜元惣八どんが加たるのが一番早かった。わし共、ボラ籠を主にしよったけん、惣八どんより何年て後やったろ。戦前は、月浦地区はボラ釣は居らんじゃったもん。後から誰っでんしよったもんな。何もしや得ん者は、ボラ釣が一番簡単やった。昭和二八年頃、恋路島に海水浴場のできた折が全盛時代で、裸瀬に六〇艘(ぱい)ぐらいS字型に並びよったもんな。裸瀬までわざわざボラ買い船が来よったっじゃっでな。

シーズンの始まる前、ボラ釣に加たる者は、共同で場所づくりをする。裸瀬にずっと五メートル四方ぐらいの間隔で太かモウソウ竹を海に入れて立てて、綱を張って、それが一人分の網代たいな。一番二番て番号して、前もって抽選で札割りして、一夏中釣る場所を決める。釣るときは、自分の場所に船が動かんごとイカリで固定する。一人分五メートル四方ぐらいだけん、船が入ったり、間切ったりするぐらいしか空いとらん。船が並べば飛び移ってよかぐらい、餌の団子をホイて投げれば届くぐらいたい。それで隣同士話し方で釣る。

　ボラ釣は、朝は六時七時から、夕方は暗うなるまで居りよったな。「あっ、ありゃまだ居るね、今日は釣るるばいね」て。弁当は持って行くとたい。ボラは、朝食うときも、昼食うときも、夕方食うときもある。潮次第たい。ボラ釣だけは、降ろうが照ろうが、台風のときでん行きよったけんな。ありゃ、どういうもんかな、台風の来て波の動くときは釣れるも釣れる。そげんときはまた何艘かしか来とらんもん。

　隣は暇なし手繰り出さんごて来る、こっちはコトッともせんときのある。もう頭に来っ(く)とたい。そげんときは伝馬があればすぐ隣に加勢に行く。二人乗っとっても、てんてこ舞いじゃもん。糸を一人四本入れとっとやから。すぐ手繰らんば、よそにはってけば、糸がよそんとに巻きつく。裸瀬は、潮の速かでな。食うときは、船のこっち側もこっち側も来る。それで船の両側に一人ずつ、二人なっと居らんばな。魚の来たときは一人でも余計居った方が獲れる。すぐ餌をつけて入れんばんがな。たいがい二人、三人は居るな。伝馬のなかときは黙って見とるしかなか。じゅつなかった(なさけなかった)たい。

　難しいもんでな、人間の祭でも、固まっとるところと固まらんところのありゃせんかな。魚というのも固まる生物やって、一四二四すれば、そこはずっと来っとじゃなかろうか。いつから始終、そこばかり来っとじゃなか、明日はそこにも来んかもしれん。それと、下の地形がボラが住み着きやすかったのか。「あそこは下のよかっじゃろうね」て、獲らん者は思うとたいな。札割り次第で、釣り頭というのが毎年居る。

　餌が一番問題じゃて思わんばしようがなか。餌は麦ヌカを炊いて団子に丸めて針につけっとたい。それに何を入るるかたい。サナギはたいがい使うとるてわかっとった。それにザコ（雑魚）の子でん味噌でん砂糖でん入れよらった。サナギは鯉の養殖業者が使っとって、ボラにもサナギがようなかろうかて、流行るごてなった。根性悪うなって、あそこは何ば入るっとかて、団子の盗み取りなんかしよったばってんな。出月と月浦は同じ餌やっても、湯堂んとはちょっと秘密がわからんがな。昔は各部落部落に精米所があって、必ず麦を挽きよった。初まりの頃は、自分で水俣中の精米所を回って買わんばんとやった。そしこで足らんから、後から仲買人のできて、そこに頼んどけばよそから仕入れて来て賄うてくれるようになった。わしは、佐敷の食糧営団にも人を頼んで買いに行ったり、家内が薩摩の大口まで買いに行ったりしたもんな。一俵四斗入りで、それが二日しかもたん。毎日二釜は練らんばんからな。釜に八合なら八合水を入れて、一斗ずつ炊く。ガタガタ、ガタガタ水をたぎらせてからヌカを入れんば、半端煮えは団子にならん。

　六月から一〇月まで五カ月すれば、一カ月一五俵、一年に七五俵は要るもんな。わし共、サナギは八代の製糸工場から貨車でまとめて取りよった。小買いしとったっちゃ割に合わん。たとえその日はボラは釣らんでも、朝早う餌撒きだけは毎日行かんばんとたい。よそにはってって（およいでいって）わがところに来んごてなるがな。それでボラ釣は、ある程度資金のなからんばできんとたい。その年釣れんとなれば赤字じゃもん。ボラ釣をした人が、生活がどうにかできた人たち、ほんとの漁師て言や、ほんとの漁師たい。

　わし共、ボラ釣しかかったのは昭和二八年から。最初の年は、有明から師匠を雇ってきた。ボラ釣は大体有明海の方から流行って来たっじゃもんな。うちの貸家に居った人のやうちやった。その年はわし家も釣り頭の一番二番に入ったったい。そのかわり師匠に払わんばんでな。うちに住み込みで食わせて、経費こっち持ちで、四分六分ていうふうで歩合たい。

　奇病の出た昭和三一年は、まだボラ釣の盛りやった。三四年の水俣病パニックで売れんごとなってから、ボツボツせんようになったからな。

●坂本幸とフジエの話

幸　ボラはここだけには居らんですよ。だけど、湾内辺りに固まって寄るわけです。ボーンボーン、飛んで来っとですよ。昔は、ボラのいっぱい飛びよったですたい。

フジエ　昔のボラは肥えとったで。鯉のごたったで。ボラの大きいのは一貫目以上あるていいよらったっじゃって。

幸　そげんた、トドていうとじゃもん。とどのつまりていうでしょうが。普通は三〇匁ぐらい。三、四〇センチぐらいはもう普通。

フジエ　水俣湾のボラは味が違う。夏のボラのごつうまいのは他になかったで。ボラの刺身、アライで食って。そすと、味噌お汁（つゆ）もうまかし、煮付けもうまかし。あげんボラはほんなごつ今はなかもねな。

幸　今考えてみれば、朝からこげん太か団子を何十てぶり込む（ほうり）わけやって。裸瀬から帰って来るときもまた何十てな。それば食ってボラは肥えて、味のついたっじゃなかろうかて思うですよ。ヌカ次第で大分ボラの釣れ方が違いよったですたい。後からサナギを入れるごつなったばってん、ヌカそのもので。わしはリヤカーを自転車の後ろに括り付けつ、家内は子は背中に背負うつ、後から押して、米ノ津、湯出、栗野（鹿児島県）のこっち側の精米所までヌカ買いに行きよった。米ノ津まじゃ、五日に一回ぐらいずつ行きよったがなあ。

フジエ　俺共、釣橋（ウラの部落名）の精米所やった。一人では行きゃ得んかったで、父ちゃんと二人で。輪の太か車力（大八車）たい。中に父ちゃんが入って、俺が押しやって。水俣辺（へん）の精米所は、俺共には授（のさ）らんかったっじゃろうな。どうし、ヌカ買う者はうんと居ったってでな。あの太か釜に水を入れてお湯を沸かしとって、ヌカを入れて、サナギは上一升ばかり入れよらった。石の臼で粉にしたのをよ。そしてから練りよらった。それ、砂糖を入れる者も居るし、油を入るる者も居るし、味の素を入るる者も居るし、いろいろやったがな。わがわが（自分自分）で研究やろうもん。それで、ヌカ練るところは他人には見せんとたい。サナギをうんと使うた者ほどボラは釣れとっと。坪谷の田中守もよ。サナギの中にヌカを入れて練って、もうどもこも釣れとるばってん、親の義光どんには教えとらんとやっで。

自分の網代やっで、必ずそこに行って釣らんばんとやっで、そこにうまい餌をやれば、隣には一匹も来んとたい。あってん、うちのじいさんな、サナギはうんとは使いきられんかった。俺共家は小川の製糸工場に買いに行きよらった。ボラを釣らんば銭のなか、銭がなからんばサナギどまそげん買いきらんな。ヌカば求むっとも銭、サナギ求むっとも銭じゃもん。

幸　うまく釣れればよかですたい。釣れんば欠損ですたい。それでボラ釣も賭けやったっですね。

フジエ　ボラじゃなか、それこそ銭やっで。それでボラを釣らんかった者は生活がきつかったったい。「よか網代に当たったでよかった」て、言わるときもあったもんな。

幸　翌朝市場に出すまで、釣って来たボラを籠に入れて、船から綱つけて波止に生かしとくでしょう。それを夜中におっ盗られよった。綱ながら切って持ってはってくけん、えらい損害ですたい。そげんことは誰もはせん。誰て噂はありよったばってん、見とらんけんな。

●坂本嘉吉・トキノの話（長女キヨ子、五三・四奇病発病。七九年）

嘉吉　昭和二〇年に新潟から引き揚げてきて、一、二年は私も泣いたっばい。そうさな、退職金の一〇万円も持って来たろうか。こりゃ漁師をせんば、銭はたちまちなくなってしまうぞて思うたばってん、何も漁師はしや得んじゃろうがな。船は昭和二二年の五月につくったけども、ボラの釣り道を知らんじゃろうがな。おじのちんどん（八木吉次）に一年習うたったい。私は五〇じゃろうがな。それ、子供に言うごつ怒られれば、いくらおじでも、「この糞がんたれが！」て思うたっばい。二三年から一人で釣ったばってん、馴れとらんもんじゃってな。

トキノ　それから坊主（登、昭和一四年生、七六・六認定）が加勢するしな。あの子がまた漁師が好きやった。学校から来れば、カバンは投げやって船に来よったもん。

嘉吉　二六年の年じゃったろ。六月の終り頃から餌を撒くもんな。そうすると七月から釣り始めて、ボラのつく船は早けりゃ四、五日すりゃ来るもね。つきにくい船は、一〇日も二週間も餌を撒いとっとたいな。もう隣の船の加勢たい。ところが私の船にはつかずに、盆まで一匹も釣らんかったっばい。もうこりゃボラ釣る餌代もないし、わが食う米もないし、もう明日ボラが食わんばしめえて言うつな。もう暗くなってから坊主が「入れてみっか」て言うたで、「入れてみろ」て言うたら、いきなり食うて、三匹じゃいよ釣って戻ったったい。それまじゃ晩に食うてことは知らんもんやってな。そしたら翌日からやりっ放しじゃもん。盆から釣ったったい。釣りゃ得んかったのは、二四年の年一年じゃった。私は運のよかった。どこの場所割りでも食うとじゃもね。

針が五本ついとってな。団子の中に突っ込んでしもうつ、石を入れて沈むっとたい。入れるより早う食うときのあるもね。ボラは、逆立ちして突つくとやってでな。他の魚のごて、横から来て食うとじゃなかっばい。手にピリッと来たとき、パッとはねればかかるわけやっで。はね方の遅かれば、シッポに引っかかったり、ドン腹に引っかかったりすっとたい。暴れるもんやっで寄っとるボラが逃げてしまうたっで。それで口に掛けて当たり前獲らんば。ボラは歯持たんどがな。

トキノ　獲れんときは、団子を次から次に撒いとっとたいな。釣り餌と撒き餌は違うで。釣り餌はヌカのよかとの、きれいかとの。撒き餌はおかしいのでよかばってんか。釣るっときも、船からボラを離さんようにするためには、いつから始終船の表から艫(とも)まで餌を撒いとらんばんとたい。朝行ったとき、団子を撒いてしもうてから、空針（団子を付けない針）ば入れて探ってみっとたいな。コツッ、コツッ、コツッて当たるもん。

「父ちゃん、今日は食うぞ」。そげんときは必ず食いよった。

一日釣って、わが家来てご飯食うときゃ、晩の一〇時じゃがな。奇病で死んだ娘（キヨ子）が、ご飯炊いて、サナギ量って、ヌカふるうて、ちゃんとしてくれよったでよかった。朝は四時に起きんばんどがな。父ちゃんはボラ殺しに行かる、私はヌカ練りじゃろうがな。それが済めば、五貫も六貫も担うて、梅戸回って丸島の市場まで走らんばんどがな。この小まんか体で人並みはせんばと思うてな。戻って来て、船借って、沖まで加勢に行きよったったい。

嘉吉　二六年頃、ボラは一〇〇匁五〇円やったけな。二七、八年頃から裸瀬辺りも会社の排水で臭(くそ)うなったもんな。団子をソローッと上げてみれば、ドベで汚れて来よったで。かいでみれば臭かりよったったい。握って上げれば、ボコッと手応えすっとたいな。ドベから離るる団子のたい。「こげんしたふうじゃもね。魚は居るもんな」て、言いよったったい。それで、みんな戻ってしもうてから、浜から石積んで行たつ、何艘入れたもんかな。石を放り込めば、ドベは上がって散ってしまうじゃろうがな。それで居らん魚がつくごてなっとたい。漁師根性ていうとはなあ。フフフフ。

トキノ　太か柴を切ってきて、それも船に積んで行たつ、艫の方から沈ませつ、ドベがなくなるごつ底をかき混ぜたりな。

ボラ籠

●松本弘の話

ボラ籠とボラ釣の権利は、二種といって県知事に申請する。獲れても獲れなくても、許可を受けるのに金がかかる。それで不漁のときは困りよった。ボラ籠は六月から一〇月じゃな。俺家の一番の生活の糧は、ボラ釣するまじゃボラ籠やった。一年間の生活費の半分じゃな。ボラ籠は、底の直径一メートル、縦一メートルぐらいの釣鐘型の籠たい。太か針金で枠して自分でつくっとたい。ボラ籠の底は竹。籠の下の方にハジというボラの入口が二つあって、入ったら出られんようにストッパーがしてある。中に麦ヌカの餌を入れておく。

長年の経験で、浦の出っ鼻から回ってこの辺りて、ボラの寄り道を知っとるからな。小石原のあって、砂のほげとるところを見て、要所要所に籠を二つ三つ入れて置く。坪谷の港を出て左と右で四カ所ぐらい、それから恋路島に行って三カ所、入れる範囲が広かったたい。初手は漕いでばっかり。後からボラ籠する者な、小まんか着火船なっと持っとった。坪谷までは来んかったばってん、緑ノ鼻、明神ノ下、恋路島辺りは、同じところに梅戸からも来よった。梅戸で一番派手にしよったのが松田市次郎。これは何でんやることが呆っけかったり太かったり。機械船持っとって走り回りよった。出月でボラ籠したのは、わし家、井上栄作、浜元惣八、山本亦由、川上千代吉、四、五人じゃったな。湯堂はボラ釣が主で、ボラ籠は一、二名しか居らんかった。茂道はボラ籠する者な多かったが、あっ共湾内には来んじゃった。

＊　茂道のボラ籠については、前掲『袋小記念誌』に石本寅重の記述がある。茂道では昭和二四年以降、ボラ一本釣はなくなり、ボラ籠のみが行われた。

石本寅重　茂道のボラ籠

茂道では、ボラ釣組とボラ籠組とに分かれて区画（網代）を分けて操業したが、籠の方が有利であるので昭和二三年度からは釣組は居なくなり、完全にボラ釣は止んだ。何十年もの間恵比寿鼻沖にたくさんの舟が並んで釣っていた夏の茂道名物のボラ釣舟も見られなくなった。ボラ籠は年とともに盛んになった。水揚状態は、全操業者の三分の一は大漁、三分の一は中漁、残り三分の一は赤字という結果が続いた。

朝、潮の干るときと、夕方干るときがある。潮の干ったときが入りやすい。恋路島に籠を入れとけば、籠いっぱい、どげんして（どぅやって）入ったっじゃいよていうごて、五〇も六〇匹も入っとることのある。まあ、二、三〇匹入れば大漁たいな。うんと入ったときは綱を握ったときすぐわかる。ガタガタッて伝導して来るもん。干ったとき浮きが海面すれすれ、出るか出らんぐらいに調節する。潮が干らんば、わし共やったっちゃ見つけ出さん。なるたけ自分たちだけわかるようにしとくとたい。そげんせんば、引き上げておっ盗られよった。籠を入れる深さは、干ったとき一メートルぐらい、満潮のときは五、六メートル以上ある。竹にカギをつけて、引っかけて手繰る。それで潮時次第で、朝早う揚げに行ったり、夕方揚げに行ったりする。市場は朝じゃから、夕方揚げたのはイケスに生かしておいて、明日の朝殺して市場に持って行く。市場は昼からもありよったが、昼はあまり値段のせんもんな。

ボラ撒餌釣は水俣湾の一本釣の大宗をなす漁種だった。これは、ボラが当時の大衆魚で広く需要のあったことと関係している。漁期は六～一〇月で、主に夏の漁である。その年ボラが釣れるか釣れないかが、漁師の生活を左右した。ボラは銭そのものであり、餌代等元手が要るから、釣れなければ「赤字」だった。坂本嘉吉の話にあるように、湾奥部ではなく湾の入口にある網代場の裸瀬でも、五二～五三年頃になれば工場の排水の悪臭がただよい、海底にはヘドロが積もっていた。出月、月浦、湯堂の一本釣の漁師のほとんどがボラ釣（一部はボラ籠）を行ったが、奇病発病との因果関係は、夜ぶりやエビガシ網ほど明確ではない。出月の井上栄作はボラ籠が主たる漁であり、妻のアサノが五六年五月発病している。坂本嘉吉の娘キヨ子の発病はボラ釣が疑われるが、ビナ、カキも多食している。

4　その他一本釣など

松本弘に教わったその他一本釣などの漁法、対象魚種とベントスの生態、急性劇症型である奇病発病との相関等をまとめると、次のようである。

●松本弘の話

アジ

浮魚で回遊魚。漁場は恋路島の外から天草の近くまで。御所浦と獅子島の間のノサバ（瀬戸の名）が一等漁場。昭和三〇年頃は湾内には居ない。釣糸の両側に二〇〜二五本枝糸をつけ、擬似餌か、アジ、サバ、フグの皮を餌にして釣る。一升ビンに皮を張って自分でつくる。奇病前は針のあるだけいっぺんに食うて、よく釣れた。バーッと下がっとる。下手がやると魚がバタバタしてゴチャゴチャになる。上手は、釣糸をあっちやりこっちやり、もつれないように手繰る。だからアジ釣りには素人は連れていかない。アジも回遊する。時期的に瀬に付くときと灘を移動するときとある。大きいのは三〇センチもある。

タチウオ

浮魚で回遊魚。カタクチイワシを追って湾内に入ってくる。明け方と夕暮れどきに釣る。沖でも釣る。

チヌ（クロダイ）
浮魚で回遊魚。時期的に瀬のあるところを移動する。恋路島、坪谷、湯堂、どこでも釣れた。
クサビ（ベラ）、ガラカブ（カサゴ）、クロイオ（メジナ）
底魚。瀬でうろうろしている。餌をやれば出て来て食う。重りの鉛が底についてから少し上げないと食わん。人が来ればパッと瀬に隠れる。クサビ、ガラカブは水俣湾で産卵して水俣湾で育つ。
底にいる魚は潮が満ちてくれば勇む。返せば（潮の満ちてくるのをいう）食う。食うのは返してから二時間ぐらいで、だんだん鈍ってくる。「もう潮の満ちたけん、食わんもん」て。潮が干き始めるとまた食う。やはり二時間ぐらい。潮が干いてしまえばじっとしている。動く範囲は決まっていて、あまり広くない。二〇〇メートル四方も動けばいいところ。
キス
底魚。砂のきれいなところにいる。砂を這うて来る。投げ釣りで釣る。湾内、茂道の権ガ屋敷でよく釣れた。
カレイ
底魚。潟にもぐっている。夜ぶりで獲る。
タコ
石があってもいいが潟に居る。瀬の荒いところには居ない。底に穴を掘って、干潮のときはその中に潜っている。地形によって色が変わる。眠っているときもあるが、猫のようにキラキラ光る目で穴から見てる。潮が満ってくると穴から出て一尺ぐらいの範囲で餌を探す。そのときは貝も穴の中から出てきて動くからタコに獲られる。タコは自分の穴に持ってきて食べる。貝殻が寄っていれば、そこは必ずタコの居るところ。アサリの殻が多い。

タコは季節的に移動する。梅雨になって南風が吹くと北方の津奈木の方に上がっていく。秋になると南に下がってくる。それで、漁師は季節を楽しみに待つ。水俣は八幡祭（四月）の頃が最盛期。沖でタコツボすれば大きいのが獲れる。ツボを何メートル越しかに括って一延え(はえ)が何百メートルで三延えはする。餌は入れない。今は入れるのもある。手繰って揚げると人間の見えてから壺から出てスーッと逃げるのも居る。そのとき船から投げ鉾するとたいてい当たる。わしの時代までは手で手繰りよった。重さも重さ、死ぬ目で手繰って、腰は伸びらんもん。その後、ローラーで上げるようになった。タコツボ、イカカゴは夜暗いうち港を出て、灘に行ったとき日が上がる。柴とか旗とか目印に立てとるから、それが見える頃行かんば。機械船になってからよかったばってん、風のないときは市場まで漕いで来んばんがな。

イカ

コオイカ（モンコオイカ）、ミズイカ（アオリイカ）、ナツイカ（スルメイカ）と種類がある。主に獲ったのはコオイカ。漁場は恋路島と天草の間。なるたけこっちに近いところで獲った。自分たちのオカズにするぐらいなら、恋路島でも坪谷の下でも、すぐそこでいい。ミズイカは同様にどこでも獲れる。ナツイカは灘。コオイカの獲り方はタコツボと同じ。ミズイカはイカ籠。籠の入口に柴を下げておく。メスが卵を産みに籠の中に入ると、オスが五匹も六匹も来る。ツゲの木のように小枝の多い木の枝をつけておいて、それに卵を産みにくるのを網で獲る漁法もある。ナツイカは一延え何百メートルで三延え、四延えて海の底に沈めて獲る。

カニ

地のカニとワタリガニとある。地のカニは一〇センチあるかないか。潟に居て穴を掘っている。馴れた者が見れば穴がカニの格好をしている。満潮になると、一尺ぐらいの範囲を移動する。ボラ籠にも入りよった。昔はイワシの頭なんかを餌にしてガネ(カニ)籠をする者も居た。

ワタリガニ。二〇センチぐらいの紫がかったカニ。移動する。九～一一月が漁期。マテガタ、百間、袋湾の口で獲った。沖の打瀬網にも入る。

出月の川上卯太郎は俺の家内の親たい。イカ籠、タコ壺が専門やった。後嫁のタマノが奇病にひっかかってひどかった。けいれんで押え切らん。もう括っとかんばしょうなかった。あと奇病患者では、出月の川上千代吉は畑持たずに夫婦で海が仕事やった。タコ壺、イカ籠。出月の田上義春は恋路島でのタコ壺。月浦の坪段の石原長市（長男和平が五六・六奇病発病）は一番年やった。この人はタコ専門。恋路島、坪谷で最後まででした。恋路島も瀬際でずっとタコ壺できるからな。タコはボラより銭にならんばってん、専門にすれば食っていける。

●岩阪国広の話

湯堂の浜田忠市は扇興に勤め方で湾内でガネ籠をした。こら、症状はひどかったもん。二年ほどで死んだ。岩本栄作家の昭則君はまだ学校に上がっとらん。栄作さんが獲ってきたカニを籠に入れて吊っておいたのを取って、誰も居らん留守に一人で腹いっぺえ食べたてな。

その他一本釣などの漁種で、奇病発病との因果関係が目立つのは、タコ壺、イカ籠、カニ籠などである。これらはいずれも底生ベントスを獲る。水俣湾の個人漁業と奇病発病との関係をまとめると、底生魚や底生ベントスを獲る夜ぶり、エビガシ網とこれらの漁種に発病者が多く、浮魚回遊魚のボラ一本釣、ボラ籠では必ずしもはっきりしない。なお同じく浮魚回遊魚であるカタクチイワシを主に獲る湯堂岩阪網では、網元の妻の岩阪キクエや弁指の岩坂増太郎などの網子に発病者が出たことを先に述べたが、エビガシ網のように軒並みというほどではない。このことから得られる結論は、工場排水による湾内の生態系のメチル水銀汚染は表層回遊魚より底生魚や底生ベントスの方が深刻であったということである。いったいなぜか。ここには多くの謎がある。

西村肇と筆者の共著『水俣病の科学』（日本評論社、〇一年）は、工場内のメチル水銀生成メカニズム、経年排出量、水俣湾の生態系のメチル水銀汚染のメカニズム等について本邦初の本格研究を行っている。興味のある方は参照していただきたい。

さて、水俣湾の戦後の個人漁業の主たる漁種はボラ釣とエビガシと夜ぶりであった。「ボラ釣してエビガシ持っとる者な、遠くに行かんでも生活圏は一〇のうち七までは湾内で持っとった」のである（松本弘、四一〇頁）。集団で釣る裸瀬での撒餌釣が始まったのは昭和八（一九三三）年頃であり、参加者が多くなって抽選で網代割をするようになったのは戦後である（坂本武義、三二五頁）。この撒餌釣は「有明海の方から流行って来た」（松本弘、四二二頁）。エビガシは田浦の漁師から教わり、田浦より数年遅れて五〇年頃から操業された。したがって、いずれも後進的な漁法である。夜ぶりが原始的な漁法であることもすでに述べた。また、この三つの主たる漁種は、今まで述べてきた実態から明らかなように、いずれも小規模零細漁業である。水俣の漁師は上の部が半農半漁か半工半漁であり、専業漁師は一人もいなかった。

以上をまとめると、水俣湾の個人漁業の特徴は、「水俣湾は不知火海の一等漁場」で「魚の宝庫」（松本弘、三九二頁）であるにもかかわらず、後進性と小規模零細性にあったといえる。水俣の漁師の貧しさはその結果である。小規模漁業のボラ撒餌釣ですら「ある程度資金がなければできず、ボラ釣をした人は生活がどうにかできた人たち」（松本弘、四二二頁）であり、エビガシは網に要る「金持っとらんばできんかった」（岩阪国広、四一九頁）のである。そして、岩阪網の網子は一本釣の漁師よりさらに貧しかった。これに、チッソによる水俣湾の環境破壊が加わったのだ。

三　不知火海先進地の漁業と水俣湾での操業

以上みてきた水俣の地先漁師による水俣湾の網元漁業と個人漁業の特徴を真に理解するには、不知火海先進地の漁業と水俣湾での操業実態について知らなくてはならない。そこで田浦と女島を例にとって調べることにしよう。田浦と女島がどこにあるかを始め、不知火海の全体像を頭に入れる必要があるので、以下地名等が出てきたときは、巻頭に示した不知火海沿岸図を見ていただきたい。

●茂道・杉本栄子の話（八八年、現地研未発表レポート）

女島で知り合いの船下ろしのあって、俺共、夫婦で呼ばれてな。そんとき、女島に生まれて初めて行った。緒方覚さんて言わっとが波止に座っとらった。私も、波止から海を見た。そしたら、イワシの来たったたい。

「あれ、イワシも船下ろしに来たが。手の揃っとるもね、獲れば食うしこあるが」

「あんた、大体何かな？」

「漁師」

「うそ！」

うっ立って（めかしこんで）行っとるもんやっで、漁師と思っておられんかったったい。それから、

「あんた、気に入った」

て、俺共にべた惚れたい。

「よし、おら、百間港で儲け出させてもらったで、今からあんたたちに願解き（お礼）せんばん」て言いしかかって、タイ子を獲るバッシャ網の方法ば教えてくれらった。去年もそれで百何十万円かしたっじゃっで。女島の組とつき合うてわかったのは、いかに私たちが魚に恵まれとって勉強せんかったかていうこと。田浦の隅本栄一さんにせよ、女島の組にせよ、何時頃百間港に行って、どしこ水揚げしたて、全部帳面につけとっと。「水俣の人たちは何時頃寝て、何時頃起きらっで、その間におっ盗って来んば」て、そこまで計算しとっとやっで。その覚さんていう人はものすごか。百間港のことは、隅本さんと覚さんに聞きに行かんな。この人たちは、百間港に入れば、三カ月は出道は知らん（帰らん）かったっじゃっで。

＊　バッシャ網：長い網を海底に固定し、満ち潮または引き潮の潮流を利用して魚やエビを網中に流入させるもの。

杉本栄子の教示に従って、これぞ不知火海の漁師という田浦の隅本栄一と女島の緒方覚に教わりに行った。まず隅本栄一の話である。

●隅本栄一の話（八六年相思社・中村雄幸聞き取り、八八年現地研レポート、〇五年相思社・遠藤邦夫聞き取り〈いずれも未発表〉をまとめたもの）

不知火海の魚の生態

ボラ、コノシロなどの不知火海の回遊魚は、春〜秋口（一〇月）は宇土半島の方まで上がっていく。秋口〜冬は逆に南に下がるんです。不知火海は遠浅で、深い海は水俣湾しかない。そこに魚が止まる。冬になって北風が吹くと、水俣湾に魚が寄ってしまう。田浦は、水深一五メートルぐらいです。水俣湾は、緑ノ鼻の瀬の際が二五メートルぐらい、恋路島と裸瀬の間が三〇メートルぐらい、茂道と恋路島の間も三〇メートルぐらいです。そして、緑ノ鼻から裸瀬まで馬の背のように瀬がつながっている（図12参照）。瀬と深さが最高の湾なんです。水俣湾は秋のエビも長く獲れる。恋路島は、島全体が天然の魚礁です。魚探（魚群探知機）で見ると真っ黒に見えた。恋路島の沖は、瀬が積み重なって中はスッポンポン。その中に真っ黒になって魚が居る。冬になると田浦は、風が強くて避難場所がない。水俣湾は避難場所があり、網さえあればいい。水温は、夏場は田浦が高く、冬場は水俣湾が高い。冬は、田浦と水俣沖で二度、湾内で四、五度違うでしょうね。田浦ではガタガタ震うが、湾内では何ともない。

夜間操業しない水俣の漁師

小さい魚は、プランクトンとか食べて海辺で育つんです。浅いところに稚魚が居る。夜になると、その稚魚を狙ってたくさんの魚、大きな魚が集まってくる。満潮時は、浅いところに魚が来る。昼間は、群生した魚というやつは海辺の近くに上がって来ない。だから、夜でないと大量の魚は獲れない。

ところが水俣の漁師は、夜ぶりと巾着網以外は夜間操業しなかった。水俣は、漁業専門で生計を立てている人が非常に少なかった。モーターボートぐらいの小船で、夏のボラ釣とボラ籠だけ。半農半漁で一部農業をやっているとか、半分は会社に行くとか、そういう人たちが多いことが一つの原因だろうと思う。もう一つは、水俣湾のような立地条件がいいところに居ると、人間は堕落する。魚が多いから昼間の漁だけで生活していけた。悪く言えばカラフユジが多かった。仕事に熱がない。茂道辺りに行けば、掘建小屋にみんな住んでいた。田浦は、専業の漁師が多い。生活するだけの魚が獲れんなら夜でも出る。それで田浦や葦北の漁師が冬、ボラ、コノシロを追って水俣湾に来た。明神や坪谷に船を係留しておく。夜は獲り放題。揚げるのは他の地区の漁師だけ。水俣湾は、入会稼ぎ（共同漁場にすること）ができた。ここは、水俣、田浦、葦北、津奈木漁協の共同漁業権です（この隅本の言うことが正しいかどうかは、四四六頁で後述）。網は、水俣の漁師から多少嫌われた。「遠慮せい」ということはある。でも、「知り合いを頼って来た」となれば、水俣の組は言いようがない。

ナイロン網の開発

わしは、田浦の太田という部落です。うちは、田んぼ一町五、六反、畑五、六反つくっとったんです。それにかかっとってもよかったんだが、近衛兵で従軍して、戦後負傷して帰ってきた。重いものが持てんし、足に痛みが走る。それで本格的に漁師を始めた。戦前は、副業でボラ籠をしたくらいです。朝から行って、餌入れて放り込んどきゃ、昼間は百姓ができる。夕方揚げる。漁師は、一本釣ではらちがあかんと思った。それで網の操業をした。昭和二四年に鹿児島で博覧会があったんです。三重県の平田漁網という会社が魚網類と一緒にナイロン糸を出品していた。その頃まで、ナイロンで網をつくる技術がなかった。わしは、これだと思った。透明で腐らない。柿のシブにつけてみたり、いろいろ工夫した。二六年からやって、結節がよくなったのが二八年です。日本で最初だと思います。こういう網でないと今後の漁業は成り立たないと思って、それを広げた。宣伝みたいな形で、他の人たちにもつくってやった。最初に使ったのは、クツゾコ（シタビラメ）カシ網です。クツゾコは、田浦と樋島の間で獲れます。それからエビ流し網、囲刺網に使ったですね。

百間港での三重ガシ網漁：昭和二三年一〇月～二七年一〇月

わしが水俣に入れ込んだ端緒は、坪谷の上に妹（田上店の田上ミス、一〇八頁）が居た。そこから水俣湾を見たら、ボラが桜の花が咲くみたいにしょっちゅう跳ねる。ボラは「一跳ね千貫」といって、滅多に飛ばないんです。妹の家に、山川通・千秋（月浦）とか山本亦由（出月）とかよく遊びに来ていた。「あれを獲ろう」て呼びかけて、三重（みえ）ガシを張った。三重になっている網です。外網（三重）の目が一二・八センチ、中網が一・八センチ、高さは一・五メートルが基本だが、水深によって何段にもする。それが昭和二三年ですね。一〇月から四月まで。五月から九月までは田浦で漁をした。そしたら、「もう夜の一〇時になったばい。帰してくれんな」と言う。わしは当てがはずれてガックリきた。地域の習慣だから仕方ない。夜が明けるのを待って揚げた。それが早くて一二時までかかる。一二時、一時、二時までかかる。魚は弱るし、こらあ困ったもんだと。そのくらい魚が揚がりよったんです。三年ケ浦はずーっと奥まで海だった。その中に入っとる魚は大したもんだった。

網の張り方は、魚探で見て魚が居ると、網を建て回してすぐ揚げる。魚探は、明神の前田則義（大正一二年生、七一・一二認定、田浦出身）から、御所浦の吉永で売っていると教えてもらった。前もって標識を入れておいて、その周りを潮の止まったとき建て回すこともある。錨から標識の間に張った網についている夜光虫の動きで判断する。最後に、夜の一〇時前に三年ケ浦から明神まで一本につないだ網を入れる。一〇時に網を張り終えると、大和屋旅館の下に船を着けて、大和屋の湯に入って、船で寝た。時化たときは、妹の家にも泊まった。

獲れたのは、ボラが一番多かった。あと、セイゴ（スズキ）、キス、エビが獲れた。エビが一〇キロ、魚が一〇〇キロぐらいかな。網の仕組み上、あまり大きな魚は獲れなかった。明神の近くに沈没船があって、そこ辺りでは底魚がよくかかった。エビと底魚をわしが取って、残りの魚を水俣の人で分けた。市場に出さずに仲買に売っていた。わしは朝一番の汽車で田浦に帰って、エビは田浦の市場に出した。エビは水俣ではキロ五〇〇円ぐらいだったが、田浦ではキロ一五〇〇円だった。底魚はわしの家で食べた。昼から汽車でまた水俣に来た。

そげんしよったら体の具合が悪くなって、昭和二七年の一〇月に水俣湾で三重ガシするのをやめたんです。頭痛、手足のしびれ、卒倒などの症状ですね。そのとき、坪谷の田中守に網をやってきた。わしが行くまでは水俣で三重ガシ網をする人は一人も居なかった。浜元惣八さん、浜元家の近所、坪谷の上辺り、わしが三重ガシのつくり方を教えた。八代に網の製作所があったので、そこにも世話してやった。教えたのは昭和二四年の冬です。

田浦の漁師は、湯堂の漁師と親戚関係がある。網元の岩阪は田浦の出身だし、松永善一も田浦の人です。「うちで飯でも炊いてよか」「帰るより水俣に泊まって打ち置け」てなる。

田浦の漁業

田浦漁協は、昭和三〇年頃、組合員が約一二〇人居たわけですね。八地区あって、上井牟田二〇戸、中井牟田一四、五戸、波多島一一、二戸、杉迫一一戸、太田一二戸、船江四、五〇戸、海浦(うみのうら)四、五〇戸、宮浦(みやのうら)五〇戸です。全盛は三四年頃で、水揚高が二年連続して牛深に次いで熊本県二位だった。核となる漁種は、延縄と手繰網（四四一頁）です。主な漁獲物はハモ、チヌ、ボラで、三つが拮抗していた。ハモ延縄が四八艘、チヌ延縄が二、三〇艘、チヌ一本釣が二〇艘、手繰網（一艘六名）が一二統、ボラ大網が三統（網元：浜村、入江、浜田。一統約二五人）あった。ボラ大網は冬が主体です。火船は使わない。目と耳で獲る。あと、ボラ一本釣が一〇〇人ぐらい。半農半漁の半端漁師で、宮浦は部落全部。六月〜一一月いっぱい地先の立崎(たてざき)、曲瀬に網張って網代つくって、毎日同じところで釣る。撒餌釣です。

〈ハモ延縄〉

昔は、ハモはカマボコの材料だった。大正時代はハモを仕事にした人はいない。大阪の商人が来始めたのが昭和の初め頃。戦争中は中止したけど戦後すぐ復活した。田浦の代理人が漁師を集めて契約して、不知火海中のハモを集荷したのを生け簀(す)に活かしておく。一〇〇〇貫ぐらいになると、大阪の鮮魚船が取りに来る。ハモは、赤バモ（メス）と青バモ（オス）と二種類あり、商品になるのは赤バモ。これを漁期の四月中旬から八月いっぱいまで買う。青バモは一〇月末まで獲れるが、カマボコの原料にしかならない。ハモ、アナゴ、ウナギは夜行性です。昼間は夜の一〇分の一ぐらいしか獲れない。夜間操業でないとだめ。ハモをやり始めてから、それだけで暮らせた。昭和二七、八年頃、代理人が茂道には田浦の親戚が多いから契約してくれんかと言うので行ってみたが、船は小さいし、問題にならんと思って契約しなかった。

ハモは、春先は固まらずにパラッと居る。今日ここを延えたら、明日はあそこ。梅雨明けが産卵時期で、寄りバモといって固まるから、七月いっぱいまで一カ所でやる。漁場は、田浦の白神崎沖(しろかみざき)（田浦と葦北の境界線）、津奈木の大門崎沖(だいもんざき)、水俣の恋路島沖（島の西端から一〇〇〇mぐらい）の三カ所がある。三つの漁場は潟で、そこだけ穴のような深みになっている。日奈久から北の沖は浅く、そのような漁場はない。恋路島沖は狭く、大門崎沖は広くて五〇〇メートルぐらいの範囲がある。年によって今年はここ、今年はここと、そこばかりでやる。船も固まって重なり重なりやる。どこで獲ったか、魚を見ればわかる。その頃のハモは一・五キロ前後、卵を詰めて一番おいしい。ハモは内蔵が珍味で、特に肝臓がうまい。京都辺りでは、ハモは湯引きして食べる。プロの調理師は、皮の下の小骨が切れるぐらい包丁を入れる。食べていて小骨があるなど全くわからない。

ハモの延縄は、一桶一〇把、一把の針七、八〇本、四、五尋間隔で枝縄が三メートル。一艘に二人乗って、夕方延える。一人は機械で仕掛けて、一人は櫓漕ぎ。晩飯食ってから手繰る人も、夜一一時頃から手繰って明け方戻って来る人も居る。一把四、五匹から一〇匹ぐらい。生け簀が満杯になるまでやって、三〇〜五〇貫（一貫は三・七五kg）ぐらい揚げる。最高五、六〇貫獲ってくる人もある。酸欠状態になって死ぬから、それは煮たり干物にして自家消費する。餌は、エビが一番食う。梅雨が明けると、アジ子、イワシ子、シャコ、タコなどに餌を変える。

無動力船のときは、田浦から恋路島沖まで二丁櫓で漕いでいくと、帆掛けて五時間ぐらい。それで水俣に行くときは泊まりがけだった。船は、その頃四尋半（一・五トン）。二〇年代の後半に機械船になってから、月に二〇回ぐらい出漁した。手漕ぎの時代は回数は少ないが、泊まりがけだから漁獲量はあまり変わらない。九月になると、チヌを獲る。

〈チヌ延縄・一本釣〉

チヌはチヌ専門です。延縄と一本釣とある。魚は、「寒がさめれば動き出す」と言うたもの。それで二月一五日になると、延縄で名古沖まで行きよった。田浦は、三月に地曳を曳いた。それが終ると一斉に出よった。春の二、三カ月間と秋の九〜一二月に延える。出水の付近から田浦の境界線まで、沖の瀬を中心に延える。時期的に場所が違う。一本釣は五〜一一月が漁期で、七月が最盛期。漁場は、田浦周辺の七ツ瀬、柴島、源次郎瀬、隠瀬。夏のチヌは誰でも釣れる。一生懸命手繰らんとサメに食われる。魚群の周辺には必ずサメが居る。それで、「土用には泳ぐな」と言う。夜も釣るが、素人は無理です。

〈手繰網〉

田浦の手繰網は、大正時代からあった。規模が大きいのが特徴です。

＊　手繰網：投網したら船を錨で止め、船首と船尾に一名宛つき、船を横にして曳網を曳寄せる漁法。

普通の手繰は二人で曳く。田浦は六人乗りです。六人も若い者を揃えるためには、四家族ぐらいから寄せる。一二統の手繰網に、ハモ延縄の五〇艘に匹敵する家族が従事していた。水揚高も、ハモ漁と同じぐらいだった。二六年頃から四馬力ぐらいの機械船になった。漁場は、田浦、葦北、津奈木、水俣、普通はこの辺り周辺です。網が大きいから毎晩操業すると入る魚が少なくなる。それで天草上島の栖本(すもと)、長島との間の黒ノ瀬戸を出て脇本(わきもと)ですね、今夜は大丈夫という天候のときはこの周辺まで出掛けて操業した。動力をつけたから、広範囲な地域でやった。

網を建て回して、曳網の一番遠いところに錨を打って船を固定して、船の表（船首）と艫(とも)の両方から人間がローラーで網を引き寄せるわけですね。建て回すのは瀬の際です。長い間の経験でどこの瀬はどこまでてわかっている。それと、ものすごい長い竹を持っていて、船の先端に立って、海底を当たっていく。片方が潟、片方が瀬、こういうところを一番に建てる。あまり深いところはやらずに、小棚という海岸線のわりと浅いところをやる。一つ錨を打ったら、一番はこう建てる、次はこう建てる、三番はこう建てる、隙間がないようにやっていく。水俣湾内の百間でも、全部なで回して獲ってきた。湾内になると潮流が穏やかなんですよ。流れがひどくないから、肉体的な苦労が少ない。一番の目的にしたのはエビです。水俣に行くと車エビが多かった。でも何ということはない、網の中に入ったのは全部です。三〇種類か四〇種類か、商品になるのが入ってくる。タコ、イカ、アナゴ、シャコ、カレイ、何でも入る。魚種と魚の色でどこで獲れたかわかります。

隅本栄一の話を聞くと、水俣の漁師の話とは異質である。「半農半漁」は水俣では漁師の上の部だが、隅本によると半端漁師の代名詞でしかなく、漁師とは専業漁師のことである。「水俣湾のような立地条件がいいところに居ると、人間は堕落する」と隅本は言う。魚の生態から「夜でないと大量の魚は獲れない」ような魚種や時期があることも、水俣湾がいかに絶好の漁場であったかも、筆者は隅本の話によって再認識させられた。次に女島の漁業を緒方覚に聞こう。

女島の漁業と水俣湾での操業

●緒方覚の話（八八年、現地研未発表レポート）

女島は、大ノ浦、京泊、牛ノ水、池ノ尻の四部落で、昭和三〇年頃約五五戸、漁協（湯浦漁協、後に葦北漁協に合併）組合員数約五〇名です。わしは池ノ尻で、終戦前一一戸、終戦後一、二戸増え、それから一五、六戸になった。池ノ尻には、地曳網の網元が緒方福松（明治三一年生、五九・九奇病発病、同年一二月死後解剖診定）と緒方徳三郎（明治三七年生、七三・六認定）の二軒あった。女島にはあと小崎弥三（大ノ浦、明治四三年生、七一・一〇認定）、小崎茂義（牛ノ水、明治三九年生、七四・四認定）、井川太二（同、大正一三年生、七六・三認定）という網元が居て、全部で五軒やった。

わしは一二歳のときから二〇歳（昭和二〇年）まで伯父の福松家に住み込み、地曳網の網子をした。その間に漁師としての技術を仕込まれたんです。二〇歳で独立し、昭和二五年まで水俣湾近辺へ行って、チヌ、タイ、ハモの延縄をした。暇なときは、福松網の手伝いをしとったです。昭和二七、八年頃から三五、六年頃までは、吾智網とボラ叩き網をやった。

＊　吾智網：錨と浮標（樽）を入れ、潮上から潮下に向かって網を張り、旋回して原位置の浮標の所に戻って錨と浮標を上げ、船を横にしてさらに錨を入れる。この錨は船が身網に向かって接近するのを防ぐためのものだから、錨は常に海底を引きずる程度に錨綱を伸縮させて加減する。この網の特徴は、船を停止させないで曳網する点に

ある。漁船一艘を使用。乗組員四、五名。

ボラ叩き網：カシ網の背を高くして、浮子が浮かないようにし、海面を叩いてボラやコノシロを刺網に追い込むもの。

吾智網は、女島の地先沖から米ノ津沖までが漁場。でも三分の二以上は恋路島沖で操業した。恋路島沖は一番の好漁場で、黒ノ瀬戸、獅子島の瀬戸、ノサバの瀬戸から入ってくる海流がぶつかって魚が多い。昼は恋路島沖で吾智網をし、夜は湾内でボラ叩き網をした。明神の前田則義さんの家に一週間から一〇日泊まり込み、もう一年中、百間港につかっているような状態だった。ボラ網には、ボラ、コノシロ、カニ、イワシなどが入る。ボラ網を昼やって、ボラを何百貫も獲ったことがある。ボラ網は、一五～二〇メートルの深さを二、三人で漁をする。家内と雇い一人の三人でやった。一艘で網を引き回して漁をするのと、二艘で網を両方から囲んで漁をする方法とある。夜湾内で操業していて、水俣の漁師に会ったことは一度もない。

昭和二七年に福松が双手巾着網を始めた。福松が船を動力化したのもその頃で、女島で一番早かった。それで吾智網、ボラ網と並行して大船頭として乗り込み、イリコ製造もするようになった。網元は、イリコの製造納屋を一〇軒ぐらい持っていた。水俣湾内でボラ網をしてイワシがたくさん居れば、すぐ女島に帰り網元に連絡して巾着網の準備をして出漁した。そういうときは一晩に二回漁をした。女島の巾着は、一統三、四〇人で漁をする。網子は、天草、葦北、御所浦、田浦から雇った。漁場は、女島地先から米ノ津沖にかけて。昭和二八年が巾着網のピークだった。それからは不漁で、多数の網子を抱えていけなくなり、昭和三二年に巾着をやめた。

不知火海沿岸の漁村は、村によって漁種が異なる。田浦、女島以外の主な漁村には、津奈木（浜、大泊、赤崎、平国、福浦）、計石（はかりいし）、鶴木山（つるぎやま）があり、津奈木は吾智網が、計石、鶴木山は打瀬網が多い。また出水の名古も打瀬網の基地である。吾智網、打瀬網は、不知火海一帯を漁場とするので、水俣沖では操業するが、水俣湾内には来ない。また御所浦の双手巾着網（嵐口、横浦、牧島、本郷、大浦、元浦、唐木崎。最盛期四五統）は、天草灘（外海（そとめ））と不知火海（内海（うちめ））で操業し、内海では水俣沖にも来るが湾内には入らない。水俣病のパニックが発生した五九年八月の津奈木村漁協の村長および村会議長宛の陳情書は次のように言う。「本村漁民の従事する漁業の内、大網・囲刺網・磯刺網等の漁業は、従来主として水俣市漁協の漁業権の区域を有力な漁場として毎年操業を続けて来た」。

水俣湾内で操業するのは、田浦、女島および津奈木の磯刺網などの漁師が主であった。その主漁場はチッソの排水口に近い百間港だった。水俣の漁師は、これをどのようにみていたのであろうか。今度は水俣の漁師たちに聞こう。

●坂本武義の話

女島の岩本広喜さん（大正一二年生、七五・七認定）たい、昭和二三年頃から水俣湾に来とったもんな。明神の金子又市さんのところに泊り込んで、冬場は水俣湾、夏場は女島ていうふうで、半年ぐらい行ったり来たりしとらしたったい。あら、明神を拠点にして御所浦の横浦島辺りまで行きよったもんな。大矢安太さん（明治一九年生、五六・一二診定）も、女島から来て湾内で漁しとらった。息子の二芳（大正六年生、五六・一二診定）が会社行きやったで、明神に移住せらしたったい。前田則義の嫁は、安太の娘をもろうた。そげんしたふうで、女島から湾内に来とったのは多かったもん。もめるときもあったが、水俣の漁師は、なんさま素朴で幼稚でのんきかった。漁も原始的やったもんな。水俣湾は八～一〇尋の深さで流れがゆるやか、網が張りやすかもん。明神崎で北風が遮られるけん、真冬でも操業できっとたい。恋路島の沖も、そう深くはなし、潟になっとって、エビも魚も多かったもんな。水俣の漁師は、マテガタの磯にエビガシを張っとたい。女島とか他所の漁師は、その後に湾の真ん中にカシ網を張りよった。あっ共の網は太かったい。こっちの網は切られたりしよったもん。夜中によその者にごっそり獲られてしもうとっと。

●岩阪国広の話

隅本さんが水俣湾は四漁協の共同漁業権と言うのは嘘です。水俣湾は、水俣市漁協だけの漁業権です。津奈木との共同漁業権は、湯の児島から明水園（湯の児にある七二年開設の市患者施設）の前まで（三九一頁の図11参照）。そこは地曳でも両方からやっていい。あとはだめ。それは昔も今も変わりない。入会稼ぎなら、津奈木、田浦も水俣病のとき漁業補償を取ってよいはず。取れんわけだから。

田浦の隅本さんとか、田浦のわしのイトコの淵上深とか、あの連中はエビガシ持って湾内に密漁に来よった。明神の前田則義は、田浦から来て叩き網で夜間にボラを獲りよった。あんまり獲れるもんだから、昭和二五、六年頃明神に移住したっです。私が中学校卒業した頃じゃな。それからの始まりです。「うちが今夜網曳かんばんで監視しとけ」て、私をやりよらした。前田は若っか者ばかり五、六人連れて来とったけん、私は学校上がったばかりでけんか腰になれば恐ろしいのが精いっぱいじゃもん。漁しとるのを止めに行けば「何ちや」て。あやつ共がトントン叩きあかしてボラとかコノシロとか獲れば、うちが緑ノ鼻で地曳網を張ってもあまり収穫はなかりよった。

隅本さんもその手たい。共同漁業権て言わすとなら、そげん気持ちでエビガシば持って来とったっじゃろな。隅本さんや前田さんが、三年ケ浦から百間港を漁場にして密漁しとったのは知っとったっです。隅本さんが、山川通どんや山本亦由さんたちを頼んで丈の高っか三重ガシをやっとったのも知っとった。知っとったばってん、組合に言うても止めんし、中ノ瀬の方で巾着網はできるし、あまり打ち合わんかったもん。田浦の淵上兄弟は、網自体は大きくないけど、ボラ網でボラをよう揚げよった。あれたちは恋路島の湾内、瀬際をやりよった。そのかわり、「今夜どげんすっとかな。網ば張っとかな、張らんとかな」て、尋ねよった。やるて言えば遠慮して沖に行きよった。前田さんとか隅本さんは、湾内に来よったもん。

水俣の漁師で湾内でボラ網したのは、出月の浜元惣八どんだけたいな。百間港を主にして叩き網をしよった。

問題点を整理しよう。

第一は、水俣湾は四漁協の共同漁業権か否かである。図11に示したように、水俣湾および恋路島西端より一二七五メートル地先の恋路島沖は新漁業法（四九年一二月公布、五〇年三月施行）に基づく水俣市漁協の漁業権区域であり、国広が言うとおり、田浦・隅本の主張は嘘である。先にみた津奈木村漁協の陳情書も「水俣市漁協の漁業権の区域」という。

第二は、他漁協の湾内操業は岩阪国広の言うように密漁か否かである。これは簡単ではない。というのは、漁業法は他人の所有する共同漁業権に属する漁場内に入ってその漁業権の内容である漁業の全部または一部を営む「入漁権」を認めているからである。旧漁業法では「慣行に基づく」とされていたが、新漁業法で「両者間の契約による」ことになった。従って問題は、新法施行前は慣行の有無、施行後は市漁協と他漁協との間に契約が存在していたか否かに帰着する。明文の契約が存在しないことは明らかだが、岩阪網が「組合に言うても止めん」かったのであり、市漁協は他漁協の湾内操業を事実上、黙認していたということになろう。この五〇年三月施行という時期は、実態上かなり微妙である。

さて、田浦や女島の漁師が湾内で行ったのは、冬場の湾奥部での夜間の網漁である。これに対し湯堂の岩阪網は、

「中ノ瀬の方で巾着網はできるし、あまり打ち合わんかった」と国広は言う。あまりにものんびりし過ぎではと言いたくなる。新法施行後は、水俣市漁協が黙認しなければ、湾内の操業はできなかった。

岩阪網元の夜間の湾内での漁は、中ノ瀬の巾着網や船曳網と、潮時をみての緑ノ鼻などでの地曳網だけであった。個人漁業は、冬場に岸辺での潮時による夜ぶりが行われた程度であって、それ以外の湾内での夜間操業は周年を通し皆無であった。水俣の一本釣の漁師が冬場遊んでいるとき、田浦や女島の漁師は、不知火海のボラやコノシロが水俣湾に集結する湾内の夜間の網漁で稼いだ。水俣と田浦・女島の漁師では、季節帯および時間帯による水俣湾の使い分けが行われていた。女島の緒方覚は、「夜湾内で操業していて、水俣の漁師に会ったことは一度もな」かったのである。

田浦や女島の漁師の湾奥部での網漁のもう一つの特徴は、隅本が手繰網で「水俣湾内の百間でも、全部なで回して獲ってきた」（四四二頁）と言うように、資源略奪的な乱獲にある。もともと網漁は、技術が発達すればするほど釣漁を圧倒すると共に資源略奪的になる。この点から岩阪網の巾着網をみれば、豊かな立地条件を生かして湾口部での小規模網漁に徹し、一本釣との共存共栄が図られてきた。田浦や女島の湾内の網漁は、長年の水俣湾の漁業のありようをくつがえすものでもあった。

先に述べたように、水俣湾の個人漁業の特徴は、後進性と小規模零細性にあった。田浦や女島の漁師と比べると、「水俣の漁師は、なんさま素朴で幼稚でのんきかった。漁も原始的やったもんな」（坂本武義）、「女島の組とつき合うてわかったのは、いかに私たちが魚に恵まれとって勉強せんかったかということ」（杉本栄子、四三四頁）という証言がある。だが、松本弘や岩阪国広らの話を聞いても、水俣の漁師や網元が魚やベントスの生態に無知であったとは到底思えない。水俣の個人漁業が水俣湾に表層魚が集結する「冬の四カ月がほんの遊び」（坂本武義、三三〇頁）であったのは、一本釣の特性に由来する面もあろうが、後進性と小規模零細性の結果であろう。その帰結である漁師の貧しさは、村の中での漁師の地位に決定的な影響を与え、事件の横軸（社会面）の鍵になっていく。

そして、奇病が主に水俣湾の魚介類を摂食することによって発症したからには、その疫学条件は田浦・女島の漁師などにも最初から共有されていた。

以上、第一巻では、水俣病の舞台としての三つの村と水俣湾の漁業について調べてきた。三つの村はおたがい隣村でありながら、その成り立ちが全く異なる。この舞台の上で水俣病の惨劇が幕を開く。その物語は第二巻で語られる。

岡本達明（おかもと・たつあき）
1935年　東京生まれ
1957年　東京大学法学部卒業、新日本窒素肥料株式会社入社
1970～78年　チッソ水俣工場第一組合委員長
1990年　チッソ株式会社退社
編著書『近代民衆の記録7　漁民』新人物往来社、1978年
『聞書 水俣民衆史』全5巻、草風館、1989～90年（松崎次夫と共編）
（1990年度毎日出版文化賞受賞）
『水俣病の科学』日本評論社、2001年（西村肇と共著）
（2001年度毎日出版文化賞受賞）

水俣病（みなまたびょう）の民衆史（みんしゅうし） 第一巻
前の時代——舞台としての三つの村と水俣湾
●———2015年3月20日　第一版第一刷発行
著　者——岡本達明
発行者——串崎　浩
発行所——株式会社 日本評論社
東京都豊島区南大塚3-12-4　振替00100-3-16
電話　03-3987-8611（代表）、-8621（販売）
http://www.nippyo.co.jp/
印刷所——精文堂印刷
製本所——牧製本印刷
装　幀——駒井佑二

ISBN 978-4-535-06517-8